Uni-Taschenbücher 269

UTB

Eine Arbeitsgemeinschaft der Verlage

Birkhäuser Verlag Basel und Stuttgart
Wilhelm Fink Verlag München
Gustav Fischer Verlag Stuttgart
Francke Verlag München
Paul Haupt Verlag Bern und Stuttgart
Dr. Alfred Hüthig Verlag Heidelberg
Leske Verlag + Budrich GmbH Opladen
J. C. B. Mohr (Paul Siebeck) Tübingen
C. F. Müller Juristischer Verlag – R. v. Decker's Verlag Heidelberg
Quelle & Meyer Heidelberg
Ernst Reinhardt Verlag München und Basel
F. K. Schattauer Verlag Stuttgart-New York
Ferdinand Schöningh Verlag Paderborn
Dr. Dietrich Steinkopff Verlag Darmstadt
Eugen Ulmer Verlag Stuttgart
Vandenhoeck & Ruprecht in Göttingen und Zürich
Verlag Dokumentation München

Otti Wilmanns

Ökologische Pflanzensoziologie

2., erweiterte Auflage

Quelle & Meyer Heidelberg

CIP-Kurztitelaufnahme der Deutschen Bibliothek

Wilmanns, Otti:
Ökologische Pflanzensoziologie / Otti Wilmanns.
– 2., erw. Aufl. – Heidelberg : Quelle und
Meyer, 1978.
(Uni-Taschenbücher ; 269)
ISBN 3-494-02027-2

Satz und Druck: Schwetzinger Verlagsdruckerei, Schwetzingen
Einbandgestaltung: Alfred Krugmann, Stuttgart
Gebunden bei der Großbuchbinderei Sigloch, Stuttgart

Inhaltsverzeichnis

Vorwort 8

Einführung in die Grundbegriffe und Aspekte der Pflanzensoziologie 11
Struktur der Pflanzengesellschaften: Symmorphologie 13
Grundbegriffe der Standortslehre: Synökologie 18
Floristische Verwandtschaft der Pflanzengesellschaften: Synsystematik 26
Verbreitung von Pflanzensippen und Pflanzengesellschaften: Chorologie und Synchorologie (Arealkunde) 35
Zeitlicher Wandel von Pflanzengesellschaften: Syndynamik (Sukzessionslehre) 38
Vegetationsgeschichte: Synevolution und Synchronologie . . 41
Einsatz in der Praxis: Angewandte Pflanzensoziologie 45

Schlüssel für die höheren Syntaxa der mitteleuropäischen Pflanzengesellschaften 46

1. Formation: Wasserpflanzengesellschaften 52
1. Kl. Lemnetea, Wasserlinsendecken 57
2. Kl. Zosteretea, Seegraswiesen 61
3. Kl. Ruppietea, Salden-Gesellschaften 64
Gewässergliederung und Bedeutung der Makrophyten in Süßgewässern 65
4. Kl. Charetea, Chara-Gesellschaften 69
5. Kl. Utricularietea, Wasserschlauch-Gesellschaften . . . 72
6. Kl. Littorelletea, Strandlings-Gesellschaften 73
7. Kl. Potamogetonetea, Schwimmblatt- und Laichkraut-Gesellschaften 78

2. Formation: Therophytenreiche Pioniergesellschaften . . . 87
8. Kl. Thero-Salicornietea, Einjährige Quellerwatten . . . 88
9. Kl. Saginetea maritimae, Küsten-Mastkraut-Gesellschaften 90
10. Kl. Cakiletea maritimae, Meersenf-Spülsäume 91
11. Kl. Bidentetea, Zweizahn-Gesellschaften 93
12. Kl. Polygono-Poetea annuae, Einjährigen-Trittgesellschaften 95
13. Kl. Stellarietea mediae, Ackerunkrautgesellschaften . . . 95
14. Kl. Isoeto-Nanojuncetea, Zwergbinsen-Gesellschaften . . 111

3. Formation: Gramineen-Pioniergesellschaften 114
15. Kl. Spartinetea, Schlickgras-Gesellschaften 114

16. Kl. Ammophiletea, Strandhafer-Dünengesellschaften . . 117
17. Kl. Honkenyo-Elymetea, Hochnordische Strandroggen-Gesellschaften 117

4. Formation: Schuttfluren und Felsspaltengesellschaften . . . 123
18. Kl. Thlaspietea rotundifolii, Steinschuttfluren 123
19. Kl. Asplenietea rupestria, Felsspaltengesellschaften . . . 129
20. Kl. Parietarietea judaicae, Glaskraut-Mauerfugengesellschaften 134

5. Formation: Ausdauernde Ruderal-, Uferstauden- und Schlaggesellschaften 136
21. Kl. Artemisietea, Beifuß-Gesellschaften 136
22. Kl. Epilobietea angustifolii, Schlagfluren 143
23. Kl. Agropyretea intermedio-repentis, Quecken-Ödland, Halbruderale Halbtrockenrasen 145

6. Formation: Röhrichte und Großseggensümpfe 148
24. Kl. Bolboschoenetea maritimi, Brackwasserröhrichte . . 149
25. Kl. Phragmitetea, Süßwasserröhrichte und Großseggensümpfe 150

7. Formation: Quellfluren, Schneeböden, Niedermoor- und Schlenkengesellschaften 157
26. Kl. Montio-Cardaminetea, Quellfluren 157
27. Kl. Scheuchzerio-Caricetea nigrae, Niedermoor- und Schlenkengesellschaften 161
28. Kl. Salicetea herbaceae, Schneebodengesellschaften . . . 165

8.–10. Formation: Mitteleuropäische Grasfluren, Rasengesellschaften 168

8. Formation: Magerrasen trockner Standorte 170
29. Kl. Violetea calaminariae, Europäisch-westsibirische Schwermetallrasen 170
Hinweise zum Wasserhaushalt 175
30. Kl. Sedo-Scleranthetea, Sandrasen und Felsgrusgesellschaften 178
31. Kl. Festuco-Brometea, Schwingel-Steppen- und Trespenrasen 182

9. Formation: Hochgebirgsrasen 188
32. Kl. Seslerietea variae, Blaugras-Kalk-Steinrasen 188
33. Kl. Elynetea, Holarktische Nacktriedrasen 191
34. Kl. Caricetea curvulae, Krummseggenrasen 192

10. Formation: Salz- und Kulturrasen 193
35. Kl. Asteretea tripolii, Salzrasen der nördlichen Holarktis . 193
36. Kl. Molinio-Arrhenatheretea, Wirtschaftsgrünland . . . 198

11. Formation: Zwergstrauchgesellschaften 220
37. Kl. Nardo-Callunetea, Borstgrasrasen und Ginsterheiden 220
38. Kl. Cetrario-Loiseleurietea, Arktisch-alpine Windheiden . 233
39. Kl. Oxycocco-Sphagnetea, Hochmoorbultgesellschaften und Heidemoore 235

12. Formation: Hochstaudengesellschaften 246
40. Kl. Trifolio-Geranietea sanguinei, Saumgesellschaften und Staudenhalden trockener Standorte 246
41. Kl. Betulo-Adenostyletea, Subalpine Hochstaudenfluren und -gebüsche 251

13. Formation: Strauchgesellschaften 256
42. Kl. Salicetea purpureae, Ufer-Weidengebüsche und -wälder 257
43. Kl. Rhamno-Prunetea, Schlehengebüsche 261

14. Formation: Wälder 268
44. Kl. Alnetea glutinosae, Bruchwälder und -weidengebüsche 297
45. Kl. Erico-Pinetea, Schneeheide-Kiefernwälder 299
46. Kl. Vaccinio-Piceetea, Fichtenwälder und kontinentale Kiefernwälder 300
47. Kl. Quercetea robori-petraeae, Birken-Eichenwälder . . 306
48. Kl. Querco-Fagetea, Artenreiche, eurosibirische Fallaubwälder 308

Literaturverzeichnis 318

Stichwortverzeichnis 338

Vorwort zur ersten Auflage

Dieses Buch ist aus Vorlesungen für meine Freiburger Studenten entstanden. Es soll darüber hinaus einem weiteren Kreise notwendiges Rüstzeug zum Verständnis der Vegetation Mitteleuropas bieten und es ermöglichen, Pflanzengesellschaften zu werten und an ihrer Erhaltung und Gestaltung mitzuarbeiten. Gerade unter diesem Gesichtspunkt hat die ökologisch ausgerichtete Pflanzensoziologie heute eine weit über das Fachinteresse des Botanikers hinausgehende Bedeutung erlangt: Ihr Forschungsobjekt sind die Pflanzengemeinschaften; Pflanzengemeinschaften aber schaffen für alle andern Organismen die energetischen Voraussetzungen, sind ihre stoffliche Basis und prägen die standörtlichen Bedingungen.

Ein auch in Praxis umsetzbares Verständnis für die Vegetation gewinnt man nicht ohne gründliche eigene Anschauung. Am konkreten Beispiel werden daher die umfassenderen Probleme behandelt und Beziehungen zu andern Forschungszweigen aufgezeigt. Das pflanzensoziologische System der BRAUN-BLANQUETschen Schule dient dabei als Leitfaden. Auf diese Weise soll zugleich eine Übersicht unserer höheren Vegetation vermittelt werden. Fast selbstverständlich ist es, daß dabei Schwerpunkte gesetzt werden, die von eigenen Arbeiten und von den Freiburger Exkursionsmöglichkeiten her bestimmt sind.

Ich hoffe, daß diese Darstellung auch an andern Universitäten und Schulen für Lehrende und Lernende brauchbar sein wird. Denn es ist zu einer Existenzfrage für alle geworden, ob es gelingt, rechtzeitig und allgemein Einsicht in die natürlichen Zusammenhänge und die Steuerungsmöglichkeiten von seiten des Menschen zu vermitteln.

Die Zeichnungen fertigte Herr Graphiker Wyrwas, Heidelberg, an; ihm und allen anderen, die mir bei der Anfertigung des Buches geholfen haben, sei herzlich gedankt.

Freiburg, im Oktober 1973

O. Wilmanns

Vorwort zur zweiten Auflage

Die Neuauflage unserer einführenden Vegetationskunde bietet die willkommene Gelegenheit, nicht nur Mängel zu beseitigen, die im ersten Anlauf schwer vermeidbar waren, sondern auch neue Ergebnisse einzubringen und damit der Entwicklung der Wissenschaft zu entsprechen. Grundlagen, Aufbau und Ziele des Buches sind die gleichen geblieben. Für den in Norddeutschland lebenden Kreis der Benutzer habe ich mich bemüht, dieses Gebiet stärker zu berücksichtigen. Außerdem wurde die Darstellung der Wälder wesentlich erweitert, wobei auf Tiere als Glieder der Biozönose besonderes Gewicht gelegt wurde. Denn die Verschmelzung von Botanik und Zoologie, die in der Molekularbiologie so fruchtbar geworden ist, sollte auch im makrobiologischen Bereich gesucht werden. Schon der Naturschutz verlangt, wenn er voll wirksam werden soll, eine solche verknüpfende Betrachtung.

Viele Anregungen und Hilfen habe ich erfahren: von meinen Mitarbeitern am Lehrstuhl für Geobotanik; von meinem Kollegen Professor Dr. G. OSCHE in manchem fruchtbaren Gespräch über Probleme, die Zoologie und Botanik verbinden; von Herrn Professor Dr. Dr. h.c. E. OBERDORFER, der mir Einblick in das Manuskript seiner neuen synsystematischen Gliederung gewährte; von Herrn Dr. J. TÜXEN, der mich über Hochmoore und Windheiden beriet; von Frau Professor Dr. G. JAHN, die das Kapitel Wälder prüfte; von Herrn Professor Dr. H. ZWÖLFER, der mir in Fragen der natürlichen Schädlingsbekämpfung stets uneigennützig Hilfe zuteil werden ließ. Herr Professor Dr. Drs. h.c. R. TÜXEN sah das Buch kritisch durch und bot damit Anregungen für den Einbau so mancher seiner pflanzensoziologischen Erfahrungen. Ihnen allen sei auch an dieser Stelle herzlich gedankt.

Jeder Autor weiß, welche große Erleichterung freundlich gewährte Hilfe auch in technischen Dingen bedeutet; so möchte ich hier ebenso Frau I. VIERLINGER für die sorgfältige Reinschrift des Manuskriptes, Frau I. GEGUSCH und Herrn Graphiker WYRWAS für die Zeichnungen und nicht zuletzt dem Verlag Quelle und Meyer für die Gesamtherstellung des Buches danken.

Freiburg i. Br., den 1. Mai 1978. *O. Wilmanns*

Einführung in Grundbegriffe und Aspekte der Pflanzensoziologie

Kein Organismus lebt im Freiland solitär; kein Individuum, keine Population und keine Art ist ohne positive oder negative Beziehungen zu andern Organismen, vor allem Mikroorganismen, auf die Dauer lebensfähig; demgemäß gibt es in der freien Natur keine Reinkulturen, sondern nur Lebensgemeinschaften, **Biozönosen.** Es gibt damit im Gelände auch keine einfachen Systeme, bei denen jeder biologisch wirksame Faktor einzeln experimentell variiert und seine Wirkung isoliert studiert werden könnte; sondern es sind uns äußerst komplexe Systeme vorgegeben, bei denen die Änderung eines einzigen Faktors in verschiedenen Richtungen Kettenreaktionen auslöst. Hierbei ist auch der Mensch als Subjekt und Objekt betroffen. Man nennt diese Beziehungsgefüge aus Organismen sowie physikalischen und chemischen Faktoren (mit WOLTERECK und TANSLEY) unabhängig von ihrer Größe **Ökosysteme.** Der Ausdruck kann für die Moos- und Flechtendecke einer Mauerkrone mit ihren Kleintieren und ihren Umweltfaktoren ebenso benutzt werden wie für einen See oder für die ganze Biosphäre, die Gesamtheit der Organismen und ihrer Gemeinschaften auf der Erde. Der (von dem russischen Botaniker SUKATSCHEV stammende) Ausdruck **Biogeozönose** wird benutzt, wenn es sich um eine bestimmte, in sich recht einheitliche Lebensgemeinschaft mit ihren Boden- und Klimafaktoren handelt. Die Gesamtheit der auf einen Organismus oder eine Biozönose einwirkenden Faktoren wird als deren **Standort** (Habitat, Biotop) bezeichnet. Gewisse Unterschiede in der Definition und im Gebrauch der Begriffe müssen zur Zeit in Kauf genommen werden. (Vgl. dazu auch die zoologisch ausgerichteten Lehrbücher von OSCHE 1977, SCHWERDTFEGER 1975, TISCHLER 1976 sowie SCHMITHÜSEN 1968, GLUCH 1977.)

Daß die ökologischen Faktoren verkettet und meist sogar vernetzt sind, mußte in den letzten Jahren jedermann deutlich werden, denn Diskussionen um Entwaldung und Aufforstung, Kraftwerkstandort und Landschaftsökologie, Entwässerung und Überflutung, Abwassereinleitung und Trinkwasserentnahme, Flurbereinigung, Schädlingsbekämpfung, Bodenerosion, Erholungslandschaft füllen die Zeitungsspalten. Wie die Verknüpfung beschaffen ist, bedarf allerdings weithin noch der wissenschaftlichen Untersuchung.

Die **Pflanzensoziologie, Phytozönologie** oder **Vegetationskunde** erforscht einen wesentlichen Teil der verschiedenen Typen von Ökosystemen, eben ihren pflanzlichen Anteil, d.h. ihre Pflanzengemeinschaften (Phytozönosen; die Gesamtheit der Phytozönosen eines Gebietes wird als dessen Vegetation bezeichnet). Dies geschieht methodologisch durch die Schritte Deskription, Faktorenanalyse und induktive Synthese der Fakten. Inhaltlich erreicht eine Erkenntnis erst dann ihren vollen Wert, wenn sie sich nicht nur auf einen einzelnen Bestand, etwa ein bestimmtes Waldstück bezieht, sondern für alle Objekte des gleichen Typs gilt; solche Typen von floristisch, also nach ihrer Artenverbindung definierten Pflanzenbeständen nennt man **Pflanzengesellschaften** (s. S. 26). Will man sie verstehen, also die ökologisch und historisch bedingten Gesetzmäßigkeiten ihres Aufbaus erkennen, so müssen sie – wie Sippen – unter verschiedenen Gesichtspunkten betrachtet werden.

Ihre Struktur ist Gegenstand der **Symmorphologie**; ihre Abhängigkeit von Umweltfaktoren Gegenstand der **Synökologie**; hier wird auch die Wirkung der Gesellschaftsglieder aufeinander einbezogen, welche man als **Symphysiologie** begrifflich sondern könnte. (Die Bezeichnungen der Arbeitsrichtungen dürfen nicht den Blick dafür verstellen, daß es sich hier nicht um Organismen, sondern um Organisationen mit ihren eigenen Gesetzmäßigkeiten handelt.) Die räumliche Verbreitung wird in der **Synchorologie**, die kurzfristig-zeitliche Entwicklung, vergleichbar der Sippenontogenie, in der **Syndynamik** behandelt. Ihre Entstehung in langen, sogar geologischen Zeiträumen, läßt sich als Abfolge in einer bestimmten Landschaft studieren und ist dann Gegenstand der **Synchronologie**; über die Frage nach der Herausbildung von Gesellschaften im Laufe der Evolution sind erst wenige Forschungsergebnisse gewonnen worden, weshalb auch die Begriffe hierfür, **Symphylogenie** oder, sprachlich besser, **Synevolution** nicht geläufig sind. Der systematische bzw. taxonomische Aspekt kommt in der **Synsystematik** bzw. **Syntaxonomie** zum Zuge. Die Gesetzmäßigkeiten der Ordnung der Gesellschaften zu räumlichen Komplexen sucht die eben aufkommende Richtung der **Sigma-** oder **Synsoziologie** zu erkennen. Folgerungen für die Praxis (Wirtschaft, Landesplanung, Naturschutz) zieht die **Angewandte Pflanzensoziologie.** Gerade sie beweist, wie sehr der Mensch die Ausprägung der Bestände beeinflussen, ja daß er selbst Gesellschaften als Organisationen aufbauen kann. **Ziel der Pflanzensoziologie** ist es also, die Pflanzengesellschaften in ihrem Aufbau, in ihrer Struktur, in der Funktion ihrer Glieder, ihrer Einpassung in die Umgebung und ihrer geschichtlichen Entwicklung zu verstehen und die Folgerungen für die Erhaltung und Gestaltung von Ökosystemen zu ziehen.

Diese verschiedenen Ansätze, der typologisch ordnende, der kausal analysierende und der historisch reihende, müssen im folgenden kurz beleuchtet werden, wenn die Ökologie der Gesellschaften, unser Hauptthema, in Ursachen und Konsequenzen erfaßt werden soll. In diesen ersten Kapiteln kann nur eine elementare und knappe Einführung gegeben werden. Auf weiterführende Literatur, vor allem Literaturverzeichnis Gruppe A, sei verwiesen.

Struktur der Pflanzengesellschaften: Symmorphologie

Der Begriff Struktur

Man versteht hierunter die räumliche Anordnung der Bestandteile der Phytozönose nach Qualität und Quantität, also die horizontale und vertikale Gliederung. Beispiele für einfach strukturierte Bestände sind die Ackerunkrautfluren; höchste Kompliziertheit andererseits erreicht der tropische Regenwald. Gute Beispiele in unseren Breiten bieten lichte Laubmischwälder mit mehreren Baumschichten, mit Strauchunterwuchs, Krautteppich, Moosflecken, mit Epiphyten an Stämmen und in Kronen, mit Kletterpflanzen (Lianen), aber auch mit unterirdischen Wurzelstockwerken und mosaikartiger Verteilung der Mikroorganismen im Boden. Die Struktur von Wäldern wird stark durch die Bewirtschaftung geprägt (s. S. 293). Auch Tiere sprechen vielfach deutlich auf die Bestandesstrukturen an; z.B. pflegen Ameisen in Dickungen zu fehlen. Strauchbrüter fehlen in hallenähnlichen Buchenwäldern, Sumpfvögel stellen ganz bestimmte Ansprüche an die Dichte ihres Biotops. Den wissenschaftlich wie praktisch wichtigen Beziehungen von Vegetation und Fauna werden wir am Beispiel der Wälder nachgehen (s. S. 272).

Wuchsformen und Lebensformen

Eine reiche strukturelle Gesellschaftsgliederung ist nur dann möglich, wenn die aufbauenden Pflanzenarten mannigfachen morphologischen Typen, die als **Wuchsformen** bezeichnet werden, angehören. Bis zu einem gewissen Grade erlauben diese auch Aussagen über funktionale Beziehungen zwischen den Partnern. Beispiele für symmorphologisch klare Abhängigkeiten sind Epiphyt und Trägerpflanze, Parasit und Wirt, Schattbaumart und spärlicher Strauchunterwuchs.

Viele Wuchsformen lassen sich als Anpassungssyndrom an bestimmte Standortsverhältnisse auffassen; in Grenzen läßt sich aus der Physiognomie daher auf die Ökologie schließen (s. S. 175). Unter diesem Gesichtspunkt bezeichnet man Wuchsformen auch als **Lebensformen**. Wuchs- wie Lebensformen lassen sich klassifizieren. Will man sich der Gefahr der Spekulation über den Anpassungscharakter bestimmter Merkmale enthalten, so kann man den Oberbegriff **„Gestalttypus“** wählen (Reichelt und

WILMANNS 1973). Das bekannteste System der Gestalttypen ist das auf den Dänen RAUNKIAER zurückgehende und inzwischen verfeinerte **Lebensformensystem.** Seine Grundkategorien sind nach der Lage der Überdauerungsknospen während der ungünstigen Jahreszeit in folgender Weise definiert:

Phanerophyten: Knospen höher als 25–50 cm über dem Boden (Bäume, Sträucher);

Chamaephyten: Knospen in ein bis 25–50 cm Höhe (Zwergsträucher);

Hemikryptophyten: Knospen unmittelbar an der Erdoberfläche befindlich („Erdschürfepflanzen");

Kryptophyten: Knospen im Boden; Hauptgruppe: Geophyten (Pflanzen mit Knollen, Zwiebeln oder Rhizomen in trocknem Boden überdauernd);

Therophyten: nur als Same überdauernd, Entwicklungszyklus innerhalb einer einzigen Vegetationsperiode durchlaufend (Einjährige).

Ein detailliertes System der Gestalttypen bringen MÜLLER-DOMBOIS and ELLENBERG (1974).

Synusien

Wir sehen, daß es innerhalb der Bestände ± zahlreiche ökologisch verschiedene Teillebensräume gibt, die demgemäß von verschiedenen Gestalttypen ausgefüllt werden, etwa Moosschicht und Feld- oder Krautschicht der Wiesen; auch gibt es Artengruppen, die nur zu bestimmter Jahreszeit aktiv sind, z.B. die Frühlingsgeophyten in nährstoffreichen Wäldern (Lerchensporn, Märzenbecher, Bärlauch). Solche ökologisch und morphologisch einander nahestehenden und unter annähernd gleichen kleinstandörtlichen Bedingungen lebenden Artengruppen kann man wie ganze Bestände typisieren und klassifizieren; man nennt diese Einheiten **Synusien = Vereine.**

Der Begriff Synusie wird auch in der Zoologie benutzt. (Zur theoretischen Bedeutung s. WILMANNS 1962, 1970).

Formationen

Pflanzengesellschaften lassen sich nicht nur als Kombinationen von Arten, also nach der floristischen Zusammensetzung, charakterisieren, sondern auch nach dominierenden Gestalttypen. Man erhält dann die als Formationen bezeichneten Grundeinheiten; auch diese lassen sich systematisieren (s. MÜLLER-DOMBOIS and ELLENBERG 1974, SCHMITHÜSEN 1968). Begriffe aus dem Formationssystem sind z.B. Steppe, Mangrove, Wiese, Laubwald. Auch diesen physiognomischen Einheiten kommt ein – freilich weniger exakter – ökologischer Indikatorwert zu. Die Begrifflichkeit ist von A. GRISEBACH (1838) eingeführt worden und hat sich für globale Vegetationsübersichten und Kartierungen bewährt.

Artenreichtum, Diversität, Stabilität, biologisches Gleichgewicht, Belastbarkeit

Allgemein ist eine strukturell stark gegliederte Phytozönose auch reich an verschiedenen Pflanzenarten (der umgekehrte Schluß gilt nicht). Umfassend wurde dies von A. THIENEMANN (z.B. 1956) als **„erstes biozönotisches Grundprinzip"** formuliert: „Je variabler die Lebensbedingungen einer Lebensstätte, um so größer die Artenzahl der zugehörigen Lebensgemeinschaft." Mit dem gesteigerten Angebot an Kleinstlebensräumen wird eben auch das Angebot an Aktionsbereichen und Nahrung für Heterotrophe mannigfaltiger. So können hier eine größere Zahl ökologisch verschiedenartiger Tiere zusammentreten; in der Ausdrucksweise der Zoologie: Tiere, die verschiedene **ökologische Nischen** bilden, d.h., die den gleichen Raum in unterschiedlicher Weise nutzen und damit einen verschiedenen Stellenwert in der Biozönose und im Ökosystem haben. (Beispiele: Räuber und Aasfresser, Nest- und Höhlenbrüter.) Der Begriff ist also, wenn er korrekt verwendet wird, nicht räumlich, sondern funktionell aufzufassen. Nischenbildung findet man, wie die obigen und viele spätere Beispiele zeigen, auch bei Pflanzen, wiewohl der Ausdruck in der Botanik selten benutzt wird.

Bei der Beschreibung von biologischer Mannigfaltigkeit wird seit einigen Jahren oft der Begriff **Diversität** benutzt (zu diversity und verwandten Begriffen vgl. WHITTAKER 1975). Der Ausdruck wird in verschiedener Bedeutung benutzt:

a) allgemein, qualitativ, dimensionslos im Sinne von Vielfalt;
b) als α-Diversität zur Angabe der Artenzahl pro Flächeneinheit;
c) als β-Diversität zur Angabe der Zahl von Gesellschaften oder anderen Einheiten von Lebensgemeinschaften pro Flächeneinheit;
d) im informationstheoretischen Sinne; in diesem Fall gehen neben der Artenzahl pro Flächeneinheit auch die Individuenzahlen und ihre Gleichmäßigkeit in Formeln (z.B. die Shannon-Weaver-Formel, vgl. hierzu NAGEL 1975) ein. Wie weit solchen Zahlenwerten eine ökologische Bedeutung zukommt, bedarf noch der Klärung.

Die räumliche Gliederung hat zur Folge, daß die „Umwelten" auch der Pflanzenarten gruppenweise verschieden sind (vgl. etwa den Lichtgenuß in der Kronenschicht und am Boden eines Waldes). Der **Standort** der gesamten Phytozönose muß also anders charakterisiert werden als der einer einzelnen Art; man könnte von „Syn-“ bzw. „Authabitat“ sprechen. Ersterer wäre mit „Geländequalität“ zu beschreiben; dies ist der Inhalt des Standortbegriffes z.B. bei SCHMITHÜSEN (1968); er liegt auch bei der „Standortskartierung“ zugrunde, wo unabhängig vom momentanen Pflanzenbestand Geländeabschnitte gleicher Qualität und damit gleichen Potentials, sog. **Fliesen**, erfaßt werden sollen. In den „Authabitat“ gehen zusätzlich Wirkungen anderer Partner ein, z.B. erhöhte Luftfeuchte als Folge von Strahlungsschutz durch eine Baumschicht. In diesem Sinne verwendet z. B. WALTER (1960) den Ausdruck. Beide Inhalte des Standortbegriffes haben ihre Berechtigung und Notwendigkeit. Meist ist ohne weiteres aus dem Zusammenhang klar, was gemeint ist.

Häufig, zuweilen schlagwortartig, benutzt werden die Begriffe **Stabilität** und **biologisches** oder **ökologisches Gleichgewicht**; sie sind zu wichtig, als daß sie durch Mißbrauch entwertet werden dürften und seien hier kurz besprochen. Als stabil wird eine Biozönose bezeichnet, welche die Eigenschaft hat, daß die Populationsgrößen ihrer Arten nur gering und kurzfristig um einen Mittelwert pendeln; Voraussetzung sind gleichbleibende äußere Bedingungen. Der Zustand, die Lage im Mittelbereich, wird als biologisches (=ökologisches) Gleichgewicht bezeichnet. Dieses kann also stabil oder labil sein. Unter „gleichbleibenden Bedingungen“ ist dabei nicht zeitliche Konstanz der Einzelfaktoren zu verstehen; vielmehr sind jahreszeitlicher Wechsel, Ebbe und Flut oder alljährliche Mahd, also rhythmische Schwankungen, durchaus „gleichbleibende Randbedingungen“. Stabil bedeutet auch nicht „Aufrechterhaltung des Gleichgewichtes trotz Änderung der Randbedingungen“. Dem Begriff werden leider oft auch allerlei andere Bedeutungen unterlegt, z.B. „nicht zu Sukzessionen neigend“ oder „sich leicht regenerierend“ oder „widerstandsfähig gegenüber bestimmten Eingriffen“. Es liegt auf der Hand, daß dies zu Irrtümern führt; der als Musterbeispiel für Stabilität im eigentlichen Sinne geltende Tropische Regenwald wäre höchst labil, wenn man seine Regenerationskraft nach Abholzung bewerten wollte. Weiter wird aus diesen Überlegungen deutlich, daß keinesfalls nur das biologische Gleichgewicht existiert; es gibt vielmehr unendlich viele Gleichgewichtslagen, die stabil oder labil, die natürlich oder vom Menschen eingestellt sein können. Eine alte, mehrschürige Wiese ist ein stabiles, anthropogenes Ökosystem; wird die Bewirtschaftung geändert oder unterlassen, so tritt eine Sukzession zu einer anderen Pflanzengesellschaft mit anderer Tierwelt ein, die ebenso stabil sein kann. Während der Zeit der Umstellung ist die Biozönose nicht im Gleichgewicht; der Begriff Stabilität ist in dieser Zeit nicht sinnvoll anwendbar; man sollte ihn also nur für permanente, nicht für transitorische Bestände, Gesellschaften oder Ökosysteme benutzen.

In eindringlicher Weise wird uns immer wieder die Erfahrung aufgezwungen, daß sich **Gradationen** (Massenvermehrungen) von Schadorganismen, meist Insekten, welche zu Kalamitäten (mit starken wirtschaftlichen Einbußen verknüpfte Störungen von Beständen) führen, in Monokulturen an ungeeigneten Standorten wiederholen, daß das biologische Gleichgewicht dort also labil ist. Dies führte die Forstzoologen frühzeitig zu der Feststellung: Je vielfältiger eine Tiergemeinschaft ist, d.h. je mehr Arten sie enthält, um so gesicherter ist ihre Existenz, um so größer ist ihre Stabilität (Zitat SCHWERDTFEGER 1975 nach ESCHERICH 1935). Diese Gesetzmäßigkeit: „Die Stabilität steigt mit der Diversität", gilt natürlich nur beim Vergleich ähnlicher Gesellschaften oder Systeme, etwa innerhalb der gleichen Formation. Sie gründet sich auf die starke Vernetzung im Beziehungsgefüge der Organismen, wie es an zwei Beispielen (S. 102 und S. 283) verdeutlicht wird. So gelten mit Recht nischenreiche Biozönosen als stabil, nischenarme als labil. In nischenreichen Beständen schlägt das Pendel der quantitativen Artenzusammensetzung im Falle kurzfristiger Störungen, etwa in Trockenjahren, weniger stark aus, sie sind besser „gepuffert".

Der Begriff **„Belastbarkeit"** ist erst mit der Umweltdiskussion aufgekommen. Unter **„Belastung"** eines Ökosystems oder klarer, weil besser faßbar, einer Pflanzengesellschaft, ist eine „nicht zum normalen Haushalt gehörige (meist durch den Menschen ausgelöste) Einwirkung eines Faktors (z.B. der Luftverunreinigung durch SO_2) oder eines Komplexes von Faktoren" (ELLENBERG in STEUBING et al. 1972) zu verstehen. Während Organismen darauf mit Stärkung oder Zusammenbruch reagieren, kommt es bei Organisationen zu Änderungen der Artenzusammensetzung, je nach Eingriff quantitativer oder qualitativer Art, kurzfristig oder dauernd. Die Frage ist somit nicht, was eine (streng gefaßte) Gesellschaft erträgt, sondern welche Abweichung vom vorherigen Zustand wir für tragbar halten. Belastbarkeit ist also im Grunde nicht ein naturwissenschaftlicher, sondern ein normativer Begriff.

Soziologische Progression

Da die Struktur ein recht guter und vor allem leicht faßlicher Ausdruck für die inneren Beziehungen im Ökosystem ist, hat J. BRAUN-BLANQUET, der Begründer der heute in Europa und zahlreichen außereuropäischen Ländern üblichen pflanzensoziologischen Methodik, die Struktur als Hauptindiz für die soziologische Entwicklungshöhe von Gesellschaften gewertet. Als Kriterien dafür kann man u. a. ansetzen:

1. Ortsbeständigkeit der Individuen der Gesellschaft; Dichte des Zusammenschlusses der Individuen;
2. Wechselbeziehungen zwischen den Individuen verschiedener Arten;
3. Vielfalt des Schichtenaufbaus, Mannigfaltigkeit der Gestalttypen;
4. Lebensdauer der Bestände der Gesellschaft.

Die Steigerung der Entwicklungshöhe der Gesellschaften bei einer formalen Reihung nennt man soziologische Progression. Diese bestimmt die Anordnung der höchsten syntaxonomischen Einheiten, der Klassen (s. S. 32). Wir werden bei unserer Darstellung dieser Progression folgen. Außerdem werden wir nach dem Vorbild von WESTHOFF und DEN HELD (1969) Gruppen von morphologisch verwandten Klassen zu Formationen zusammenfassen, um die Übersichtlichkeit zu erhöhen. Dabei ergibt sich in jenen wenigen Fällen keine genaue Übereinstimmung, wo in den Gesellschaften einer (nach der Artenverbindung definierten) Klasse verschiedene Lebensformen dominieren können (z.B. bei den Nardo-Callunetea, Borstgrasrasen und Heiden); dies sollte zur syntaxonomischen Überprüfung anregen.

Grundbegriffe der Standortslehre: Synökologie

Wir bringen hier nur eine für den Anfänger bestimmte, ganz knappe Einführung, die zum Verständnis des folgenden Textes notwendig ist; im übrigen sei auf die Einführungen von LARCHER (1976) und WINKLER (1972) verwiesen. Zum vertieften Studium der Nachbarwissenschaften Mikroklimatologie und Bodenkunde sind GEIGER (1961), SCHEFFER-SCHACHTSCHABEL (1976) und SCHLICHTING und BLUME (1966) zu empfehlen.

Der Energieumsatz an der Erdoberfläche

Er umfaßt eine Reihe von „Schlüssel-Prozessen“. Von der Sonnenstrahlung, welche an der Obergrenze der Atmosphäre eintritt, gelangen durchschnittlich etwa 45% bis an die Erdoberfläche (man bedenke aber die Spanne zwischen den geographischen Breiten, den Expositionen und Hangneigungen!). Der weitere Umsatz wird von der lokalen Beschaffenheit der Oberfläche in äußerst mannigfaltiger Weise bestimmt, wobei grundsätzlich ein Teil (bei Schnee bis zu 90%) reflektiert wird. Die restliche Menge wird von einer dünnen Oberflächenschicht absorbiert ($Q_{Abs.}$) und auf verschiedenen Wegen umgesetzt: Sie wird zu einem Teil sofort wieder abgestrahlt (Ausstrahlung), teils durch Wärmeleitung (Konduktion), teils durch Massenaustausch (Konvektion), teils durch Wasserabgabe (Evaporation von nicht regulationsfähigen Systemen, Transpiration von regulationsfähigen) abgeleitet; der Verbrauch bei Stoffwechselvorgängen (im Metabolismus) und Speicherung (z.B. Erwärmung von Organen) spielt quantitativ keine Rolle; qualitativ sind jedoch die rd. 0,5%, welche in die Photosynthese der autotrophen Pflanzen eingehen, natürlich für das Leben auf der Erde Existenz-entscheidend. In Gleichungsform nach GATES (1968):

$$Q_{Abs.} = Q_{Ausstr.} + Q_{Kond.} + Q_{Konv.} + Q_{Evap.transp.} + Q_{Metab.} + Q_{Speich.}$$

Bei Nacht führt die Ausstrahlung von der Oberfläche an die Atmosphäre zur Abkühlung; gemildert wird diese durch Wärmenachleitung von tieferen Bodenschichten her, durch Wärmeabgabe infolge Kondensation von Wasser und (quantitativ zu vernachlässigen) durch Atmung.

Konsequenzen für die Pflanzendecke

a) Der Hauptstrahlungsumsatz vollzieht sich an der sog. **tätigen Oberfläche**; diese kann an der Bodenoberfläche oder an der Obergrenze eines Pflanzenbestandes liegen; bei Wäldern ist sie entsprechend vom Boden abgehoben. Während sich die Hauptabsorption auf nacktem Boden in den obersten Bruchteilen von Millimetern abspielt, erfolgt sie bei Pflanzenbeständen gestaffelt; schon aus diesem Grunde sind die erreichten Extremtemperaturen im Bestandesinneren geringer.

b) Als höchste Temperaturen bei Tag werden bei unbewachsenem Boden leicht 70–80 °C erreicht (Gefährdung von Keimlingen, Erhitzung von Kryptogamen!). In den Alpen wurden in 2000 m Höhe bei einer Neigung von 35° SW noch in 1 cm Tiefe im Boden 79,8 °C gemessen!

c) Bei Nacht geht auch die **Ausstrahlung** von der tätigen Oberfläche aus; die Abkühlung wird gemildert, falls eine Wolkendecke absorbiert und ihrerseits eine Gegenstrahlung zurücksendet. Strahlungsfröste entstehen daher vor allem in klaren Nächten im Herbst und Frühling. Die bodennahe **Kaltluft** kann nur bei geneigtem Gelände abfließen (Kaltluftströme und -seen).

d) Durch intensive **Transpiration** können die Temperaturen von Pflanzenteilen um 10 bis 15 °C herabgesetzt werden (LANGE 1959). Man schätzt, daß Wälder an warmen Sonnentagen bei guter Wasserversorgung etwa 1/2 bis 2/3 der eingestrahlten Energie für die Transpiration verwenden; diese dürfte bei einem Buchenbestand um 40000 l/ha liegen (Zahlen aus MITSCHERLICH 1971).

In der Definition: „Böden sind klimabedingte, petro- und biogene Umwandlungsprodukte der äußeren Erdkruste“ steckt eine Aussage über die Ausgangsmaterialien und die Feststellung einer Bodendynamik. Wir wollen beides näher ausführen und dabei abzielen auf die Funktionen, welche der Boden für die Biozönose hat; es sind: Wasserspeicherung, Lieferung von Mineralsalzen, Bereitstellung von Sauerstoff für die Atmung von Wurzeln und Edaphon (= Gesamtheit der lebenden Bodenorganismen), Bereitstellung energiereicher Substanzen für Heterotrophe (Saprophyten, Saprozoen) und Substratbildung zur Befestigung höherer Pflanzen.

a) Das anorganische Ausgangsmaterial stammt aus dem **Muttergestein** und wird durch **Verwitterung** (physikalische und chemische Zerstörung des Gesteins) bereitgestellt, z.B. durch Spaltenfrost und mikrobielle Säureproduktion. Menge und Qualität sind so stark gesteinsabhängig, daß sich petrographische Unterschiede nicht nur zu Beginn, sondern auch in den Schlußstadien der Bodenentwicklung in die Vegetation „durchpausen“. Bei chemischen Sedimentgesteinen, als wichtigstem Kalkstein, bleibt nach der Lösung nur wenig Feinmaterial neben noch unverwitterten Steinen zurück; die Bodenbildung läuft entsprechend langsam ab; Bodenerosion ist desto gravierender. Bei magmatischen Gesteinen (Granit, Gneis, Basalt u.v.a.) sind neben kaum verwitterbarem Quarz die Hauptmineralien (wie Feldspäte, Glimmer u.a.) zersetzbare Silikate.

Aus diesen Verbindungen entstehen die entscheidend wichtigen Tonminerale; es sind blattförmige Alumo-Silikate von kolloidaler Größenordnung, die aufgrund ihres Baues als Kationenaustauscher mit verschiedener Kapazität fungieren. Diese Ionen mit Schwarmwasserhülle können von den Pflanzen genutzt werden.

b) Vom Gestein werden normalerweise alle von den Wurzeln aufzunehmenden **Ionen** angeliefert mit Ausnahme von Ammonium- und Nitrationen; denn praktisch alle Gesteine sind stickstofffrei. Der gebundene Stickstoff im Boden stammt letzten Endes aus dem Stickstoff-Reservoir der Luft und ist durch N_2-bindende Mikroorganismen (gewisse Bakterien, Blaualgen und Pilze) und in Form photochemisch entstandener Stickoxide in den Boden gelangt. Er wird durch einen eigenen Kreislauf, bei dem unter natürlichen Bedingungen die Verluste sehr gering bleiben, im Ökosystem gehalten. Da er aber mit 1–8% der Trockensubstanz von Pflanzen ein Makronährstoff ist, ist er dennoch neben Wasser der häufigste **Minimumfaktor**, d.h. jener Faktor, dessen Steigerung die größte Produktionszunahme bewirkt.

c) Das tote, in chemischem Umsatz befindliche **organische Material** des Bodens, der **Humus**, entsteht aus Streu und Leichen, auch denen des

Edaphons. Das **Edaphon** ist standortspezifisch und besteht zur Hauptsache aus Bakterien, Pilzen, Protozoen, Nematoden, Collembolen und Anneliden; es erreicht Zahlen von mehreren Milliarden pro Liter Boden (s. auch Abb. 38). Ein vereinfachendes Schema mag die Umsatzprozesse pauschal wiedergeben:

Streu + Leichen

Abbau:	Umbau:	Einbau:
im Prozeß der **Mineralisierung** werden aus organischen Stoffen CO_2, H_2O, $H_2PO_4^-$, SO_4^{--}, NH_4^+, NO_3^-, Mg^{++} u. a. freigesetzt	organische Substanzen liefern (chemisch sehr heterogene) hochpolymere **Humusstoffe**, z. B. Humussäuren	organische Stoffe werden von Heterotrophen verzehrt und dabei z. T. in deren Körpersubstanz eingebaut; diese geht entweder in weitere **Nahrungsketten** oder direkt in den Kreislauf ein

Humus kann gemäß den Bildungsbedingungen in verschiedener Form vorliegen, z. B. als Rohhumus, Torf, Mull (s. S. 238 und 289). Soweit die Humusstoffe kolloidal sind, spielen sie eine wichtige Rolle als Ionen- und Wasserspeicher. Sind sie chemisch an Tonminerale gebunden, liegen sie also als sog. **Tonhumuskomplexe** vor, so wirken sie darüber hinaus als Mikroben-resistente Kittsubstanz, welche Bodenpartikel zu Krümeln verklebt; dieser für die Bodenkultur wesentliche Vorgang spielt sich bevorzugt im Tierdarm, z.B. von Regenwürmern ab.

d) **Struktur** (= Gefüge), **Durchlüftung, Wasserspeicherung.** Böden sind dreiphasige Systeme aus festen, flüssigen und gasförmigen Bestandteilen; deren Verhältnis macht sich in der Vegetation bemerkbar. Wesentlich ist, wie groß das Porenvolumen zwischen den festen Bestandteilen ist und welche Größe diese Poren haben. In Grobporen (mit einem Durchmesser von >10 µm) zieht das Niederschlagswasser unter dem Einfluß der Schwerkraft als **Sickerwasser** rasch aus dem Wurzelbereich hinaus; Luft strömt nach. Von dem in engeren Poren verbleibenden sog. **Haftwasser** können die Pflanzen nur jene Menge aufnehmen, deren Bindungsfestigkeit im Boden geringer ist als die Saugkraft der Wurzeln. Als Grenzwert für Pflanzen „mittlerer“ Standorte, z.B. Kulturpflanzen, setzt man übereinkunftsgemäß 15 atm. an (entsprechend $10^{4,2}$ cm Wassersäule, als pF-Wert 4,2 bezeichnet). Mit dieser Saugkraft kann noch Wasser aus Mittelporen (bis zu 0,2 µm Durchmesser) aufgenommen werden; bei Austrocknung strömt auch hier Luft nach. Das in den noch engeren Feinporen gebundene Wasser mit höheren pF-Werten dagegen ist nicht pflanzenverfügbar. Wichtig ist also bei der Beurteilung des Wasserhaushaltes eines Bodens nicht die gesamte vorhandene Wassermenge, sondern diejenige, deren Saugspannung geringer ist als pF 4,2, die aber nicht im Verlaufe weniger Stunden wegsickert (entsprechend etwa pF 1,8). Dieses ist das sog. **pflanzenverfügbare Wasser.** Seine Menge ist horizontweise verschieden und hängt hauptsächlich von der Struktur ab. Ein **Krümelgefüge** mit ausgeglichenem Anteil an Poren verschiedener Größe gilt als optimal, denn es kommt für Pflanzenwurzeln und Edaphon außerdem auf ausreichenden Luftaustausch zwischen Boden und Atmosphäre und damit Zufuhr von Atmungssauerstoff an. Schichten mit wenig Grobporen entstehen leicht in tonreichen Böden; diese neigen daher zu Wasserstau und Luftarmut und lassen sich durch Zeigerpflanzen erkennen (s. S. 99). Sandböden mit ihrem hohen Anteil an Grobporen haben geringe Speicherkraft. Die in den durchwurzelten Schichten eines Bodens maximal vorhandene Menge an pflanzenverfügbarem Wasser wird als „nutzbare Regenkapazität" bezeichnet.

e) **Bodenarten** (= Körnungsklassen). Nach diesen Überlegungen ist es klar, daß die Größe der Partikel eines Bodens sicher ein ökologisch aussagekräftiges Merkmal ist, vor allem das Verhältnis von sparrigem **Skelett** (> 2 mm ∅) zu **Feinerde** (< 2 mm ∅) und die Menge der Kolloide. Nach letzteren pflegt man daher die Körnungsklassen = Bodenarten zu bestimmen; einige Ausdrücke hierfür sind geläufig; Beispiele: Sand enthält < 10% sog. Abschlämmbares, d. h. Teilchen mit einem ∅ von < 10 µm, Lehm enthält 30–44% Abschlämmbares, Ton (als Bodenart, nicht als Korngröße) > 60%.

f) **Horizonte** und **Bodentypen.** Neben den genannten spielen auch Prozesse der Umlagerung und Auswaschung, dies bei sauren Böden in niederschlagsreichem Klima, eine Rolle. Infolgedessen beobachtet man an einem Bodenprofil verschiedenartige Schichten, die Horizonte. Aus Abfolge, Farbe, Struktur und Bodenart der Horizonte lassen sich bereits wichtige ökologische Schlüsse ziehen, die durch Laboranalysen präzisiert werden können (s. ferner SCHLICHTING und BLUME 1966). Wichtige und allgemein übliche Horizont-Symbole sind:

A = belebter, u. U. auch ausgewaschener, oberster Horizont des Mineralkörpers, Hauptwurzelhorizont;
B = verwitterte Zone zwischen dem A-Horizont und dem Muttergestein, also ein Horizont im unteren Bereich des Mineralkörpers;
C = Muttergestein;
F = Streuschicht;

G = Gley-Horizont = Mineralkörper im Grundwasserbereich;
O = Auflagehumus, z. B. T = Torf = lange wassergesättigter Auflagehumus.

Infolge der Gesetzmäßigkeiten der Bodenentwicklung treten immer wieder bestimmte Horizontfolgen auf; sie werden als Bodentypen bezeichnet und mit Namen belegt, die vielfach von Volksnamen abgeleitet sind (s. KUBIENA 1953). Beispiele: Mull-Rendzina mit A-C-Profil über Kalkgestein; Braunerde mit A-B-C-Profil über Silikatgestein; Eisen-Humus-Podsol: Rohhumusauflage – gebleichter, da ausgewaschener A-Horizont – B-Horizont mit eingewaschenen und ausgefällten Humusstoffen und Eisenhydroxid – C.

Konkurrenz

Pflanzensippen und Pflanzengesellschaften sind erfahrungsgemäß an bestimmte Standorte gebunden und können als **Indikatoren** für die Größe bestimmter Faktoren dienen. Der **Zeigerwert** kann sich dabei auf einen oder mehrere Faktoren beziehen, einen schmalen oder einen breiten Ausschnitt aus dessen möglicher Spanne umfassen. Ist diese Korrelation von Pflanze zu Standort eine einfache und direkte Folge der physiologischen Ansprüche der einzelnen Arten? Die Frage ist zu verneinen; vielmehr wird der Lebensbereich im Gelände durch die Konkurrenz anderer Arten wesentlich eingeschränkt. Dies zeigt ja schon die schlichte Beobachtung, daß die meisten unserer Gartenpflanzen nicht verwildern und sich nicht einbürgern, obwohl sie Samen erzeugen und Klima- und Bodenverhältnisse im Gelände vielfach geeignet wären. **Konkurrenz = Wettbewerb** läßt sich (mit SCHWERDTFEGER 1975) definieren als „die gemeinsame Inanspruchnahme eines begrenzt angebotenen Requisits“ (einer lebensnotwendigen Gegebenheit); es sind also, anders ausgedrückt, solche Vorgänge, die zur Vorherrschaft bestimmter Organismen gegenüber anderen in einem bestimmten Lebensraum führen. Sie können sich unter den Individuen ein und derselben Art (intraspezifisch) oder zwischenartlich (interspezifisch) abspielen und sind mit der Hemmung mindestens eines der Partner verknüpft. Konkurrenz ist als „Kampf ums Dasein“ ein derart allgemeines und wichtiges Prinzip des Zusammenlebens, daß wir genauer darauf eingehen müssen (zur Begrifflichkeit BORNKAMM 1963, detaillierte Literaturauswertung KNAPP 1967).

Besonders illustrativ ist das von ELLENBERG angelegte und als Hohenheimer Grundwasserversuch bekannt gewordene Experiment (Einzelheiten bei ELLENBERG 1953, 1963, WALTER 1960): Es wurden mehrere Gras-Arten bei verschiedenem, aber jeweils konstantem Grundwasserstand in Monokultur und in Mischkultur angezogen. Sie wurden zu gleicher Zeit geerntet und ihre Massenerträge unter den verschiedenen experimentellen Bedingungen bestimmt. Die Quintessenz läßt sich aus der folgenden Tabelle entnehmen (Zahlen aus Abbildungen ermittelt):

Spezies	ökologischer Charakter	Optimum (relatives Ertragsmaximum) bei cm Grundwassertiefe in Monokultur	in Mischkultur
Bromus erectus, Aufrechte Trespe	in mäßig bis sehr trocknen Kalkmagerrasen	35	80
Arrhenatherum elatius, Glatthafer	in frischen bis mäßig trocknen Fettwiesen	12–30	65
Alopecurus pratensis, Wiesen-Fuchsschwanz	in feuchten bis nassen, gut gedüngten Wiesen	35	5

Ohne fremde Konkurrenten (aber bei intraspezifischem Wettbewerb) erreichten alle Arten bei etwa gleichem Wasserstand ihr Optimum; durch fremde Konkurrenten wurde jedoch das Gras der Trockenrasen in den trockneren Bereich, das der Naßwiesen in den nässeren abgedrängt. Die beiden hochwüchsigen Arten (Glatthafer, Fuchsschwanz) wurden weniger stark beeinflußt als die mittelwüchsige, waren also konkurrenzstärker.

Man erhält also das zunächst paradox erscheinende Ergebnis, daß eine Art im Gelände und damit unter der Konkurrenz fremder Arten nicht unbedingt dort wächst, wo sie ohne solche am besten gedeiht. „Ökologische“ und „physiologische Konstitution“ (ELLENBERG) oder, anders ausgedrückt, „autökologisches“ und „synökologisches Optimum“ (RABOTNOV) decken sich also nicht. Abb. 1 illustriert diesen wichtigen Befund. Daraus ergeben sich weitere Folgerungen:

a) der **Zeiger-** oder **Indikatorwert** der Arten hängt von ihren Konkurrenten ab; in vielen Fällen ist er daher nicht absolut, sondern gilt er nur innerhalb einer Gesellschaft.

b) Man sollte auch in der **Terminologie** deutlich unterscheiden, ob das physiologische oder das synökologische Verhalten einer Art in Bezug auf einen bestimmten Faktor gemeint ist und daher konsequent verschiedene Suffixe verwenden. Für das physiologische Verhalten (sei es experimentell erwiesen oder sicher erschlossen) gelten die Endungen -phil bzw. -phob; sie bedeuten physiologische Förderung bzw. Hemmung; für das synökologische Verhalten verwende man -phytisch bzw. a...phytisch (vorkommend oder nicht vorkommend); diese Endungen sagen über das

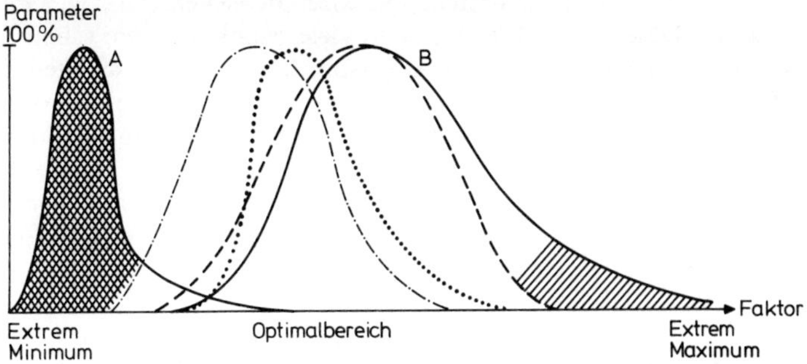

Abb. 1: Die Kurven stellen schematisch die Vitalität einzelner Arten (beliebige Meßgröße) im Experiment bei Variation eines beliebigen Faktors dar. Unter Optimalbereich sei hier derjenige verstanden, in welchem unter entsprechenden Bedingungen am Standort scharfe interspezifische Konkurrenz herrschen würde; schraffiert sind die Extrembereiche, in denen der Konkurrenzdruck gering wäre. Für die Art A ist – der sicher seltene Fall – angenommen, daß ihr autökologisches Optimum nahe dem Minimalwert des betrachteten Faktors liegt; sie ist dort konkurrenzfrei, ihr synökologisches Optimum ist folglich nicht verschoben. Ist die Art B konkurrenzschwach, so wird sie im Gelände im schraffierten Bereich vorkommen (Beispiel *Bromus erectus*); ist sie konkurrenzstark, so wird sie vor allem im Mittelbereich auftreten (Beispiel *Arrhenatherum elatius*).

physiologische Verhalten lediglich aus, daß die Art die betreffenden Bedingungen toleriert. Beispiel: *Bromus erectus* ist mesophil, aber mäßig xerophytisch und mäßig xerotolerant.

Wichtig ist diese deutliche Unterscheidung auch beim Boden-pH. Die Korrelation ist hier gebietsweise sehr eng; ganze Gesellschaftsklassen sind an saure bzw. neutral-basische Böden gebunden. Die Wirkung des pH ist jedoch fast immer nur indirekter Natur, so über die Löslichkeit von Ionen (Beispiel S. 164), über die Abhängigkeit der Ionenaufnahme der Wurzel (Beispiel S. 290), als Indikator für die Basensättigung der Bodenkolloide u. a. Nicht jede azidophytische Art ist also azidophil.

Die oft verwendeten Präfixe „eury-" bzw. „steno-" („weit" bzw. „eng") sagen aus, ob die synökologische Amplitude einer Art in bezug auf einen bestimmten Faktor groß oder klein ist. Die Ausdrücke „euryök" bzw. „stenök" geben an, daß eine Art unter sehr verschiedenen Standortsbedingungen bzw. nur an Spezialstandorten lebt. Euryök sind z. B. *Quercus robur* und *Vicia sepium*, stenök *Salicornia stricta* und *Phyllitis scolopendrium*.

c) Im mittleren Teil des in der Natur verwirklichten Gesamtbereiches der Faktoren können im Experiment die meisten Arten leben; hier ist die

Konkurrenz daher am schärfsten; in Extrembereichen (an sog. Grenzstandorten, LÖTSCHERT 1969) fallen viele Konkurrenten schon aus physiologischen Gründen aus. Die entsprechenden Gesellschaften sind daher artenarme Spezialistengesellschaften. Das **„zweite biozönotische Grundprinzip“** A. THIENEMANNS (z.B. 1956) bringt dies zum Ausdruck: „Je mehr sich die Lebensbedingungen eines Biotops vom Normalen und für die meisten Organismen vom Optimalen entfernen, um so artenärmer wird die Biozönose, um so charakteristischer wird sie, in um so größerem Individuenreichtum treten die einzelnen Arten auf.“

Floristische Verwandtschaft der Gesellschaften: Synsystematik (Syntaxonomie)

Grundsätzlich lassen sich alle Gegenstände nach verschiedenen Kriterien systematisieren. Hinsichtlich der Möglichkeiten der Gesellschaftsgliederung sei auf BRAUN-BLANQUET (1964) und MÜLLER-DOMBOIS and ELLENBERG (1974) verwiesen. Wir besprechen an dieser Stelle ausschließlich die Methodik des nach seinem Begründer J. BRAUN-BLANQUET benannten Systems; dieses hat sich in Europa weitgehend durchgesetzt und sich auch in anderen Erdteilen bereits bewährt.

Der Gedankengang bei der **Aufstellung des Systems** der Pflanzengesellschaften ist folgender: Wir sind umgeben von einer Vielzahl verschiedener Pflanzenbestände. Diese ändern sich an manchen Stellen sprunghaft und sind dann gut gegeneinander abgrenzbar; an andern erfolgt der Übergang kontinuierlich. Immer wieder trifft man Bestände an, die sich nach Floristik, Physiognomie und Ökologie mehr oder weniger stark gleichen. Man kann also Gruppen von Beständen zusammenschließen, die dem gleichen Typus angehören; die Typen sind einander mehr oder weniger ähnlich. Sie werden als **Pflanzengesellschaften** bezeichnet. Diese kann man also definieren als: die Gesamtheit von Beständen und den daraus abstrahierten Typus, der gekennzeichnet wird durch eine bestimmte Artenverbindung und bestimmte Standortsbedingungen. Es besteht also eine klare Analogie zum Begriff Sippe. Demgemäß entspricht dem Terminus **Taxon** für Sippen beliebigen Ranges der Terminus **Syntaxon** für Gesellschaften beliebigen Ranges. (Die Ausdrücke Phytozönose und Pflanzengemeinschaft kann man für einzelne Bestände wie auch für Gesamtheiten und Typen verwenden.)

Voraussetzung für das wissenschaftliche Verständnis und den praktischen Umgang mit der Vegetation ist eine Übersicht über die Typen. Hierfür muß ein Ordnungssystem gefunden werden, welches linear oder nach dem Prinzip einer Begriffspyramide aufgebaut ist. Letzteres, ein enkaptisches System, ist logisch befriedigender und zweckmäßiger, weil sich aus der Zuordnung zu einer bestimmten Rangstufe im System bereits Aussagen über untergeordnete Einheiten ableiten lassen. Diesem Prinzip folgen sowohl das System der Taxa als auch das der Syntaxa. Das methodische Vorgehen ist induktiv-synthetisch; als praktisches Verfahren hat sich das im folgenden zu schildernde bewährt. (Genaue Anleitung und weitere Verfahren s. ELLENBERG 1956, SCAMONI 1963, KNAPP 1971, REICHELT und WILMANNS 1973 und DIERSCHKE et al. 1973). Man muß sich allerdings auch grundsätzlich vor Augen halten, daß das System, wie es sich heute darstellt, mit Sicherheit noch nicht das endgültige ist. Zahlreich sind noch die Wissenslücken, weshalb so manche Gliederung noch hypothetisch ist und nicht einheitlich gehandhabt wird; im speziellen Teil werden wir in einigen Fällen darauf aufmerksam machen.

Aufnahme und Tabellenarbeit

Man macht im Gelände von einzelnen Beständen auf Probeflächen, die keine physiognomischen oder ersichtlichen standörtlichen Differenzen

Tab. 1. Beispiel einer pflanzensoziologischen Aufnahme

Nr. 251c. Weinbergsunkrautflur am Edelberg ö Kiechlinsbergen/Kaiserstuhl; 280 m NN. Löß. Neig. 2° W. Rebzeilenverlauf O-W, Abstand 1,50 m.

Aufnahmefläche 10×10 m². Vegetationsdeckung fast 100%.

Krautschicht:

5.5	Stellaria media	2.1	Lamium purpureum
2.1	Muscari racemosum	1.1	Cirsium arvense
2.1	Allium vineale	1.1	Convolvulus arvensis
2.2	Ornithogalum umbellatum	+.1	Malva neglecta
1.1	Geranium rotundifolium	+.1	Valeriana officinalis agg.
1.1	Veronica persica	1.1	Taraxacum officinale
1.1	Veronica hederaefolia	+.1	Poa annua

Moosschicht: fehlt

aufweisen, **soziologische Aufnahmen** (Beispiel Tab. 1). Hierbei wird eine Liste aller makroskopisch sichtbaren Pflanzen mit Angabe ihrer sog. **Artmächtigkeit** oder **Menge** (Deckung oder Individuenzahl, im Beispiel 1. Zahl) und **Häufungsweise** (2. Zahl) erstellt; dazu gehören Angaben über Lokalität und Standort (s. Tab. 2).

Tab. 2. International verwendete Aufnahme-Skalen bei der Methode nach Braun-Blanquet

Schätzung der Artmächtigkeit (Menge):	
r:	1 Individuum in der Aufnahmefläche, auch außerhalb im Bestand nur sehr sporadisch
+:	2–5 Individuen in der Aufnahmefläche, Deck. < 5%
1:	6–50 Individuen in der Aufnahmefläche, Deck. < 5%
2m:	> 50 Individuen in der Aufnahmefläche, Deck. < 5%
2a:	Individuenzahl beliebig, Deck. 5– 15%
2b:	Individuenzahl beliebig, Deck. 16– 25%
3:	Individuenzahl beliebig, Deck. 26– 50%
4:	Individuenzahl beliebig, Deck. 51– 75%
5:	Individuenzahl beliebig, Deck. 76–100%
Soziabilität (Geselligkeit, Häufungsweise):	
1:	einzeln wachsend
2:	gruppen- oder horstweise wachsend
3:	truppweise wachsend (kleine Polster oder Flecken bildend)
4:	in kleinen Kolonien wachsend oder größere Flecken oder Teppiche bildend
5:	in großen Herden wachsend

Diese Aufnahmen sind das zu ordnende Datenmaterial. Sie werden in **Tabellen** so angeordnet, daß Arten, die oft gemeinsam vorkommen, also hohe Affinität haben, in der Senkrechten beisammenstehen, und Bestände, die eine ähnliche Artenkombination aufweisen, in der Waagrechten, wie es die kleine Tab. 3 illustriert. Jede Artenkombination repräsentiert eine – zunächst nicht hierarchisch eingeordnete – Einheit oder Pflanzengesellschaft. Man kann diese Syntaxa bereits „handhaben“: man kann sie beschreiben, kartieren, ökologisch untersuchen.

Bei großen Tabellen, in welchen Hunderte von Aufnahmen zu verarbeiten sind, kann jeder einzelnen Einheit nur eine Spalte zugebilligt werden; man pflegt dabei für jede Art die sog. **Stetigkeit** anzugeben, d. i. die Zahl der Bestände jeder Einheit (in Prozent), in denen die betreffende Art vorkam, ohne Rücksicht auf deren Menge. Die römischen Zahlen I, II...V bedeuten dabei 1–20, 21–40 ... 81–100% Stetigkeit; zuweilen wird die erste Stufe noch aufgeteilt. Die Bindung einer Art an eine bestimmte Gesellschaft ist ein soziologisch besonders wichtiges Kriterium. Aus Vergleichen der Mengen und Stetigkeiten einer Art in verschiedenen Einheiten ergibt sich der Grad ihrer Bindung an eine bestimmte Einheit, d. h. ihr **Treuegrad.** Dieser, ein synthetisches und nur durch umfassenden Vergleich zu erkennendes Merkmal, wird in 5 Stufen (treu – fest – vag – hold – fremd) angegeben (s. Abb. 2).

Tab. 3. Beispiel einer kleinen soziologischen Tabelle; Material aus SISSINGH 1969; stark gekürzter und vereinfachter Auszug

a) Typische oder reine Subassoziation; auf Sand- und Lehmböden im Flachland;

b) Subass. nach Ranunculus repens; auf feuchten, lehmigen Böden;

c) Subass. nach Juncus compressus; auf tonigen, mäßig betretenen Böden, die im Winter zeitweise überschwemmt sind;

d) Subass. nach Sagina procumbens; auf Kies- und Schlackenwegen und in Pflasterfugen bei nicht zu starkem Verkehr.

Lolio-Plantaginetum, Trittwegerich-Gesellschaft														
Nr. der Aufnahme	1	2	3	4	5	6	7	8	9	10	11	12	13	14
Größe der Probefl. (m^2)	3	—	—	2	6	10	5	4	3	4	5	50	2	1
Vegetationsbedeck. (%)	70	—	90	45	50	70	50	70	75	75	30	20	90	100
Artenzahl	7	9	9	11	11	11	14	13	13	14	9	8	9	13
Syntaxon		a			b				c			d		
Plantago major	4	3	4	2	2	2	1	1	2	2	1	+	2	2
Lolium perenne	+	1	1	2	3	2	3	+	·	+	+	1	+	+
Poa annua	+	3	3	1	2	+	3	+	+	1	2	2	2	2
Trifolium repens	1	(+)	+	+	1	1	1	+	+	+	·	·	+	1
Potentilla anserina	·	2	+	+	·	1	1	2	2	+	(+)	·	·	+
Polygonum aviculare agg.	1	+	1	1	·	+	·	1	+	1	.	+	·	1
Ranunculus repens				+	1	1	1							
Rumex crispus				+	+	1	+							
Juncus compressus								1	2	2				
Juncus bufonius								3	1	2				
Sagina procumbens											1	2	1	2
Bryum argenteum											2	2	·	·
und weitere Arten														

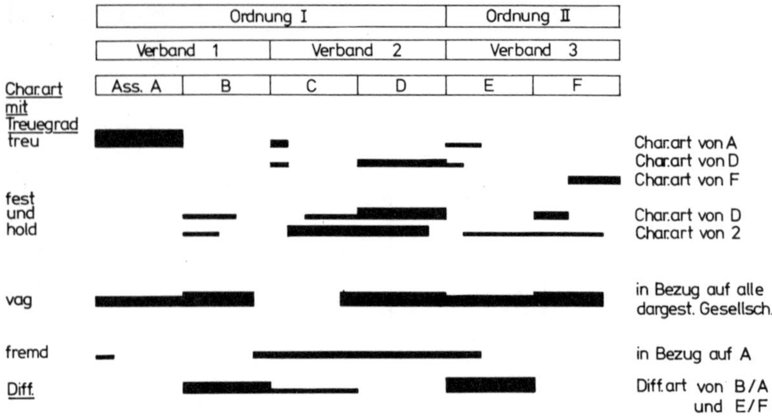

Abb. 2: Illustration der Kriterien für die Bestimmung von Charakter- und Differentialarten. Die Dicke der Balken veranschaulicht die Menge der Art in der betreffenden Gesellschaft, die Länge der Balken gibt ihre Stetigkeit in dieser an. Zur Vereinfachung der Darstellung ist die Annahme gemacht worden, daß die als Charakterarten eingestuften Arten außerhalb der Klasse nur spärlich vorkommen sollen; die unteren 3 Arten sollen dagegen auch in andern Klassen reichlich auftreten.

Bestimmung des syntaxonomischen Ranges

Die Fülle von Pflanzengesellschaften läßt sich nur dann geistig wie praktisch bewältigen, wenn sie systematisch geordnet und dabei zweckmäßigerweise nach Ober- und Unterbegriffen, also hierarchisch gegliedert ist; dies gilt grundsätzlich ebenso für andere Kollektive wie etwa Sippen, Gesteine oder chemische Substanzen. An der kleinen, schematisierten Tab. 4 sei die hierarchische Gliederung der Pflanzengesellschaften entwickelt. – Man bestimmt aus einem umfassenden tabellarisch geordneten Aufnahmematerial Grund-Einheiten; eine Grund-Einheit soll dadurch gekennzeichnet sein, daß sie diejenige kleinste Einheit (Gesellschaft) ist, welche noch mindestens eine einzige Art enthält, die in dieser Gesellschaft ihren eindeutigen Schwerpunkt des Vorkommens hat. Dieses Kriterium kann quantitativ nach Stetigkeit und Artmächtigkeit festgelegt werden (s. BRAUN-BLANQUET 1964). Eine solche Gesellschaft, eine Grund-, aber nicht absolut kleinste Einheit, wird **Assoziation** genannt. Arten mit klarem Schwerpunkt in einer Einheit (Gesellschaft) niederen oder höheren Ranges heißen **Kenn-** oder **Charakterarten.** Sie sind definitionsgemäß nicht unbedingt auf eine bestimmte Gesellschaft beschränkt, was oft in der Diskussion übersehen wird, sondern zeigen eben nur bestimmte Optima. Oft besteht diese Bindung nur in einem kleineren oder größeren Gebiet (lokal oder territorial). Verschiedene Möglichkeiten des Verhaltens von Charakterarten veranschaulicht die Abb. 2. Selbstverständlich ist eine solche Bestimmung der Assoziation nur dann haltbar, wenn auch die übrigen Arten zu einem hohen Prozentsatz übereinstimmen. Gegenbeispiel: Es wäre sinnlos, alle Wälder, in denen Traubeneichen vorkom-

Tab. 4. Schematische Darstellung des Vorkommens von Kenn- und Trennarten in den Syntaxa einer Klasse. Näheres s. Text.
In den Blockschemata BS des speziellen Teils ist die umgekehrte Anordnung gewählt: Im obersten Kasten stehen die Klassen-Kennarten; sie übergreifen die Kästen der Ordnungs-Kennarten, diese die der Verbände. Die Arten sind in alphabetischer Folge und ohne Rücksicht auf ihre (regional verschiedene) Stetigkeit angeordnet. Als Grundlage für die Blockschemata wurde vor allem OBERDORFER (1957) herangezogen; die Ergebnisse zahlreicher Spezialarbeiten wurden eingebaut.

Sippe (Taxon)	Pfl. gesellsch. (Syntaxon)	a	b	c	d	e	f	g	h	i	j
Assoziations-Kenna.	1	V	III				I				
	2	III	III								
	3	II	II								
	4			IV							
	5			III							
	6				II	III	V				
	7				III	III	III				
	8							V			
	9							IV			
	10								III	V	
	11								IV	II	
	12										III
	13							I			V
Verbands-K. a.	14	III	III	V							
	15	II	IV	IV							
	16				V	V	IV	IV	·	I	
	17				IV	IV	IV	II	V	IV	
	18				III	II	II	IV	III	II	
	19				IV	IV	III	III	·	I	
O.-K. a.	20	V	IV	IV	V	III	III	II	II	II	
	21	II	II	III	IV	III	III	II	I	·	
Klass.-K. a.	22	III	III	V	III	II	II	·	I	I	III
	23	III	II	II	I	III	I	II	·	II	II
	24	I	II	III	II	II	I	I	·	I	I
Trenna.	25	V			IV				III		
	26	IV			V				IV		
	27					V					IV
	28					III					V

men, zu einer Assoziation zusammenzufassen, denn die begleitenden Arten wären völlig verschieden. Eine Assoziation ist daher durch ihre **charakteristische Artenkombination,** d. h. Charakterarten (auch solche höherer Ordnung s. u.) sowie **Begleiter** von mehr als 60% Stetigkeit, gekennzeichnet. (Ausnahmefälle s. u.) In der Tab. 4 wären die Einheiten a+b, c, d–f, g, h+i und j jeweils eigene Assoziationen.

Wie in der Sippensystematik mehrere Arten aufgrund gemeinsamer übergreifender Merkmale zu einer Gattung vereinigt werden, werden in der Synsystematik aufgrund gemeinsamer Charakterarten mehrere Assoziationen zu einem **Verband** vereinigt (hier die Einheiten a–c durch die Arten 14+15, d–i durch 16–19). Entsprechend halten weitere Charakterarten mehrere Verbände zu einer **Ordnung** zusammen (Einheiten a–i durch die Arten 20+21). Die Einheit j in der Tabelle steht offenbar abseits; sie hat zwar eigene Charakterarten (12+13), läßt sich aber nur aufgrund der Arten 22–24 an die Ordnung a–i anschließen. 12+13 gelten also als Charakterarten der Assoziation, des Verbandes und der Ordnung. 22–24 sind Kennarten der höchsten üblichen Einheit, der **Klasse.**

Untergliederung der Assoziation

Für ökologische und Praxis-orientierte Untersuchungen stellen die Assoziationen bei weitem zu grobe Einheiten dar. Eine Assoziation wie die mitteleuropäische Tal-Glatthaferwiese, das Dauco-Arrhenatheretum, z.B. hat trockene Bestände mit Salbei, deren Bewirtschaftung als Wiese kaum lohnt; sie hat mittlere und auch frische mit Wiesen-Fuchsschwanz, wo reichliche und qualitativ gute Erträge erzielt werden. Diese weite Spanne läßt sich in folgender Weise bewältigen:

Die Untereinheiten der Assoziationen sind oft sehr eindrücklich voneinander abgesetzt, differenziert, durch Gruppen von Arten, die scharfen Indikatorwert haben, z.B. durch Feuchte- oder Trockenheitszeiger, aber auch chorologisch-großklimatisch verschiedene Arten, etwa atlantische oder kontinentale. Oft sind dies Charakterarten anderer Einheiten, die nur in bestimmte Ausbildungen anderer Assoziationen übergreifen, z.B. Arten der Trespenrasen in trockne Fettwiesen. Solche Arten werden als **Trenn-** oder **Differentialarten** bezeichnet. In Tab. 4 sind es die Artengruppen 25 + 26 und 27 + 28; diese differenzieren Subassoziationen innerhalb der Assoziationen (z.B. a gegen b, d gegen e + f). Nach dem gleichen Prinzip lassen sich **Subassoziationen** in **Varianten** und **Subvarianten** gliedern. Ein gewiß eindrucksvolles Beispiel für die Präzision der Gliederung und die Aussagekraft der Gesellschaften niederen Ranges ist auf S. 230 dargestellt.

Nomenklatur

Oft machen die zunächst zungenbrecherischen Namen der Gesellschaften Schwierigkeiten. Hat man sich indessen in die wissenschaftliche Nomenklatur eingearbeitet, so erhöht sie die Übersichtlichkeit, zumal die deutschen Namen nicht verbindlich festgelegt sind. Bei Assoziationen wird die Endung -etum an den Stamm des Gattungsnamens einer typischen (meist einer Charakter-)Art angehängt; das spezifische Epitheton des Artnamens tritt in den Genitiv. Für Verbände gilt die Endung -ion, für Ordnungen -etalia, für Klassen -etea. Subassoziationen werden entweder durch den Namen einer Trennart mit der Endung -etosum oder als „Subass. von“ oder „Subass. nach“ benannt. Oft werden zur Verdeutlichung zwei Sippennamen in der taxonomischen Bezeichnung vereinigt. Beispiele finden sich im folgenden Text.

Einige Detail-Informationen für bereits eingeführte Leser zum leichteren Literaturstudium:

a) Charakterarten können unterschiedlich eng an bestimmte Syntaxa gebunden sein, also unterschiedliche Treuegrade haben. Eine Art kann etwa auf eine höhere Einheit beschränkt, z.B. in einer Klasse treu sein, in einer bestimmten niederen Einheit, z.B. einer Assoziation, aber reichlicher vorkommen als in anderen der gleichen Klasse; in dieser Assoziation ist sie dann holde Kennart (Beispiel s. Phragmitetea). Arten ohne festen Gesellschaftsanschluß heißen Begleiter.

b) Ein syntaxonomisches Problem bilden Einheiten, die zwar in typischer Artenkombination weit verbreitet sind, aber nach dem gegenwärtigen Stande des Wissens keine eigentlichen Charakterarten haben. Sie werden oft ebenfalls als Assoziationen (mit entsprechend erweiterter Definition des Begriffs, vgl. Zentral-Assoziation S. 141) behandelt. Der Grad des floristischen Unterschiedes zu andern kann durch Gemeinschaftsindices bestimmt werden (s. dazu BARKMAN 1958). Die Gefahr einer ungezügelten Aufsplitterung und damit Unübersichtlichkeit vor allem bei nur lokalen Studien ist jedoch so groß, daß man in Zweifelsfällen lieber neutral von (ranglosen) „Gesellschaften“ sprechen sollte.

c) Die durch geographische Differentialarten bestimmten Einheiten werden als Vikarianten oder Rassen bezeichnet. Syngenetische Trennarten differenzieren Initial- oder Spätstadien der Gesellschaftsentwicklung. Ist eine Subassoziation oder niedere Einheit differentialartenlos, so erhält sie den Zusatz „typicum“ (oder „inops“) oder wird sie als „reine Subass.“ bezeichnet.

d) Durch Differentialarten können auch höhere Einheiten zusätzlich abgegrenzt werden. Ferner ermöglichen sie Zwischenrangstufen wie Unterklassen, Unterverbände, Assoziationsgruppen.

e) Stufen sind niedere Einheiten, die lokal auf einen Standortsfaktor geeicht sind, diesen also quantitativ anzeigen. Fazies sind niedrige Einheiten, die durch Dominanz einer oder weniger Arten physiognomisch auffallen.

f) In langfristig voneinander isolierten Gebieten, besonders in verschiedenen Kontinenten, gibt es vielfach Klassen, die zwar keine gleichen, wohl aber vikariierende Arten (nahe verwandte Arten der gleichen Gattung) besitzen und einander physiognomisch und ökologisch entsprechen. Diese lassen sich aufgrund gleicher charakteristischer Gattungen zu Klassengruppen (Endung -ea) vereinigen; ein Beispiel bilden die holarktischen Strauchgesellschaften der Rubo-Rosea.

g) Die Nomenklatur der Syntaxa ist leider oft verworren, wiewohl im Grundsatz das Prioritätsprinzip gilt. Doch sind – neben Irrtümern – auch verschiedene wissenschaftliche Auffassungen möglich. Die jüngst für den internationalen Gebrauch vorgeschlagenen, äußerst komplizierten Nomenklatur-Regeln haben keine allgemeine Anerkennung und damit Verbindlichkeit gewonnen. Der Zusatz des Autorennamens und des Publikationsjahres zu dem Namen des Syntaxons sind daher in Fachpublikationen erwünscht; in diesem Lehrbuch wären sie jedoch Ballast. Sprachliche Regeln für die Bildung der Namen geben Bach, Kuoch und Moor (1962) und Rauschert (1963).

Ein Vergleich des syntaxonomischen mit dem sippen- oder idiotaxonomischen System möge zusammenfassend deren formalen Parallelismus aufzeigen und die Anwendung erleichtern: Der logischen Begriffsreihe: Individuum – Sippe (Taxon) – Art – Unterart – Gattung – Abteilung (Stamm) entspricht die Folge: Bestand – Gesellschaft (Syntaxon) – Assoziation – Subassoziation – Verband – Klasse. Im Sippensystem ist das Kriterium die Ähnlichkeit in strukturellen und funktionellen Merkmalen aufgrund von historisch gewordener genetischer Verwandtschaft; diese bestimmt die Typenzugehörigkeit in einem phylogenetisch orientierten System der Organismen. Im Gesellschaftssystem nach Braun-Blanquet ist die Ähnlichkeit der floristischen Zusammensetzung das Typenkriterium; auch sie ist Ausdruck struktureller und funktioneller Merkmale und der geschichtlichen Entwicklung der Gemeinschaften; ein genetischer Zusammenhang besteht hier jedoch nicht. Nicht organismische Ordnung, sondern ökologische Ordnung liegen ihnen zugrunde (Tischler 1976).

Verbreitung von Pflanzensippen und Pflanzengesellschaften: Chorologie und Synchorologie (Arealkunde)

Arealbildung

Das **Areal** ist das Wohngebiet einer Sippe bzw. Pflanzengesellschaft. Diese **Verbreitung** (distribution) wird bestimmt von der ökologischen Konstitution der Arten, dem Vorkommen geeigneter Standorte, aber auch den Ausbreitungsmöglichkeiten der einzelnen Sippen im Laufe der Geschichte. Die Ausbreitungs- oder Wanderfähigkeit einer Art hängt u. a. von der Art ihrer **Diasporen**, d. h. Ausbreitungseinheiten ab; das sind Pflanzenteile, welche im Dienste der Propagation (Vermehrung und Ausbreitung) abgetrennt werden, also Sporen, Samen, Brutkörper u. ä. Die effektive **Ausbreitung** setzt nicht nur Transport der Diasporen (dispersal) voraus, sondern auch die dauerhafte Ansiedlung (establishment) an einem erreichten Ort; diese aber findet nur statt, wenn geeignete Standorte ohne allzu starke Konkurrenz existieren. **Ausbreitungsschranken** können Gebirge, Meere, aber auch wenige Kilometer breite Flußtäler oder andere, eben von der betreffenden Art nicht besiedelbare Geländestreifen sein.

Das **aktuelle Areal** einer Art ist oft nicht gleich dem **potentiellen**, sondern kleiner. Dies ist besonders klar bei Arten, die der Mensch in ihnen zusagende Klimagebiete unbewußt eingeschleppt oder bewußt eingeführt hat und die sich dann eingebürgert haben (naturalisiert sind). Beispiele s. S. 141. Pflanzen, welche ihr Vorkommen in einem bestimmten Raum direkt oder indirekt dem Menschen verdanken, werden als **Adventivpflanzen** bezeichnet; das Gegenteil sind **Indigene**, einheimische Pflanzen. Je nach Alter der Ansiedlung im Gebiet unterscheidet man **Archäophyten**, die bis zum Ende des 15. Jahrhunderts, und **Neophyten**, die nach der Entdeckung Amerikas eingedrungen sind. Einheimische, die ihr Areal infolge des Menschen dichter besiedeln können als in der ursprünglichen Vegetation, also auf anthropogene Standorte übergegangen sind, werden als **Apophyten** bezeichnet. Andererseits besteht die Gefahr der anthropogenen Ausrottung in bestimmten Gebieten, heutzutage durch Entwässerungen, durch intensivierte Landnutzung, vor allem aber durch großflächige Verluste an freier Landschaft. (Zusammenstellung statistischer Daten bei OLSCHOWY (1978). Auf die Gefährdung einzelner Pflanzengesellschaften und damit die Nivellierung der Vegetation werden wir im folgenden besonders hinweisen.

Nach der Größe des Areals von Sippen und Gesellschaften pflegt man **Kosmopoliten** und **Endemiten** als Extremtypen herauszustellen. Erstere besiedeln weite Teile der Erdoberfläche und nahezu alle Kontinente, sind aber nicht unbedingt euryök! Letztere haben ein relativ kleines Areal (klein in Relation zu anderen gleichrangigen Taxa). Die Entstehung des Endemismus ist unter Berücksichtigung historischer Tatsachen zu erklären. Die eine Möglichkeit ist die Evolution neuer, noch junger Taxa: progressiver oder Neoendemismus. Die andere Möglichkeit liegt darin, daß das heutige Areal der Rest eines ehemals größeren ist; die Sippen pflegen dann auch systematisch isoliert zu stehen: konservativer oder Paläoendemismus (Beispiel S. 129).

Arealbeschreibung

Nach der Form der Areale lassen sich zusammenhängende, sog. **geschlossene**, und aus Teilarealen bestehende, gleichsam zerstückelte, sog. **disjunkte Areale** feststellen. Im letzten Falle liegen die Teilareale so weit voneinander entfernt, daß eine Überbrückung des Zwischengebietes (etwa zwischen Alpen und Arktis) unter den aktuellen Bedingungen mit den natürlichen Ausbreitungsmitteln der Art nicht möglich ist. Auch die Bildung von Arealdisjunktionen muß unter geschichtlichen Aspekten betrachtet werden; Beispiele s. S. 131 und 159.

Zwar haben wohl keine zwei Taxa oder Syntaxa identische Areale, doch lassen sich nach den Verbreitungsschwerpunkten bestimmte wiederkehrende Typen von Arealen erkennen. Alle Sippen eines Gebietes, die den gleichen **Arealtyp** besitzen, werden zu einem **Geo-** oder **Florenelement** zusammengefaßt. Oft zeigen Spektren der Arealtypen für eine Landschaft, daß ein bestimmtes Geoelement besonders reich vertreten ist und den Klimacharakter widerspiegelt, z.B. das submediterrane Geoelement im Kaiserstuhl, das boreale im Harz. Die Arealtypen können nach horizontaler und vertikaler Erstreckung beschrieben werden. Die Bezeichnungen in der Literatur sind nicht einheitlich; wir versuchen hier, eingebürgerte und neuere Termini, besonders die von MEUSEL, JÄGER und WEINERT (1965), in einem einfachen System zu verbinden.

Die mit der Höhe abnehmende Dichte der Luft bedingt im Gebirge eine allgemeine Temperaturabnahme und Verkürzung der Vegetationsperiode (festgelegt als die Zeit mit Tagesmitteltemperaturen von >10 °C); dies hat eine deutliche **Stufung der Vegetation** und damit der Wirtschaftsmöglichkeiten zur Folge. Bei aller klimatischen und floristischen Verschiedenheit je nach Lage der Gebirge kann man sich doch auf gewisse Bezeichnungen festlegen und zwar: **kollin – montan – subalpin – alpin – nival.** Für die großen Küsten- und Binnenebenen unter 100 m verwendet man den Ausdruck **planar.** (Näheres s. HAEUPLER 1970). Qualität und Höhe der Stufen lassen sich nur für den speziellen Fall genau schildern; für die deutschen Mittelgebirge und die Nordalpen ist ihr Inhalt ganz knapp zusammengefaßt folgender (die Zahlen können nur einen groben Anhalt für den südwestdeutschen Raum bieten):

Das **kolline** Gebiet ist die Stufe günstigsten Obst- und Weinbaus (bis 300 m); Wald erreicht nicht die Wüchsigkeit wie in der anschließenden **montanen**, der eigentlichen Waldstufe. Deren untere Lagen, als **submontan** bis 500 m abgrenzbar, besitzen noch wärmebedürftige Arten, sind z.B. reicher an Eichen und Hainbuchen als die **mittelmontane** Stufe = **montane** Stufe im engeren Sinne (bis 1100 m). Hier gedeihen Buche und Tanne optimal, letztere nach Norden nur bis zum Thüringer Wald reichend. Im **hochmontanen** = **orealen** Bereich (bis 1600 m) weicht der Ackerbau der reinen Grünlandwirtschaft, denn Stürme, Kälte, Schneereichtum nehmen zu. Als **subalpin** sei diejenige Stufe bezeichnet, in welcher in den Nordalpen Krummholz aus Latsche und Grünerle, in den Zentralalpen Lärchen-Arvenwälder oder ihre Ersatzgesellschaften vorkommen. Oft wird aber auch der tieferliegende Streifen mit natürlichem Fichtenwald zur subalpinen Stufe gerechnet. Oberhalb 2000 m beginnt das Reich der **alpinen** Rasen- und Schuttgesellschaften. („Alpin" ist in diesem System von chorologischen Termini also eine Höhenstufenbezeichnung; meint man das Gebiet der Alpen, so sollte man von **„alpisch"** sprechen; wir verwenden diesen Ausdruck einfachheitshalber auch für Pflanzen, die in den **alpiden** (den im Tertiär aufgefalteten europäischen) Hochgebirgen vorkommen.) Die Lebensbedingungen in der gut abgesetzten alpinen Stufe werden immer härter, die Vegetation schütterer und relativ kryptogamenreicher. Sie löst sich schließlich in Flecken und Polster auf. Oberhalb der klimatischen Schneegrenze setzt man meist die **nivale** Stufe an.

Bei der Darstellung der **horizontalen Gliederung** beschränken wir uns auf die **Holarktis**, d.i. dasjenige der 6 Florenreiche, welches die Nordhalbkugel bis etwa zum nördlichen Wendekreis einnimmt. Die Florenreiche sind die Großräume der Erde, welche eine in sich relativ einheitliche Flora meist mit eigenen Familien besitzen und gegen die Nachbarreiche auf kurze Distanz, also mit steilem Florengefälle, klar abgesetzt sind. Karten s. MEUSEL, JÄGER und WEINERT (1965), auch „STRASBURGER" (1971). Vom Nordpol in Richtung Äquator lassen sich nach Klima und Vegetation der Tieflagen eine Reihe von **Gürteln** abgrenzen. Innerhalb der Holarktis sind dies von Nord nach Süd: 1. die **arktische** Zone als das Gebiet nördlich der polaren Waldgrenze mit langen Wintern, kühlen Sommern und riesigen Tundren. 2. In der anschließenden **borealen** Zone werden die Klimaverhältnisse mit längerer Vegetationsperiode pflanzengünstiger, doch ist Getreidebau nicht bis zu ihrer Nordgrenze möglich; hier dominieren nordische Nadelwälder mit Fichte, Waldkiefer und Lärche. Die anschließenden gemäßigten Breiten umfassen 3. eine nördlichere, als kühlgemäßigt oder **temperat** bezeichnete und 4. eine südlichere, wärmegemäßigte oder **submeridionale** Zone: hier kommen sommergrüne Laubwälder in niederschlagsreichen, Steppen in niederschlagsarmen Gegenden vor. 5. Die **meridionale** Zone ist in Europa im wesentlichen mit dem Mediterrangebiet identisch; hier wird sie durch Hartlaubgehölze (im kontinentalen Asien durch Wüsten) charakterisiert.

Diesen Nord-Süd-Gürteln kann man zur Eingrenzung der West-Ost-Erstreckung von Arealen die Angaben der Erdteile gegenüberstellen und hier wiederum die meernahen **ozeanischen** von den **kontinentalen** Räumen mit ausgeprägterem Temperaturgang und geringeren Niederschlägen trennen. – Durch die Vorsilbe „sub-“ pflegt man anzugeben, daß der Begriff in abgeschwächtem Sinne aufzufassen ist (Ausnahme: submeridional bzw. submediterran).

Die Kausalität der Arealgrenzen ist zu einem guten Teil noch von der experimentellen Ökologie zu erforschen; dabei ist z.B. auf den Grad der Kälteresistenz, die Lage des Assimilationsoptimums, die Regulation des Wasserhaushalts abzuheben.

Zeitlicher Wandel von Pflanzengesellschaften: Syndynamik (Sukzessionslehre)

Der Begriff Sukzession

Schon aus der Tatsache, daß Pflanzengesellschaften empfindliche Zeiger ihrer Standortsfaktoren sind, folgt, daß sie auf Änderungen ihres Standorts reagieren müssen: die Reaktion äußert sich als Artenverschiebung, also Gesellschaftswandel. Die Abfolge verschiedener Pflanzengesellschaften beliebigen Ranges an ein und demselben Wuchsort bezeichnet man als Sukzession.

Standortsveränderungen werden in der Kulturlandschaft meist vom Menschen ausgelöst; auch wenn er seine wirtschaftlichen Aktivitäten einstellt, z.B. eine Wiese nicht mehr mäht, bedeutet dies ja einen Wechsel in der bisherigen Faktorenkonstellation und löst ein Einpendeln auf eine neue Gleichgewichtslage aus. Viele Fragen der Bodennutzung und Landschaftspflege sind damit Fragen nach Sukzessionen: „Was geschieht, wenn man einen Waldstreifen abschlägt? es mit Schädlingsbekämpfung ohne Pestizide versucht? gar nichts tut?“ Antworten auf solche Fragen sind durch Beobachtungen und direkte Messungen relativ kurzfristig, innerhalb weniger Jahre, zu gewinnen. Außerdem gibt es langfristige Sukzessionen, die nur mit indirekten Methoden, etwa der Pollenanalytik, aufgeklärt werden können. Hier ist die Grenze zur Synchronologie nicht scharf (s. folg. Kap).

Die zuerst auftretenden Gesellschaften werden als **Pioniergesellschaften** bezeichnet; ist der Standort durch sie „aufbereitet“, so wandeln sie sich allmählich zu **Folgegesellschaften**, deren letzte die **Schlußgesellschaft** ist.

Natürliche und Ersatzgesellschaften

Besondere Bedeutung kommt jenen Schlußgesellschaften zu, die sich einstellen würden, wenn der Einfluß des Menschen von heute an unterbleiben würde. Man fordert, daß diese Gesellschaften im Gleichgewicht mit den aktuellen klimatischen und edaphischen Faktoren stehen; mit anderen Worten: sie werden, falls sie nicht schon **real**, also vorhanden sind, als sich schlagartig einstellend gedacht, als **potentiell**; etwaige Änderungen abiotischer Faktoren im Laufe einer hypothetischen Sukzession sollen also ausgeschlossen sein. Diese Gesellschaften werden als **„natürlich“** im strengen Sinne bezeichnet; ihre Gesamtheit ist die **natürliche Vegetation** (TÜXEN 1956). Über große Flächen hin natürlich in diesem Sinne sind in Mitteleuropa nur verschiedenartige Waldgesellschaften; die heutigen Wirtschaftswälder weichen allerdings in ihrer Artenzusammensetzung fast immer von der sich spontan einstellenden ab. Wenn die natürliche Vegetation aktuell vorhanden wäre, wären die **anthropogenen** oder **Ersatzgesellschaften**, Ackerfluren, Wiesen, Heiden u. ä., verschwunden; Seen und Flüsse mit ihren Röhricht-Ufern und Moore, einige Dünen und das Watt, Felswände und flachgründigste Steinschutthalden, dazu die Hochgebirgsgipfel mit ihrer Vegetation würden aus dem fast geschlossenen „Waldmeer“ als „Inseln“ herausschauen. Die natürliche Vegetation früherer Zeiten sähe anders aus als die der Gegenwart; so bliebe heute ein knotiges Netzwerk von dicht bebauten Wohn- und Industrie-Arealen, von Asphalt- und Betonstraßen übrig; denn diese Flächen wären für Pflanzen, abgesehen von einigen Kryptogamen, so gut wie unbesiedelbar. Hier ist der Begriff der natürlichen Vegetation nicht mehr sinnvoll.

Die natürliche Vegetation ist also über große Teile der Erde hin nur potentiell, möglich; sie muß demgemäß konstruiert werden (Methoden s. REICHELT und WILMANNS 1973). Der Begriff der natürlichen Vegetation ist verwandt mit dem der Klimax, muß aber klar unterschieden werden. Die **Klimax-Hypothese** ging von der Vorstellung aus, daß im Laufe von Jahrtausenden alle Böden altern, sich dabei über große Gebiete hin angleichen und sich demgemäß eine einheitliche, in humiden Regionen azidophytische Vegetation einstelle, die Klimaxvegetation. Da die Hypothese von falschen Voraussetzungen ausgeht und unkontrollierbar lange

Zeiten mit unvorhersehbaren Vorgängen einschließt, wurde der Begriff modifiziert und auch unscharf. Falls heute von Klimaxgesellschaft gesprochen wird, ist die über große Flächen eines Gebietes hin, also auf dessen „mittleren Standorten“ entwickelte oder gedachte Vegetation gemeint; man kann sie auch als **„regionale natürliche Vegetation“** bezeichnen.
Die Erforschung und Kartierung der potentiellen natürlichen Vegetation ist eine wichtige Aufgabe der theoretischen wie der angewandten Pflanzensoziologie; denn die natürlichen Pflanzengesellschaften sind vorzügliche Indikatoren für die heutigen abiotischen Umweltbedingungen; sie charakterisieren heutige standörtlich einheitliche Flächen (Fliesen), welche durchaus in früheren Zeiten vom menschlichen Einfluß geprägt worden sein können. Karten der pnV abstrahieren von den momentanen, wandelbaren menschlichen Wirtschaftsmaßnahmen und geben somit das natürliche biotische Potential der heutigen Landschaft wieder.
Beispiele sind die Karte der pnV der Umgebung von Göttingen, die als erste von PREISING (1956) vorgelegt wurde, und das Musterblatt der für die ganze Bundesrepublik geplanten Kartierung 1:200000, Blatt Minden mit Erläuterungen (TRAUTMANN 1965).

Ursprüngliche (= vor menschlicher Einwirkung vorhandene) und heutige potentielle natürliche Vegetation brauchen nicht identisch zu sein; sieht man einmal von zwischenzeitlichen Klimaänderungen ab, so gibt es immer noch genügend viele, wenn auch nicht immer genügend erforschte Fälle, wo der Mensch die Ökologie der Landschaft irreversibel verändert hat. Man braucht bei der Suche gar nicht ins berühmte Mediterrangebiet auszuweichen; besonders eindrücklich ist es in der südlichen Oberrheinebene. Hier haben die Rheinkorrektion vor hundert Jahren und der Bau des Rheinseitenkanals nach dem 1. und 2. Weltkrieg zu Grundwasserabsenkungen um 10 m und mehr geführt; anstelle der ursprünglichen Auenwälder, Weidengebüsche und Röhrichte findet man heute als Ersatzgesellschaften Äcker, Trockenrasen mit Buschwerk und Kiefernplantagen; hier und da aber stocken kleine Waldstücke mit Traubeneiche, Hainbuche und Winterlinde mit *Carex alba*-Herden, die es erlauben, ein Bild von der noch nie realisierten potentiellen natürlichen Vegetation dieser veränderten Aue zu entwerfen (HÜGIN 1963). Ein Beispiel aus Norddeutschland betrifft die Ablagerung von mehrere Meter mächtigen Auelehmen im Weser- und Leinetal. Sie war eine Folge der Rodung, Besiedlung und Bodenerosion in den Mittelgebirgen im Einzugsgebiet dieser Flüsse. An Stelle der vermuteten ehemaligen Eichenwälder auf Kies bilden anspruchsvolle Eschen-Ulmen-Auenwälder die potentielle natürliche Vegetation von heute; auch sie war noch nie realisiert.

Vegetationsgeschichte: Synevolution und Synchronologie

Manche Züge in der heutigen Verteilung und Beschaffenheit der Pflanzengesellschaften kann man nur verstehen, wenn man einige Voraussetzungen für ihre erstmalige Entstehung kennt. Auf ausführlichere Darstellungen bei FIRBAS (1949, 1954), WALTER und STRAKA (1970) und im „STRASBURGER" (1971) sei verwiesen. Den Ausdruck Synevolution schlagen wir hier vor an Stelle von Symphylogenie (bei WESTHOFF und DEN HELD 1969), der wenig Anklang gefunden hat, da er zu sehr an die Stammesgeschichte der Organismen erinnert.

Wir beschränken uns auch hier auf die Holarktis. Ihre Floren- und Vegetationsgeschichte läßt sich, wenn auch lückenhaft, vom Alttertiär an aufgrund von Fossilien entschlüsseln.

Vegetationsprägende Vorgänge im Tertiär

Eozäne Ablagerungen auf Spitzbergen und in andern heutigen Polargebieten lieferten Blätter, Pollenkörner und wenige Fruktifikationen, welche, zuerst von O. HEER als Flora fossilis arctica (1868–83) beschrieben, als arktotertiäre Flora berühmt wurden. Identifizieren ließen sich z. B. die Gattungen *Salix, Pinus, Betula,* aber auch *Ginkgo, Sequoia, Liriodendron* und *Sassafras.* Geht man von der Prämisse aus, daß Gattungen, die gegenwärtig eine enge klimatische Spanne haben, auch damals stenotherm waren, daß also der morphologischen Ähnlichkeit der Funde mit den heute lebenden Pflanzen eine ökologische entspricht, so muß man den Schluß ziehen, daß im Alttertiär im heutigen Polargebiet eine warmgemäßigte Flora und Vegetation gediehen, vergleichbar mit den Verhältnissen im heutigen Ostasien (**Aktualitätsprinzip**). Über das Polargebiet hinweg müssen damals Wanderwege bestanden haben; es muß also Florenaustausch möglich gewesen sein. Zu gleicher Zeit herrschten in Mitteleuropa tropische Verhältnisse, wie Palmen und Zimtbäume aus alttertiären Braunkohlenlagern des Geiseltals bei Halle beweisen.

Die späteren Fossilien als „Thermometer der Vergangenheit" belegen eine generelle, allmähliche Abkühlung und damit ein Südwärtswandern der Klima- und Vegetationsgürtel (s. MÄGDEFRAU 1968). So ist die aus dem Pliozän stammende „Frankfurter Klärbeckenflora" der arktotertiären Flora recht ähnlich, während im hohen Norden in dieser Epoche bereits Tundren- und boreale Vegetation lebte. Damit war aber der Zusammenhang zwischen den gemäßigten Teilen Nordamerikas, Europas und Ostasiens unterbrochen; infolge dieser Separation konnte die Evolution in diesen Räumen auf getrennten Bahnen ablaufen. Sippen, welche den drei Gebieten gemeinsam sind, müssen schon vor der Trennung entstanden sein, z. B. die Arten *Hepatica nobilis, Blechnum spicant,* die Gattungen *Fagus, Quercus, Tilia, Acer.* Diese Sippen besitzen daher heute eine ostasiatisch-nordamerikanisch-europäische Disjunktion. Die genannten und viele andere Gattungen haben seither eigene Arten entwickelt, z. B. *Fagus sylvatica* in Europa, *Fagus crenata* in Ostasien, *Fagus grandifolia* in Nordamerika. Diese Disjunktion von Taxa verschiedenen Ranges findet verständlicherweise ihre Parallele bei den Syntaxa, die sich aus diesen Taxa aufgebaut haben. Soziologische Untersuchungen, welche die Japaner in den letzten Jahren nach europäischer Methodik durchgeführt haben, zeigen die Gesetzmäßigkeiten viel klarer, als dies durch bloße Florenlisten möglich wäre. Aufnahmen von Hochmoorgesellschaften der Klasse Oxycocco-Sphagnetea aus Japan und Nordamerika sind fast identisch mit solchen aus Nord- und Mitteleuropa; sie differieren nur in wenigen Arten und gehören sogar den gleichen Ordnungen an (s. S. 243). Bei den Fichtenwäldern sind die Unterschiede etwas stärker; hier handelt es sich um mehrere verschiedene Ordnungen der Klasse Vaccinio-Piceetea, charakterisiert u. a. durch *Picea glauca* in Amerika, *Picea abies* in Europa und *Picea jezoensis* in Ostasien.

Die Formation der sommergrünen Laubwälder schließlich ist wärmebedürftiger als die vorigen und dürfte daher am frühesten kontinentweise isoliert worden sein, ihre Synevolution muß also am längsten auf eigenen Bahnen abgelaufen sein; hier sind in der Tat drei verschiedene Klassen mit einer Fülle vikariierender Arten gleicher Gattungen entwickelt, die Querco-Fagetea sylvaticae bei uns, die (Querco-)Fagetea crenatae in Japan und die Querco-Fagetea grandifoliae in Nordamerika. Aufgrund zahlreicher gleicher charakteristischer Gattungen läßt sich die Klassengruppe Querco-Fagea aufstellen.

Ins Tertiär fällt auch die Auffaltung der alpiden, zentralasiatischen und nordamerikanischen Hochgebirgsketten, damit die früheste Entstehung von Hochgebirgs- aus Tieflandsippen bei den Angiospermen und damit der Aufbau der Gebirgsgesellschaften.

Vegetationsprägende Vorgänge im Quartär

Starke Florenverschiebungen fanden auch im anschließenden Quartär statt, das geologisch in Pleistozän und Holozän zu gliedern ist. In mindestens vier **pleistozänen Kaltzeiten, Glazialen,** stießen von Norden und aus den Alpen Eismassen vor, maximal einerseits bis an den nördlichen Rand der Mittelgebirge, andererseits bis an die Donau bei Ulm. Eingeschaltet waren **Warmzeiten, Interglaziale,** in welchen die zuvor abgewanderten Arten aus ihren Refugien (Mittelmeerraum, Balkan, Pannonisches Becken) zurückkehren konnten. Freilich blieb dabei manche Art „auf der Strecke“, zumal die Alpen sich direkten Nord-Süd-Wanderungen als Querriegel entgegenstellten. Heute ist die Flora Mitteleuropas erheblich artenärmer als die vergleichbarer Teile Nordamerikas und Ostasiens; denn in Nordamerika erstreckten sich die Gebirge parallel zur Richtung der Eisvorstöße, und in Ostasien war die Vergletscherung überhaupt schwächer.

Dank der Methode der **Pollenanalyse** sind wir über die Floren- und Vegetationsgeschichte des ausklingenden letzten (Würm-)Glazials und des anschließenden **Holozän** gut unterrichtet. Diese Arbeitsweise besteht in der Untersuchung pflanzlicher Sediment-Einschlüsse, vor allem der sich gut erhaltenden Pollenkorn-Exinen und Sporenwände, ergänzt durch Großrestfunde (Samen, Holzstückchen u. ä.). Meist sind diese „Archive“ See- oder Moorablagerungen, bei denen sogar verschieden alte Schichten analysiert werden können. In Pollendiagrammen werden die prozentualen Anteile der Funde aus den einzelnen Schichten in chronologischer Folge dargestellt. Aus ihnen kann man – mit gewissen Einschränkungen und Vorbehalten – den allgemeinen Ablauf der Vegetationsentwicklung in der weiteren Umgebung der Entnahmestelle qualitativ ablesen. Absolute Datierungsmöglichkeiten bestimmter Schichten sind gegeben durch C^{14}-Analysen (Radiokarbon-Methode), für historische Zeiten auch durch Akten. Relative Datierungsmöglichkeiten ergeben sich aus der regelmäßigen Grundsukzession (s. S. 44). Interessant ist die Verknüpfung mit vorgeschichtlichen Funden, welche bei bekannter Zeitstellung die Schicht, bei relativ datierter Schicht die Funde einzustufen erlaubt. Wesentliche Aussagen, die bis zur Rekonstruktion urgeschichtlicher Gesellschaften und damit längst vergangener Lebensräume des Menschen führen können, lassen sich aus Subfossilien von Grabungsstätten gewinnen. Eindrucksvolle Beispiele hierzu bieten KÖRBER-GROHNE (1967) und FRITZ (1977). Eine Zusammenstellung der bis 1973 bekannt gewordenen prähistorischen Nachweise von Pflanzengesellschaften gibt TÜXEN (1974).

Verfolgen wir die mitteleuropäische Floren- und Vegetationsgeschichte vom beginnenden **Spätglazial,** etwa 18000 v. Chr., an bis zur Gegenwart! Am besten bekannt ist die Rückwanderung der Baumarten, deren Gattungen und damit vielfach auch Arten schon früh eindeutig bestimmbar waren. Ihre allmähliche Rückkehr aus den **Refugien** hing nicht nur von ihren Wärmeansprüchen ab, sondern auch von der Lage der Überdauerungsgebiete und von ihrer Wandergeschwindigkeit. Pollenanalysen in vielen Gebieten lehrten, daß eine in Grundzügen gleiche, daher als

Mitteleuropäische Grundsukzession bezeichnete Abfolge von Waldtypen, die allerdings nur grob charakterisierbar sind, stattgefunden hat. In den einzelnen Landschaften ist diese freilich überlagert durch das Eindringen zusätzlicher Holzarten; so ist in der Mittleren Wärmezeit im Schwarzwald bereits die Tanne nachweisbar; in der Späten Wärmezeit tritt im Harz zur Buche die Fichte.

1. Zu Beginn des Eisrückzugs wuchs zwischen den Eisschilden noch die Vegetation des Hochglazials; sie rückte beim Abschmelzen der Gletscher allmählich in die eisfrei werdenden Gebiete nach. Es war eine Tundrenvegetation; der entsprechende Zeitabschnitt wird als (waldlose) **Ältere Tundrenzeit** bezeichnet. Die Reste sind als subfossile (d. h. schwach fossilisierte) Dryasfloren im Glazialton der Eisrandseen erhalten; aus Pflanzen wie *Dryas octopetala, Betula nana, Polygonum viviparum, Menyanthes trifoliata* läßt sich folgern, daß damals bei uns Zwergstrauch- und Rasengesellschaften, Seggenrieder und artenarme Wasserpflanzengesellschaften gelebt haben müssen. Zu diesen kamen mit Sicherheit noch andere, die zwar nicht pollenanalytisch erfaßbar sind, deren heutiges Arealbild aber darauf schließen läßt (s. S. 159; WILMANNS i. Dr.). Alpische und arktische Pflanzen trafen also, vom Eis in die Zange genommen, zusammen; bei der späteren Erwärmung und Wiederbewaldung wurden sie verdrängt bis auf wenige Vorkommen, wo sie als Glazialrelikte weiterexistieren. Sofern sie nach Norden wie nach Süden ausgewichen sind, bilden sie heute das arktisch-alpische Florenelement mit disjunktem Areal (s. S. 157).

2. Schon im Spätglazial gab es kurzfristige Wärmeschwankungen; während der **Allerödschwankung** stießen bereits Baumbirken und Kiefern in ehemaliges Tundrengebiet vor. In dieser Älteren Kiefernzeit = **Allerödzeit** hat sich ein vorzüglicher Leithorizont gebildet: etwa 9300 v. Chr. wurden bei einem Vulkanausbruch in der Eifel derartige Aschenmengen ausgestoßen, daß ein Regen von Bims-Tuff niederging, der als gut kenntliches Band in Sedimenten zwischen Ostsee und Bodensee nachweisbar ist und die zeitliche Gleichheit der jeweiligen Begleitschichten verbürgt.

3. Ein Klimarückschlag charakterisiert die (waldarme) **Jüngere Tundrenzeit.**

4. Bei ca. 8000 v. Chr. wird übereinkunftsgemäß der Beginn des **Postglazials,** der Nacheiszeit, angesetzt. Die allmähliche Erwärmung führte in Mitteleuropa zur **Jüngeren Birken-Kiefernzeit,** während Mittel- und Nordskandinavien noch eisbedeckt waren. (Dieser Abschnitt wird als Vorwärmezeit bezeichnet.)

5. In der **Haselzeit** lieferte dieser lichtbedürftige Strauch große Pollenmengen; sein Massenvorkommen zeigt, daß die Konkurrenz der Baumarten noch recht gering war (Frühe Wärmezeit = Boreal).

6. In der **Eichenmischwaldzeit,** in welcher Eiche, Linde, Ulme, Esche besonders reichlich nachweisbar sind, wurde der Höhepunkt der Erwärmung erreicht. Die Waldgrenze muß damals 200–400 m höher gelegen haben als heute, wie z. B. Haselnußfunde weit über deren gegenwärtiger Obergrenze lehren. Die Zeit von 6000 bis 1000 v. Chr. wird daher als **postglaziale Wärmezeit** bezeichnet. Zahlreiche wärmebedürftige Kräuter konnten damals einwandern, denn die Wälder waren bei der größeren Wärme und Trockenheit an vielen Stellen lockerer als heute, so daß sich lichtbedürftige Arten besser ansiedeln konnten. Später schlossen sich die Wälder dichter zusammen, sofern sie nicht von den steinzeitlichen Siedlern offengehalten wurden. Damit verloren submeridionale Arten vielerorts ihr zusammenhängendes Areal und wurden zu Relikten mit Disjunktion. Getreide- und Chenopodiaceen-Pollenkörner zeigen gebietsweise die erste Besiedlung durch Ackerbauern an. (Mittlere und Späte Wärmezeit, Atlantikum und Subboreal.)

7. Nach etwa 800 v. Chr. wurde das Klima rasch feuchter und kühler; damit erfuhr die Buche eine Förderung: **Buchenzeit.** Klimatisch gesehen dauert sie bis in die Gegenwart an (Nachwärmezeit, Subatlantikum).

8. Dagegen lassen die Pollenspektren der Neuzeit durch ihre zahlreichen Nadelholzpollenkörner die **Zeit der Wirtschaftsforsten** seit etwa 130 Jahren erkennen. Aber auch schon für frühere Zeiten kann man wirtschaftliche Eingriffe in die Wälder, etwa die Bevorzugung der Eiche infolge Mittelwaldbetrieb (s. S. 294), nachweisen.

Einsatz in der Praxis: Angewandte Pflanzensoziologie

Im speziellen Teil werden zahlreiche Beispiele besprochen, welche die Rolle pflanzensoziologischer Grundkenntnisse und Untersuchungen für die Praxis beleuchten, für Land- und Forstwirtschaft, für Naturschutz, Landschaftspflege und Landesplanung. So mögen an dieser Stelle Hinweise auf die Seiten 121, 209, 228, sowie ELLENBERG (1954), BUCHWALD und ENGELHARDT (1973), die Reihe „Angewandte Pflanzensoziologie“ (Stolzenau/Weser) und die „Schriftenreihe für Landschaftspflege und Naturschutz“ (Bonn-Bad Godesberg) genügen.

Auf physiognomische und ökologische Merkmale gegründeter Schlüssel für die Pflanzengesellschaften Mitteleuropas

Vorbemerkung: Es sind für diesen (lediglich Kormophyten-Gesellschaften berücksichtigenden) Schlüssel nur leicht erkennbare landschaftliche (physiographische), physiognomische und ökologische Kriterien verwendet worden. Völlige Sicherheit bei der Bestimmung ist auf diesem Wege freilich nicht zu erreichen – von einigen Spezialistengesellschaften abgesehen –, da das soziologische System auf floristischen Kriterien beruht. Zwar ist damit logischerweise auch die Ökologie der Gesellschaften unterschiedlich, doch läßt sich diese nicht immer mit genügender Genauigkeit durch bloße und kurzfristige Beobachtungen erkennen. Auch kann natürlich nicht jeder Einzelfall in einem solchen Schlüssel berücksichtigt werden, ohne daß dieser allzu schwerfällig würde.

1	Gesellschaften im Wasser oder mindestens der Wurzelraum dauernd wasserdurchtränkt		2
1+	Land-, einschließlich Moorbewohner		14
2	im Meer- oder Brackwasser		3
2+	im Süßwasser		7
3	Pflanzen untergetaucht flutend		4
3+	Pflanzen aufrecht wachsend, bei zeitweiser Überschwemmung im Wasser stehend		5
4	im Wattenmeer:	Zosteretea, Seegraswiesen	
4+	im Brackwasser oder in versalzten Binnengewässern:	Ruppietea, Salden-Ges.	
5	Pflanzen einjährig, sukkulent:	Thero-Salicornietea, Queller-Ges.	
5+	Pflanzen ausdauernd, grasartig		6
6	an strömungsruhigen Stellen im Watt:	Spartinetea, Schlickgras-Ges.	
6+	im Brackwasserbereich der Nordseeflüsse und der Ostsee:	Bolboschoenetea, Brackröhrichte	
7	in stehenden oder sehr langsam fließenden Gewässern		8
7+	in rasch fließenden Gewässern		12
8	auf der Wasseroberfläche frei schwimmend oder untergetaucht frei schwebend		9
8+	wurzelnd (teilweise im Alter losgelöst)		10
9	auf dem Wasser frei schwimmend:	Lemnetea, Wasserlinsendecken	
9+	in nährstoffarmen Gewässern schwebend; dominierende Arten mit Fangblasen:	Utricularietea, Wasserschlauch-Ges.	

10	Pflanzen untergetaucht lebend oder mit Schwimmblättern:	Potamogetonetea, Laichkraut-Ges. z. T.	
10+	Pflanzen nicht so		11
11	hohe Bestände, die das Gewässer schilfartig säumen:	Phragmition, echte Röhrichte (zu Phragmitetea)	
11+	niedrige, meist amphibische Bestände im Litoral nährstoffarmer Seen:	Littorelletea, Strandlings-Ges.	
12	im Quellbereich, Quell- und Tuff-Fluren bildend		13
12+	nicht im unmittelbaren Quellbereich		14
13	über Silikatgestein:	Cardamino-Montion, kalkarme Quellfluren (zu Montio-Cardaminetea)	
13+	über Kalkgestein, z. T. Tuff-bildend, meist moosreich:	Cratoneurion, Kalk-Quellfluren (zu Montio-Cardaminetea)	
14	Pflanzen untergetaucht lebend oder mit Schwimmblättern:	Ranunculion fluitantis, Fluthahnenfuß-Ges. (zu Potamogetonetea)	
14+	Röhrichtbildner:	Sparganio-Glycerion, Fließwasser-Röhricht (zu Phragmitetea)	
15	Pflanzenbestände ohne (mehr als 30 cm hohe) Gehölze		16
15+	ausgeprägte Gehölzformationen von mehr als 30 cm Höhe		
16	Gesellschaften am Strand und auf Küstendünen		17
16+	an andersartigen Standorten		18
17	auf Spülsäumen von übersandetem Tang u. ä.:	Cakiletea, Meersenf-Spülsäume	
17+	Bewohner stark bewegten Sandes:	Ammophiletea, Strandhafer-Dünenges.	
18	Gesteinsspalten oder Felsschutt besiedelnd		19
18+	andersartige Standorte besiedelnd		22
19	in Fels- oder Mauerspalten		20
19+	auf Gesteinsschutt-Halden		21
20	in Felsspalten:	Asplenietea rupestria, Felsspaltenges.	
20+	in Mauerfugen mit zusätzlicher Nährstoffzufuhr:	Parietarietea, Mauerfugenges.	
21	auf schwermetallreichem Gestein:	Violetea calaminariae, Schwermetallrasen	
21+	auf Normalgestein:	Thlaspietea rotundifolii, Steinschuttfluren	
22	auf zeitweilig überschwemmten Schlammstandorten		23
22+	Standorte anders		24
23	im Überschwemmungsbereich von Flüssen, Gräben, Klärbecken u. ä.; üppige Bestände:	Bidentetea, Zweizahn-Ges.	

23 +	auf wechselnassem Schlamm eingetrockneter Tümpel, Teiche, Talsperrenufer; sehr kleinwüchsige Bestände:	Isoeto-Nanojuncetea, Zwergbinsen-Ges.	
24	auf Äckern, an Wegen, an Straßenrändern, auf Schuttplätzen u. ä. Standorten		25
24 +	andersartige Standorte besiedelnd		30
25	Unkrautgesellschaften in Ackerland, Weinbergen, Gärten		26
25 +	auf betretenen Wegen und an Straßen, auf Ruderalplätzen, an Schuttdämmen u. ä.		28
26	auf Hackfrucht-Äckern, im Sommergetreide, in Weinbergen und Gärten:	Polygono-Chenopodietalia, Gänsefuß-Ges. (zu Stellarietea)	
26 +	auf Wintergetreide-Äckern		27
27	im Wintergetreide auf kalkarmen Böden:	Aperetalia, Windhalm-Äcker (zu Stellarietea)	
27 +	im Wintergetreide auf kalkreichen Böden:	Caucalidion, Haftdolden-Äcker (zu Stellarietea)	
28	an Ruderalstandorten u. ä.	mannigfache Gesellschaften verschiedener Klassen, vor allem der Stellarietea und der Artemisietea	
28 +	Trittgesellschaften		29
29	Trittgesellschaften auf zeitweise stark vernäßten Waldwegen:	Isoeto-Nanojuncetea, Zwergbinsen-Ges.	
29 +	lückige, von Einjährigen aufgebaute Pioniergesellschaften trockner, betretener Standorte:	Polygono-Poetea annuae, Einjährigen-Trittges. (wenn rasig, s. Molinio-Arrhenatheretea)	
30	Grünland, d. h. von echten Gräsern (Süßgräsern) oder Grasähnlichen (Sauergräsern) beherrschte Vegetation (s. aber auch 31)		31
30 +	stauden- oder zwergstrauchreiche Formationen, auch von Moosen beherrschte Gesellschaften		43
31	lückig-offene Bestände auf Sand oder flachgründigen Felsböden; oft mit reichlich Einjährigen, mit Sukkulenten oder eingesprengten Zwergsträuchern:	mannigfache Gesellschaften der Klasse Sedo-Scleranthetea und des Xerobromion, Volltrockenrasen (zu Festuco-Brometea)	
31 +	geschlossene Bestände		32
32	auf salzreichen Böden:	Asteretea tripolii, Salzrasen	
32 +	auf salzfreien Böden		33
33	auf durchnäßten Torf- oder Sumpfböden		34
33 +	auf trocknen Moorböden oder auf Mineralböden		37
34	über 50 cm hohe Seggenrasen oder -bulte:	Magnocaricion, Großseggensümpfe (zu Phragmitetea)	

34 + niedere Rasen, reich an Sauergräsern 35

35 sehr artenarme Bestände in Moorschlenken und auf nacktem Torf: Scheuchzerietalia, Schlenkenges. (zu Scheuchzerio-Caricetea nigrae)

35 + meist krautreiche, geschlossene Bestände auf basischen oder sauren Torfen 36

36 in Kalk-beeinflußten Niedermooren: Tofieldietalia, Kalksümpfe und -flachmoorgesellschaften (zu Scheuchzerio-Caricetea)

36 + in sauren Niedermooren: Caricetalia nigrae, Braunseggensümpfe und -flachmoorgesellschaften (zu Scheuchzerio-Caricetea)

37 Nutzung intensiv (regelmäßige Mahd oder Beweidung mit Düngung): Molinio-Arrhenatheretea, Wirtschaftsgrünland z. T. (ohne Streuwiesen und Bachhochstaudenfluren)

37 + ohne Nutzung oder extensiv genutzt 38

38 mit herbstlicher Mahd zur Streugewinnung: Molinion, Pfeifengraswiesen (zu Molinio-Arrhenatheretea)

38 + mit extensiver Beweidung, einmaligem Futter-Schnitt oder ohne Nutzung 39

39 in Tieflagen 40

39 + in der alpinen Stufe oberhalb der Waldgrenze oder in waldgrenznaher Lage 41

40 Muttergestein Kalke oder Mergel: Mesobromion, Halbtrockenrasen (zu Festuco-Brometea)

40 + Muttergestein silikatisch: Violo-Nardion, Borstgrasrasen tieferer Lagen (zu Nardo-Callunetea)

41 an stark windexponierten, schneearmen Gratstandorten: Elynetea, Nacktriedrasen

41 + an anderen Standorten 42

42 auf Kalk- oder Mergelgestein: Seslerietea variae, Blaugras-Kalk-Steinrasen

42 + auf Silikatgestein: Eu-Nardion, subalpin-alpine Borstgrasrasen (zu Nardo-Callunetea) und Caricetea curvulae, Krummseggenrasen

43 Hochstaudenfluren 44

43 + Zwergstrauchformationen und Torfmoos-reiche Gesellschaften 48

44 in Waldgrenznähe 45

44 + in tieferen Lagen 46

45 Lägerfluren um Almhütten und an Vieh-Lagerplätzen: Rumicion alpini, Lägergesellschaften (zu Artemisietea)

45+	in Lawinenrunsen, feuchten Senken, an ähnlichen Standorten:	Adenostylion, subalpine Hochstaudenfluren z. T. (zu Betulo-Adenostyletea)	
46	auf Kahlschlägen:	Epilobietea angustifolii, Schlagfluren	
46+	Staudensäume an Waldrändern und Bächen		47
47	Saumgesellschaften im Kontakt zu Wäldern:	Trifolio-Geranietea, Saumgesellschaften trockner Standorte, und Artemisietea z. T., Saum- und Schleiergesellschaften frischer Standorte	
47+	unmittelbar an Bächen:	Filipendulion, Bachhochstaudenfluren (zu Molinio-Arrhenatheretea)	
48	auf Torfböden:	Oxycocco-Sphagnetea, Hochmoorbultges. und Heidemoore	
48+	nicht auf Torfböden		49
49	in tieferen Lagen:	Calluno-Ulicetalia, atlantische Zwergstrauchheiden (zu Nardo-Callunetea)	
49+	in subalpin-alpinen Lagen		50
50	an äußerst lange schneebedeckten Standorten:	Salicetea herbaceae, Schneebodenges.	
50+	andersartige, stets bodensaure Standorte besiedelnd		51
51	an stark windexponierten, schneearmen Gratstandorten:	Cetrario-Loiseleurietea, Windheiden	
51+	an sonstigen Standorten:	Rhododendro-Vaccinietum, Alpenrosen-Heide (zu Vaccinio-Piceetea)	
52	Strauch- und Pionierwald-Gesellschaften		53
52+	ausgeprägte Wälder		57
53	Krummholz in der subalpinen Stufe		54
53+	Gehölze in tieferen Lagen		55
54	auf trocknem Kalkuntergrund:	Rhododendro-Mugetum, Schneeheide-Krummholz (zu Erico-Pinetea)	
54+	nicht so; meist auf Mergel- oder Silikatgestein:	Alnetum viridis. Grünerlenbusch (zu Betulo-Adenostyletea)	
55	Bänder von Sträuchern und Baumweiden im Überflutungsbereich von Flüssen:	Salicetea purpureae, Flußufer-Weiden-Ges.	
55+	sonstige Strauch-Bestände		56
56	Moor-begleitende Gebüsche:	Salicion cinereae, Bruchweidengebüsche (zu Alnetea glutinosae)	
56+	Hecken, Gebüsche und Pionierwälder anderer Standorte:	Rhamno-Prunetea, Schlehengebüsche	
57	Wälder auf Torfböden		58
57+	auf Mineralböden (u. U. mit Rohhumusdecke)		59

58 mit Torfmoosen und Beersträuchern (Vaccinien) im Unterwuchs: Vaccinio-Piceion, Fichten-Lärchenwälder (zu Vaccinio-Piceetea)

58 + ohne diese, Unterwuchs krautig, stellenweise fast röhrichtartig: Alnion glutinosae, Erlenbruchwälder (zu Alnetea glutinosae)

59 (fast) reine Nadelwälder 60

59 + Misch- oder reine Laubwälder 62

60 Fichten- oder Lärchenwälder, straucharm, Unterwuchs vorwiegend Zwergsträucher und Moose: Vaccinio-Piceion, Fichten-Lärchenwälder (zu Vaccinio-Piceetea)

60 + Kiefernwälder 61

61 auf Sandböden unter (sub)kontinentalen Klimabedingungen: Pulsatillo – Pinetalia, Kiefern-Steppenwälder und Dicrano-Pinion, Sand-Kiefernwälder (zu Vaccinio-Piceetea)

61 + auf basenreichen Böden in den Alpen und deren Umkreis: Erico-Pinetea, Schneeheide-Kiefernwälder

62 auf Sand- und trocknen Silikatgesteinsböden; artenarme, Eichenreiche Bestände, fast ohne typische Waldbodenpflanzen, teilweise mit etwas Kiefer oder mit langsam-wüchsiger Buche: Quercetea robori-petraeae, Birken-Eichenwälder

62 + andersartige, arten- und nährstoffreichere Wälder 63

63 an heißen, trocknen Kalkstandorten: Quercetalia pubescentis, Flaumeichenwälder (zu Querco-Fagetea)

63 + andersartige Standorte besiedelnd 64

64 Auenwälder im Bereich des Grund- und Überflutungswassers: Alno-Padion, Hartholz-Auenwälder (zu Querco-Fagetea)

64 + sonstige Wälder, meist mit Buchenanteil: Fagion, Rotbuchenwälder, und Carpinion, Eichen-Hainbuchenwälder (zu Querco-Fagetea)

1. Formation: Wasserpflanzengesellschaften

Diese Gruppe von Klassen soll recht ausführlich dargestellt werden, denn obschon diese Gesellschaften nicht allzu häufig und auch nicht landschaftsprägend sind, bieten sie doch unter zwei Gesichtspunkten besonderes Interesse:

1. Die entscheidenden Züge in Bau und Entwicklung der höheren Pflanzen, der Kormophyten (Gefäßpflanzen), sind gerade als Emanzipierung vom Wasserleben zu verstehen. Obwohl Wasser als Substanz unabdingbar bleibt, spielt es als Lebensraum für sie in der Vergangenheit zunächst keine Rolle mehr. Die heutigen Wasserpflanzen sind sekundäre Eroberer dieser ökologischen Nische. Nur wenigen Arten – großzügig geschätzt kaum 1% – ist dies gelungen. Diese stammen aus ganz verschiedenen Verwandtschaftskreisen, wie die späteren Beispiele zeigen, und haben eine Reihe faszinierender morphologischer und physiologischer Konvergenzmerkmale entwickelt; andererseits gibt es noch manche „Relikteigenschaften" als Zeugen ihrer terrestrischen Herkunft. Eine zusammenfassende Darstellung der „Biology of Aquatic Vascular Plants" hat SCULTHORPE (1967) gegeben.

2. Wasserpflanzengesellschaften sind aus mehreren Gründen von besonderer Bedeutung für den biologischen Umweltschutz: Sie besiedeln den zur Zeit gefährdetsten Lebensraum; viele sind selbst stark von Ausrottung bedroht; sie können zur praktischen Gewässerpflege beitragen; sie können als Indikatoren für den Zustand der von ihnen besiedelten Gewässer eingesetzt werden. Hier bietet sich ein Anschluß der Pflanzensoziologie an die Limnologie. (Einführungen von RUTTNER 1962, SCHWOERBEL 1977.)

Da der Großbiotop Wasser durch verschiedene Lebensformen besiedelt worden ist und da alle Übergänge zur terrestrischen Lebensweise bestehen, ist der Begriff Wasserpflanze (**Hydrophyt**) nicht einfach verbindlich zu definieren. Hier seien alle Sippen darunter verstanden, die mindestens eines der folgenden Kriterien erfüllen:

a) Die Pflanze lebt vegetativ gänzlich untergetaucht (submers) und blüht auch unter Wasser (z. B. *Zostera, Najas, Ceratophyllum*);
b) die Pflanze lebt vegetativ submers, Blüten entfalten sich jedoch nur an der Luft (z.B. *Ranunculus fluitans, Myriophyllum, Potamogeton lucens*);
c) Die Pflanze bildet teils (submerse) Wasserblätter, teils (der Wasseroberfläche aufliegende) Schwimmblätter oder nur den zweiten Typ; sie blüht an der Luft (z.B. *Nuphar, Nymphaea, Trapa natans, Potamogeton natans*);

d) die Pflanze schwimmt frei auf der Wasseroberfläche, gehört damit dem Pleuston an (z.B. *Lemna, Stratiotes*);
e) die Pflanze gehört bei hohem Wasserstand einer der vorigen Gruppen an, bei niedrigem oder ohne Wasserschicht lebt sie landpflanzenartig: Amphiphyten (z.B. *Hippuris vulgaris, Polygonum amphibium, Ranunculus aquatilis*).

In der Literatur findet man zuweilen feinere Gliederungen auf Grund von konvergenter Wuchsform und damit gleicher Lebensweise, wobei die Gruppen nach bezeichnenden Gattungen benannt werden; z.B. Myriophylliden (mit *Myriophyllum, Hottonia* und *Ranunculus circinatus*) und Elodeiden (mit *Elodea, Najas, Zannichellia* und vielen *Potamogeton*-Arten) (vgl. DEN HARTOG und SEGAL 1964).

Die Fülle der Algen und Wasserpilze, die natürlich auch als pflanzliche Partner zu diesen Biozönosen gehören, kann in der Regel in der Soziologie noch nicht berücksichtigt werden. Die Großalgengesellschaften der Meeresküsten sind teilweise bereits bekannt; wir behandeln sie hier nicht, ebensowenig die übrigen reinen Kryptogamengesellschaften mit einer einzigen Ausnahme: den Gesellschaften der *Charophyceae* (Armleuchteralgen). Sie sollen beispielhaft zeigen, daß auch Thallophyten (gefäßlose Pflanzen, Lagerpflanzen) derart in Gemeinschaft wachsen, daß eine systematische Gliederung möglich und sinnvoll ist.

Zum Verständnis der biologischen Eigenarten sei eine knappe allgemeine **Charakteristik des Lebensraumes Wasser** im Gegensatz zu dem der Luft vorangestellt (vgl. RUTTNER 1962, GESSNER 1955, 1959, SCHWOERBEL 1977):

1. Die Dichte von Wasser beträgt bei 0 °C das 775fache der Dichte von Luft. Folge: Schwimm-Möglichkeit; Stützgewebe für Pflanzen (im Gegensatz zu aktiv schwimmenden Tieren) weithin entbehrlich.
2. Dichte-Anomalie des Wassers: Das Maximum liegt unter Normaldruck bei + 4 °C. Folge: Tiefe Gewässer frieren nicht bis zum Grunde durch. Je geringere Dichtegradienten, desto leichtere Durchmischung des Wassers durch Wind.
3. Hohe Oberflächenspannung des Wassers. Folge: Es läßt sich relativ leicht Unbenetzbarkeit von Schwimmblättern erzielen.
4. Veränderung der eindringenden Strahlung nach Intensität und Qualität. In reinem Wasser liegt das Maximum der Durchlässigkeit (Transmission) im violett-blau-grünen Bereich zwischen 380 und 550 nm. Schwebstoffe können die Transmission stark ändern; im Nil z.B. sollen daher zeitweise nur noch 10^{-5}% der Intensität des Oberflächenlichtes in 1 m Tiefe meßbar sein! Folge: Rechnet man damit, daß höhere Wasserpflanzen noch 1–4% der Freilandlichtintensität auf die

Dauer zu ausreichender Netto-Assimilation bedürfen, so kann nur eine relativ dünne Schicht durch photosynthetisch lebende Primärproduzenten belebt sein. So geht *Zostera marina* vor der deutschen Küste auch nur bis etwa 11m Tiefe.

5. Die hohe Wärmekapazität durch die spez. Wärme von 1 (gegen Luft mit etwa 0.24) „puffert" Temperaturschwankungen ab.
6. Inwieweit der Wasserdruck und entsprechend die Gasdrücke in größeren Tiefen pflanzenwirksam werden, ist unzulänglich erforscht (hierzu s. GESSNER 1956).
7. Strömung und Turbulenz bewirken einerseits mechanische Belastung auf Zug, fördern andererseits aber auch den Stoffaustausch (s. Punkt 9 und 10). Folge: Bei Arten in rasch strömendem Wasser Konstruktion auf Zugfestigkeit hin.
8. Das ökologische Kardinalproblem der Landpflanzen, die Wasserbilanz aufrechtzuerhalten, stellt sich für Wasserpflanzen (von Amphiphyten abgesehen) nicht. Soll eine Durchströmung der Pflanze stattfinden, so ist aktiver Wassertransport durch Wurzeldruck notwendig.
9. Die Aufnahme von Mineralstoffen ist nicht auf den Wurzelbereich beschränkt.
10. Besonders wichtig ist die recht geringe Löslichkeit von Sauerstoff und die allgemein geringe Diffusionsgeschwindigkeit von Gasen in Wasser. (Wasser enthält bei 5 °C im Gleichgewicht mit Luft von 210 ccm O_2/l nur 8.9 ccm/l, bei 20° 6.4 ccm/l.) Folge: Sauerstoff wird durch Atmungs- und Zersetzungsvorgänge leicht zum begrenzenden Faktor. Am Grunde von Gewässern kann es bei reichlichem Abfall von organischen Abfallprodukten und geringem Massenaustausch zu totalem Sauerstoffschwund und damit zur Entstehung von Faulschlamm (Sapropel) kommen (s. S. 68). Die Zunahme der O_2-Löslichkeit mit sinkender Temperatur ist eine der Ursachen dafür, daß das Algen- und Tierleben in den Ozeanen mittlerer Breiten reicher ist als in den tropischen Meeren.
11. Die in reinem Wasser lösbare Menge an CO_2 ist zwar relativ groß, aber auch hier reichen Diffusionsvorgänge allein nicht aus, lokale Unterkonzentrationen auszugleichen. Folge: Es kann bei intensiver Assimilationstätigkeit und fehlendem Massenaustausch zur Verarmung an CO_2 und Limitierung der Photosynthese kommen. (Zur Nachlieferung durch Karbonatdissoziation s. z.B. SCHWOERBEL 1977.)

Die lange bekannten morphologischen Charakteristika von Wasserpflanzen werden hieraus verständlich, wenn man berücksichtigt, daß die Stoffwechselvorgänge in der Zelle in den Grundzügen so ablaufen müssen, wie es eben für „die grüne Pflanze“ typisch ist, daß trotz abweichender „Außenwelt“ die „Innenwelt“ die gleiche bleiben muß (Prinzip der Homoiostase). Gewiß wird man auch mit einigen biochemischen Anpassungen rechnen dürfen; die biochemische Ökologie ist indessen ein so junger Wissenschaftszweig, daß man noch kein fertiges Bild von etwaigen Besonderheiten des Zellstoffwechsels der Hydrophyten zeichnen kann. Seit langem studiert sind dagegen

Morphologische Anpassungen

1. Submerse Blätter sind in der Regel bandartig oder zerschlitzt; die große Oberfläche erleichtert den Stoffaustausch, vor allem den Gaswechsel.

2. An Unterwasserblättern und an der Unterseite von Schwimmblättern ist die Cuticula sehr dünn; Stomata fehlen meist; falls vorhanden, sind sie dauernd geschlossen und funktionslos, so daß kein Wasser kapillar und damit unkontrollierbar in die Interzellularen eindringen kann. An einigen amphibischen Pflanzen wies BRISTOW (1969) nach, daß hohe CO_2-Konzentrationen in der umgebenden Luft Wasserpflanzenmerkmale induzieren können, z. B. das Fehlen von Stomata. Die Entspezialisierung bei Epidermiszellen kann bei einigen Hydrophyten so weit gehen, daß sie Chloroplasten führen. Manche Arten haben winzige Ausdünnungen der Cuticula im Bereich einzelner Zellgruppen, der sog. Hydropoten; sie dienen nachweislich dem rascheren Stoffaustausch.

3. Die Oberseiten von Schwimmblättern dagegen besitzen funktionierende Stomata. Die Cuticula ist hier oft sehr kräftig entwickelt und wirkt dadurch wasserabstoßend (Beispiel *Nymphaea*). Dieser Effekt läßt sich auch durch Haarbüschel erzielen (Beispiel *Salvinia*). Andernfalls käme es leicht zu einer Blockierung des Gasaustausches; auch würde sich Algen- und Bakterienaufwuchs ansiedeln.

4. Wurzeln können ganz fehlen (Beispiele *Utricularia, Ceratophyllum*) oder pflegen spärlich entwickelt zu sein. Dies weist darauf hin, daß nicht nur der Gaswechsel, sondern auch die Mineralaufnahme jedenfalls partiell durch das Sproßsystem besorgt werden kann (s. Punkt 8).

5. Generell findet man reichliche Entwicklung von Durchlüftungsgewebe (Aerenchym) mit großen Interzellularen (Lakunen).

a) Das Aerenchym reicht bei wurzelnden Hydrophyten von den Blättern bis in Rhizom und Wurzeln hinein und dient offensichtlich dem Gastransport, besonders der Sauerstoffleitung von assimilierenden zu nur atmenden Organen. Daß tatsächlich bei intensiver Photosynthese auch in Untergrundorganen erhöhte Sauerstoffkonzentrationen auftreten, zeigten Experimente von GESSNER (1959) an *Nuphar spec.*

Aerenchym ist auch bei Sumpfpflanzen (Helophyten) reich entwickelt. Diese sind, solange ihr Substrat überflutet ist, in bezug auf Sauerstoffmangel im Boden den Wasserpflanzen gleichgestellt. Ihren „Sauerstoffspeicher" pflegen auch Tiere zu nutzen; so bohren die Larven des Schilfkäfers *Donacia* zu diesem Zwecke gern das Aerenchym von Rohrkolben an.

b) Weitere Bedeutung kommt dem Aerenchym insofern zu, als es das spezifische Gewicht der Pflanze verringert. Frei schwimmende Pflanzen und Schwimmblätter tauchen nach gelegentlicher Überspülung stets sofort wieder auf.

6. Die Leitbündel pflegen nur grobmaschig vernetzt und die Xylemstränge nur schwach ausgebildet zu sein. Die Tracheiden sind wenig verholzt, Tracheen selten. Dies hat nicht nur den Vorteil der Materialeinsparung, sondern es erhöht auch die Biegsamkeit im strömenden Wasser; es ermöglicht zudem, daß sich die Blattstiele bei steigendem Wasserstande vielfach noch strecken können. Eine Beanspruchung erfolgt am ehesten in starker Strömung; hier müssen die Wasserpflanzen Zug- und nicht wie die Landpflanzen Biegungs- und Scherfestigkeit besitzen; daher wird die oft zentrale, nicht ringförmige Anordnung der Festigungselemente verständlich.

7. Vielfach werden ungefähr zentimetergroße Winterknospen (Turionen) gebildet; sie überdauern am Gewässergrunde, von wo die Jungpflanzen im Frühjahr emporsteigen. Diese haben einen Startvorsprung gegenüber Konkurrenten, die sich aus dem Samenstadium und überdies mit geringeren Nährstoff-Vorräten entwickeln.

Physiologische Anpassungen

8. Lange Zeit war die Frage umstritten, inwieweit nicht nur wurzellose, sondern auch wurzelnde Hydrophyten Mineralstoffe durch die Sproßoberfläche aufnehmen können. Versuche von BRISTOW and WHITECOMBE (1971) mit markiertem Phosphat zeigten für *Myriophyllum spicatum* und *Elodea densa*, daß bei diesen submers lebenden Arten die Aufnahme durch die Blätter außerordentlich hoch ist und quantitativ der Wurzelaufnahme nahekommt. Bei der einzig untersuchten amphibischen Art, *Myriophyllum brasiliense*, überwog auch in untergetauchtem Zustand die Aufnahme durch die Wurzel.

9. RUTTNER wies nach, daß kormophytische Wasserpflanzen und etliche Algen in kalkhaltigen (also $Ca[HCO_3]_2$-reichen) Gewässern nicht nur freies CO_2 assimilieren können, sondern auch das HCO_3-Ion unter Abgabe von OH-Ionen eintauschen und dann zur Photosynthese nutzen. Sie können CO_2-Mangel in harten Gewässern also „unterlaufen". Wassermoose sind hierzu nicht in der Lage und daher auf Gewässer mit dauernd hoher CO_2-Konzentration angewiesen.

Für die **Großgliederung der Wasserpflanzengesellschaften,** wie sie in den floristisch definierten Klassen zum Ausdruck gebracht wird, sind Wasserchemismus und Wasserbewegung die bestimmenden ökologischen Faktoren; schematisch vereinfacht:

Süßwasser – stehend – nährstoffreich:
  Kl. 1: Lemnetea, Wasserlinsendecken und
  Kl. 7: Potamogetonetea, Laichkraut-Gesellschaften z. T.
Süßwasser – stehend – nährstoffarm:
  Kl. 4: Charetea, Armleuchteralgen-Gesellschaften,
  Kl. 5: Utricularietea, Wasserschlauch-Gesellschaften und
  Kl. 6: Littorelletea, Strandlings-Gesellschaften
Süßwasser – fließend:
  Kl. 7: Potamogetonetea, Laichkraut-Gesellschaften z. T.
Brackwasser:
  Kl. 3: Ruppietea, Salden-Gesellschaften
Meerwasser:
  Kl. 2: Zosteretea, Seegraswiesen

Für die feinere Differenzierung der Vegetation und damit ihre systematische Gliederung sind die Faktoren Fließgeschwindigkeit, Nährstoffgehalt, folglich auch anthropogene Verunreinigung, Substrat, Temperatur und Lichtgenuß wichtig.

1. Klasse: Lemnetea, Wasserlinsendecken

Lichtgrüne Decken von Lemnaceen gehören als „Entengrütze" zum vertrauten Bild ruhiger Gewässer (Seen, Teiche, Tümpel, Gräben, Altwässer) unserer Breiten. Recht selten sind auch andere Arten mit ihnen vergesellschaftet. Die Struktur der Bestände ist einförmig: frei an oder unter der Oberfläche schwimmende Kormen, seltener Thalli bilden eine dünne einfache oder Doppelschicht. Sie sind voneinander ziemlich unabhängig, erst bei dichtem Bewuchs konkurrieren sie um Raum und damit Licht. Von Wind und Strömungen werden sie leicht verdriftet und im Strömungsschatten, z.B. zwischen Röhricht, angetrieben. Auch durch Vögel leicht verschleppbar, können sie sich rasch in Lücken innerhalb anderer Wasser- und Sumpfgesellschaften ansiedeln. Dieses „Vagabundieren" war auch Ursache dafür, daß die Klasse erst relativ spät (1955) als eigenständig erkannt worden ist. In syntaxonomisch enger und scharfer Fassung wurde sie durch TÜXEN (1974) eingehend behandelt. Ihre Mosaike mit anderen Gesellschaften werden als Durchdringungen oder Überlagerungen aufgefaßt (hierzu s. S. 91). In soziologischen Aufnahmen, besonders älteren, sind häufig solche Komplexe wiedergegeben. Infolge der Artenarmut und der Kleinheit der Individuen genügen schon wenige Quadratdezimeter zur Aufnahme. Es sind Pioniergesellschaften, die über Jahrzehnte hin erhalten bleiben können (**Dauer-Initialgesellschaften**); ja, dichte Decken verhindern sogar das Aufkommen von Folgegesellschaften.

Die Wasserlinsendecken erfüllen also modellartig die Kriterien soziologisch einfacher Gesellschaften (s. S. 18) und stehen zu Recht am Anfang des Systems. Soziologische Primitivität bedeutet freilich nicht phylogenetische Primitivität der aufbauenden Arten, in diesem Falle sogar das Gegenteil: Der Lebensraum ist für Kormophyten extrem in dem Sinne, daß er adaptive Abweichungen vom morphologischen Typus verlangt. Sie sind in diesem Falle besonders eindrucksvoll und durchschaubar; daher seien sie hier exemplarisch dargestellt. Dabei sollen auch einige biologisch ähnliche tropische Schwimmpflanzen-Arten einbezogen werden, obwohl deren Gesellschaften vermutlich nicht unserer Klasse zuzuordnen sind.

Bau und Lebensweise der bezeichnenden Sippen: Die Sproßglieder der Lemnaceen (*Lemna, Spirodela, Wolffia*) sind lakunenerfüllt (die Felderung der Oberfläche bildet die Trennwände aus Zellplatten ab) und dementsprechend leicht; die schwere Wurzel hält die „Boje" aufrecht. Die Wasserfarne *Salvinia* und *Azolla* zeigen konvergent ähnlichen Bau (vgl. RASBACH und WILMANNS 1976). In den Tropen tritt die Araceen-Gattung *Pistia* („Muschelblume") mit unbenetzbaren, aufrechten, rosettigen Kammerblättern herdenweise deckend auf. Ebenso verhält sich die berühmt-berüchtigte, aus Südamerika stammende Wasserhyazinthe, *Eichhornia crassipes,* (s. S. 83); ihre Blattstiele sind „dickfüßige", aerenchymatische „Bojen", welche ontogenetisch nur dann entstehen, wenn die betreffende Pflanze im Wasser aufwächst. Die Lebermoosfamilie der Ricciaceen erreicht den gleichen Effekt durch aufrechte Luftkanäle im Thallus.

Alle diese Arten zeichnen sich auch durch intensive Vermehrung aus: Die Lemnaceen fruchten (jedenfalls in Mitteleuropa) sehr selten; stattdessen sprießen aus Gewebetaschen am hinteren Teil der Glieder

Tochterglieder, die sich erst später ablösen. Unter günstigen Bedingungen kann eine Verdopplungszeit von nur 25 Stunden erreicht werden (LANDOLT 1962)! Überwintert wird mit stärkeerfüllten, schweren, kleinen Gliedern, den Winterknospen oder Turionen; sie beginnen nach einer Ruheperiode im Frühjahr stärker zu atmen, werden dadurch leichter, bilden auch Interzellularen und steigen an die Oberfläche. Von *Eichhornia* wird berichtet, zwei Elternpflanzen hätten nach 4 Monaten auf vegetativem Wege etwa 1200 Nachkommen gehabt. Diese Art fruchtet auch stark: bis 5000 Samen pro Pflanze mit mindestens 15jähriger Keimfähigkeit. So ist leicht ein Transport durch Vögel über große Entfernungen hin (long distance dispersal) möglich.

Systematischer Überblick

(Hierzu s. vor allem MIYAWAKI und J. TÜXEN 1960, R. TÜXEN 1974 und T. MÜLLER in OBERDORFER et al. 1977.)

BS 1

Kl. Lemnetea, O. Lemnetalia, Wasserlinsendecken;
Ch. Spirodela polyrrhiza, Wolffia arrhiza

1 V.Lemnion minoris,
Europ. Wasserlinsendecken
Ch. Lemna minor,
Lemna trisulca,
(?) Hydrodictyon reticulatum (Grünalge)

2.V.Lemnion paucicostatae,
Ostasiat. Wasserlinsendecken;
Ch. Lemna paucicostata

Die Klasse ist durch Aufnahmen zwar nur für Europa, Ostasien und den Kongo belegt; floristische Daten zeigen aber, daß sie auch in Nord- und Südamerika, Südafrika, selbst auf Sumatra vorkommt, also wohl kosmopolitisch ist (mit Ausnahme der arktischen Gebiete).

Die Verbände haben jeweils mehrere Assoziationen; weitere Verbände sind in Nordamerika und in den Tropen zu erwarten.

Einige Assoziationen des **Lemnion minoris**, geordnet nach abnehmendem Nährstoffgehalt des Wassers:

1. **Lemnetum gibbae**, Buckellinsen-Gesellschaft; Ch. die namengebende Art. In sehr nährstoff-, vor allem nitratreichen Gewässern. Dies ist zu schließen aus dem Vorkommen in hofnahen Gräben, an Vieh-

tränken und ähnlichen eutrophierten Stellen sowie aus der Faulschlammbildung (s. S. 68). In Mittel- und Südeuropa weit, wenn auch zerstreut verbreitet.

2. **Spirodeletum polyrrhizae**, Teichlinsen-Gesellschaft; Ch. die namengebende Art (optimal). Die häufigste Assoziation mit noch hohen Nährstoffansprüchen und entsprechend hoher Produktivität (eingehende Untersuchungen durch KLOSE 1963).
3. **Lemnetum trisulcae**, Dreifurchenlinsen-Gesellschaft; Ch. die namengebende Art (opt.). Diese lebt untergetaucht und damit bei verringertem Lichtgenuß. Es handelt sich um die *Lemna*-Gesellschaft des ökologischen Mittelfeldes.
4. **Ricciocarpetum natantis**, Schwimm-Sternlebermoos-Gesellschaft und
5. **Riccietum fluitantis** bzw. **rhenanae**, Klein-Sternlebermoos-Gesellschaft (Ch. *R. fluitans*, diploid, für Norddeutschland angegeben, bzw. *R. rhenana,* tetraploid, für Süddeutschland angegeben) sind ziemlich schattenfeste Gesellschaften circumneutraler, nährstoffarmer Gewässer ohne Verschmutzung und Sapropel.

Auf einige bezeichnende, klimatisch bedingte Gesellschaften sei zusätzlich aufmerksam gemacht: In sehr sommerwarmen Gebieten dringt bei uns *Salvinia natans*, ein Schwimmfarn, aus kontinentalen Steppenseen in verschiedenartige Lemnion-Bestände ein und zeugt von deren ökologischer Sonderstellung, z. B. in der nördlichen Oberrheinebene an der Westgrenze des Farn-Areals. – Umgekehrt verarmt das Lemnion mit zunehmender Meereshöhe und wahrscheinlich mit abnehmender Sommertemperatur und klingt in Form reiner *Lemna minor*-Decken in der montanen Stufe (und ebenso im nördlichen Skandinavien) aus.

Stellenweise finden sich Neophyten in den Wasserlinsendecken: In wintermilden Gebieten sind aus Botanischen Gärten *Azolla filiculoides* und *A. caroliniana*, deren Gattung erst in der Riß-Eiszeit in Europa ausgestorben ist, verwildert. Die ostasiatischen Reisfeld-Unkräuter *Lemna paucicostata* und *Spirodela oligorrhiza* sind an einer Stelle der Po-Ebene eingeschleppt. Sie alle sind nur örtlich von hoher Vitalität und Konkurrenzkraft.

Unklar ist die Stellung des **Hydrocharitetum morsus-ranae**, der im norddeutschen Tiefland weit verbreiteten Froschbiß-Gesellschaft (Ch. *Hydrocharis morsus-ranae* und *Stratiotes aloides*). Sie kommt über oft mächtigen Mudden vor, wobei die Krebsschere bei Eutrophierung bald ausfällt. Wie bei den tropischen *Eichhornia*- und *Pistia*-Herden handelt es sich um großblättrige, freischwimmende Wasserpflanzen, in deren Lücken gelegentlich Wasserlinsen auftreten. Wasserstandsschwankungen kann die Assoziation vertragen, da der Froschbiß nie, die Krebsschere im Alter nicht wurzelt.

2. Klasse: Zosteretea, Seegraswiesen

Wiesen von *Zostera* und einigen ähnlichen Gattungen sind die einzigen submersen Angiospermengesellschaften im Meer. Sie kommen über die ganze Erde hin in den gemäßigten Breiten vor und zwar an geschützten, aber durch die Gezeiten gestalteten Küstenstrichen auf lockerem Sediment. Es sind – hinsichtlich der höheren Pflanzen – äußerst artenarme, meist sogar nur „einartige" Bestände. Nur die *Zosteraceae* und verwandte Familien (aus der Ordnung *Alismatales*) haben überhaupt entsprechende Sippen hervorgebracht. Sie haben bandartig flutende Blätter und blühen submers und unscheinbar. Extrem ist der Lebensraum freilich nur in bezug auf Kormophyten; denn algen- und tierreich können die submarinen Küstenbiotope sehr wohl sein. (Man darf allerdings bei der Wichtung der entsprechenden Artenlisten nicht übersehen, daß es sich dabei üblicherweise um gemischte Sammellisten von verschiedenen Habitaten handelt; die Großalgen pflegen dabei bezeichnend für Felsstandorte zu sein.) In Mitteleuropa besiedeln Seegräser den **Lebensraum des Watts und Wattenmeeres;** auf diesen beschränken wir uns. Er ist durch die klassischen Arbeiten von WOHLENBERG (1937) und LINKE (1939) recht gut bekannt; eine neue Zusammenstellung gibt TÜXEN (1974). Daraus geht hervor, daß die Seegraswiesen zum Verständnis der vorwiegend aus Tieren und Algen aufgebauten Watt-Biozönosen unerläßlich sind. So sei hier etwas weiter ausgeholt, zumal wir die gleichen Grundlagen für das Verständnis der Klassen Thero-Salicornietea, Spartinetea und Asteretea brauchen.

Das Watt ist derjenige küstennahe Bereich, der im Schutz der west-, ost- und nordfriesischen Inseln im Niveau zwischen Springtidehochwasser und Springtideniedrigwasser liegt (Abb. 3). Der Unterschied zwischen Niedrig- und Hochwasser, der Tidenhub, ändert sich periodisch; kurz nach Neu- und Vollmond ist er am größten (Springtide), kurz nach dem 1. und 3. Viertel des Mondes am geringsten (Nipptide). Der Tidenhub ist auch ortsweise verschieden; er beträgt z. B. auf Helgoland im Mittel 2,25 m, zur Springtide 2,56 m; in Wilhelmshaven 3,59 bzw. 3,96 m. Hierzu kommen durch auf- und ablandige Stürme noch aperiodische Änderungen des Meeresspiegelniveaus.

Innerhalb des Watts, das an der deutschen Nordseeküste immerhin eine Breite von durchschnittlich 13,5 km hat, sind die Lebensbedingungen nicht gleichförmig, denn erstens zieht sich der Ebbstrom

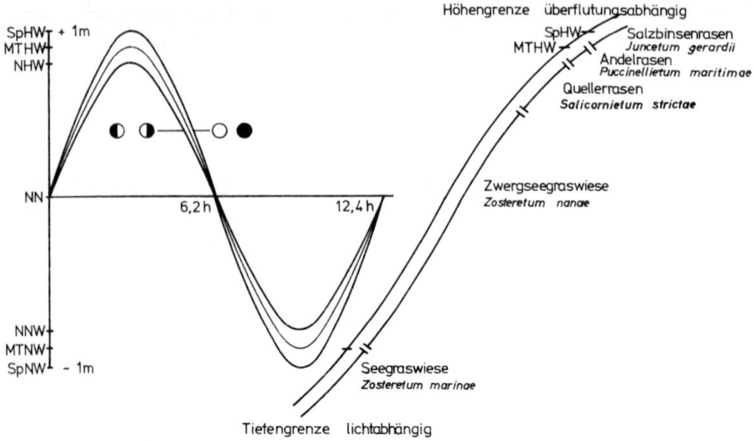

Abb. 3: Schema der Vegetationszonation an Wattküsten der Nordsee in Abhängigkeit von den Gezeiten. SpHW = Springtidehochwasser, MTHW = Mittleres Tidehochwasser, NHW = Nipptidehochwasser, entsprechend NW = Niedrigwasser; NN = Normalnull; Kreise = Mondphasen.

in einem System von Rinnen, den Prielen (wenn dauernd wassererfüllt: Tiefs) zurück, zwischen denen höhere Verebnungen (Platen) liegen; und zweitens hängen die Sedimentationsbedingungen von der unterschiedlichen Strömungsgeschwindigkeit und damit Transportkraft des Meerwassers ab. Das Sediment aber ist für die Wattorganismen ein entscheidender Faktor, wie es besonders schön ein Vergleich von Bodenkarte und Besiedlungskarte des Jadebusens (vor allem auf Tiere bezogen) von LINKE (1939) zeigt.

Das graue Wattenmeer enthält große Mengen an biogener und abiogener Substanz, teils sedimentierbar, teils gelöst; diese stammt teils aus dem Meer, teils ist es Flußtrübe: Sand vom Meeresboden (meist Quarz), Schluff und Ton, Muschelschill, auch Diatomeenschalen, Detritus aus zerriebenen Seegras- und Quellerpflanzen, Plankton, dazu gelöste Phosphate und Stickstoffverbindungen, die größtenteils von den verunreinigten Flüssen angeliefert worden sind. Die Körnung des Sediments nimmt im großen ganzen vom Meer zur Küste hin ab, so daß man nach den Korngrößen Sandwatt, Schlicksandwatt und Schlickwatt mit jeweils verschiedenem Tierbesatz unterscheiden kann. Das Substrat ist sehr nährstoffreich; wird das Watt vom Menschen in Kögen (Poldern) trockengelegt, so gewinnt er entsprechend wertvolles Land.

Wären nur physikalische Kräfte am Werke, so würden binnen kurzem Anlandung und Abtragung durch die Strömungen ein Gleichgewicht erreichen. Daß eine dauernde Anlandung und damit Erhöhung des Bodenniveaus, unabhängig von etwaigen Landsenkungen, möglich wird, ist der Tätigkeit von Organismen zu verdanken: kriechfähige Cyanophyceen (Blaualgen) und Diatomeen (Kieselalgen, nur *Pennales*) können im Watt leben; wenn sie beim Absatz des Sediments verschüttet waren, kriechen sie erneut empor an seine Oberfläche und festigen es dabei durch ausgeschiedenen Schleim; Tiere, vorwiegend Anneliden wie *Nereis, Arenicola* (Sandpier), aber auch Muscheln (so *Scrobicularia*) leben als Strudler in Röhren, die durch Schleim verfestigt sein können. Diese Organismen spielen weiter eine Rolle bei der Durchlüftung des Wattbodens. Dichte Lagerung, Luftarmut und Detritusreichtum führen zu Sauerstoffmangel, der in einer Schwarzfärbung durch FeS sichtbar wird. Algendecken hindern das Eindringen von Luftsauerstoff, Tierbauten fördern umgekehrt die Oxidation (Rostauskleidung von Bauten). Ferner weiden Algenfresser die Algendecken ab; ihre Kotbällchen sind stabiler als das rohe Sediment im Einzelkorngefüge.

Die beiden mitteleuropäischen Seegras-Arten sind an kein bestimmtes Sediment des Wattbodens gebunden; Voraussetzung für sie ist lediglich, daß es nicht stark bewegt wird. Für die Wattbiozönosen sind sie in dreifacher Weise wichtig: 1. Bei dichtem Wuchs wirken sie als Sedimentfänger. Für *Zostera nana* gibt LINKE stellenweise über 7500 Blätter/m^2 an. Sterben einzeln stehende Pflanzen oder große Flächen ab, dann wird allerdings das Feinmaterial um die Rhizome herum gerade ausgekolkt. 2. Die Seegräser liefern Detritus und tragen damit sowohl zur Ernährung als auch zur organischen Sedimentation bei. 3. Sie bilden einen neuen, stärker gegliederten Lebensraum, der für Tiere und Algen verschiedene Habitate zur Verfügung stellt; diese können zwischen den *Zostera*-Pflanzen in ihrem Schutze, aber auch in großer Fülle epiphytisch auf ihnen leben. Bekannt ist der Fischreichtum der *Zostera marina*-Rasen; besonders Plattfische ernähren sich von ihnen (GESSNER 1957). Derartige standortsprägende Arten, seien es Tiere, seien es Pflanzen, werden als **Schlüsselarten** bezeichnet. Ihre Vernichtung ist besonders folgenschwer. So sind in den 30er Jahren die europäischen Bestände durch eine (wahrscheinlich von dem Phycomyceten *Labyrinthula macrocystis* hervorgerufene) Seuche flächenweise völlig abgestorben; mit *Zostera* verschwanden auch zahlreiche Fische, Mollusken und Krebse, die sich direkt oder indirekt von ihr ernährt hatten. Nur sehr langsam und bisher unvollständig erfolgt eine Wiederbesiedlung der ehemaligen Areale.

Die Klasse Zosteretea mit einer Ordnung, Zosteretalia, und einem gesicherten Verband, Zosterion, läßt sich nicht durch einzelne Arten, sondern nur durch die Gattung *Zostera* (mit insgesamt 11 Arten) charakterisieren (Prinzipielles zu diesem syntaxonomischen Problem s. S. 70).

Bei uns kommen 2 Assoziationen vor, die längs der Nordseeküste einen vielfach durchbrochenen Gürtel bilden.

1. **Zosteretum nanae = Z. noltii,** Zwergseegraswiese; Ch. *Zostera nana* (= *Z. noltii*). Siedelt im Tidebereich etwa zwischen der Mittelhochwasserlinie und der Mittelwasserlinie. Es fällt also periodisch einige Stunden frei; die Pflanzen müssen sowohl zeitweilige Austrocknung als auch Beregnung mit fast ionenfreiem Wasser ertragen.
2. **Zosteretum marinae,** (eigentliche) Seegraswiese; Ch. *Zostera marina.* Es schließt sich nach unten an das Zosteretum nanae an und reicht in der Nordsee meist bis 4, in klaren Küstengewässern auch bis 11 m Tiefe hinab. Die beiden Assoziationen können kleinräumig verzahnt sein; dann lebt *Zostera marina* in Vertiefungen innerhalb des Zosteretum nanae, in denen auch bei Niedrigwasser Restlachen stehenbleiben, so daß der Wasserhaushalt dem der unteren Zone entspricht. Das Zosteretum marinae ist aus Nordsee und Atlantik von Marokko bis zum Eismeer, von den Küsten Japans und Nordamerikas bekannt geworden.
3. Im Mittelmeer kommt auf sandig-tonigem Substrat das **Cymodoceetum nodosae** (mit *Cymodocea nodosa* und *Zostera marina)* vor. Auf sandig-kiesigem Untergrund wird es von *Posidonia oceanica*-Wiesen abgelöst, deren synsystematische Stellung noch unklar ist. Abgestorbene *Posidonia*-Blätter findet man, von der Brandung zerfasert und zu „Seebällen“ gerollt, oft in Spülsäumen an den Küsten. Tauchkartierungen haben gezeigt, daß die Gesellschaft im klaren Mittelmeer bis in 50 m Tiefe hinuntergeht. Dies spricht dafür, daß Licht und nicht ein hydrostatischer Druck von mehr als einer Atmosphäre limitierend wirkt.

3. Klasse: Ruppietea maritimae, Salden-Gesellschaften

Diese wohl kosmopolitische, artenarme Klasse mit einer Ordnung und einem Verband kann durch die Gattung *Ruppia (Potamogetonaceae)* charakterisiert werden. Sie kommt in wenig bewegten, brackischen Küsten- und in salzhaltigen Binnengewässern vor. Dabei kann entweder dauernd ein zwischen Meer- und Süßwasser liegender Salzgehalt gewahrt sein (so weithin in der Ostsee), oder es können sehr starke Schwankungen auftreten, bei denen zeitweise sogar der Prozentsatz des Meerwassers, rund 3,5%, überschritten wird. In diesem Falle sind die Pflanzen als poikilohalin zu bezeichnen (Gegensatz: stenohalin, bei sehr geringen Schwankungen auftretend). Ruppietea-Bestände leben auch nicht nur in kochsalzreichem Wasser, sondern es kommen auch Gips- und Bittersalz-Seen in Frage. Die entsprechenden Gesellschaften und die physiologischen Anpassungsmechanismen sind bisher so wenig untersucht, daß es mit diesem Hinweis sein Bewenden haben muß.

Gewässergliederung und Bedeutung der Makrophyten in Süßgewässern

Die vier folgenden Klassen, die Characeen-Gesellschaften (Charetea), Wasserschlauch-Gesellschaften (Utricularietea), Strandlings-Gesellschaften (Littorelletea) und Laichkraut-Gesellschaften (Potamogetonetea) bilden zusammen mit den Wasserlinsendecken (Lemnetea), den Röhrichtgesellschaften (Phragmitetea) und den Quellfluren (Montio-Cardaminetea) die Süßwasser-Vegetation. So sei hier, den Kontakt zur Limnologie herstellend, eine kurze Zusammenstellung allgemein und pflanzensoziologisch wichtiger Begriffe aus diesem Bereich gegeben (s. dazu Abb. 4).

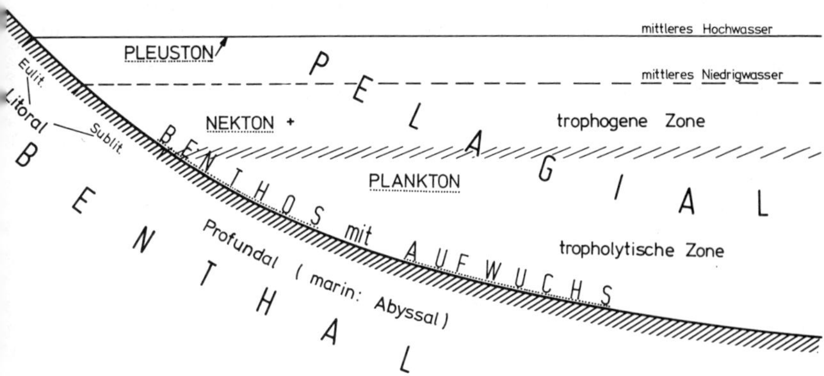

Abb. 4: Standörtliche Grobgliederung und Lebensgemeinschaften von Gewässern (Schema). Vgl. Text.

Die Hauptlebensräume lassen sich gleichsam aufgrund der „Koordinaten“ Energietransfer und Lebensform bestimmen.

Nur im durchlichteten Bereich können grüne Pflanzen als Autotrophe den primären Aufbau energiereicher organischer Substanz vollziehen; diese Zone wird als **trophogene Schicht** bezeichnet. In der tieferen **tropholytischen** Schicht erfolgt lediglich Um- und Abbau durch Heterotrophe, der natürlich im trophogenen Bereich nicht fehlt. Nur im Bodenbereich können substratgebundene Pflanzen und Tiere, also haftende, wurzelnde, kriechende, laufende Organismen, leben; er wird als **Benthal** bezeichnet; der freie Wasserraum wird als **Pelagial** dagegen begrifflich abgegrenzt (früher in Süßwässern als Limnion). Die unmittelbaren Bodenbewohner bilden das **Benthos,** auf welchen zusätzlich **Aufwuchs** (**Periphyton,** z. B. Algen, Polypen, Moostierchen) zu leben pflegt. Die Besiedlung des Pelagials erfolgt durch frei schwimmende Organismen (**Nekton**), durch Arten, die auf oder unmittelbar unter der Wasseroberfläche schwimmen (**Pleuston**) und durch **Plankton,** Kleinstlebewesen, die bei nur geringem Übergewicht langsam absinken oder dies Absinken durch eigene Bewegungen, etwa Geißelschlag, wettmachen. Natürlich können diese alle auch in Bodennähe leben, wie ein Fang mit dem Planktonnetz leicht beweist, doch sind sie hier der Konkurrenz des Benthos ausgesetzt.

Hieraus ergeben sich vier Großbiotope: das obere (durchlichtete) und das untere dunkle **Pelagial,** das obere (durchlichtete) **Benthal,** das als **Litoral** bezeichnet werden kann, und die benthische Tiefenzone, das **Profundal** (in Süßwässern) bzw. Abyssal (in Ozeanen).

Das **Litoral** als pflanzenbewachsene Uferzone hat besondere Bedeutung und ist in sich oft reich gegliedert. Man hat daher mindestens ein **Eulitoral,** in welchem der Wasserstand wechselt, vom dauernd wasserbedeckten **Sublitoral** zu unterscheiden. (Weitere Einteilungen s. jeweils in den betreffenden Spezialarbeiten.)

Diese Begriffe lassen sich auf rasch fließende wie ± stehende Gewässer (lotische bzw. lenitische Biotope), auf Süßgewässer wie Meere anwenden.

Die Bedeutung der Makrophytenvegetation für die Gewässerökologie

1. Die Makrophyten (makroskopisch, mit unbewaffnetem Auge, sichtbare Pflanzen) bilden zusammen mit autotrophem Plankton die energetische Voraussetzung für Leben im Gewässer. (Hierbei sei abgesehen von Abwassereinleitung; unter hochartifiziellen Bedingungen ist rein heterotrophes Leben denkbar und z. B. in sehr stark mit

organischen Substanzen verschmutzten Flußabschnitten auch schon realisiert). Makrophyten bieten dabei andere **Freßketten** als Plankton: Während die pelagischen Freßketten mit Plankton beginnen und letzten Endes zu pelagischen Raubfischen führen, stehen am Anfang der benthischen (meist tote) höhere Pflanzen, Aufwuchs und sedimentierte Organismen aus dem Pelagial; Endglieder sind hier benthisch lebende Raubfische. Früchte und Samen von Wasserpflanzen, die oft als Schwimmdiasporen ausgestattet sind (so bei *Nymphaea, Nuphar, Potamogeton*), dienen als Nahrung für Wasservögel.

2. Die **Produktionsintensität** eines Gewässers spielt für dessen gesamten Stoffhaushalt eine derart große Rolle, daß man hiernach die beiden Haupttypen des **eutrophen** und des **oligotrophen Gewässers** (meist auf Stillgewässer bezogen) zu unterscheiden pflegt. Übergänge werden als mesotroph klassifiziert. Unter **Trophie** versteht man die Intensität der organischen Produktion und zwar vor allem der pflanzlichen Primärproduktion, die ja als Nahrungsangebot üblicherweise auch für die Intensität der tierischen, also Sekundärproduktion maßgebend ist. Eu- bzw. oligotrophe Standorte besiedelnde Arten heißen **eu-** bzw. **oligotraphent.** Die Stufengrenzen sind (noch) nicht quantitativ definiert. (S. hierzu ELSTER 1962.)

Der Terminus eutroph sagt zunächst nichts über die Ursachen der hohen Produktion aus. Das Wort **Eutrophierung** für den Vorgang des Eutrophwerdens ist heute stark negativ getönt. Dies liegt erstens daran, daß die Produktionserhöhung häufig eine Folge der Einleitung von Abwässern mit hohem Ammonium- und Phosphatgehalt ist; zweitens aber in der engen Verknüpfung der Trophie mit der **Saprobie** (= Saprobität), d. h. der Art und Intensität des Abbaus. Die hohe Produktion hat ihrerseits also bedeutende standortsprägende Folgen.

Soll eine benthische Lebensgemeinschaft auf die Dauer im Gleichgewicht bleiben, so setzt dies völligen Abbau der zugeführten und selbst produzierten Substanzen, d. h. **Mineralisierung** zu CO_2, H_2O, HNO_3, H_2SO_4, H_3PO_4 usw. voraus. Dies geschieht durch die Populationen vieler verschiedener Heterotropher, von Bakterien, Pilzen, Schlammfressern, Strudlern usw., deren Körpersubstanz ebenfalls in den Kreislauf eingeht. Völlige Mineralisierung verlangt gute Sauerstoffzufuhr, also Durchmischung des Wasserkörpers. Auch unter natürlichen Verhältnissen erfolgt oft kein vollständiger Abbau, sondern Humusbildung in irgendeiner Form und damit Anreicherung organischer Stoffe im Sediment. In einem natürlichen See pflegt Humus in Form von **Gyttja** (= Mudde) vorzuliegen; das ist dunkel graubraun gefärbte, ± zersetzte organische Substanz, die zum großen Teil aus Huminsäuren besteht und im Tierdarm entstanden ist. Übersteigt jedoch die

Zufuhr an organischem Material die Sauerstoffzufuhr, so kann nur unvollständige Zersetzung und nach Erschöpfung der O_2-Reserven Fäulnis, d. h. anaerober Abbau, stattfinden. Dessen Endprodukt ist **Sapropel** = Faulschlamm. Aus diesem werden als Hauptgase H_2S und CH_4 frei und treten in angrenzende Wasserschichten über. Das Milieu ist sauerstoffarm und reich an organischen Säuren; daher erfolgt Reduktion von Fe^{+++} zu Fe^{++}, welches vor allem als FeS, Hydrotroilit, die charakteristische Schwarzfärbung bewirkt. Eutrophe Gewässer oder Gewässerteile, bei denen Produktion oder Zufuhr organischen Materials die O_2-Reserven in dieser Weise übersteigen, können als **saprotroph** gekennzeichnet werden. Sapropel-Biozönosen weichen von denen der Gyttja völlig ab; sie pflegen arm an Autotrophen und Aerobiern, reich an Anaerobiern zu sein. Bei plötzlichem Umschlag von Gyttja auf Sapropel gehen daher viele Organismen ein; Fischeier sterben rasch ab.

Daß es derartige Faulschlamm-Biozönosen überhaupt gibt, beweist, daß auch unter ursprünglichen Bedingungen Sapropel gebildet wird und früher gebildet worden sein muß, z. B. in Seen durch große Mengen von herbstlichem Fallaub oder in abgeriegelten Meeresbuchten (Limfjord, Schwarzes Meer). Grauschwarze, bitumenhaltige Gesteine sind verfestigte sapropelreiche Sedimente; die vorzügliche Erhaltung der Saurier im Lias-Posidonienschiefer z. B. bezeugt, daß der damalige Meeresboden nicht nennenswert von Tieren, die ja alle auf einen gewissen Sauerstoffpartialdruck angewiesen sind, durchwühlt worden ist. Meist ist die Saprotrophie heutzutage jedoch Folge überstarker Abwassereinleitung. Das bedeutet: Die physikalische Selbstreinigung durch Sedimentation grober Partikel, die chemische durch spontane Oxidation und die biologische Selbstreinigung durch aerobe Organismen reichen nicht zur oxidativen Mineralisierung aus. Wird also das Wasser nicht zuvor geklärt, so kommt die Fischerei zum Erliegen, die Trink- und Brauchwasser-Aufbereitung wird zunehmend schwieriger, Baden aus hygienischen Gründen unmöglich: Fluß oder See werden zur Kloake.

3. Der Einfluß der Makrophyten auf die **Sedimentbildung** erfolgt einerseits, wie besprochen, über die Produktionsintensität; andererseits kann es in kalkreichen Gewässern durch photosynthetischen Entzug von Kohlendioxid zur Ausfällung von Calciumkarbonat kommen (temperaturabhängiges Gleichgewicht von $Ca(HCO_3)_2 \rightleftarrows CO_2 + CaCO_3 + H_2O$). Dies hat kleinflächig Bedeutung für die Tuffgesellschaften des Cratoneurion (s. S. 158).

4. Makrophyten erhöhen die **Zahl ökologischer Nischen** im Gewässer auf folgende Weisen:

a) Sie tragen den für die biologische Selbstreinigung wichtigen Aufwuchs.
b) Sie bieten Lebensraum für eine Vielzahl beweglicher Tiere.
c) Sie bilden Fischbrutstätten, da sie die Strömung bremsen; günstig ist auch die lokale Sauerstoffproduktion durch Photosynthese.
d) Sie hemmen Sedimentbewegung.

4. Klasse: Charetea (fragilis), Chara-Gesellschaften, Armleuchteralgen-Gesellschaften

Obwohl die Thallophyten-Gesellschaften an sich nicht in unsere kurze Darstellung einbezogen werden können, sei an dieser Stelle eine Ausnahme gemacht, denn die Charophyceen-Gesellschaften lassen sich einerseits zwanglos anfügen, andererseits vermitteln sie zu sonstigen Algen-Gesellschaften. Außerdem erlauben sie eine Reihe allgemeinbiologisch wichtiger Schlüsse. Diese Grünalgen nehmen ja dank ihres Kormophyten-konvergenten Bauprinzips eine Sonderstellung in morphologischer und ökologischer Hinsicht ein (s. STRASBURGER 1971). So treten sie denn nicht nur in reinen Rasen, sondern auch in Mischung mit höheren Pflanzen auf. Mit fadenförmigen Einzelzellen (Rhizoiden) im Substrat verankert, tragen die chlorophyllarmen Achsen quirlige „Blätter" (Phylloide) und zur Überdauerung befähigte „Früchte". Die Wände vieler Arten sind kalkinkrustiert. Biologisch wichtig ist die vegetative Vermehrung durch Brutknospen und austreibende Achsenfragmente.

Standort

Die Böden sind stets feinkörnig, also sandig oder schlammig. Bevorzugt werden wenig turbulente, meist stehende Gewässer, doch wird (wohl nur oberflächlicher) Wellenschlag ertragen (WESTHOFF und DEN HELD 1969). Solche Pflanzen werden als **rheoxen** (Gegenteil: rheobiont) bezeichnet. Daß starke Wasserbewegung ein limitierender Faktor ist, versteht sich, da die Armleuchteralgen nur locker befestigt und, soweit verkalkt, brüchig sind.

Charetea-Gesellschaften stoßen im Sublitoral bis zu 20, ja 40 m Tiefe hinunter. Daß sie unter sonst gleichen Bedingungen tiefer gehen als Phanerogamenbestände, läßt sich schon daraus verstehen, daß sie weniger nicht-assimilierendes („heterotrophes") Gewebe besitzen als Kormophyten. Nimmt man gleiche Lage des Lichtkompensationspunktes für die grünen Teile der Pflanzen an, so müssen die Überschüsse der Photosynthese für längere Zeit ausreichen, die Pflanze kann folglich noch bei geringeren Lichtintensitäten existieren. Eine andere

Deutung bietet die Annahme, höhere Pflanzen seien durch den Überdruck des Wassers oder von Gasen in Tiefen unterhalb von 10 m ausgeschaltet (so GOLUBIČ 1963, s. aber auch S. 64).

In der Regel sind die Gesellschaften oligo- bis mesotraphent; viele sind an kalkreiche Gewässer gebunden. FORSBERG (1965 a) und MELZER (1976) fanden eine Korrelation zu niedrigen Phosphatwerten; die Grenzwerte der Vorkommen lagen sowohl in Skandinavien als auch in oberbayerischen Seen bei 20 µg P/l (s. Abb. 9).

In Tümpeln gibt es Characeen als Pioniere, die sich rasch vegetativ vermehren; *Chara foetida* kann sogar ein lästiges Reisfeld-Unkraut werden (HEJNÝ 1960). KRAUSE (1969) gibt als Jahresproduktion bis zu 130 dz/ha an, wovon allerdings 75% Asche sind, größtenteils $CaCO_3$; meist liegen die Werte um immerhin 22 dz/ha organischer Trockensubstanz pro Vegetationsperiode. Unerklärt ist das intermittierende „Dann- und Wann-Auftreten“ mancher Arten; selbst wenn sie jahrzehntelang als verschollen zu gelten hatten, können sie schlagartig an einem geeigneten Wuchsort in Menge auftauchen, aber ebenso plötzlich erlöschen.

Den geschilderten Standorten ist eines gemeinsam: geringe Konkurrenz durch andere Algen und höhere Pflanzen. In der Tat bringt starker Aufwuchs die Characeen zum Absterben; gleiches dürfte für die Beschattung durch kräftige Dikotyle gelten. Beide Gruppen aber gedeihen in eutrophen Gewässern reichlicher. Mit Sicherheit ist es aber nicht ausschließlich der Konkurrenzfaktor, der über das Vorkommen entscheidet. Denn im Experiment zeigt sich, daß die Pflanzen in Monokultur bei hohem Phosphatangebot im Wachstum zurückbleiben (zit. von FORSBERG 1965 b).

Systematischer Überblick

Eine von KRAUSE 1969 vorgeschlagene, 1977 verfeinerte, vorläufige Gliederung der Charetea sei hier – trotz der Seltenheit der Klasse – in vereinfachter Form wiedergegeben, denn sie verdeutlicht an einem übersichtlichen Beispiel die Abhängigkeit der Gesellschaftsbildung vom Wasser- und Substratchemismus, dies übrigens trotz eines ausgeprägten physiologischen Selektionsvermögens für Ionen. Sie zeigt auch eine bei Spezialisten-Gesellschaften oft auftretende syntaxonomische Schwierigkeit und erfordert deren Diskussion (vgl. Zosteretea und Spartinetea).

Es lassen sich auf Grund des (allerdings noch spärlichen) Materials eine Reihe von Assoziationen mit ein bis zwei Kennarten namhaft machen, deren Bestände sehr artenarm, ja oft nur „einartig“ sind (von Mikroorganismen wird bei diesen quantitativen Betrachtungen allgemein

BS 2

- Kl. Charetea, Armleuchteralgen-Gesellschaften
  - 1.O. Charetalia; basiphytisch
    - 1.V. Charion asperae; nicht halophytisch
      - 1.U.V. Eu-Charion asperae; ausdauernde Gesellschaften auf sauerstoffreichem Substrat ohne Sapropelbildung
      - 2.U.V. Rhodo-Charion asperae; ausdauernde Gesellschaften auf sauerstoffarmem Substrat mit Sapropelbildung
      - 3.U.V. Thero-Charion asperae; einjährige Gesellsch.
    - 2.V. Charion canescentis; halophytisch
  - 2.O. Nitelletalia; mit 2 sich im Säuregrad unterscheidenden Verbänden

abgesehen). Nach ökologischer Ähnlichkeit lassen sie sich, wie im Blockschema 2 gezeigt, zu Gruppen verschiedenen Ranges, als Unterverbände, Verbände und Ordnungen bezeichnet, zusammenfassen. Schwierig und teilweise unmöglich ist es jedoch, für diese Einheiten und für die ganze Klasse gute, d. h. treue und zugleich genügend stete Kennarten zu finden. Man könnte daran denken, die Gattungen *Chara* bzw. *Nitella* als Kenntaxa für die Ordnungen zu verwenden, da sie so gut wie ganz auf diese beschränkt sind; für die Klasse, bisher nur sehr schwach durch *Chara fragilis* zusammengehalten, wäre als Kenntaxon die Familie *Characeae* zu erwägen. Eine endgültige Entscheidung können wir hier nicht fällen; doch sei der Ursache dieser grundsätzlichen Schwierigkeit nachgespürt. Sie beruht auf der Artenarmut der Bestände und auf der engen Amplitude, d. h. der hohen

Spezialisierung der Arten eines bestimmten Verwandtschaftskreises. Das wiederum wird verständlich aus dem Extremcharakter der Standorte (Nährstoffarmut, geringer Lichtgenuß), dem im wesentlichen nur die eine Familie gewachsen ist. Für diese gelten aber zwei Gesetzmäßigkeiten der **Evolutionsbiologie**, das Konkurrenz-Ausschluß-Prinzip (a) und das Prinzip des „character displacement" (b). Sie besagen folgendes: Auf Dauer können nur solche Arten miteinander in einer Biozönose leben, die sich in mindestens einem Faktor keine Konkurrenz machen (a); es erfolgt unter Konkurrenz eine besonders rasche und divergierende Evolution gerade jener Merkmale, die zu einer Vermeidung dieses Drucks führen (b). Während die Characeen einander morphologisch recht ähnlich und in der Lebensform sogar gleich sind, können sie auf diese Weise keine Konkurrenz vermeiden; doch haben sie sich offenbar stoffwechselphysiologisch deutlich auseinander entwickelt und nutzen demgemäß getrennte, wenn auch jeweils sehr schmale Ausschnitte aus dem standörtlichen Angebot.

5. Klasse: Utricularietea intermedio-minoris, Kleinwasserschlauch-Gesellschaften

In Schlenken von Flach- und Übergangsmooren, in alten, wassererfüllten Torfstichen, Heideseen, auch kleinen Tagebau-Restseen und im Flachwasser-Verlandungsgürtel von Seen in Lücken zwischen Seggenbulten und Röhrichtpflanzen wächst zuweilen ein dichtes Gefilz schwimmender *Utricularia*-Pflanzen, durchsetzt entweder von Bleich- oder von Braunmoosen und vereinzelten höheren Pflanzen. Zu den carnivoren Wasserschlauch-Arten *U. minor* und *intermedia*, gemeinsam mit *U. neglecta* oder *ochroleuca* (in abnehmender Häufigkeit), gesellt sich an sehr warmen Standorten und fast nur im kontinentalen Gebiet die ebenfalls Fangblasen besitzende *Aldrovanda vesiculosa*. Diese Arten und die sie begleitenden Moose treten einerseits in großer Regelmäßigkeit miteinander auf, andererseits überlagern sie so viele verschiedene wurzelnde Gesellschaften und sind auch funktionell so wenig von diesen abhängig, daß sie nunmehr als eigene Phytozönose behandelt werden. Da sie an keine der älteren Klassen zwanglos angeschlossen werden können, müssen sie als eigene Klasse bewertet werden. Die gründlichste Bearbeitung verdanken wir PIETSCH (1977), auf dessen Angaben wir uns stützen. Das umfangreiche europäische Aufnahmematerial läßt nur eine Ordnung und einen Verband erkennen (mit den oben genannten Kennarten, zu denen *Sparganium minimum* kommt); dieser zeigt jedoch zwei klare Unterverbände. Der eine, das Sphagno-

Utricularion, wird durch zahlreiche Sphagnen differenziert und besiedelt saure, bikarbonatfreie und sulfatreiche Moorgewässer und Heideseen; der andre, das Scorpidio-Utricularion, mit zahlreichen differenzierenden Braunmoosen, schließt im circumneutral-basischen, bikarbonatreichen, sulfatarmen Flügel an. Ihnen gehören als relativ häufigste Assoziationen das **Sphagno-Utricularietum minoris** bzw. **Scorpidio-Utricularietum** an. Schlammiger Untergrund, in den die Moose und Schlammsprosse eindringen und in dem die Turionen überwintern können, ist die Regel. Starke Erwärmung des flachen, stehenden Wassers im Sommer kann zu Temperaturen von 40 °C führen. Wenn trotz einer so weiten ökochemischen Spanne eine Gruppe seltener Arten jeweils nur hier und dann häufig gemeinsam auftritt, wird man nach dem entscheidenden Faktor fragen. Aus Analysen von PIETSCH, aus der allgemeinen Kenntnis der Standortsverhältnisse und aus den im Kontakt zu den Utricularieten wachsenden Gesellschaften läßt sich als wahrscheinlicher Minimumfaktor der Stickstoff erschließen (wenn auch gelegentlich toxische NH_4^+-Konzentrationen in Tagebau-Seen vorkommen können). Dafür spricht auch, daß bis auf den Zwerg-Igelkolben alle Kennarten zur an sich seltenen Lebensform der fleischfressenden Pflanzen gehören.

6. Klasse: Littorelletea, Strandlings-Gesellschaften

Diese Klasse hat mit der vorigen die Bindung an oligo- bis mesotrophe Standorte gemeinsam; im Gegensatz zu jener leben ihre Gesellschaften jedoch zum größten Teil amphibisch im Litoral der Seen und – seltener – der Teiche auf kiesigen, sandigen oder schlammigen Böden; einige Arten stoßen in den Tiefwasserbereich des Sublitorals vor. Diese andersartige Lebensweise prägt sich auch in der Dominanz einer anderen Lebensform aus: Gerade die bezeichnenden Sippen *Isoetes, Littorella, Subularia* und *Lobelia* und auch verschiedene *Juncus*-Arten sind vegetativ einander ähnliche, niedrig bleibende, schmalblättrige, aerenchymreiche Rosettenpflanzen, die als Isoetiden zusammengefaßt werden können (DEN HARTOG und SEGAL 1964). Als Klassencharakterarten können in Europa *Juncus bulbosus, Littorella uniflora*, regional auch *Eleocharis acicularis, Ranunculus reptans* und wenige andere gelten.

Der Arealschwerpunkt der Littorelletea in Europa liegt im atlantisch-subatlantischen Gebiet des borealen und temperaten Gürtels (s. Abb. 5). Ursachen dafür sind zu suchen in den dort häufigen armen Gesteinen und Böden sowie in den im Mittel weniger hohen Sättigungsdefiziten, denen die Pflanzen nach Trockenfallen ausgesetzt sind.

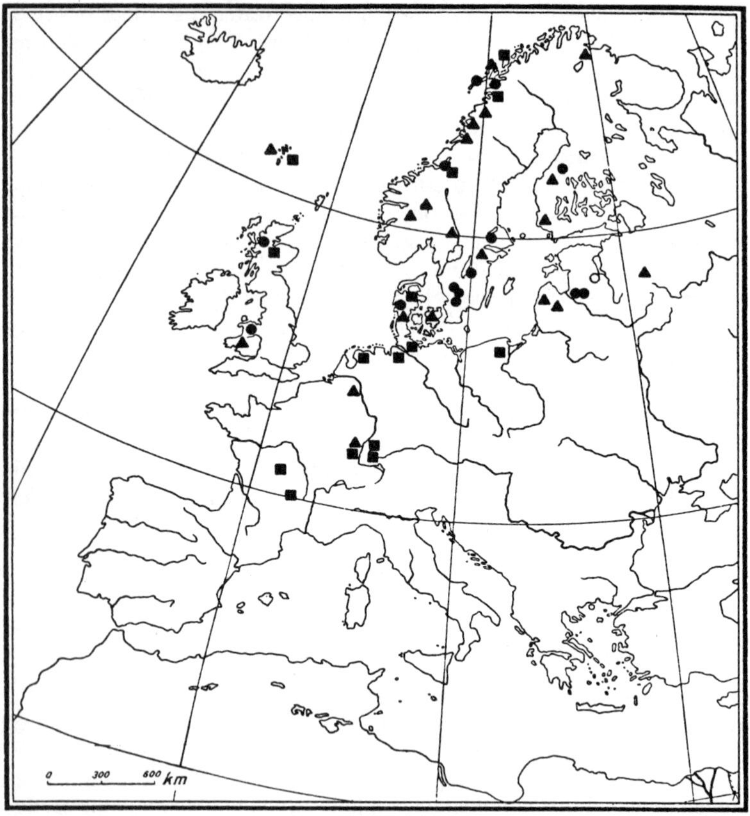

Abb. 5: Areal des Isoetetum setaceae (= echinosporae = tenellae); eingetragen sind die Lokalitäten der Aufnahmeflächen. (Aus DIERSSEN 1975).

Sehr nahestehende Gesellschaften gibt es in Nordostamerika; die Übersicht der Tab. 5 zeigt eindrücklich die floristisch-systematische Verwandtschaft. *Ranunculus reptans, Eleocharis acicularis* und *Isoetes setacea (ssp. asiatica)* kommen auch in Ostasien vor. So zeichnet sich eine holarktische, circumpolar-disjunkt verbreitete Klasse mit mehreren, den Kontinenten eigenen Ordnungen ab, was im Einklang steht mit den auf S. 42 entwickelten Vorstellungen.

Tab. 5. Vikariierende Arten der Littorelletea in Europa und Nordost-Amerika. (Aus PIETSCH 1977, gekürzt.)

Boreal-ozeanisches Europa		Boreal-ozeanisches Nordost-Amerika
Elatine hexandra		Elatine americana
Hypericum elodes		Hypericum boreale
Isoetes setacea		Isoetes muricata
		Isoetes tuckermani
Juncus bulbosus		Juncus militaris
		Juncus pelocarpus
		Juncus subtilis
Littorella uniflora		Littorella americana
Sparganium angustifolium		Sparganium americanum
	Gemeinsame Arten	
	Eleocharis acicularis	
	Eriocaulon septangulare	
	Isoetes lacustris	
	Lobelia dortmanna	
	Ranunculus reptans	
	Subularia aquatica	

Zu den Strandlings-Gesellschaften gehören überwiegend natürliche Gesellschaften, die über Jahrhunderte hin erhalten bleiben, wenn nicht exogene Störungen eintreten, wobei heute die Eutrophierung und damit die Förderung produktionskräftigerer Konkurrenten des Röhrichts oder der Schwimmblatt- und Laichkraut-Gesellschaften (Klasse 7) an erster Stelle steht. Da alle rd. 20 bisher aus Europa beschriebenen Assoziationen (DIERSSEN 1975, PIETSCH 1977) recht oder sogar sehr selten, alle standörtlich gefährdet, alle wirtschaftlich unbedeutend, viele aber von hohem wissenschaftlichem Wert sind, stellt sich die Frage nach ihrer Erhaltung mit besonderer Dringlichkeit.

Systematischer Überblick

1. **Isoetetum setaceae** (= **tenellae**), Brachsenkraut-Gesellschaft; Ass ch. *Isoetes setacea,* Verb ch. *Isoetes lacustris* und andere. Areal s. Abb. 5.
2. **Isoeto-Lobelietum**, Lobelien-Gesellschaft; Ch. *Lobelia dortmanna.* Auf sandig-kiesigen Böden im Sublitoral oligotropher Seen vikariiert das Isoetetum setaceae in den alpennahen Gebirgen mit dem atlantisch-borealen Isoeto-Lobelietum. Sie bilden bei optimaler Entfaltung geradezu unterseeische Wiesen. Die bezeichnenden *Isoetes*-Arten sind

auf dauernd submerses Dasein „zugeschnitten“ (s. ferner RASBACH und WILMANNS 1976). Daß *Isoetes lacustris* am weitesten in die Tiefen geht, läßt sich aus ihrer im Vergleich zu *Littorella* niedrigen Dunkelatmung erklären (SAND-JENSEN 1978). Kommt es zur Bildung von Mudde (durch Eutrophierung) oder von Dy (ausgeflocktem Torfschlamm), so verschwinden die Gesellschaften. Dabei ist noch zu klären, inwieweit dies auf die Veränderung der Bodendurchlüftung, des Wasserchemismus oder der Licht- und Raumkonkurrenz durch Algenaufwuchs und höherwüchsige Arten zurückgeht. Die Erhaltung dieser Gesellschaften und damit der *Isoetes*-Arten ist besonders wichtig, da es sich, wie Sporenfunde von Brachsenkräutern ausweisen, in Mitteleuropa um späteiszeitliche Relikte handelt und überdies die Gattung *Isoetes* eine phylogenetisch bedeutende letzte Auszweigung der Klasse der Bärlappgewächse (*Lycopodiatae*) ist.

3. **Eleocharitetum acicularis,** Nadelbinsenrasen; Ch. die namengebende Art. Die Assoziation sei als häufigste und am weitesten verbreitete erwähnt, reicht doch ihr Areal von Island bis Rumänien und an den Südrand der Pyrenäen (DIERSSEN 1975). Sie hat die weiteste ökologische Amplitude und greift auch auf eutrophe, sommerlich über mehr als 3 Monate hin trockenfallende Schlammböden an Flüssen oder in Teichen über. So fehlen ihr auch die empfindlichen Arten.

4. **Deschampsietum rhenanae,** Strandschmielen-Gesellschaft; Ch. *Armeria maritima* ssp. *purpurea, Deschampsia rhenana, Myosotis rehsteineri, Saxifraga oppositifolia* ssp. *amphibia.* Diese Assoziation ist am Bodensee endemisch. LANG (1968) konnte an ihr das Schicksal einer späteiszeitlichen Reliktgesellschaft entschlüsseln; da sie außerdem ökologisch gut untersucht ist, sei sie, LANG (1967) folgend, ausführlich dargestellt.

Standortsverhältnisse: Das Deschampsietum rhenanae lebt im oberen Eulitoral auf Kies als Glied eines oligotrophen Gesellschaftskomplexes. Für den Standort ist bezeichnend, daß das Gelände alljährlich im Sommer, meist zwischen Mitte Mai und Mitte Oktober, als Folge der Gletscherschmelze in den Alpen überflutet wird. Die steten Gesellschaftsbildner haben dennoch keine strukturellen Anpassungen, wie sie andere amphibische Pflanzen besitzen, z. B. Unterwasser- und Luftblätter. Die Überflutung erzwingt eine Ruheperiode, die aber manchen Konkurrenten fernhält. Immerhin treten als Begleiter Agrostis stolonifera, Carex panicea und andere Arten auf, die zeigen, daß schon bei geringen Standortsverschiebungen die Assoziation rasch überwältigt werden würde.

Nähere Betrachtung verdient das Schicksal der Charakterarten und der Gesellschaft. Die unecht vivipare *Deschampsia rhenana*, mit *D. alpina* nahe verwandt und wohl aus ihr entstanden, kommt nur im Raum Bodensee-Hochrhein vor. *Saxifraga oppositifolia* ssp. *amphibia*, eine nahe Verwandte der arktisch-alpischen typischen *S. oppositifolia*, ist eine Sippe, die bis vor wenigen Jahren am Bodensee endemisch war. Bereits 1967 war sie bis auf ein einziges kümmerliches Vorkommen verschwunden (s. Abb. 6); heute existieren nur noch einige im Garten kultivierte Pflanzen.

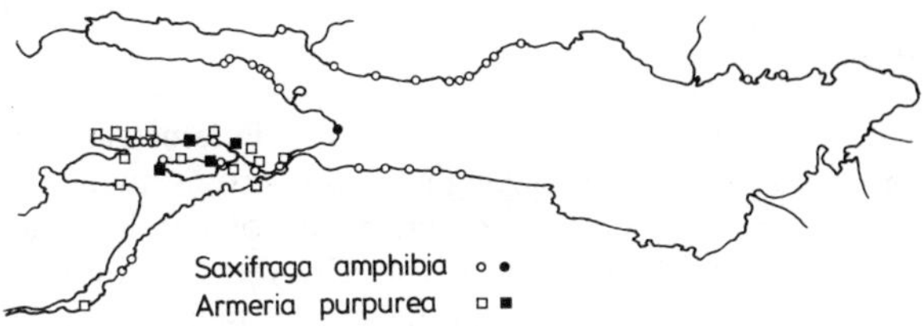

Abb. 6: Die Verbreitung von *Saxifraga oppositifolia* ssp. *amphibia* (Kreise) und *Armeria maritima* ssp. *purpurea* (Quadrate) am Bodensee. ●, ■ = Fundorte 1902 und 1911 publiziert und 1967 noch existierend; ○, □ = Fundorte nach 1911 erloschen. (Nach LANG 1968.)

Myosotis rehsteineri, ein winzige, aber großblütige Sippe aus der *Myosotis palustris*-Gruppe, lebt als ebenfalls gefährdeter Endemit am Bodensee und Starnberger See; möglicherweise kam sie früher an anderen Alpenrandseen vor. *Armeria maritima* ssp. *purpurea* schließlich hat außer 4 Bodenseefundorten noch einen im Benninger Ried bei Memmingen; sie steht der alpinen Grasnelke sehr nahe. Pollenfunde von *Saxifraga amphibia* und *Armeria purpurea* selbst oder ihnen nahestehender Sippen aus dem oberschwäbischen Spätglazial beweisen, daß die heutigen Sippen damals entweder schon im Gebiet existiert haben oder sich doch an Ort und Stelle herausdifferenzieren konnten. Lebensmöglichkeiten, also den heutigen etwa entsprechende Standorte, muß es damals folglich gegeben haben. Nach dem **Aktualitätsprinzip** zu schließen, lagen solche an den Ufern der oberschwäbischen Seen, nachdem der würmzeitliche „Eiskuchen“ abgeschmolzen war.

Die anthropogene Abnahme des Deschampsietum rhenanae seit 1960 ist nicht ganz so kraß wie die der empfindlichsten Kennart *Saxifraga amphibia; Deschampsia rhenana* selbst dürfte sich durch ihre Brutknospen leichter neu ansiedeln können als Pflanzen, die Keimlingsstadien durchlaufen müssen. Aber das Verschwinden geeigneter Standorte ist doch alarmierend. Welches sind die Ursachen? Eine Rolle spielt sicher die bekannte Eutrophierung des Bodensees; Spülsäume von Pflanzenmassen, anderem Detritus und Zivilisationsmüll überdecken stellenweise die Pflanzen im Uferbereich; mechanische Änderungen wie Uferbauten und Badebetrieb wirkten sich wahrscheinlich nicht weniger aus. Nivellierung der jährlichen Wasserstandsschwankungen würde für diese standörtlich hochspezifische Assoziation vernichtend sein.

7. Klasse: Potamogetonetea, Laichkraut- und Schwimmblattgesellschaften

Die Gesellschaften dieser abgekürzt als Potametea bezeichneten Klasse besiedeln nicht nur ursprüngliche, sondern in hohem Maße auch menschlich beeinflußte Gewässer und zwar sowohl lotische als auch lenitische Biotope. So ist diese Klasse häufig vertreten und dem Aspekt nach jedermann vertraut, gehören doch Seerosendecken, Laichkrautwiesen und Fluthahnenfußbestände hierher. In Seen pflegen ihre Gesellschaften einen wasserseitigen Gürtel vor dem Röhricht aufzu-

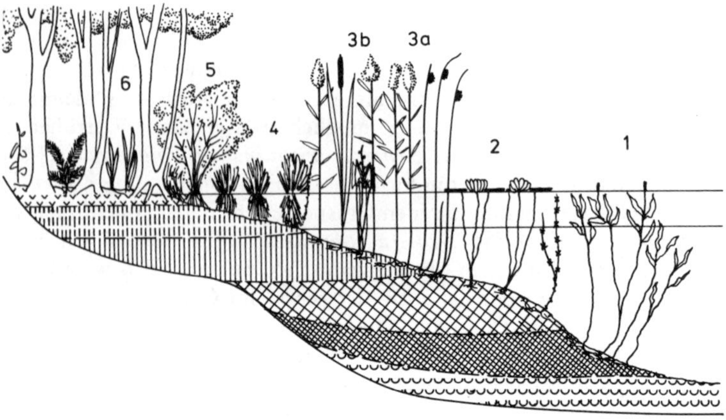

Abb. 7: Schema der Verlandungsgesellschaften eines eutrophen Sees und ihrer Sedimente. 1 = Laichkrautgürtel auf Mudde (über Seekreide), 2 = Schwimmpflanzengürtel auf Mudde, 3 = Röhrichtgürtel auf Schilftorf, a = Seebinsenröhricht, b = Rohrkolbenröhricht, 4 = Großseggengürtel auf Seggentorf, 5 = Weiden-Faulbaumbusch als anthropogener Mantel von 6 = Erlenbruchwald auf Torf. (Nach FIRBAS in STRASBURGER 1971).

bauen; dieser kann nochmals in sich gegliedert sein (s. Abb. 7). Vom Ufer her bis zu etwa 4 m Wassertiefe kann *Nuphar* noch seine Schwimmblätter an die Wasseroberfläche hochschieben (ELLENBERG 1963); dann ist nur noch submerse Lebensweise möglich. Unterwasserpflanzen kommen jedoch auch im ufernahen Gürtel vor; so ist eine Trennung in zwei Verbände nur schwach begründet. Das Blockschema BS 3 beruht im wesentlichen auf den Angaben von MÜLLER und GÖRS (1960), den gleichen Autoren in OBERDORFER et al. (1977) und OBERDORFER (1970). Es gibt auch die Standortsunterschiede wieder. Über Synsystematik und Ökologie von Wasserpflanzengesellschaften Nordwestdeutschlands orientiere man sich bei WEBER-OLDECOP (1970/71, 1977).

BS 3

Kl. Potamogetonetea, O. Potamogetonetalia, Schwimmblatt- u. Laichkrautgesellschaften; Ch. Ceratophyllum demersum, Ceratophyllum submersum, Elodea canadensis, Myriophyllum spicatum, Myriophyllum verticillatum, Potamogeton crispus, Potamogeton pectinatus, Ranunculus circinatus u.a.		
1.V. Nymphaeion albae, Seerosendecken;	2.V. Potamogetonion, Laichkrautwiesen;	3.V. Ranunculion fluitantis, Flutbahnenfußgesellschaften;
Ch. Nymphaea alba, Polygonum amphibium f. aquaticum, Potamogeton natans f. vulgaris, Ranunculus aquatilis u.a.	Ch. Potamogeton acutifolius, Potamogeton perfoliatus, Potamogeton pusillus u.a.	Ch. Potamogeton densus, Ranunculus fluitans, Ranunculus trichophyllus, Sagittaria sagittifolia var. vallisneriifolia u.a.
in eu-bis mesotrophen Stillgewässern, Wassertiefe i.a. 1-2 m	in eu- bis mesotrophen Stillgewässern, Wassertiefe i.a. bis 2-7 m	in klaren Fließgewässern

Einige Assoziationen:

Zu Verb. 1, Nymphaeion:

1. **Myriophyllo-Nupharetum,** Tausendblatt-Teichrosen-Gesellschaft; Ch. *Myriophyllum verticillatum* (schwach), *Nuphar lutea* (optimal). Diese Schlamm (Gyttja) bewohnende Gesellschaft ist eutraphent.

Da sie in Tieflagen weit verbreitet ist, gibt es neben Subassoziationen auch eine Reihe von Vikarianten (s. S. 33). Die Nährstoffzeiger *Ceratophyllum demersum* und *Myriophyllum verticillatum* sind für die Diagnose und die Unterscheidung der folgenden Assoziation wichtig.

2. **Nupharetum pumilae,** Gesellschaft der Kleinen Teichrose; Ch. die namengebende Art. Eine Gesellschaft in dystrophen Gewässern mit subarktischem Verbreitungsschwerpunkt, in Mitteleuropa reliktisch.
3. **Hottonietum palustris,** Wasserfeder-Gesellschaft; Ch. die namengebende Art. In meso- bis eutrophen, beschatteten Altwässern, Gräben, Tümpeln über Schlamm; die Trophie wird durch Differentialarten angezeigt.
4. **Trapetum natantis,** Wassernuß-Gesellschaft; Ch. die namengebende Art. In eutrophen, oft kräftig verschmutzten Gewässern sommerwarmer Gebiete. In der postglazialen Wärmezeit war die Gesellschaft denn auch geographisch weiter verbreitet; dies bezeugen Reste der von den Steinzeitleuten gern gesammelten Nüsse in Pfahlbausiedlungen, z. B. am Federsee, dem sie heutzutage fehlt. Die gegenwärtige Eutrophierung wirkt sich günstig auf die Wüchsigkeit der Wassernuß aus, so daß ihre Rosetten z. B. im Oberrheingebiet riesige, geschlossene Decken bilden können (MÜLLER und GÖRS 1960, PHILIPPI 1969).

Zu **Verb. 2, Potamogetonion, Potamion:**

5. **Potamogetonetum lucentis** (abgekürzt **Potametum l.**), Glanzlaichkraut-Gesellschaft; Ch. *Potamogeton crispus, P. lucens.* Häufig in eutrophen Gewässern bis zu 7 m Tiefe; offenbar ebenfalls anthropogen gefördert, da es besonders im Einflußbereich von Siedlungen vorkommt.
6. **Potamogetonetum graminei,** Graslaichkraut-Gesellschaft; Ch. die namengebende Art. Auf oligo- bis mesotrophen Sand- und Kiesböden; daher durch Abwassereinleitungen gefährdet.

Zu **Verb. 3, Ranunculion fluitantis:**

Deutlich weichen die Lebensbedingungen und damit die Pflanzengesellschaften in Fließgewässern von denen der stehenden ab: stärkere Beanspruchung auf Zug, gröberes Substrat, dessen Korngröße von der Fließgeschwindigkeit abhängt, bessere Sauerstoff- und Nährstoff-Versorgung, geringere Temperaturschwankungen und streckenweise hohe Abwasserbelastung. Diese Faktoren ändern sich längs des Flußlaufes, mit ihnen die Pflanzen- und Tierwelt. Seit langem sind die in Abb. 8 für die im Harz entspringende Oker dargestellten **fischereibiologischen Regionen** bekannt, wobei die der Salmoniden durch kaltstenothermes Wasser mit hohem Sauerstoffgehalt, die der Cypriniden durch eurythermes Wasser mit geringem Sauerstoffgehalt charakterisierbar ist. Hohe Strömungsgeschwindigkeiten im Oberlauf begrenzen das Vorkommen von Phanerogamen.

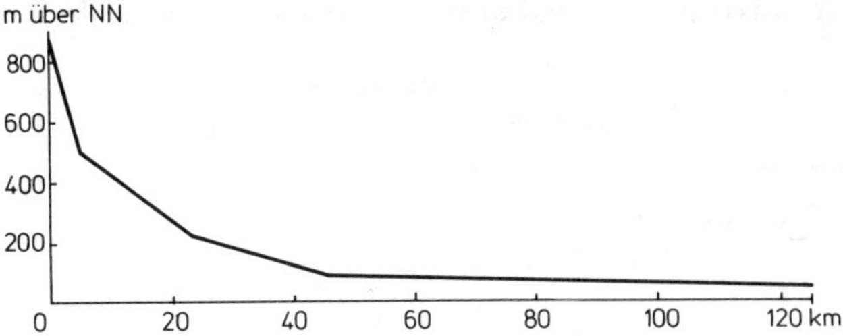

70‰	20‰	5,1‰	0,5‰ Durchschnittsgefälle		
Fels		Geröll/Kies	Auelehm	(lehmiger) Sand	Sand
Mittelharz		Harzrand-mulde	Ost-braun-schweigi-sches Hügelland	Burgdorf-Peiner Geest-platten	Aller-Niederung
Forellenregion		Äschenregion	Barbenregion		Bleiregion
Moos-gesellschaften		Ranunculo-Siëtum	Sparganio-Potametum pectinati		Übergang z. Nupharetum
Kryptogamen-region		Phanerogamenregion			

Abb. 8: Vegetation und Fischregionen im Verlauf des Harzrandflusses Oker in Abhängigkeit von Gefälle und Substrat. (Nach Weber-Oldecop 1970/71.)

7. **Ranunculo-Sietum erecti,** Fluthahnenfuß-Merk-Gesellschaft; Ch. *Callitriche cophocarpa,* submerse Formen von *Sium erectum* und *Veronica anagallis-aquatica.* In kalkreichen Gewässern, besonders gut in Karstquellbächen entfaltet.

8. **Ranunculo-Callitrichetum hamulatae,** Fluthahnenfuß-Hakenwasserstern-Gesellschaft; Ch. *Callitriche hamulata.* Diese aus Süddeutschland beschriebene und die sehr ähnliche **Callitriche hamulata-Myriophyllum alterniflorum-Assoziation** aus Norddeutschland entsprechen der vorigen in Silikatgebieten. Beide Assoziationen stellen hohe Ansprüche an die Wasserreinheit (Weber-Oldecop 1970).

Weiter greift das

9. **Ranunculetum fluitantis,** Fluthahnenfuß-Gesellschaft; Ch. *Potamogeton densus* (opt.), *Potamogeton nodosus, Ranunculus fluitans* (opt.).

Diese zunächst durch vergleichende Beobachtungen erschlossenen Standortscharakteristiken legen es uns nahe, nicht nur, wie seit langem üblich, niedere Wasserpflanzen und Kleintiere zur Kennzeichnung der Gewässer-

Tab. 6: Floristisch-ökologische Gliederung des Fließwassersystems Moosach (Münchener Ebene). (Nach KOHLER 1971, gekürzt).

<table>
<tr><th>Fließwasserzonen</th><th>A (quellnah)</th><th>B</th><th>C</th><th>D (mündungsnah)</th></tr>
<tr><td rowspan="5">Kennzeichnende Artengruppen</td><td>Potamogeton coloratus, Juncus subnodulosus, Chara hispida</td><td></td><td></td><td></td></tr>
<tr><td></td><td colspan="3">Sium erectum, Ranunculus trichophyllus, Potamogeton pectinatus</td></tr>
<tr><td></td><td></td><td colspan="2">Callitriche obtusangula, Ranunculus fluitans, R. circinatus, Elodea canadensis, Potamogeton crispus, Zannichellia palustris</td></tr>
<tr><td></td><td></td><td>Potamog. densus, Hippuris vulgaris fo., Schoenoplectus lacustris fo.</td><td></td></tr>
<tr><td></td><td colspan="3">Sparganium emersum + erectum</td></tr>
<tr><td>PO4---Gehalt des Wassers</td><td></td><td></td><td></td><td></td></tr>
<tr><td>Mittelwert (mg/l)</td><td>0,04</td><td>0,02</td><td>0,07</td><td>0,45</td></tr>
<tr><td>Variationsbreite (mg/l)</td><td>0,00 – 0,09</td><td>0,00– 0,11</td><td>Spur – 0,46</td><td>Spur – 13,38</td></tr>
<tr><td>NH4+-Gehalt des Wassers</td><td></td><td></td><td></td><td></td></tr>
<tr><td>Mittelwert (mg/l)</td><td>0,03</td><td>0,05</td><td>0,09</td><td>0,28</td></tr>
<tr><td>Variationsbreite (mg/l)</td><td>0,01 – 0,08</td><td>Spur – 0,18</td><td>Spur – 0,48</td><td>0,03 – 1,67</td></tr>
<tr><td>NO3--Gehalt des Wassers</td><td></td><td></td><td></td><td></td></tr>
<tr><td>Mittelwert (mg/l)</td><td>59,33</td><td>26,63</td><td>25,39</td><td>23,78</td></tr>
<tr><td>Variationsbreite (mg/l)</td><td>32 – 136</td><td>9 – 36</td><td>13 – 44</td><td>8 – 40</td></tr>
<tr><td>KMnO4-Verbrauch</td><td></td><td></td><td></td><td></td></tr>
<tr><td>Mittelwert (mg/l)</td><td>9,55</td><td>14,54</td><td>11,02</td><td>15,01</td></tr>
<tr><td>Variationsbreite (mg/l)</td><td>4 – 12</td><td>13 – 18</td><td>5 – 24</td><td>6 – 35</td></tr>
</table>

(Erläuterung s. S. 83.)

güte, der Wassereinheit, einzusetzen, sondern auch höhere Pflanzen. Eine diesbezügliche Eichung der Kormophyten steckt erst in den Anfängen. Gelingt sie, so hat sie erstens den Vorzug aller pflanzensoziologischen Methoden, leicht und rasch flächenmäßige Aussagen zu ermöglichen; dazu kommt zweitens der Vorteil der zeitlichen Unabhänigigkeit bei der Probennahme; beides im Gegensatz zu den im Detail exakteren chemischen Untersuchungsmethoden, die nur zeitlich und räumlich punktuell arbeiten. Auch auf Faktoren, die nicht in ihrer natürlichen Umwelt vorkamen, sprechen Wasserpflanzen an, z. B. auf Tenside und Schwermetalle (KOHLER 1976). Zwei vielversprechende Ansätze zeigen die Übersicht der Tab. 6 (S. 83) für ein Fließgewässer und die Abb. 9 (S. 85) für eine Gruppe von 16 Seen.

Erläuterung zu Tab. 6: Flußabschnitt A ist durch das Vorkommen des Potamogetonetum colorati ausgezeichnet; dieses tritt in B verarmt auf. Die Abschnitte C und D enthalten das Callitrichetum obtusangulae, wobei dieses in C artenreicher ist. Die chemischen Analysen zeigen, daß sich die Abschnitte im wesentlichen durch ihre Spitzenwerte der Phosphat- und Ammonium-Konzentrationen unterscheiden. Für die praktische Anwendung ist es wichtig zu wissen, ob die differenzierenden Artengruppen nur durch stärkere Konkurrenten von anderen Abschnitten ferngehalten werden oder ob sie dort aus physiologischen Gründen nicht leben können. Erste Experimente ergaben, daß *Potamogeton coloratus,* aus Zone A nach Zone D verpflanzt, dort nach 14 Tagen Blattschädigungen zeigte und nach 41 Tagen abgestorben war; *Potamogeton densus,* aus Zone C, war in D nach 31 Tagen geschädigt, nach 74 Tagen fast entblättert, vegetierte aber mit chlorotischen Jungtrieben dahin. Diese Ergebnisse beweisen, daß diesen Arten sowohl ein synökologischer, als auch ein autökologischer Zeigerwert zukommt, die aber getrennt festgelegt werden müssen.

In den Tropen sind *Eichhornia crassipes, Pistia stratiotes,* die Wasserfarne *Azolla spp.* und *Salvinia auriculata* und andere Arten in den letzten Jahren zu lästigen bis katastrophalen Unkräutern geworden, die durch vegetative Vermehrung auf Flüssen und Stauseen riesige Decken bilden. Die Ursachen der explosionsartigen Ausbreitung dürften darin liegen, daß erstens ein Stausee zunächst ein gigantisches biozönotisches Vakuum darstellt, daß zweitens in landwirtschaftlichen Gebieten durch eingeschwemmten Dünger und Abwässer äußerst nährstoffreiche Gewässer entstehen, die einen neuen und hocheutrophen Typus von Standort bilden. Die Pflanzen sind hier **„aquatic weeds“**, da sie durch ihre Transpiration die Verdunstungsverluste in Trockengebieten stark erhöhen, die Schiffahrt blockieren, Kraftwerksturbinen und

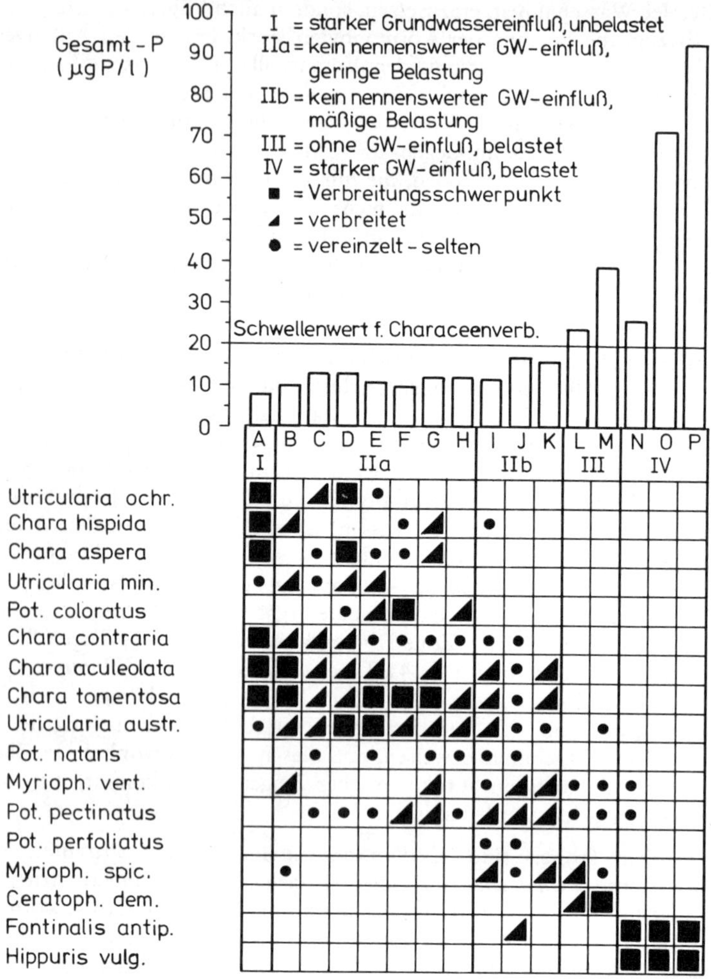

Abb. 9. Der Zusammenhang von Pflanzenverbreitung, Phosphat-Gehalt und Grundwassereinfluß in 16 oberbayerischen Seen. (Nach MELZER 1976.)

Bewässerungskanäle verstopfen und Moskito-Brutstätten liefern. Diese Schadwirkungen überwiegen in der Regel die auf S. 69 geschilderten positiven Funktionen in diesen Ökosystemen. Die Kosten für die mechanische oder chemische Bekämpfung sind kaum tragbar; um so dringender ist eine biologische Kontrolle; sie existiert erst in Ansätzen. Ein anderes und vielversprechendes Vorgehen zeichnet sich in Versuchen ab, diese enorme Produktion als „resource out of place" zu nutzen: Verwendung von pestizid- und toxinfreien Wasserpflanzen als Rinderfutter, Haltung von Seekühen oder herbivoren Fischen, Nutzung des Proteins für die menschliche Ernährung. (Hierzu s. HOLM, WELDON and BLACKBURN 1969, BOTSCH 1970, BATES and HENTGERS 1976).

2. Formation: Therophytenreiche Pioniergesellschaften

Unter Therophyten versteht man Pflanzen, welche die für sie ungünstige(n) Jahreszeit(en) als Samen, also im resistentesten Zustand der Spermatophyten, überdauern. Der Entwicklungszyklus dieser Pflanzen kann innerhalb weniger Wochen bis Monate durchlaufen werden: viele Arten blühen unter günstigen Bedingungen schon 3 bis 4 Wochen nach der Keimung und haben nach etwa 6 Wochen die Samen ausgestreut. Die Mutterplanze stirbt danach sogleich ab. In jedem Fall bleibt die Lebensdauer einer Generation unter einem Jahr; man spricht daher auch von **Annuellen.** In der Regel sind die Arten, genetisch bedingt, kleinwüchsig; doch gibt es Ausnahmen, so die aus Nordamerika stammende Sonnenblume, *Helianthus annuus*, und das Indische Springkraut, *Impatiens glandulifera.* Das Wurzelsystem pflegt relativ schwach entwickelt zu sein, die Assimilate werden vorwiegend in die oberirdische Substanz „investiert"; s. z. B. KUTSCHERA (1960). Doch gibt es auch hier Ausnahmen; so soll eine Roggenpflanze ein 80 km langes Wurzelsystem bilden können. Die Samenproduktion je Pflanze ist natürlich absolut eher geringer als bei anderen Lebensformen; auf die Trockengewichtseinheit berechnet dürfte sie jedoch sehr hoch sein; anders wäre es nicht erklärlich, daß gerade Therophyten als Pioniere spontan und potentiell allgegenwärtig auftauchen. Ein entsprechendes Verhalten von Tieren wird als **Opportunismus** bezeichnet.

Welche **Standortsbedingungen** müssen für Pflanzen der geschilderten Konstitution günstig sein? Der Vorteil dieser Lebensform ist die Möglichkeit, unter Umständen mehrjährige ungünstige Perioden im Ruhestand zu überdauern. Dabei braucht die dazwischengeschaltete günstige Periode nur kurz zu sein. Der entscheidende Nachteil ist die Notwendigkeit, bei jedem Start neuen Lebensraum erobern zu müssen. Soweit die Standortsbedingungen, einschließlich menschlicher Einwirkung, auch ausdauernde Arten zulassen, geraten Therophyten in Bedrängnis (s. die Konkurrenzversuche mit *Hordeum murinum* S. 98) und sind auf gerade konkurrenzfreie Keimplätze angewiesen. Dominanz von Therophyten wird also möglich sein a) an Wuchsorten, die nur kurzfristig günstig sind, b) an Wuchsorten, die zwar langfristig klimatisch günstig sind, von denen aber Ausdauernde durch wiederholte Störungen ferngehalten werden. c) Außerdem müssen Klima- und Bodenbedingungen rasche Substanzproduktion zulassen; in der Subarktis fehlen demgemäß Therophyten (bis auf die kleine Polygonacee *Königia islandica*). Wüsten mit episodischen Regen sind ihre absolute Domäne; bei periodischen Niederschlägen treten schon ausdauernde Sukkulente in Konkurrenz (S. 177). Auch in Winterregengebieten wie dem Mittelmeerraum bieten Stellen, die flachgründig sind und im Sommer stark austrocknen, geeignete Standorte. Häufig und für die Praxis wichtig ist die Unterbrechung der allgemeinen Vegetationszeit; sie kann durch menschliche Störung, z. B. Hacken erfolgen. Ist der Sommer die ungünstige Jahreszeit, so spricht man von Wintertherophyten, umgekehrt ist es bei Sommertherophyten. Der Ausdruck **Ephemere** meint kurzfristig oberirdisch sichtbare Pflanzen, also neben Therophyten auch solche Geophyten, die rasch einziehen, z. B. Lerchensporn und Schneeglöckchen.

Es sind also offenbar ganz unterschiedliche ökologische Typen unter den Therophyten zu erwarten. Dies bestätigt die Übersicht über die entsprechenden 7 Klassen in Mitteleuropa:

8. Kl.: Thero-Salicornietea, Einjährige Quellerwatten
9. Kl.: Saginetea maritimae, Küsten-Mastkraut-Gesellschaften
10. Kl.: Cakiletea maritimae, Meersenf-Spülsäume
11. Kl.: Bidentetea tripartitae, Zweizahn-Gesellschaften
12. Kl.: Polygono-Poetea annuae, Einjährigen-Trittgesellschaften
13. Kl.: Stellarietea mediae, Eurosibirische Ackerunkrautgesellschaften
14. Kl.: Isoeto-Nanojuncetea, Zwergbinsen-Gesellschaften

Bei der folgenden Besprechung möge man die Kriterien für geringe soziologische Entwicklungshöhe im Auge behalten; sie treffen auch auf diese Klassen noch ausgezeichnet zu: lockerer Zusammenschluß der Individuen, geringe Ortsbeständigkeit bei den Segetalfluren; geringe Wechselbeziehungen zwischen den Gesellschaftspartnern, z. B. kaum Wurzelkonkurrenz, keine Parasiten- oder andere Abhängigkeitsverbindungen; geringe ökologische Differenzierung: die Lebensform der Therophyten dominiert, allenfalls treten einige Hemikryptophyten und Geophyten hinzu; ganz geringe, meist sogar fehlende Schichtung; geringe Lebensdauer; geringe standortsprägende Kraft.

8. Klasse: Thero-Salicornietea, Einjährige Quellerwatten

Im Watt oberhalb der Seegraszone, zwischen –40 und 0 cm unter Mittlerem Tidehochwasser (s. S. 62), also im Eulitoral, lebt an der mitteleuropäischen Küste spontan als einzige höhere Pflanze der Queller, *Salicornia europaea* agg., *Chenopodiaceae*. Meerwärts nur in locker zerstreuten Einzelpflanzen wachsend, schließt er landwärts zu dichten Herden zusammen, in welche deichwärts zunehmend Arten der Salzrasen eindringen (s. S. 194). Die Obergrenze ist also konkurrenzbedingt, die Untergrenze absolut; die Pflanze verträgt keine dauernde Überstauung. Dazwischen leben Blau- und Kieselalgen auf Sapropel, Gyttja oder Sand. Diese Gesellschaft, das **Salicornietum strictae**, gehört zu den wirtschaftlich wichtigen der Küsten, denn dort, wo die Quellerpflanzen dicht zusammenschließen, wirken sie als Schlickfänger und fördern die Anlandung, so daß man sie auch zur Förderung der Landgewinnung angesät hat. Meist wird das „Feld" zusätzlich durch Faschinen, die Lahnungen, geschützt und der Wasserablauf durch Gräben, die Grüppen, beschleunigt.

Salicornia europaea ist nicht nur halophytisch und toleriert stark wechselnden Salzgehalt des Substrats – Zahlen von 2 bis 140‰ der Bodenlösung werden genannt (KÖNIG 1960) –; die Art ist sogar halophil: Keimung und Entwicklung (z. B. Wurzelbildung) werden durch NaCl-Lösungen in der $^1/_2$–1fachen Konzentration des Meerwassers gefördert. Vor überhohen Chloridkonzentrationen im Zellsaft schützt sich die Pflanze, die keinen Absalzmechanismus besitzt, indem sie im Lauf der Ontogenie zunehmend Wasser in die Vakuolen aufnimmt; ihr Sukkulenzgrad, das Verhältnis von Wassergehalt zu Oberfläche, steigt daher von der Keimung im Frühjahr bis zum Absterben im Herbst an (s. ADRIANI 1958). Samen und Herbst-Keimlinge, die aber bei strengem Frost absterben, bilden dann eine wichtige Winternahrung für Strichvögel.

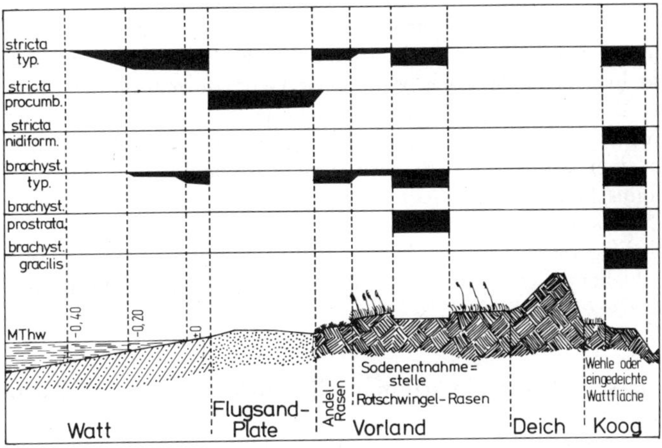

Abb. 10: Das Vorkommen verschiedener Sippen der Sammelart *Salicornia europaea* an unterschiedlichen Biotopen der Nordseeküste. (Aus KÖNIG 1960.)

Die Sammelart *Salicornia europaea* ist weit verbreitet und reicht über die europäischen Küsten hinaus an Salzstandorten weit in die Steppen und Halbwüstengebiete hinein. Schon die mitteleuropäischen Populationen sind 2 Kleinarten mit mehreren infraspezifischen Taxa zuzuordnen, die nicht nur morphologisch, sondern auch physiologisch und ökologisch unterschieden sind (KÖNIG 1960). Man muß also mit ökotypischer Differenzierung auch im kontinentalen Raum rechnen. Hier dürften weitere Assoziationen der Thero-Salicornietea vorkommen. (Nicht in diese Klasse gehören die von ausdauernden *Salicornia*-Arten beherrschten Gesellschaften West- und Südeuropas.)

Unser Wissen über die Thero-Salicornietea der deutschen Nordseeküste ist von TÜXEN (1974) zusammengetragen worden. Aus der einzigen Ordnung mit zwei Verbänden seien zwei Assoziationen erwähnt:

1. **Salicornietum strictae,** Echtes Quellerwatt; Ch. *Salicornia stricta* ssp. *stricta.* Wirtschaftlich wichtiger Schlickfänger im Watt. Im landseitigen Kontakt wachsen Salzwiesen.
2. **Salicornietum $^{+}$decumbentis,** Flugsand-Quellerwatt; Ch. *Salicornia stricta* ssp. *decumbens (= S. procumbens).* Im Sandwatt auf Flächen, die auch im Sommer gelegentlich überflutet, in der Zwischenzeit aber von Flugsand überweht werden. Im landseitigen Kontakt bilden sich Strandquecken-Vordünen.

Man fragt sich, ob der Therophyten-Charakter Voraussetzung für das Leben im Gebiet solch periodischer Wasserstandsschwankungen ist. Offenbar erlaubt der extreme und damit konkurrenzarme Standort diese Lebensform. Die ausdauernde Grasgattung *Spartina* kann solche Standorte jedoch ebenfalls besiedeln; an den tropischen Schlickküsten stockt hier sogar die hochspezialisierte Gehölzformation der Mangrove (s. z. B. WALTER 1973). Dies spricht gegen die Notwendigkeit des Therophyten-Charakters. Danach wäre es nur eine Frage des Gen-Reservoirs einer Zone, ob auch ausdauernde Taxa derartige halophytisch-amphibische Arten abgespalten haben. Unsicher wird dieser Schluß für das Nordseegebiet jedoch durch die Tatsache, daß die Mangrove keine durch Eisgang gefährdeten Standorte einnimmt und *Spartina* innerhalb des Quellergebietes nur strömungsgeschützte Stellen. Wir müssen die Frage also offenlassen.

9. Klasse: Saginetea maritimae, Küsten-Mastkraut-Gesellschaften

Entlang der europäischen Küsten von Südskandinavien über die Iberische Halbinsel bis Südfrankreich (und weiter?) gibt es kleine Flächen, die gelegentlich von Salzwasser durchfeuchtet werden, dann aber rasch durch

Regen aussüßen und bald auch austrocknen; solche wechselhalinen und zugleich wechselfeuchten Flecken sind z. B. flachgründige Absätze auf Küstenfelsen im äußersten Gischtbereich und kleine Störstellen wie Ameisenhaufen in Salzwiesen. Hier leben die winterannuellen Therophyten, welche die Klasse Saginetea maritimae charakterisieren: *Bupleurum tenuissimum, Parapholis strigosa, Plantago coronopus, Pottia heimii* (Laubmoos), *Sagina maritima* (TÜXEN und WESTHOFF 1963). Ihnen gesellen sich einige Ausdauernde aus den Kontaktgesellschaften bei, besonders *Agrostis stolonifera var. salina, Armeria maritima* und *Festucu rubra ssp. littoralis*, welche hier entweder ausklingen oder als Vorposten den Abbau der zwergigen Sagineten einleiten. Wenn derartige Spezialistengesellschaften diffus ohne standörtlichen Gradienten mit Gliedern stark abweichender Gesellschaften vermischt auftreten, kann man von **Durchdringungen** oder **Überlagerungen** sprechen.

Von der Nordseeküste ist das **Sagino-Cochlearietum danicae**, Löffelkraut-Gesellschaft, Ch. *Cochlearia danica*, bekannt geworden. Es ist typisch für offene und dabei festliegende Böden im Grenzsaum des Meeres bei sehr hohen Wasserständen. Oft hat hier der „kenternde" (kurzfristig ruhende) Strom Ton sedimentiert; dieser wird später durch Algen verfestigt und verkrustet dann beim Austrocknen.

10. Klasse: Cakiletea maritimae, Meersenf-Spülsäume

Der holländische Name „vloedmarkgemeenschappen" (WESTHOFF und DEN HELD 1969), also „Flutmarkengesellschaften" kennzeichnet den Standort: Wo die winterlichen Sturmfluten Seegras- und Algenwälle, sog. Tangwälle, aufgeworfen haben, ist ein sich rasch zersetzendes und daher nährstoffreiches Substrat zur Neubesiedlung frei verfügbar. Es ist nur kurzfristig bewohnbar, denn die nächste Sturmflut kann es wegreißen oder überdecken; auch durch Flugsand wird der Standort verändert. Der Chlorid-Gehalt wird binnen kurzem ausgewaschen (ERNST 1969). Prinzipiell ähnliche, nämlich organische Substrate mit kurzfristigem Salz- und langfristigem, hohem Stickstoffangebot, können an brackigen Flußmündungen (Ästuaren) und an Salzseen im Binnenland entstehen. Hier überall liegen Standorte der Cakiletea. Die Klasse ist aus Europa und dem östlichen Nordamerika bekannt geworden (BEEFTINK 1968); in Ostasien sind ihr die Salsoletea komarovii stellenäquivalent, wie ein Vergleich bezeichnender Arten lehrt (OHBA et al. 1973).

Aus diesen Areal- und Verwandtschaftsverhältnissen muß man schließen, daß diese Spülsaumgesellschaften – ebenso wie die sommergrünen

Tab. 7. Vorläufige Übersicht über bezeichnende ephemere Spülsaumarten in der Holarktis.

Japan		Europa	Nordost-Amerika
Salsola komarovi	*Chenopodiaceae*	Salsola kali	Salsola kali
–		Salsola soda	–
Kochia littorea		Kochia hirsuta	–
Atriplex subcordata		Atriplex sabulosa	Atriplex sabulosa
Atriplex gmelinii		Atriplex littoralis	Atriplex littoralis
–		Beta vulgaris ssp. maritima	–
Polygonum polyneuron		Polygonum raji	Polygonum raji
–		Euphorbia peplis	–
–		Euphorbia polygonifolia (eingeschleppt)	Euphorbia polygonofolia
Matricaria tetragonosperma		Matricaria maritima	Matricaria maritima (eingeschleppt)
–		Cakile maritima ssp. maritima	Cakile maritima ssp. edentula (auch in Island)
Salsoletea komarovii		Cakiletea maritimae	

Laubwälder – in der Arktotertiären Flora ihren Ursprung haben und dann wie diese südwärts gedrängt worden sind, wobei sich die Sippen kontinentgebunden differenziert haben. (Leider fehlt es an Aufnahmen aus Nordwest-Amerika.) Die enge Verwandtschaft zwischen dem atlantischen Amerika und Europa wird durch mehrere gemeinsame Arten deutlich, die weniger enge zu Japan durch gemeinsame Gattungen (längere isolierte stammesgeschichtliche Entwicklung?). Diese florengeschichtlich-ökologische Verwandtschaft, die sich auf systematisch einander nahestehende, also vikariierende Arten gründet, wird in knappster Formulierung durch Aufstellung einer Klassengruppe Thero-Salsolo-Atriplicea ausgedrückt (Ohba et al. 1973; vgl. S. 34).

Auffallend ist der Reichtum an Gänsefußgewächsen, einer Familie, die auch eine große Zahl von Unkräutern auf stark gedüngten Böden stellt und insgesamt als nitrophytisch zu bezeichnen ist. – Die sehr ursprüngliche Flora der Spülsäume hat auch zu unserem Kulturpflanzen-Inventar wesentlich beigetragen: *Beta vulgaris* ssp. *maritima* ist mit hoher Wahrscheinlichkeit diejenige Wildart, von der *Beta vulgaris* ssp. *vulgaris* mit ihren Varietäten Mangold, Futterrübe, Zuckerrübe und Rote Bete abstammt. Die Wildrübe ist eine biotypenreiche, variable Art, die z. B. ein-

und mehrjährige Sippen enthält; damit bot ihr „Gen-pool“ gute Voraussetzungen für die Selektion durch den Menschen. Abgesehen von der morphologischen Ähnlichkeit haben die Kulturrüben die physiologische Eigenschaft mit ihr gemeinsam, bei reichlichem Angebot von NaCl dieses zu speichern; auf gut gedüngten Äckern wird statt dessen intensiv Nitrat aufgenommen.

Als bezeichnende Assoziationen seien genannt:

1. **Cakiletum frisicum**, Friesischer Meersenf-Spülsaum; Ch. (regional) *Cakile maritima, Salsola kali.* An der niederländisch-deutsch-dänischen Nordseeküste auf sandüberdeckten Spülsäumen in windexponierter Lage.
2. **Atriplicetum littoralis**, Strandmelden-Spülsaum; Ch. *Atriplex littoralis, Atriplex hastata.* An der Nord- und Ostseeküste auf sandarmen Braunalgen- und Seegras-Decken in windgeschützter Lage.

11. Klasse: Bidentetea tripartitae, Zweizahn-Gesellschaften

Das Gegenstück zu den marinen, halophytischen Cakiletea bilden im Binnenland die Bidentetea. Sie kommen, wie der neuesten Monographie TÜXENs (1978) zu entnehmen ist, in Europa und Ostasien vor. Standorte für die eutraphenten, Meterhöhe erreichenden und mastigen Sommerannuellen bieten sich an den Ufern von Flüssen, Gräben, nicht-verdolten Dorfbächen und Altwässern, an Teichen, in Klärschlammbecken und Talsperren, wenn deren Wasserstand im Sommer gefallen ist. Voraussetzung ist, daß Absätze und seien es dünne Häute von stickstoffhaltigem Schlamm zurückbleiben, auf denen sich die Bidentetea-Arten als Wärmekeimer und wahrscheinliche Nitrophyten entwickeln können. Wenn auch mit *Bidens frondosa, Bidens connata* und der Ahnensippe der erst in Europa neu entstandenen Ufer-Spitzklette *Xanthium albinum* Neophyten aus Nordamerika am Aufbau beteiligt sind, so ist doch am mitteleuropäischen Indigenat der meisten Arten nicht zu zweifeln. Ähnlich geartete Standorte dürften in der Naturlandschaft nicht gefehlt haben; besonders um Wildtränken muß der Tritt der Tiere geeignete offene Stellen geschaffen haben. Daß der Höhepunkt der Entfaltung der Bidentetea jedoch heute bei uns überschritten ist, läßt sich aus den genannten Standortsbedingungen folgern.

Systematischer Überblick

Es lassen sich deutlich zwei Blöcke von Assoziationen als Verbände fassen: Das Bidention wächst an Schlammufern stehender Gewässer auf

Kl. Bidentetea tripartitae, O. Bidentetalia tripartitae, Zweizahn-Gesellschaften; Ch. Bidens frondosa, Polygonum lapathifolium ssp. lapathif. u.a.

1.V.Bidention tripartitae, Zweizahn-Fluren;	2.V.Chenopodion fluviatile, Melden-Ufersäume;
Ch. Bidens cernua, Bidens connata, Bidens radiata, Bidens tripartita, Polygonum mite, Rorippa palustris u.a.	Ch. Atriplex hastata Chenopodium glaucum Chenopodium rubrum + Diff.

sauerstoffarmem Substrat mit hochanstehendem Reduktionshorizont und wahrscheinlich überwiegender Ammonifikation (vgl. S. 290; ökologische Untersuchungen zum Stickstoffhaushalt fehlen). Auf zumindest oberflächlich gut durchlüftetem Kies oder Sand mit Spülsäumen oder Schlammüberzügen an den Ufern unserer großen Ströme gedeiht das Chenopodion fluviatile; am schönsten ist es an Rhein, Weser und Elbe entfaltet, wo sich an unverbauten Flußstrecken über Hunderte von Metern im Herbst blutrote Streifen von *Chenopodium rubrum* entlangziehen können.

Einige Assoziationen:

Zu Verb. 1, Bidention:

1. **Bidenti-Polygonetum hydropiperis,** Zweizahn-Wasserpfeffer-Flur; Ch. *Polygonum hydropiper*. Es ist die häufigste Gesellschaft der Klasse.
2. **Bidenti-Ranunculetum scelerati,** Gifthahnenfuß-Flur; Ch. *Ranunculus sceleratus*. Bei besonders hohem Stickstoff-Angebot an sehr nassen Stellen, z. B. um Rieselfelder.

Zu **Verg. 2, Chenopodion fluviatile:**

3. **Polygonetum +brittingeri** (**= Polygonum danubiale-Chenopodium rubrum-Assoziation**), Donauknöterich-Gesellschaft; Ch. *Polygonum lapathifolium* ssp. *brittingeri (= P. danubiale)*. Charakteristischer Ufersaum an Rhein und Weser; an der Elbe korrespondiert das kontinentalere
4. **Xanthietum albini**, Spitzkletten-Ufersaum; Ch. die namengebende Art.

12. Klasse: Polygono-Poetea annuae, Einjährigen-Trittgesellschaften

An stark betretenen oder befahrenen Stellen, so in Pflasterritzen, auf grusigen Hofplätzen, an Straßenrändern, auf Feldwegen, kommen fast nur noch niederwüchsige Therophyten und einige Kleinmoose vor. Die Erkenntnis einer eigenen Klasse (RIVAS MARTINEZ 1975) beginnt sich soeben durchzusetzen. (Die meisten ihrer Assoziationen wurden bisher den (aufzulösenden) Plantaginetea, den Tritt- und Flutrasen (vgl. S. 213, 218), zugeordnet; dies war formal möglich, weil bei den Untersuchungen häufig zu große und damit inhomogene Probeflächen gewählt worden sind, wodurch auch weniger extreme Stellen mit entsprechend rasenartigem Bewuchs in die Aufnahmen gelangt sind.) Charakterarten höheren Ranges sind z. B.: *Eragrostis minor, Matricaria discoidea, Poa annua, Polygonum aviculare* in mehreren Kleinarten, *Sagina procumbens*. Ihre Areale zeigen, daß die Klasse infolge Verschleppung der Arten durch den Menschen weltweit verbreitet ist. Von den zahlreichen, nach Klima und Substrat verschiedenen Gesellschaften seien zwei häufige genannt:

1. **Sagino-Bryetum argentei**, Mastkraut-Birnmoos-Gesellschaft; bezeichnend für Pflasterritzen.
2. **Polygono-Matricarietum discoideae**, Vogelknöterich-Kamillen-Gesellschaft; auf lehmigen Wegen.

Welche standortsökologischen Faktoren sind für die Auslese auf Therophyten hin entscheidend? Starke Bodenverdichtung und häufige mechanische Verletzung der Pflanzen wirken gewiß allgemein selektierend, und nur in dieser Beziehung widerstandsfähige Arten sind hier überhaupt lebensfähig. Sowie der Faktor der mechanischen Verletzung ausfällt, so ist, z. B. nach Einzäunung, zu beobachten, daß sich Ausdauernde einstellen. Therophyten sind auch hier also nur Pioniere an einem immer wieder entblößten Standort. Sie haben wegen ihrer kurzen Entwicklungsdauer am ehesten die Chance, bis zur Fruchtreife zu gelangen; ihre Diasporen stehen daher jederzeit reichlicher zur Verfügung als die anderer Pflanzen. Die als Hemikryptophyt aus dem Rahmen fallende *Sagina procumbens* mit den sie begleitenden Moosen ist so niedrig, daß sie durch Pflastersteine geschützt wird, und bestätigt die Deutung.

13. Klasse: Stellarietea mediae, Ackerunkrautgesellschaften

Diese Klasse ist diejenige, welche in Entstehung, Erhaltung und Standortsgestaltung wohl am stärksten dem menschlichen Einfluß unterworfen ist. Die Ackerunkrautgesellschaften, auch Segetalvegetation genannt, bilden den Kern der Unkrautvegetation, zu welcher freilich auch ausdauernde Gesellschaften gehören (s. S. 136). Schon der Begriff Unkraut = un-erwünschtes Kraut ist ja anthropozentrisch und wirtschaftsorientiert. Als Unkräuter bezeichnete Wildkräuter sind nicht auf Land- und Gartenbau beschränkt; auch für den Forstwirt gibt es un-liebsame Pflanzen, z. B. die verjüngungshemmenden, dichten Rasen der Seegras-Segge, *Carex brizoides*. Von weltweiter Bedeutung aber sind die Unkräuter da, wo sie mit Kulturpflanzen in Konkurrenz treten und von deren optimaler Nährstoffversorgung profitieren. Seit Jahrtausenden bekämpft der Mensch sie mechanisch durch Jäten, Hacken oder Pflügen; werden doch die ältesten Kulturweizenfunde, die von Jarmo im Irak, auf 6750 v. Chr. datiert! Die chemische Bekämpfung begann um 1900 mit ätzenden Düngesalzen und wurde erst nach dem Zweiten Weltkrieg infolge der Entdeckung der Wuchsstoffherbizide intensiviert. So wurden und werden durch Vernichtung der Platzräuber immer wieder kurzfristig Stellen geschaffen, die für Therophyten siedlungsgünstig waren und sind; dieser Lebensform gehört denn auch die überwiegende Mehrzahl unserer Ackerunkräuter an. Trotz dieser ausgeprägten Anthropogenität spiegeln die Gesellschaften in den meisten Gegenden noch sehr klar die standörtliche Differenzierung wider. In einigen Gebieten sind sie jedoch bereits stark nivelliert und auf wenige zählebige, d. h. herbizidresistente Arten geschrumpft. Dies muß uns anregen, nach der biologischen Rolle der Ackerunkräuter im Ökosystem zu fragen; sollte man etwa die Kenntnis ihrer Biologie nutzen, um ihre totale Eliminierung anzustreben?

Die Bewältigung der Standortsverhältnisse

Der Lebensraum des Ackers wird bestimmt durch zwei Faktorenkomplexe: die mehrfache Störung der Kontinuität der Entwicklung im Jahreslauf durch Pflügen, Grubbern, Eggen, Hacken oder Jäten und durch die stoßweise Nährstoffzufuhr durch Mist, Kompost, Gülle oder „künstlichen“ d. h. Handelsdünger. Für Rebberge und Gärten gilt dasselbe. Auf Dauer existenzfähig sind hier deshalb nur Arten, die sich schon in der Naturlandschaft an ähnliche Standorte hatten anpassen können. Da die floristische Verwandtschaft der einjährigen Ruderalgesellschaften groß ist (Ordnung Sisymbrietalia) wird man für sie, die noch kaum ökologisch untersucht sind, entsprechendes annehmen dürfen. (**Ruderalpflanzen** sind Arten, welche Schutt [lat. rudus, -eris], Trümmerplätze, gestörte Wegränder u. ä. besiedeln.)

Bei den Unkrautarten sind 2 „**Strategien**“ entwickelt: die meisten sind Therophyten mit kurzer Generationsdauer und bis zu 3 Generationen pro Jahr. Sie starten jeweils vom Samenstadium aus mit den entsprechenden Vor- und Nachteilen (s. S. 87). Ihre Samenproduktion ist so hoch, daß man im Oberboden von Äckern mit bis zu 10^8 Diasporen je ha rechnen kann (POPAY and ROBERTS 1970). In Trockenjahren treten sie zurück (s. GRÄF 1969). Die „Taktik“ dieser sog. Samenunkräuter ist im einzelnen verschieden (s. u.). – Die andere Möglichkeit haben die sog. Dauerunkräuter entwickelt: Sie behaupten sich als ausdauernde Pflanzen dank stark und rasch regenerierender unterirdischer Organe (als Rhizom- bzw. Wurzelunkräuter). Beispiele sind *Cirsium arvense, Convolvulus arvensis* und *Agropyron repens.* Da auch Rhizomfragmente mit Knoten austreiben können, werden solche Pflanzen durch schneidende und rotierende Ackergeräte relativ gefördert. Sie sind von den Witterungsbedingungen unabhängiger, da mit den Nährstoffen auch etwas Wasser gespeichert wird und sie bis zu 2–3 m tief wurzeln.

Die zahlreichen Geländebeobachtungen und Ergebnisse älterer Experimente sind bei ELLENBERG (1950) zusammengetragen und gesichtet. Wir wollen daher nur drei Beispiele, die sehr detailliert und mit modernen Methoden untersucht sind, anführen. Sie mögen den Nutzen autökologischer Studien für das Verständnis der Synökologie exemplarisch belegen.

POPAY and ROBERTS (1970) untersuchten die in ihrer ökologischen Konstitution einander sehr ähnlichen Stellarietea-Kennarten *Capsella bursa-pastoris* und *Senecio vulgaris.* Beide sind sehr häufig und pflegen, wie auch andere Ackerunkräuter, jeweils schubweise in großer Anzahl zu kommen, besonders unmittelbar nach einer Störung wie dem Hacken. Dies macht man sich ja seit jeher bei ihrer Bekämpfung praktisch zunutze. Im Feldexperiment beobachtet man dabei einen ungleichen Keimverzug (Keimverzögerung) bis zu 8 Monaten (ELLENBERG 1963 nach SALZMANN). *Capsella* ist ein ausgesprochener Lichtkeimer. In ihrem Falle müssen die Samen einer Kälteperiode unterworfen gewesen sein, ehe sie keimen können. Um die dormancy (endogene Samenruhe) zu brechen, sind Keimtemperaturen um 4 °C günstiger als hohe; solche fördern jedoch die Entwicklungsgeschwindigkeit; der natürliche Temperaturwechsel ist also durchaus günstig. Werden die Samen einige cm tief im Boden begraben, so keimen sie, u. U. über mehrere Jahre hin, nicht aus, bilden also ein Reservoir. Erhöhte CO_2- und erniedrigte O_2-Konzentrationen hemmen ebenfalls. Fördernd wirken Nitrate in der Bodenlösung, wie es am Standort der Fall zu sein pflegt. Bei *Senecio vulgaris* ist dagegen keine Stratifikation (Samenvorbehandlung) zum Bruch der dormancy notwendig. Die Keimung beginnt daher schon im Herbst. Eine Lichtabhängigkeit ist nur bei hohen Temperaturen nachweisbar; bei tiefen kann ein geringer Prozentsatz der Samen auch im Dunkeln keimen. Die Keimung ist also in komplizierter und artspezifischer Weise von einer

„inneren Uhr", von der Temperatur, vom Licht, von der CO_2- und O_2-Konzentration und der Anwesenheit bestimmter Ionen abhängig. Dabei besteht ein und dieselbe Population aus genetisch verschiedenen Individuen. Derart variable Reaktionsmöglichkeiten innerhalb der Population sind verständlicherweise der Erhalt einer Therophytenart an Störstandorten förderlich.

Auch *Hordeum murinum* ist kürzlich gut untersucht worden (DAVISON 1971). Die Mäusegerste ist Kennart des Bromo-Hordeetum (V. Sisymbrion), einer Gesellschaft schwach betretener, nährstoffreicher, warmtrockener Ruderalstandorte. Sie kann sich leicht zu Tritt- oder Staudenruderalgesellschaften weiterentwickeln. DAVISON beobachtete, daß *Hordeum murinum* nie länger als 2 Jahre an der gleichen Stelle vorkam, daß die Population sich also nur dann erhält, wenn stets aufs neue offener Boden besiedelt werden kann. Daß die Mäusegersteflur sich über längere Zeit hin als Dauergesellschaft hält, wie es OBERDORFER (1957) für das Oberrheingebiet zitiert, setzt also offenbar einen ganz bestimmten Störungsgrad voraus, der möglicherweise unter den atlantischen Klimabedingungen Großbritanniens schwieriger zu verwirklichen ist als im submediterran getönten Oberrheintal. Welche experimentellen Befunde machen dieses Verhalten verständlich? Die dormancy ist so kurz, daß die Keimung schon im Herbst erfolgt. Pflanzen, die erst im Frühling keimen, kommen im gleichen Sommer nicht mehr zur Blüte, da sie durch tiefe Temperaturen zuvor vernalisiert worden sein müssen. Werden junge *Hordeum*-Pflanzen im Winter von einer nur 5 cm dicken Schicht von Laub überdeckt, so sterben sie bis April ab. Beschattet man die blühenden Pflanzen so stark, daß nur noch 25% relative Lichtintensität herrscht, so bilden sie keine keimfähigen Karyopsen mehr aus. Gleiches muß man annehmen für den Fall, daß im Gelände Konkurrenten Schatten werfen. Die beiden letztgenannten Eigenschaften erklären die auch im Experiment beobachtbare Konkurrenzschwäche der Pflanze (Abb. 11). Umgekehrt ist sie durch die hohe Fruchtproduktion und die rasche Keimung zum Pionier prädestiniert.

Derart eingehende Analysen lassen sich – so aufschlußreich sie sind – natürlich nicht für alle Arten durchführen. Doch können genaue vergleichende Geländebeobachtungen auch schon qualitative Korrelationen zwischen Pflanze und Standort aufdecken. Dies ist überhaupt Voraussetzung für sinnvolle Messungen und Experimente, die dann so angesetzt werden müssen, daß eine große Zahl von Arten vergleichend auf wenige Parameter hin geprüft werden können (z. B. LAUER 1953, ELLENBERG und SNOY 1957). Dabei ist aus Konkurrenzgründen keine völlige Übereinstimmung zwischen aut- und synökologischem Verhalten zu erwarten (s. S. 20).

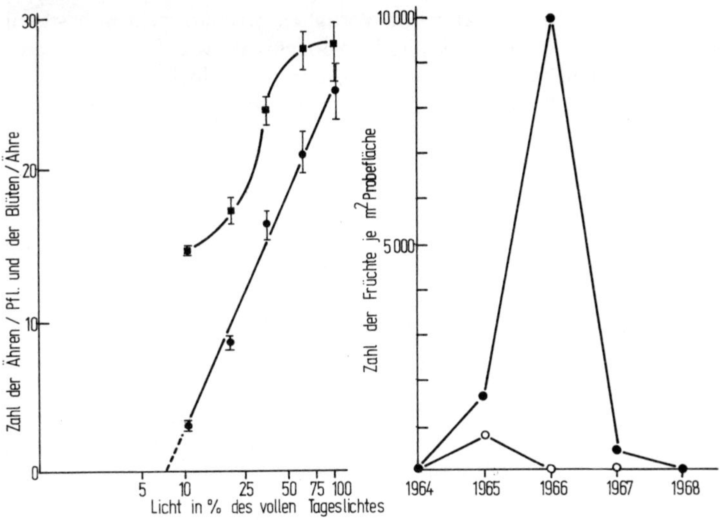

Abb. 11: Ökologisches Verhalten von *Hordeum murinum.* a) Bei Beschattung verringert sich die Zahl der Ähren pro Pflanze (●) stärker als die Zahl der Blüten pro Ähre (■). b) Die Wirkung des Wettbewerbs: Im August 1964 Aussaat von je 10 Früchten in 1-m^2-Probeflächen; in den folgenden Jahren Bestimmung der Fruchtzahl unter folgenden Bedingungen: ● = Probeflächen 1965 und 1966 durch Jäten von fremden Konkurrenten freigehalten, dann spontanes Eindringen zugelassen; ○ = 1965 bereits Zusaat von Wiesengräsern und Weißklee. (Aus DAVISON 1971.)

Ökologischer Zeigerwert

Ackerunkräuter haben sich als **Indikatoren** für Bodenreaktion, Stickstoffhaushalt, allgemeine Bodenfeuchte, Krumenfeuchte und Untergrundvernässung (Pflugsohlenverdichtung), Temperatur, in Grenzen auch für Humus- und Phosphatgehalt erwiesen. Das ökologische Verhalten einer jeden Art läßt sich in einer ökologischen Kennzahl-Kombination formelhaft und zweckmäßig ausdrücken und für Berechnungen benutzen. Diese Methode, zunächst von ELLENBERG (1950) für Ackerunkräuter eingeführt, ist von ihm und anderen Autoren später auch auf Grünland- und Waldarten angewandt worden; jetzt liegen versuchsweise Kennzahlen für alle deutschen Arten höherer Pflanzen vor (ELLENBERG 1974). Der Einsatz in der Praxis hat Anklang gefunden und sei hier deshalb kurz erläutert (s. auch REICHELT und WILMANNS 1973).

Man ordnet jede Art nach ihrem Verhalten gegenüber einem bestimmten Faktor (W = Wasserhaushalt, R = Bodenreaktion, T = Temperatur, N = Stickstoffhaushalt, G = Gare = Zustand eines lockeren, gut gekrümelten, humosen Bodens) in eine der folgendermaßen definierten Gruppen ein:

Kennzahl 1: Arten, die mit sehr ungünstigen Verhältnissen vorliebnehmen und fast ausschließlich bei geringen Werten des betreffenden Faktors vorkommen; R 1 bedeutet: strikt azidophytisch; W 1 bedeutet: an sehr nassen Standorten vorkommend;

Kennzahl 2: Arten von ähnlichem Vorkommen, aber weiterer Amplitude;

Kennzahl 3: Arten, die besonders häufig im mittleren Bereich des betreffenden Faktors vorkommen;

Kennzahl 4: Arten von ähnlichem Verhalten wie bei 5, aber von weiterer Amplitude;

Kennzahl 5: Arten, die fast ausschließlich bei hohen Werten des betreffenden Faktors, also unter sehr günstigen oder übergünstigen Verhältnissen vorkommen; R 5 bedeutet: ausgesprochen basiphytisch; W 5 bedeutet: an sehr trockenen Standorten (günstig hinsichtlich Durchlüftung);

Kennzahl 0: Arten, die gegenüber dem betreffenden Faktor indifferent sind, also eine sehr weite Amplitude aufweisen.

Einige Kennzahl-Kombinationen von charakteristischen Unkräutern (nach ELLENBERG 1950) seien zum Vergleich mit den Angaben über die entsprechenden Gesellschaften demonstriert:

Chenopodium album	W 3–4, R 0, N 4–5, G 4
Stellaria media	W 3–4, R 0–4, N 4–5, G 4–5
Lamium purpureum	W 3, R 3–4, N 4, G 4–5
Panicum crus-galli	W 3, R 0, N 4, G 3–4
Setaria glauca	W 0–4, R 0, N 0? G 0?
Fumaria officinalis	W 3, R 4, N 4–5, G 4–5
Papaver rhoeas	W 3–4, R 4, N 3? G 3–4
Centaurea cyanus	W 0, R 0–4, N 3–4, G0
Ranunculus arvensis	W 2, R 4, N 2–3? G 2–3
Matricaria chamomilla	W 2, R 3, N 3, G 2
Apera spica-venti	W 2, R 3, N 3–4, G2
Caucalis lappula	W 4–5, R 5, N 1–2, G 2

Aus den ökologischen Kennzahlen der Arten lassen sich Mittelwerte für einzelne Bestände berechnen (Arten mit 0 entfallen natürlich) und so die Bestände hinsichtlich der einzelnen Faktoren vergleichen. Man kann die Mittelwerte der Faktoren anschließend auf Meßwerte eichen, also von der qualitativen Artenzusammensetzung auf die Quantität eines

Faktors schließen. Durch Berechnung für jeweils mehrere Bestände einzelner Gesellschaften lassen sich auch diese eichen. Eine entsprechende Vegetationskarte gibt dann zugleich die Quantität der einzelnen Faktoren wieder, ist als „Mehr-Faktoren-Karte" zu lesen. Die Korrelation zwischen geeichter Gesellschaft und Faktorengröße wird auch als **Koinzidenz** (TÜXEN 1954) bezeichnet. Der Zusammenhang kann dabei durchaus indirekt sein, ein Kausalzusammenhang darf nicht ohne weiteres postuliert werden. Eichungen der Ackerunkräuter auf Phosphatmengen etwa sind nur lokal gültig, beruhen also nicht auf direkter Kausalität. Schöne Beispiele s. J. TÜXEN 1958.

Die Rolle der Unkräuter im Ökosystem

Die Frage danach ist gleicherweise von theoretischer wie praktischer Bedeutung, denn von der Antwort wird wesentlich unsere zukünftige Handhabung der **Unkrautbekämpfung** abhängen. Vom wirtschaftlichen Standpunkt aus sind als **Negativa** der Unkräuter alle Wirkungen des Wettbewerbs mit den Kulturpflanzen zu sehen: Entzug von Nährstoffen; Entzug von Wasser (der Verbrauch von Acker-Senf soll 2,6 mal so hoch sein wie der von Gerste); Entzug von Licht bei raschem Jugendwachstum. Ferner verhindern kletternde Unkräuter wie die Acker-Winde, daß sich niedergeschlagenes Getreide wieder aufrichten kann; lästig ist auch die Verfilzung bei der Ernte. Schließlich sind manche Unkräuter Wirtspflanzen von Kulturpflanzenschädlingen, z. B. wird Acker-Senf von *Plasmodiophora brassicae*, dem Erreger der Kohlhernie, sowie vom Rapsglanzkäfer und anderen tierischen Cruciferenschädlingen befallen; dies ist indessen, wie wir später zeigen werden, nicht unbedingt als schädlich einzustufen. Ausmaß und Bedeutung dieser einzelnen Effekte sind natürlich art- und standortsspezifisch. Gleiches gilt für die folgenden **Positiva**, die sich freilich weniger leicht quantitativ fassen lassen als etwa eine Ertragsdepression. 1. Unkräuter durchwurzeln und beschatten den Boden zwischen den Zeilen und fördern Mikroorganismen und Tiere und die durch diese bewirkte Krümelstruktur, sie fördern die Gare. Dieser Effekt wird in Südschweden demonstriert: Dort hat mehrjähriger Markerbsen-Anbau, verbunden mit totaler Unkrautbekämpfung mittels Herbiziden, zu starker Bodenverdichtung geführt, die ohnehin durch Traktoren begünstigt wird; auf diesen Äckern gibt es fast keine Regenwürmer mehr (MERKER, Diskuss.-Bemerkg. zu FRIEDERICHS 1966). 2. Unkräuter dienen der Gründüngung, besonders in Weinbergen. 3. Einen wichtigen Aspekt steuerten die Forschungen zur biologischen Schädlingsbekämpfung bei (s. z. B. SCHWENKE 1968, FRANZ und KRIEG

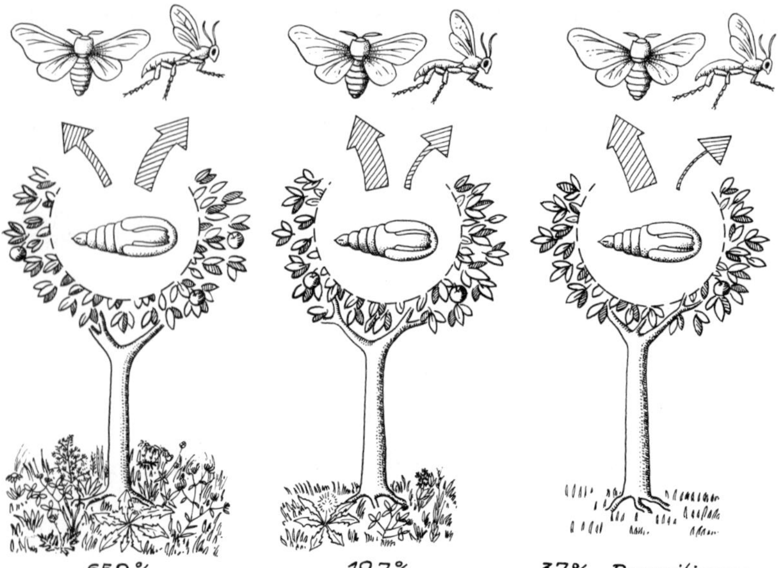

Abb. 12: In 3 Gruppen von je 5 Obstgärten mit sehr krautreicher (links), mäßig krautreicher (Mitte) bzw. hauptsächlich aus Gräsern (rechts) bestehender Feldschicht wurde der Parasitierungsgrad der Puppen des Amerikanischen Ringelspinners (Malacosoma americana) bestimmt. Die Zahlen der auf diese Weise getöteten Schädlinge sind eingetragen. Der Apfelwickler (Carpocapsa pomonella) war zu 33,6%, 18,2% bzw. 7,1% parasitiert. (Entwurf ZWÖLFER, nach LEJUS 1967).

1976). Es gibt Schlupfwespen, Raupenfliegen und andere Insektengruppen, deren Larven als Parasiten in Eiern von Kulturpflanzenschädlingen leben, wodurch spontane Schädlingsbekämpfung geschieht. Die meisten dieser Parasiten haben mehrere Generationen im Jahr, benötigen also langfristig Wirte. Von jeder einzelnen Wirtsart stehen jedoch nur über kurze Zeit hin Eier zur Parasitierung zur Verfügung. Wenn keine Eier von Schädlingen an Kulturpflanzen belegt werden können, muß ein Ausweichen auf Schädlinge an Wildpflanzen möglich sein, wenn die (für uns nützliche) Parasitenart erhalten bleiben soll. Als Träger von zwischenzeitlichen Wirten können ebenso oder mehr noch Unkrautarten dienen, die rings um das Ackergebiet wachsen; auch sie gehören in dieser Beziehung mit zum Agro-Ökosystem. Die Argumentation gilt also auch für Ruderalpflanzen, Böschungsbewohner, Saumpflanzen, allgemein für kleinflächig eingesprengte Gesellschaften. In die gleiche Richtung weist die Tatsache, daß die Imagines der genannten Nützlinge sich von Nektar und Pollen ernähren; nur reiche Tracht ermöglicht ihnen hohe Eizahlen und damit hohen Parasitierungsgrad. Die auf diese Weise zu erklärende natürliche Regulation in einem anthropogenen, artenreichen Ökosystem veranschaulicht die Abb. 12 für Obstgärten mit Grünland-Unterwuchs. Eine schematische Darstellung des Prinzips gibt Abb. 13. Dies Beispiel kann uns auch mahnen, daß wir noch viel zu wenig über die biologischen Zusammenhänge in Ökosystemen wissen und schon deshalb keinesfalls einzelne Glieder ausmerzen dürfen. 4. Grundsätzlich gilt: Wildpflanzen sind wichtige Gen-Reservoire, die im Hinblick auf zukünftige Nutzungsmöglichkeiten erhalten bleiben müssen. Eine ganze Reihe von Unkräutern

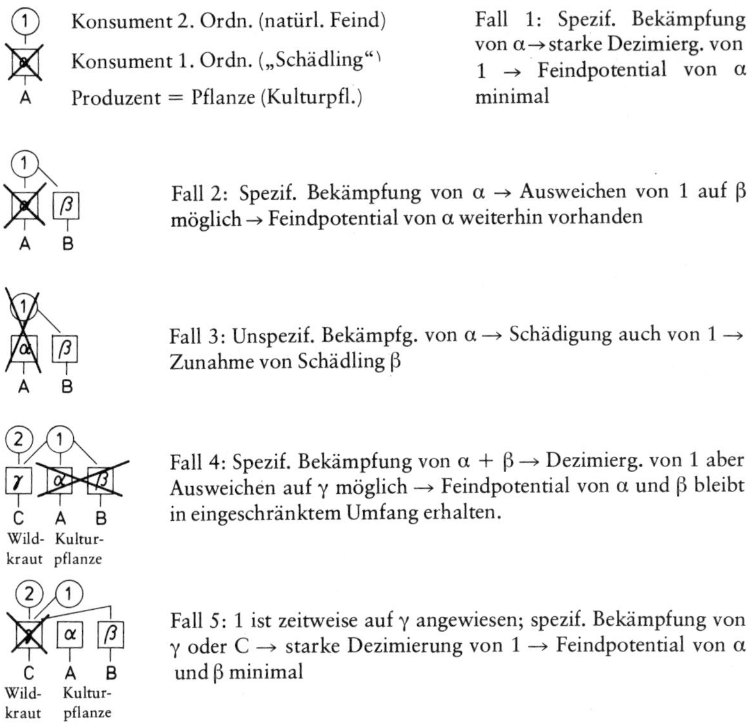

Abb. 13: Schema des Effektes spezifischer und unspezifischer Schädlingsbekämpfung mit und ohne Ausweichmöglichkeit.

sind z. B. Heilpflanzen, so *Matricaria chamomilla, Tussilago farfara, Equisetum arvense.* Es sei auch an das Beispiel *Beta maritima – vulgaris* erinnert. Unser Kulturroggen, *Secale cereale,* ist als Unkraut aus dem Orient nach Mitteleuropa vorgedrungen und hier erst unbewußt, dann bewußt gezüchtet worden.

Folgerungen: Zur Entstehung einer Ackerbiozönose gehört von jeher der Kampf gegen ein Überhandnehmen von Unkräutern; dies geschieht durch physikalische Maßnahmen wie **Bodenbearbeitung** und **Saatgutreinigung** und zunehmend durch **Herbizide** (weedkiller), von deren Wirkung MAHN (1973) ein Schema gibt. (Zusammenfassende Darstellungen bei HEITEFUSS 1973 und KOCH und HURLE 1977.) Der Einsatz von Herbiziden muß heute diskutiert werden: In der Praxis kommen meist nur selektiv wirkende Substanzen in Frage, da zum Zeitpunkt der Anwendung die Kulturpflanzen meist schon angebaut sind. Es sind zahlreiche Herbizide synthetisiert worden, die nur auf bestimmte Gruppen von Arten, meist von Dikotylen, wirken. Diese Herbizide haben, so weit wir bisher wissen, nicht die verheerenden Folgen für die ganze Biozönose wie manche Insektizide, denn ihre Giftigkeit für Säuger und andere Tiergruppen pflegt gering zu sein; ihre Abbaugeschwindigkeit ist meist groß, ihre Persistenz also meist gering (EDWARDS 1965). Unkräuter stehen aber auch untereinander im Konkurrenzkampf (ELLENBERG 1952, BORNKAMM 1961); dadurch werden bei selektiver Bekämpfung die nicht betroffenen Arten relativ gefördert; diese können dadurch zu **„Problem-Unkräutern“** werden (z. B. *Apera spica-venti, Panicum-* und *Setaria-*Arten). Dieser Trend zur Totalität ist gefährlich um der oben genannten negativen Folgen völliger Unkrautfreiheit willen. Das Überleben der Resistenten und ihre Entlassung aus dem Konkurrenzkampf und damit der biozönotischen Regulation ist ja ein grundsätzliches Problem allen Pestizideinsatzes. Auf lange Sicht ist also – auch hier – **integrierte Bekämpfung**, d. h. Einsatz physikalischer, biologischer und nur in Notfällen chemischer Mittel anzustreben (s. FRANZ und KRIEG 1976).

Herkunft und Zukunft der Ackerunkräuter

Bei hochanthropogenen Pflanzengesellschaften wie Ackerfluren und Wirtschaftswiesen erhebt sich die Frage nach der Herkunft ihres Arteninventars. Welche Arten sind indigen, welches sind Adventivpflanzen? (Zur Terminologie s. S. 35.) Während der Neophytencharakter dank schriftlicher Urkunden und Herbarbelegen im allgemeinen leicht festzustellen ist, bereitet es Schwierigkeiten, die vor 1500, also meist vor- und frühgeschichtlich eingedrungenen Archäophyten von den Ursprünglichen zu sondern. Funde in Kulturschichten erlauben ja noch keinen Schluß auf Indigenat. Man wird vor allem die Standortsbedingungen beachten müssen: Arten, die reichlich an Standortstypen vorkommen, welche bereits in der Urlandschaft existiert haben müssen, wird man als einheimisch ansehen dürfen. Allerdings ist nicht ganz auszuschließen, daß sie diese Standorte sekundär erobert haben. Völlige Sicherheit gewinnt man daher erst, wenn sich die phylogenetische Entwicklungsrichtung feststellen läßt (s. S. 202). Für Unkräuter, die offene und nährstoffreiche Biotope brauchen, waren in der Urlandschaft in der Tat genügend Möglichkeiten verwirklicht: Flußuferanrisse, Spülsäume, Rutschungen, Umgebungen von Tierbauten, Wildtränken u. ä. (s. KRAUSE 1958). *Stellaria media, Tussilago farfara, Galium aparine, Senecio vulgaris, Sonchus arvensis* dürfen wir demnach als Indigene werten. Umgekehrt pflegt man als Archäophyten solche Arten zu klassifizieren, für die bei uns keine ursprünglichen Standorte rekonstruierbar sind und die zugleich reichliche Vorkommen im Mittelmeer- und Steppenraum haben. Die auch im Mittelmeerraum verbreiteten Arten *Papaver rhoeas, Sherardia arvensis, Delphinium consolida* u. ä. dürften erst mit dem Ackerbau, also im Neolithikum, eingewandert und verschleppt worden sein. Wie kompliziert die Sachlage sein kann, zeigt das Beispiel der Kornblume. *Centaurea cyanus* ist nach Pollenkörnern eindeutig identifizierbar; subfossile Funde wurden von WILLERDING (pers. Mitt.) zusammengestellt und beweisen, daß die Pflanze in den spätglazialen Kältesteppen Mitteleuropas durchaus natürlich vorkam. Aus der Zeit der dichten Bewaldung fehlen Pollenfunde fast ganz; erst der aufkommende Ackerbau ließ die Pflanze häufiger werden. Wahrscheinlich hat sie also sehr lokal, z. B. an Steilabbrüchen der Ostseeküste, seit der Späteiszeit ausgeharrt; später konnte sie dann von dort und wohl außerdem aus den Steppengebieten wieder vordringen.

Ackerfluren aus den angebauten Kulturpflanzen und den mit ihnen konkurrierenden Unkräutern sowie den zugehörigen Tieren sind also anthropogene und recht junge Biozönosen.

Eben infolge ihrer feinen Ansprache auf Standortsfaktoren haben sich die Unkrautgesellschaften in den letzten Jahrzehnten rapide verändert. Die Ursachen liegen in den modernen Agrarverfahren. Deren Leitlinien können hier nur schlagwortartig genannt werden: hochrationalisierte Betriebsstruktur, großflächige Monokulturen mit Hochertragssorten von allerdings meist geringer Resistenz, ertragsmaximierende Düngung, präventiver Biozid-Einsatz. Diese Grundsätze wirken sich bis in die Einzelheiten der landwirtschaftlichen Arbeit und damit auf die Biozönosen aus, wie es z. B. MEISEL und VON HÜBSCHMANN (1976) am Beispiel nordwestdeutscher Wintergetreidefelder belegen. Durch Vergleich von soziologischen Aufnahmen aus den letzten vier Jahrzehnten ließen sich quantitative Änderungen auch von „gewöhnlichen" Unkrautarten erkennen, während von verschiedenen Autoren durch Vergleich mit älteren Floren vor allem die von jeher „bemerkenswerten", weil seltenen Arten erfaßt werden. Einige Ergebnisse derartiger Studien: Die Besatzdichte mit Unkräutern, ihre Gesamtdeckung, kann, muß aber nicht geringer sein als vor 20 Jahren, da herbizidresistente Arten den freigewordenen Raum nutzen (s. o.) und da Halmverkürzungsmittel lichtbedürftige Arten begünstigen. Die Art-Häufigkeiten haben sich gesetzmäßig geändert, wenn wir auch nicht in allen Fällen eine kausale Deutung geben können. Als Stickstoffzeiger bekannte Arten wurden gefördert, auf nordwestdeutschen Sandböden z. B. *Stellaria media, Polygonum aviculare* und *Cirsium arvense,* wogegen Azidophyten armer Böden wie *Arnoseris minima, Teesdalia nudicaulis* und *Scleranthus annuus* zurückgingen, die erstgenannten bis zur Gefahr des Erlöschens. In der **„Roten Liste"** der bedrohten Pflanzen für Baden-Württemberg sind 6 der 9 als verschollen geltenden Ackerunkräuter solche der trockenen Kalkäcker, die schon seit langer Zeit selten waren, teils infolge besserer Unkrautbekämpfung, teils infolge Auflassens unrentabler Grenzertragsflächen (z. B. *Vaccaria pyramidata, Adonis flammea, Legousia hybrida*); unter den 10 Unkrautarten, welche seit 1900 einen Rückgang von mehr als 50% ihrer Vorkommen erfahren haben, sind 3 Weinbergspflanzen (z. B. *Tulipa sylvestris*) und weitere 4 Caucalidion-Arten (z. B. *Caucalis latifolia* und *Scandix pecten-veneris*). Angesichts dieser Zahlen stellt sich die Frage nach den **Erhaltungsmöglichkeiten der Ackerunkräuter** und ihrer Biozönosen. Die Erhaltung der Lebensgemeinschaft als ganzes ist an die traditionelle Bewirtschaftungsweise geknüpft; sie wird daher auf lange Sicht nur in Ausnahmefällen möglich sein. Selbst die Erhaltung der Arten in Botanischen Gärten wird ähnlich wie bei Landsorten von Kulturpflanzen (das sind alte und altbewährte Biotypengemische) besonderer Sorgfalt bedürfen, damit nicht ungewollt Mutanten, z. B. Pflanzen ohne Keimverzug, ausgelesen werden.

Systematischer Überblick

Häufigkeit, standörtliche Differenzierung und wirtschaftliche Bedeutung machen es verständlich, daß umfangreiches soziologisches Aufnahmematerial von Ackerunkrautgesellschaften vorliegt. Dessen syntaxonomische Revision ist noch nicht abgeschlossen, wenn auch seit langem hohe, gut zu kennzeichnende Einheiten bekannt sind. Eine zu einer großräumigen Synthese führende monographische Bearbeitung ist aus mehreren Gründen schwierig: So gilt es auch die Gesellschaften der mediterranen Region zu berücksichtigen; die Ruderalvegetation muß überprüft

BS 5a

Kl. Stellarietea mediae, Ackerunkrautgesellschaften;
Ch. Alopecurus myosuroides, Anagallis arvensis, Anthemis arvensis, Capsella bursa-pastoris, Matricaria inodora, Myosotis arvensis, Polygonum convolvulus, Senecio vulgaris, Sinapis arvensis, Sonchus arvensis, Stellaria media, Thlaspi arvense, Viola tricolor u.a.

1.O.Sisymbrietalia, annuelle Ruderalgesellschaften (ob hierher?);
Ch. Cardaria draba, Conyza canadensis, Lepidium virginicum, Sisymbrium sophia u.a.

2.O.Polygono-Chenopodietalia, Hackfruchtunkrautgesellschaften des temperaten Europa, Acker-Meldefluren;
Ch. Euphorbia peplus, Lamium purpureum, Solanum nigrum, Sonchus asper, Sonchus oleraceus, Veronica persica, u.a.

dazu mindestens 2 weitere mediterrane Ordnungen

V.Sisymbrion, Weg-Raukenfluren;
V.Ch.= O.Ch.
Beispiele: Bromo-Hordeetum, Urtico-Malvetum

1.V.od. U.V.Fumario-Euphorbion peplus, basiphytische Hackfruchtunkrautfluren, Erdrauchfluren;
Beisp.: Geranio-Allietum

2.V.od.U.V.Spergulo-Oxalidion strictae, frische, azidophytische Hackfruchtunkrautfluren, Sauerkleefluren;
Beisp.: Panico-Chenopodietum

3.V.od.U.V.Panico-Setarion, trockene, azidophytische Hackfruchtunkrautfluren, Hirsefluren;
Beisp.: Panico-Galinsogetum

werden; und schließlich wird sich auch die Nivellierung in der jüngsten Zeit (s. o.) im System niederschlagen müssen, sind doch in manchen Gebieten nur noch **Rumpfgesellschaften** übrig geblieben, d. h. Bestände, die sich in keine Assoziation, allenfalls in einen Verband, möglicherweise

Kl. Stellarietea mediae
3.O. Aperetalia spicae-venti, Windhalm-Äcker, (azidophytische) Getreideackerfluren;
Ch. Apera spica-venti,
Raphanus raphanistrum,
Scleranthus annuus,
Vicia tetrasperma;
auch im Caucalidion:
Agrostemma githago,
Avena fatua,
Centaurea cyanus,
Papaver rhoeas
u.a.

1.V. Arnoserion, Sandackerfluren, Lämmerkrautfluren;
Ch. Anthoxanthum aristatum,
Aphanes microcarpa,
Arnoseris minima,

2.V. Aphanion arvensis, azidophytische Lehmackerfluren, Ackerfrauenmantelfluren;
Ch. Aphanes arvensis,
Diff. Papaver rhoeas
Beisp.: Alchemillo-Matricarietum

V. Caucalidion, Haftdoldenäcker, basiphytische Lehmackerfluren;
Ch. Adonis aestivalis,
Delphinium consolida,
Euphorbia exigua,
Lathyrus tuberosus,
Lithospermum arvense
Melampyrum arvense
Ranunculus arvensis
Scandix pecten-veneris
u.a.
Beisp.: Caucalido-Adonidetum

aber nur in eine Ordnung einreihen lassen, weil sie nur noch aus den ökologisch weniger spezifischen Arten bestehen. Ob den realen Befunden im Gelände innerhalb Mitteleuropas die Zuordnung der Ackerunkrautgesellschaften zu einer oder zwei Klassen besser entspricht, ist nach wie vor nicht geklärt. Die Trennung von Hack- und Halmfruchtäckern auf höchstem taxonomischen Niveau (als Klassen Chenopodietea und Secalietea) befriedigt nur unter ganz bestimmten Konstellationen, nämlich in sommerwarmen Gegenden ohne regelmäßigen Wechsel der angebauten Kulturpflanze (Fruchtwechsel). In kühlen Gebieten mit verbesserter Dreifelderwirtschaft und damit alljährlich wechselnden Wirtschaftsmaßnahmen ist sie nicht ohne Zwang praktikabel. Dagegen besteht einerseits eine deutliche Zäsur zwischen den Winterfruchtäckern auf trocknen Kalkböden und den übrigen Gesellschaften; andererseits besteht eine klare floristisch-ökologische Verwandtschaft zu den mediterranen Halmfruchtäckern der Klasse Secalietea, aus der sie auch mit dem Ackerbau zu uns gekommen sind. Wir müssen ihre Stellung vorerst offen lassen.

Wie sind die ökologischen Zusammenhänge?

Unter Wintergetreide kann man klare Aperetalia-Gesellschaften finden, unter Hackfrüchten, aber auch Mais, klare Chenopodietalia-Gesellschaften; Sommergetreide nimmt eine Mittelstellung ein. Entscheidend ist die Faktorenkonstellation, unter der Kulturpflanzen und Unkräuter in Konkurrenz zu treten beginnen. Zur Zeit der Wintergetreideaussaat, im Oktober, laufen diejenigen Unkräuter auf, welche bei niedrigen Temperaturen, etwa unter 10 °C, keimen können (LAUER 1953); Wärmekeimer mit einem Keimungsoptimum bei etwa 20 °C können sich auf dem gleichen Acker nicht mehr durchsetzen, denn zu ihrem Keimtermin im nächsten Mai hat sich das Wintergetreide bereits bestockt, dadurch dicht zusammengeschlossen, und es beschattet stark. Startchancen haben die wärmebedürftigen Arten dagegen in Kartoffel-, Rüben- und Maisäckern; hier erfolgt die letzte Bodenbearbeitung und damit Störung im Mai. Die Variationsbreite der Keimtemperaturen pflegt bei den meisten Arten groß zu sein; daher ist ein weiterer zwischen Aperetalia/Caucalidion und Chenopodietalia differenzierender Faktor anzunehmen; er wird aus einem Vergleich der ökologischen Kennzahlen auf S. 99 deutlich: Die Arten der Ordnung Chenopodietalia (die der Sisymbrietalia sind noch kaum untersucht) werden durch hohe Stickstoffgaben gefördert. Ob Nitrat- oder Ammoniumionen geboten werden, ist belanglos, da in gut durchlüfteten Böden ohnehin rasche Oxidation erfolgt (WALTER 1960, 1962 nach MAYSER). Hackfrüchte aber werden stärker mit Stickstoff gedüngt als Getreide. **Temperatur- und Nährstoffhaushalt** zusammen bedingen also die Trennung in zwei Ordnungen, falls nicht durch häufigen Fruchtwechsel heterogenes Samenmaterial bereitsteht. Dann spielt sich jeweils erneut ein Konkurrenzkampf zwischen den Unkräutern ab, dessen Ergebnis der Faktorenkonstellation des laufenden Jahres nicht in aller Schärfe entspricht.

Einige Assoziationen (syntaxonomische Stellung s. BS 5):

1. **Bromo-Hordeetum**, Mäusegersteflur; Ch. *Bromus sterilis, Lepidium graminifolium, Hordeum murinum.* Häufige, einjährige Ruderalgesellschaft an Wegrändern, Mauern, Bauplätzen in Siedlungen; oft von

Trittpflanzen durchsetzt. Bietet typischen Aspekt, wenn die dominierenden Gräser vergilben.

2. **Urtico-Malvetum,** Gänsemalven-Gesellschaft; Ch. *Chenopodium murale, Malva neglecta, Urtica urens.* Auf stark von Ammoniak beeinflußten Hofplätzen und an entsprechenden Mauern.
3. **Geranio-Allietum,** Weinbergslauch-Gesellschaft. Ch. *Allium vineale, Calendula arvensis, Muscari racemosum, Ornithogalum nutans, Tulipa slyvestris.* Diese rebspezifische Unkrautgesellschaft ist durch intensive Bodenbearbeitung in guter Ausbildung selten geworden und am ehesten noch im Elsaß und in Südbaden, z. B. dem Kaiserstuhl, zu finden (vgl. WILMANNS 1975). In der Aufstellung der häufigsten Rebunkräuter von GRÄF (1969) wird keine der Kennarten mehr genannt. Die Gesellschaft ist ungemein reich an Zwiebelgeophyten, die lockeren Boden verlangen. Sie vermehren sich lokal leicht durch Tochterzwiebeln, doch ist der Transport solch grober Diasporen offenbar schwierig; dies gilt auch für die Achänen der Wilden Ringelblume. Die Gesellschaft bildet mit den eleganten Blüten der Wildtulpen, den weißen „Milchsternen" und den blauen „Dubekröpfli" eine der schönsten Unkrautfluten überhaupt (WILMANNS et al. 1977).
4. **Panico-Chenopodietum polyspermi,** Gesellschaft des Vielsamigen Gänsefußes (einschließlich Chenopodio-Oxalidetum strictae); Ch. *Cerastium glomeratum, Chenopodium polyspermum, Oxalis stricta.* Auf frischen, tonig-lehmigen Böden unter Hackfrüchten weit verbreitet.
5. **Spergula arvensis-Panicum crus-galli-Assoziation,** Hühnerhirse-Acker. Ch. *Galinsoga parviflora, G. quadriradiata, Panicum crus-galli,* Diff. der Ass. *Spergula arvensis* u. a.
6. **Alchemillo-Matricarietum,** Kamillen-Gesellschaft; Ch. *Alchemilla (= Aphanes) arvensis, Matricaria chamomilla.* Weit verbreitete Wintergetreide-Gesellschaft auf kalkfreien Lehm- und Tonböden, bei kräftiger Düngung auch auf Sandböden. Die verschiedenen Bodenarten und Feuchteverhältnisse werden durch Differentialartengruppen angezeigt.
7. **Caucalido-Adonidetum,** Adonisröschen-Gesellschaft. Die Ch. *Adonis aestivalis, Caucalis latifolia, C. lappula, Conringia orientalis* u. a. sind sehr selten (geworden). Die Assoziation ist typisch für Äcker auf Kalkverwitterungsböden der tieferen Lagen; in höheren korrespondiert ihr das **Sedo-Neslietum** (mit *Sedum telephium* und *Neslia paniculata*).

14. Klasse: Isoeto-Nanojuncetea, Zwergbinsen-Gesellschaften

Ein anderer Typus von nur kurzfristig besiedelbaren Standorten entsteht an den Rändern und am Grunde von austrocknenden Tümpeln, Altwässern und Talsperren, auch von Fischteichen, die zum Ausfischen abgelassen worden sind. Dies sind die Biotope der „wechselnassen Zwergpflanzenfluren", wie ELLENBERG (1963) sie treffend nennt, von denen viele Arten ausgesprochene, unauffällige Seltenheiten unserer Flora sind. Von hier aus sind einige der Vertreter auf zeitweise nasse Waldwege und Ackerfurchen oder im atlantischen Gebiet sogar auf großflächig vernäßte Äcker, also offenbar ähnliche Standorte übergegangen. Was diesen gemeinsam und daher für die Klasse Isoeto-Nanojuncetea ausschlaggebend ist, muß man durch qualitativen Vergleich herausschälen, da erst wenige exakte Messungen vorliegen. Die große klimatisch, edaphisch, aber auch florengeschichtlich bedingte Mannigfaltigkeit der Gesellschaften kommt in ihrem Reichtum an gut charakterisierten Assoziationen zum Ausdruck; die Angaben des Blockschemas 6 sind der Synopsis von PIETSCH (1973) entnommen.

Gemeinsam ist diesen Standorten, daß sie durch Überflutung, Pflügen oder Tritt periodisch pflanzenfrei werden. Zeitweise stehen dann feuchter Schlamm, Ton, seltener auch Löß oder Feinsand zur Besiedlung bereit. Dieses Substrat ist, da die Poren wassererfüllt sind, jedenfalls zunächst sauerstoffarm; sofern mineralischer Stickstoff vorhanden ist, muß dieser als NH_4^+ vorliegen. Später trocknet der Boden ab und aus; doch auch jetzt ist er noch dicht gelagert, wie die sehr langen Sickerzeiten beweisen, die MOOR (1936) fand. Erfolgt keine weitere Störung, so können nun auf die Pioniere der Zwergpflanzenflur Ausdauernde folgen; doch meist wird die Pioniervegetation nach einigen Monaten ausgelöscht, weil der Wasserstand steigt, der Stoppelacker umgeworfen wird oder eine flachgründige Krume völlig austrocknet. An Stellen, die sicher über Jahrzehnte oder gar Jahrhunderte hin, wenn auch nur periodisch besiedelbar waren (z.B. flache Mulden in felsigem Gelände der Mittelmeergebirge), können einige Geophyten, z.B. die seltenen *Isoetes*-Arten *I. histrix* und *I. durieui,* oder Hemikryptophyten leben.

Im Gelände werden diese Zwergpflanzen nur selten höher als 10 cm. PIETSCH konnte jedoch experimentell zeigen, daß bei besserer Wasser- und Stickstoffversorgung jedenfalls einige von ihnen, z. B. *Cyperus fuscus* und *Eleocharis ovata*, einen halben Meter Höhe erreichen können. Die ökologische Eigenart der Isoeto-Nanojuncetea-Arten liegt also darin, daß sie auch dann, wenn sie nur zwergwüchsig sind, sei dies genetisch bedingt oder ökologisch erzwungen, zur Fortpflanzung gelangen. – Wo abgestorbene Algenwatten oder Wasserpflanzenreste den Boden bedecken, wo Röhrichtarten stocken, wo auf verschlämmten Äckern das Getreide dennoch dicht steht, kommen keine Zwergbinsen hoch. Andererseits tauchen diese Arten an weit voneinander entfernten Lokalitäten auf, so daß man von disjunktem Areal (s. S. 36) zu sprechen pflegt. Dies ist nicht korrekt; denn offensichtlich sind diese Entfernungen durchaus auf natürlichem Wege zu überspringen: Die Diasporen werden mit ausgetrocknetem Schlamm von Wat- und Wasservögeln ausgebreitet. Reiner Windtransport, der ja nach dem „Gießkannenprinzip" vor sich geht, würde bei diesen Pflanzen wohl kaum ausreichen, sie mit Sicherheit an die kleinflächigen und seltenen potentiellen Keimplätze zu bringen.

Systematischer Überblick

BS 6

Kl. Isoeto-Nanojuncetea, Europäische Zwergbinsenfluren; Ch. Centaurium pulchellum, Juncus bufonius, Juncus capitatus, Lythrum hyssopifolia u.a.	
1.O. Isoetetalia, Westmediterrane Zwergbinsenfluren;	2.O. Cyperetalia fusci, Mitteleuropäische Zwergbinsenfluren;
Ch. Cicendia pusilla Juncus pygmaeus Lythrum thymifolia Oenanthe media Peplis hispidula u.a.	Ch. Cyperus fuscus Gnaphalium uliginosum Gypsophila muralis Isolepis setacea Peplis portula u.a.
2 Verbände mit 14 Assoziationen	4 Verbände mit 48 Assoziationen

Einige Assoziationen:

1. **Lindernio-Elecharitetum ovatae,** Teichrietflur; Ch. *Elatine hexandra, Eleocharis ovata, Lindernia procumbens.* Auf dicker Schlammdecke in austrocknenden Teichen plötzlich in riesiger Individuenzahl auftretend. Schon eine einmonatige Periode reicht zur Entwicklung aus; doch muß das Substrat während dieser Zeit dauernd feucht bleiben, etwa infolge eines undurchlässigen Untergrundes.
2. **Centunculo-Anthocerotetum punctati**, Kleinlingsflur; Ch. *Anthoceros punctatus* und *spec., Centunculus minimus.* Auf lehmig-tonigen, kalkfreien, oberflächlich stark verdichteten und vernäßten Böden in lücki-

gen Getreidefeldern. Die Entwicklung beginnt im Mai–Juni; doch erst bei voller Belichtung nach dem Schnitt kommt die Gesellschaft zur Blüte: fruchten können die Arten daher nur dann, wenn der Stoppelacker nicht sofort geschält wird. Während das Brachjahr der alten Dreifelderwirtschaft es erlaubte, daß der volle Entwicklungszyklus der Gesellschaft durchlaufen wurde, ist das heute nicht mehr der Fall; gute Bestände sind daher sehr selten geworden.

3. **Stellario-Isolepidetum setaceae,** Borstenbinsen-Gesellschaft; Ch. *Isolepis setacea,* Diff. *Blasia pusilla, Glyceria declinata, Stellaria alsine.* Die Assoziation ist auf schwach sauren, nassen, wenig betretenen Waldwegen, besonders Holzabfuhrwegen, nicht selten; im atlantischen Raum greift sie auch ins Freiland über und kommt auf Viehpfaden vor.

3. Formation: Gramineen-Pioniergesellschaften bewegter Substrate

In dieser Gruppe kann man einschichtige, artenarme, von ausdauernden Gräsern beherrschte, meist lockere, physiognomisch eintönige Pioniergesellschaften zusammenfassen. Ein standörtliches Charakteristikum ist ihr bewegtes, dauernd der Erosion oder Akkumulation unterworfenes Substrat. Dabei handelt es sich entweder um Schlick und Sand, die vom Meer abgesetzt oder fortgespült werden, oder um Flugsand. In jedem Falle sind nur wenige Arten lebensfähig. Besonders geeignet sind offenbar Arten mit unterirdischen Ausläufern, welche nach Anriß oder Verschüttung jeweils wieder in ihre spezifische Bodentiefe hinunter- oder hinaufwachsen können. Die drei Klassen sind folgende:

15. Kl.: Spartinetea, Schlickgras-Gesellschaften
16. Kl.: Ammophiletea, Strandhafer-Dünengesellschaften
17. Kl.: Honkenyo-Elymetea, Hochnordische Strandroggen-Gesellschaften

15. Klasse: Spartinetea, Schlickgras-Gesellschaften

Vertreter der Gattung *Spartina* bauen an amerikanischen, westeuropäischen und australischen Schlammküsten in den temperaten Zonen im Eulitoral Gesellschaften auf, die (fast) keine weiteren Kormophyten enthalten, also „einartig" sind. Es handelt sich regional jeweils um verschiedene, also vikariierende Arten und damit vikariierende Assoziationen. Daraus resultiert ein syntaxonomisches Problem: Wie soll man logischerweise vorgehen, um ihre Verwandtschaft im System auszudrücken? Es ist zwar wahrscheinlich, aber noch nicht gesichert, daß sich unter der Bodenmikroflora ihnen gemeinsame Arten befinden. Vorerst aber lassen sich keine Arten als Verbands- oder höhere Kenntaxa angeben, welche die typologische Zusammengehörigkeit verdeutlichen. Man kann sich jedoch helfen, indem man die Gattung *Spartina* (genauer: eine bestimmte Sektion) als **Charaktertaxon** für Verband, Ordnung und Klasse (Spartinion, Spartinetalia, Spartinetea) führt. (Entsprechendes gilt für die Zosteretea und ist für analoge Fälle denkbar.)

Obwohl es an der deutschen Nordseeküste nur eine einzige, dazu recht ausgefallene Assoziation, das **Spartinetum townsendii**, gibt, sei näher auf dieses eingegangen, weil es mehrere allgemein wichtige Tatbestände illustrieren kann.

Spartina townsendii (= *S. anglica*) ist eine phylogenetisch junge, allotetraploide und damit bastardbürtige Art; sie wurde 1870 vor der südenglischen Küste entdeckt. Sie kann dort erst entstanden sein, nachdem um 1800 zu der einen Elternart, der indigenen *Spartina maritima* (= *S. stricta*, 2n = 60), die zweite Elternart, *Spartina alterniflora* (2n = 62), aus Nordamerika eingeschleppt worden war. Auch der Bastard (2n=61, steril) ist bekannt: *Spartina* × *townsendii*. Die neue, allotetraploide Art (2n = 122) breitete sich rasch an der englischen und französischen Küste aus und verdrängte die heimische Elternart. Stärkere Wüchsigkeit von Polyploiden und von Individuen mit verschiedenen Genomen läßt sich ja häufig beobachten.

Da man *Spartina townsendii* vielfach in einem meerseitigen Gürtel vor den Salzwiesen der Küste und bis zu 1 m unter die Mittlere Tidehochwasserlinie (MTHW) beobachtete, versuchte man sie in Holland und Deutschland zur Landgewinnung einzusetzen in der Hoffnung, sie möge in tieferem Wasser und damit rascher als *Salicornia* Schlick sammeln und diesen dank ihrer Mehrjährigkeit auch besser festigen. Die Verhältnisse wurden an der schleswig-holsteinischen

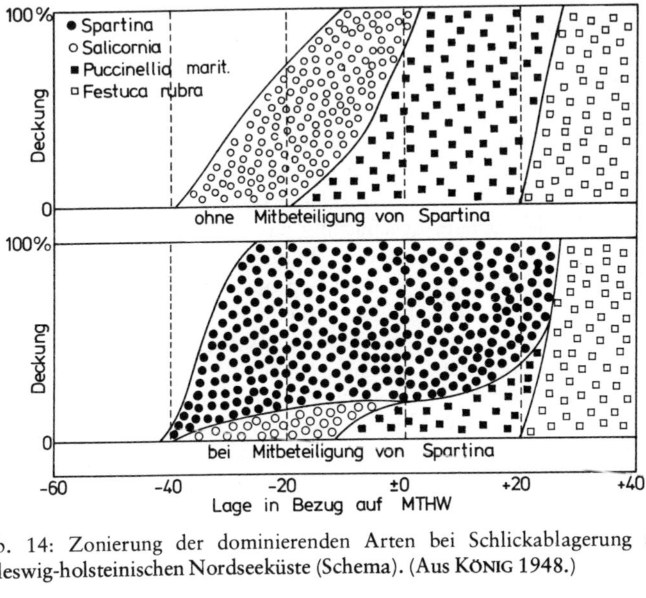

Abb. 14: Zonierung der dominierenden Arten bei Schlickablagerung an der schleswig-holsteinischen Nordseeküste (Schema). (Aus König 1948.)

Küste von König über Jahre hin untersucht und 1948 zusammenfassend aufgrund von Archivdaten, Beobachtungen und Messungen dargestellt. Die Pflanze ist danach an den meisten Pflanzstellen sehr bald eingegangen (am Helmsander Damm z. B. 53000 Stecklinge innerhalb eines Jahres). Offenbar waren diese Probeflächen standörtlich ungeeignet, denn trotz dieser Verluste setzte sich *Spartina* an anderen Stellen durch, allerdings nicht, wie erhofft, vor dem Queller- und Salzwiesengürtel, sondern an seiner Stelle. Experimente zeigten, daß das Schlickgras sich nur an gut geschützten, z. B. schon durch Lahnungen beruhigten Standorten mit schwachem Wellenschlag halten kann; andernfalls wird es im Jugendzustand ausgekolkt und auch durch Eisgang herausgerissen. Starker Wellengang ist also limitierender Faktor. An der recht sturmexponierten deutschen Küste geht *Spartina* daher nur bis −40 cm MTHW, wie der Queller auch; in England beobachtete tiefere Vorkommen dürften sich auf äußerst ruhige Lokalitäten mit starkem Tidenhub beziehen. Die Überlegenheit gegenüber *Salicornia* erklärt sich daraus, daß *Spartina* bis zu 1 m hoch wird und durch unterirdische Ausläufer dichte Horste und später Rasen bildet. Den Hauptnarbenbildner der meernahen Salzrasen, den ausdauernden Andel, *Puccinellia maritima*, verdrängt *Spartina townsendii* ebenfalls, da jenes ein kriechendes, daher niedrig bleibendes und dabei lichtbedürftiges Gras ist. Die Abb. 14 zeigt, wie eine konkurrenzkräftigere, in ein Gebiet neu eingebrachte Art die einheimischen Arten verdrängen kann. Prinzipiell gleich hat man sich das Vordringen einer überhaupt in der Evolution neu entstandenen Art vorzustellen; hier kann *Spartina townsendii* als **Modell** dienen.

Ist das Spartinetum von **wirtschaftlichem Vorteil?** Offenbar nicht. Denn es besiedelt Stellen, die ohnehin und nicht langsamer in Aufschlickung begriffen waren. Die erreichte Bodenqualität ist sogar geringer, da durch die stärkere Beschattung das Austrocknen der Wattoberfläche verzögert und die Oxidation (Bildung von verfestigenden Eisenhydroxiden) verringert wird. Auch leben hier weniger Kleinalgen als im Salicornietum (s. S. 89). Und schließlich gibt es landwirtschaftliche Schwierigkeiten: Die wasserabführenden Grüppen lassen sich wegen der ausgedehnten Ausläufer nicht so leicht ausheben und wachsen leicht wieder zu. Der Boden ist mangelhaft gefestigt. Vor allem: man kann – im Gegensatz zum Andelrasen – keine Soden für den Deichbau gewinnen, da *Spartina* keine geschlossene Narbe bildet. Wo das Schlickgras innerhalb des Andelrasens siedelt, verliert dieser an Wert, weil es fast nicht vom Vieh gefressen wird. Am Deichfuß aber muß der Andelrasen unbedingt beweidet werden, um die Narbe geschlossen zu halten und damit das Land vor Deichbrüchen zu sichern. Dies Beispiel zeigt, wie fein die jahrhundertealte Wirtschaftsweise und die Vegetation aufeinander abgestimmt waren. Solche alten Ökosysteme können leicht zerstört, schwerlich aber verbessert werden. KÖNIG kommt daher zu dem Schluß, *Spartina townsendii* sei an den deutschen Küsten möglichst auszumerzen. Die Holländer nennen die Pflanze denn auch nicht slijkgras, sondern slijkpest.

16. Klasse: Ammophiletea, Strandhafer-Dünengesellschaften

17. Klasse: Honkenyo-Elymetea, Hochnordische Strandroggen-Gesellschaften (Hinweis)

Ganz andere Standorte als die Schlammküsten bieten die **Sandküsten,** deren strandparallele Dünenzüge die Ammophiletea prägen. Die Klassen 15 und 16 haben keine einzige regelmäßig vorkommende Art gemeinsam, obwohl sie zuweilen in nur wenigen hundert Metern Abstand leben (s. Vegetationskarte von Baltrum, TÜXEN und NEUMANN 1956). Der dritte Typ, die Felsküsten, mit ihrem so imposanten Kampf zwischen Meer und Land ist bei uns kaum entwickelt; hierzu s. TÜXEN (1967).

Die Strandhafer-Gesellschaften sind gleichsam die Charaktergesellschaften der europäischen Dünen und vom Pontus bis Schottland, Südwestnorwegen und ins Baltikum bekannt; der Subarktis fehlen sie. Innerhalb dieses Gebietes sind sie trotz ihres extremen Standortes klimatisch differenziert, wobei die Mittelmeergesellschaften durch Artenreichtum und eigene Sippenbildung abweichen.

Diese Strandhafer-Gesellschaften haben eine ganz besondere Bedeutung für die Entstehung, Entwicklung und Erhaltung der **Dünenlandschaft.** Darüber hinaus zeigen sie modellhaft, wie höhere Pflanzen neue Standorte und damit Lebensmöglichkeiten schaffen, worin vielleicht ihre größte und allgemeinste Bedeutung liegt. Eine Gliederung, wie sie die Abb. 15 zeigt, findet sich in vielen Dünengebieten (so in Nordamerika, Japan, dem südafrikanischen Kapland) auf Grund gleicher Lebensformen, wenn auch verschiedener Sippen wieder: Hochgräser und Dünenpioniere mit niedrigeren Begleitern, welche den bewegten Sand festigen, die Bodenbildung und damit eine allmähliche räumliche und zeitliche Abfolge von Kleingrasdünen, Strauch- und schließlich Waldgesellschaften im Hinterland ermöglichen. Bedenkt man schließlich noch den Wert des Dünengürtels als Schutz gegen Meereseinbrüche, ortsweise als Trinkwasserspeicher und als wichtigen Erholungsraum, aber auch

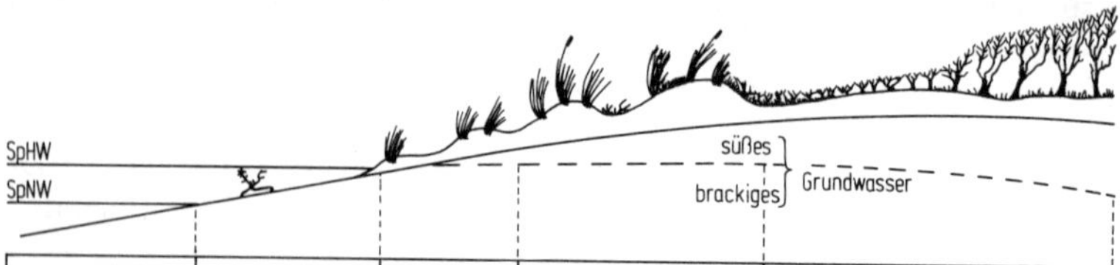

Benennung nach Landschafts-entwicklung	Strand	Primärdünen, (auch Embryonal- oder Vordünen genannt)	Sekundärdünen	Tertiärdünen
Benennung nach Substrat-eigenschaften	— (stellenweise Spülsäume)	Weißdünen		Grau- und Braundünen
Pflanzenwuchs	— (stellenweise Meersenf-Ges., Cakiletea)	Dünenquecken-Gesellsch. (Agropyro-Honkenyon)	Strandhafer - Gesellsch. (Ammophilion borealis)	Kleingras-Dünenrasen (Koelerion albescentis u. Corynephorion), Krähenbeerheiden (Empetrion boreale), Dünengebüsche (Salicion arenariae), Dünenwäldchen (Quercion roboris)

Abb. 15: Standörtliche Grobgliederung an mitteleuropäischen Dünenküsten.

seine Gefährdung durch Sturm, Brandung und den Druck der Menschenmengen, so wird es klar, daß wir seine Gesellschaften genauer betrachten müssen, als es ihrer spärlichen Zahl entspricht.

Standort

Der Pflanzenwuchs an Sandküsten beginnt erst oberhalb der Springtide-Hochwasserlinie (SpHW-Linie), der unterhalb liegende, bis zur Springtide-Niedrigwasserlinie reichende Strand ist im Gegensatz zu Schlammküsten vegetationsfrei. Seine **Pflanzenfeindlichkeit** beruht auf dem Zusammenwirken von 4 Faktoren: 1. Täglich zweimalige Überflutung; diese geschieht durch stark bewegtes Wasser, welches infolgedessen zunächst hohe Transportkraft hat und grobes Material, eben Sand, sedimentiert oder doch bewegt. 2. Der Sand hat minimale Wasserkapazität; die obersten Bodenschichten trocknen im Sommer bei Niedrigwasser rasch aus. 3. Der lockere Sand wird vom Sturm fortgefegt und wirkt auf jedes Hindernis wie ein Sandstrahlgebläse. 4. Abgesehen von Spülsäumen ist das Substrat nährstoffarm; es besteht überwiegend aus Quarzkörnern; nur etwa 8–16% sind für die Pflanze wichtige Nährsalzlieferanten: Feldspäte, Muschelschill, Spuren organischer Substanz. Analysen zeigen, daß der Nordseesand extrem arm an Stickstoffverbindungen und ziemlich arm an Phosphaten ist.

Oberhalb der SpHW-Linie können sich einige wenige Spezialisten ansiedeln, obwohl diese bei Sturmfluten durch auflandige Winde noch mit Sand überschüttet werden. Speziell Gräser sind wirksame Sandfänger, denn sie bilden durchblasbare Hindernisse, an welchen sich keine Wirbel bilden. Vor, in und hinter den Horsten wird jeweils ein Sandkissen abgelagert. Auf Dauer halten können sich natürlich nur solche Arten, die ihre Vegetationskegel über die neue Sandoberfläche hinausschieben können. Dies geschieht durch Internodienstreckung und Heben der Rhizomspitzen. Dabei bilden sich an den oberflächennahen Knoten neue Wurzeln; alte Wurzelstockwerke in den tieferen Sandschichten bezeugen den Vorgang (STEUBING 1949). Das Wurzelwachstum kann sommers sehr rasch erfolgen und bis zu 10 cm/Woche betragen; es ist auch wegen der geringen Wasserkapazität des Sandes notwendig.

Diese Festlegung des Sandes ist Voraussetzung für die **Bodenentwicklung.** Es laufen nunmehr die charakteristischen Prozesse des Abbaus, der Verlagerung und des Neuaufbaus ab (s. S. 20): Die leicht löslichen Salze, vor allem also NaCl, aber auch das aus Muschelbruchstücken stammende $CaCO_3$ werden ausgewaschen. Gleichsinnig nimmt der pH-Wert von anfänglich rund 7 auf schließlich rund 4 ab (gemessen unter absterbenden Strandhaferbeständen von LUX, 1964). Durch Säureangriff kann jetzt die Zersetzung der Alumosilikate (Feldspäte, Glimmer, Augit u. a.) beschleunigt ablaufen. Zugleich beginnt auch der Aufbau von Humusstoffen aus nunmehr angelieferter Pflanzensubstanz; er macht sich in der Entstehung eines leicht grau gefärbten A-Horizontes bemerkbar: **Graudünen.** Aus den anorganischen Bruchstücken werden sekundäre Tonminerale aufgebaut und damit Wasser- und Ionenspeicher gebildet. Da Fe^{++}- zu Fe^{+++}-Ionen oxidiert werden, machen deren braune Hydroxide den Vorgang der Bodenbildung auch makroskopisch deutlich: **Braundünen** mit oligotrophen Braunerden sind entstanden.

Mit der Bodenentwicklung verläuft gleichsinnig und synchron eine **Entwicklung der Vegetation** von den Ammophiletea zu standörtlich mannigfaltigen Kleinrasengesellschaften, Zwergstrauchheiden, Strauch- und selbst Waldgesellschaften (s. Abb. 15, auch TÜXEN und NEUMANN 1956). Das **Honkenyo-Agropyretum** der Primärdünen wird auf Sekundärdünen vom **Elymo-Ammophiletum** abgebaut. Neben dieser **progressiven Sukzession** spielen sich freilich mannigfache **Regressionen** ab; denn Windanrisse, Meereseinbrüche, Beweidung, vor allem aber der Tritt von Menschenmengen kann jederzeit die Dünenvegetation aufreißen und Sand in Bewegung setzen. Unter natürlichen Bedingungen werden solche Stellen rasch ausgeheilt; doch kann heutzutage der Flugsand in Siedlungen, auf Straßen und Kulturland Schaden anrichten, sind die Dünenzerstörungen oft so großflächig, daß man den Heilprozeß künstlich beschleunigen muß. Hierzu ist die Kenntnis der Ökologie und Dynamik der Dünengesellschaften notwendig, wenn Mißerfolge vermieden werden sollen, denn lebende Pflanzen sind eine unabdingbare Voraussetzung der Dünenbildung überhaupt (VAN DIEREN 1934).

Systematischer Überblick

BS 7

Kl. Ammophiletea, O. Ammophiletalia, Strandhafer-Dünengesellschaften;
Ch. Calystegia soldanella, Honkenya (=Minuartia) peploides (außerh. des borealen Gürtels) + übergreif. V.Ch.

1.V. Honkenyo-Agropyrion, Dünenquecken-Gesellschaften;	2.V. Ammophilion arenariae, Strandhafer-Gesellschaften;
Ch. Agropyron junceum	Ch. Ammophila arenaria Eryngium maritimum
Beisp.: Honkenyo Agropyretum, Salzmieren-Dünenquecken-Ges.	Beisp.: Elymo-Ammophiletum, Helm-Strandhafer-Ges.
Ch. Agropyron junceum,	Ch. Ammophila arenaria Oenothera ammophila
Diff. Honkenya peploides	Diff. Elymus arenarius Lathyrus maritimus

Von den Dünen- und verwandten Gesellschaften ist zwar eine Fülle von soziologischen Aufnahmen zusammengetragen worden, diese sind aber noch nicht so umfassend bearbeitet worden, daß über die Gliederung und Nomenklatur im einzelnen Klarheit und Übereinstimmung bestünde. So können hier zwar gewisse große Linien aufgezeigt werden, das Blockschema kann jedoch nur vorläufig sein und zur Orientierung auf unseren Nordsee-Inseln dienen (vgl. z. B. GÉHU 1969).

Unsere europäischen Strandhafer-Gesellschaften, die Klasse Ammophiletea arenariae, umsäumen den größten Teil der europäischen Küsten; sie klingen jedoch in der borealen Zone aus (Mittelnorwegen, Südfinnland, Nordschottland, vgl. Karten bei MEUSEL, JÄGER und WEINERT

1965). Im boreal-subarktischen Gürtel lebt circumpolar eine eigene Klasse, Honkenyo-Elymetea (TÜXEN 1966), welche ihrerseits im mitteleuropäischen Küstengebiet ausklingt und sich hier mit den Ammophiletea verzahnt; *Elymus arenarius* selbst hat sein südwestlichstes Vorkommen in der Normandie. Diese Klasse besiedelt nicht nur Flugsand, sondern im Norden auch Sand- und Kiesstrände, ja Felsen, wenn dort organisches Material angespült oder angeweht ist. Gegen Süden nimmt der ausgeprägte Nitrophytismus offenbar ab.

Dünenbefestigung als Beispiel für Lebendbau

Die Pioniergesellschaft der Vordünen ist das **Honkenyo-Agropyretum** (= **Agropyretum boreoatlanticum**), dessen Bauwert von der Dünenquecke bestimmt wird. Dies ist ein salzresistentes Gras mit derben Rollblättern; es ist vom Grundwasser abhängig. Als Extremgesellschaft enthält das Agropyretum nur 2–4 Arten pro Bestand. Dank des Sandfangs wachsen die Vordünen mehr und mehr über den Grundwasserspiegel empor. So wandelt sich die Vegetation zur Strandhafer-Gesellschaft, dem **Elymo-Ammophiletum** der Sekundärdüne. Die Ökologie dieser beiden namengebenden Gräser ist, obwohl sie im gleichen Bestande siedeln und dort die gleiche ökologische Nische bilden, also z. B. gleich tief wurzeln, etwas unterschiedlich: *Ammophila arenaria,* der Strandhafer, erträgt nur rund 1% Salz in der Bodenlösung und gedeiht kaum unter pH 5; die Pflanze ist zwar nicht mehr vom Grundwasser abhängig, hat aber doch einen so hohen Wasserbedarf, daß sie nur gedeiht, wenn das Wurzelsystem kräftig entwickelt ist. Voraussetzung dafür ist wiederum genügende Aufsandung. Diese ist auch aus ernährungsökologischen Gründen wichtig, denn nur so werden die notwendigen Ionen angeliefert. Die optimale Aufsandung beträgt 30–50 cm im Jahr (LUX 1964). *Elymus arenarius,* der Blaue Helm oder Strandroggen, ist salzresistenter, aber weniger verschüttungsfest. Er bevorzugt organisches Material im Boden, weicht auch, wie sein Vorkommen im hohen Norden zeigt, in seinen klimatischen Ansprüchen ab. Auf älteren Weißdünen pflegen rasch die ersten Kleinrasenarten einzudringen (Subassoziation von *Festuca rubra* ssp. *arenaria*) und die Degeneration anzukündigen.

Welches Gras kommt folglich zur Bepflanzung von Dünenanrissen in Frage? Offenbar dasjenige, welches sowohl grundwasserunabhängig als auch verschüttungsfest ist, also *Ammophila arenaria.* Der Schlüssel für eine erfolgreiche Strandhafer-Pflanzung liegt, wie LUX (1964) zeigen konnte, darin, bis zur vollen Entwicklung und endgültigen Ansiedlung für gute Sandzufuhr zu sorgen. Das Gelände muß demnach aerodynamisch günstig ausgestaltet werden, so daß keine Düsen mit auskolkender Wirkung entstehen; die Pflanzenbüschel müssen zunächst so locker gesteckt werden, daß der Wind durchstreichen und Sand zuführen kann. Die Pflanzen sind im Herbst zu pflanzen, damit vor der sommerlichen Belastung des Wasserhaushalts bereits ein kräftiges Wurzelsystem aufgebaut werden kann; zusätzliche Stickstoff- und Phosphatdüngung wirkt positiv.

Lebendbau (oder **Grünverbauung**) ist dasjenige Arbeitsgebiet der Landschaftspflege, das sich mit der Befestigung instabiler Böden mit Hilfe lebender Pflanzen, oft unter Zuhilfenahme technischer Mittel, befaßt. Lebendbau ist notwendig bei der Befestigung von Wasserläufen (Wildbächen, Kanälen, Flüssen), Lawinenrunsen, Vermurungen, Schutthalden, künstlichen Böschungen im Straßenbau u. ä. Lebende Pflanzen sind in vielen Fällen totem Material, wie Stein und Beton, überlegen, indem sie bei richtiger Anlage mit zunehmendem Alter weniger Pflege bedürfen und ihre Funktion dabei besser erfüllen: sie zerteilen Luft- und Wasserströmungen, mildern den Aufprall des Niederschlagswassers, festigen den Boden durch zähe Wurzelsysteme, entwässern als „lebende Pumpen" durch ihre Transpiration. – Die Arbeitsmethodik besteht darin, die natürliche Entwicklungstendenz des betreffenden Standorts und der Vegetation zu studieren und dann zu unterstützen oder im gewünschten Sinne umzulenken. Dabei brauchen keineswegs alle Stadien der Sukzessionsserie durchlaufen zu werden. Saat- und Pflanzgut aus dem gleichen Raum ist vorteilhaft, oft notwendig; doch können mit Vorsicht (!) auch sog. Gastpioniere erprobt, etwa Leguminosen eingesät oder rasch wurzelschlagende Weiden an nassen Böschungen gesteckt werden. (Grundlagenuntersuchungen und instruktive Beispiele s. SCHIECHTL 1958, 1973, BITTMANN 1965, DUTHWEILER 1967).

4. Formation: Schuttfluren und Felsspalten-gesellschaften

Im wesentlichen einschichtige Gesellschaften, die aus verschiedenen Typen von Hemikryptophyten aufgebaut sind, teilweise auch schon Chamaephyten enthalten. Es sind recht artenarme, lückig-offene und meist auch produktionsschwache Spezialistenbestände feinerdearmer Standorte.

18. Kl.: Thlaspietea rotundifolii, Steinschuttfluren
19. Kl.: Asplenietea rupestria, Felsspaltengesellschaften
20. Kl.: Parietarietea judaicae, Glaskraut-Mauerfugengesellschaften

Die ersten beiden Klassen leben überwiegend an natürlichen Standorten; ihre reichste Entfaltung finden sie in den alpiden Gebirgen. Da ihnen hier vielfach über Jahrmillionen hin geeignete Wuchsplätze zur Verfügung standen, spielt die Erd- und Klimageschichte für ihr Verständnis eine besondere Rolle. Dies sei an den Felsspaltengesellschaften besprochen, während die aktuellen Bedingungen bei den Steinschuttfluren, wo sie leichter erfaßbar sind, erörtert werden sollen. Ökologische Grenzstandorte mit seltenen und interessanten Arten im Kerngebiet der europäischen Pflanzensoziologie besiedelnd, faszinierten sie die Vegetationsforscher frühzeitig, wie die Autornamen der Assoziationen zeigen. Deutlich weichen von ihnen die erst im Laufe der letzten Jahre als eigene Klasse erkannten, in Mauerfugen lebenden und damit vom Menschen abhängigen Glaskraut-Gesellschaften ab.

18. Klasse: Thlaspietea rotundifolii, Steinschuttfluren

Standort

Eine bewegte – und damit vegetationsmäßig „typische“ – **Schutthalde** ist ein Ökosystem in offenkundigem Fließgleichgewicht: Durch Schwerkraft, Wasser- und/oder Eistransport kollern und rutschen Gesteinsbrocken verschiedenster Größe von anstehenden Felswänden herab und bilden die Halde. Ist ein vom Schuttmaterial abhängiger Neigungswinkel (etwa 30–35°) erreicht, so kann das instabile Gleichgewicht durch frischen Schutt, durch Wildtritt, durch Schneedruck oder auf ähnliche Weise leicht gestört werden; die Schutthalde bleibt in Bewegung.

In diesem Falle bleiben die **Pioniergesellschaften** über Jahrtausende erhalten; sie sind zugleich **Dauergesellschaften.** Eine Sukzession kann nur dann stattfinden, wenn sich die physikalischen Standortsbedingungen ändern. Die Konstanz einer Schutthaldenvegetation aus Dauerpioniergesellschaften läßt sich an Hand von **Dauerbeobachtungsflächen**, z. B. am Hohentwiel, beweisen. Diese 1930 von BRAUN-BLANQUET und Mitarbeitern eingemessenen (ältesten deutschen) Versuchsflächen wurden damals soziologisch dokumentiert und 1964 von T. MÜLLER nach gleicher Methodik aufgenommen. Das Ergebnis (aus MÜLLER 1966a) ist so eindrucksvoll, daß es für eine Fläche wiedergegeben sei:

	Dauerversuchsfläche 6		
	Sept. 1930	2 Aufnahmen vom Juni 1964	
Rumex scutatus	+	+	+
Galeopsis ladanum	+	1	1
Sedum album	1	2	3
Sedum rupestre	3	1	1
Echium vulgare	+	+	+
Inula conyza	·	+	+
Hypericum perforatum	·	·	+
Fragaria vesca	·	·	+
Silene nutans	·	·	+
Conyza canadensis	+	·	·
Lactuca serriola	+	·	·

Die Besonderheit der Schutthalde als extremer Standort wird erst recht klar, wenn man ein **Bodenprofil** ansieht: Auf eine obere sog. Stein-Luft-Schicht wechselnder Mächtigkeit, i. a. etwa 10–30 cm, folgt eine Feinerde-Stein-Schicht; diese liegt einer unteren Stein-Luft-Schicht auf; nur letztere ist unbewegt. Entscheidend ist die Ausbildung der Feinerde-führenden Schicht. Sie besteht aus eingewaschenem Staub und aus Pflanzenresten. BRAUN-BLANQUET und JENNY (1926) bestimmten im Schweizerischen Nationalpark 1,4–1,185 kg Flugstaubniederschlag pro m^2 und Jahr. Er sammelt sich an Stellen, wo die Steine dicht lagern; hier kann langsam und spärlich Humus gebildet werden. An diesen Rohböden, die, wenn jenseits der Waldgrenze liegend, Råmark, innerhalb des potentiellen Waldgebietes Syrosem genannt werden, spielt sich die weitere Bodenbildung ab.

Die folgenden ökologischen Faktoren wirken selektierend auf die Pflanzenarten der Schutthalden ein: 1. Mit der Bewegung sind starke mechanische Zug- und Scherkräfte verbunden. 2. Die Keimung kann nur auf der Feinerde stattfinden; der Keimort liegt also unter Umständen sehr tief. Nur Pflanzen, die dank genügender Reservestoffe die obere Stein-Luft-Schicht durchstoßen können, sind ansiedlungsfähig. Ermöglicht wird dies durch die Fähigkeit zur Etiolierung (Internodienstreckung) unter Lichtmangel (genauer: fehlender Hellrot-Strahlung). 3. Die Wasserspeicherkraft ist, bezogen auf das gesamte Bodenvolumen, äußerst gering; am pflanzengünstigsten sind daher durchsickerte Halden (ELLENBERG 1963). Andererseits ist die spärliche Feinerde gegen unproduktive Verdunstung isoliert. Auch pflegt die Temperatur nicht besonders hoch und niedriger als in Rasen zu sein, da die Halden meist windexponiert und die Gesteine oft heller als Boden sind (ZÖTTL 1953). Der Bodenbeschaffenheit sind die Schuttpflanzen durch ein ausgedehntes Wurzelsystem angepaßt. Oft reicht die Hauptwurzel als Zuganker in die Tiefe, während Seitenwurzeln die Feinerde intensiv durchsetzen (Wurzeldimorphismus). Hohe Zugfestigkeit besitzen eine Reihe von Arten; doch ist diese Eigenschaft nicht auf Geröllpflanzen beschränkt (SCHIECHTL 1958); eine Luzernenwurzel z. B. hat mit etwa 600 kp/cm^3 etwa 1/30 der Zugfestigkeit von Stahl. Auffallend stark ist auch die Regenerationsfähigkeit nach Verletzung (Abbildungen bei JENNY-LIPS 1930).

Die Vegetation „lebender" Schutthalden pflegt offen zu sein mit Deckungen um 10%. „Oberflächlich" betrachtet, besteht hier kaum eine Konkurrenz; die Feinerde ist jedoch intensiv durchwurzelt, die **Wurzelkonkurrenz** stark; zusätzliche experimentelle Aussaat von Samen hat keinerlei Erfolg (ZÖTTL 1951).

Die **Bedeutung der Pflanzen** für die Prägung des Biotops besteht darin, daß sie durch Säure- und Humusproduktion zur Bildung von Feinerde beitragen, daß sie die Erosion von Feinerde hemmen, daß sie Sickerwasserströme bremsen, daß sie den Schutt durch tiefgehendes Wurzelwerk festigen, daß sie im Falle der Horstbildung (z. B. von *Sesleria varia)* stauen. Ihre mechanische Wirkung ließ diesen Typ von Vegetation zum Modell für den Lebendbau an Böschungen werden (SCHIECHTL 1958, 1973).

Die Verwitterungsweise des Muttergesteins ist verständlicherweise entscheidend für die Artenzusammensetzung. Bei Kalk geht die physikalische Verwitterung, die in den Gebirgen vorherrscht, langsam vor sich; die chemische hinterläßt bei Karbonatgestein ohnehin nur minimale Rückstände. Kalkschiefer und andere Silikatgesteine verwittern, da aus verschiedenen Mineralien aufgebaut, physikalisch rasch und liefern reichliches Feinmaterial mit guter Wasserkapazität. Im Falle der Kalkschiefer in den Alpen lag das Maximum der gemessenen pH-Werte zwischen 7,4 und 8,4, bei den Kalkhalden zwischen 7,0 und 7,8, im Silikatschutt zwischen 4,2 und 5,4 (ZOLLITSCH 1966).

Die Thlaspietea sind die Schuttfluren der mittel-, nord- und westeuropäischen Gebirge; der Balkan hat eine eigene Klasse hervorgebracht. In den Pyrenäen kommen weitere Verbände vor, die nicht in diese Übersicht aufgenommen worden sind. Die ersten 3 Ordnungen sind gesteinskorreliert; die 4. besiedelt zeitweilig überflutete Flußschotter und ähnliche Standorte. Die Verbände in Mitteleuropa spiegeln eine Differenzierung nach Höhenstufen, also eine klimatische Gliederung wider. Die Unterschiede zwischen submontaner und nivaler Stufe sind allerdings so groß, die Artenzusammensetzung ist daher so verschieden, daß es möglicherweise angemessen ist, sie zu Ordnungen aufzuwerten (so SEIBERT in OBERDORFER et al. 1977).

Einige Assoziationen:

1. **Thlaspietum rotundifolii** BR.-BL. 1926, alpine Täschelkrauthalde; Ch. *Moehringia ciliata, Papaver alpinum* ssp. *sendtneri, Thlaspi rotundifolium.* Pionierassoziation der feinerdearmen Kalkgrobschutthalden; eine der bezeichnendsten Gesellschaften der alpinen Stufe der nördlichen Kalkalpen.
2. **Petasitetum paradoxi** BEGER 1922, Schneepestwurz-Gesellschaft; Ch. *Adenostyles glabra, Petasites paradoxus* u. a. In der hochmontan-subalpinen Stufe auf Kalkschutt, dem toniges und damit wasserspeicherndes Material beigemischt ist.
3. **Oxyrietum digynae** BR.-BL. 1926, Säuerlingsflur; Ch. *Cerastium pedunculatum, Geum reptans, Oxyria digyna.* Alpin-nivale Silikatschuttgesellschaft; bezeichnend für den Ruheschutt der Zentralalpen, z. B. auf Moränen in Gletschervorfeldern. Der Standort gehört zu den klimatisch extremen; wie bewältigen ihn diese Pflanzen? Die Wuchsformen machen es nicht verständlich, es müssen vielmehr **physiologische Anpassungen** vorliegen. Erste Einblicke in das Leben dieser Nivalpflanzen verdanken wie MOSER (1967, 1969). Er verknüpfte Meßserien am Standort in der Nähe seiner Station in 3000 m Höhe mit Laboruntersuchungen; schon die ersten bisher publizierten Ergebnisse zeigen so viel Interessantes, daß sie hier umrissen seien, obwohl man ihre volle Bedeutung erst wird ermessen können, wenn weitere vergleichbare Daten aus tieferen Lagen publiziert sind. Wir beschränken uns auf *Ranunculus glacialis:* Der Gletscher-Hahnenfuß zeichnet sich dadurch aus, daß er erstens in einem breiten Temperatur-Bereich, zwischen – 5° C als unterem und + 40° C als oberem Kompensationspunkt,

BS 8

Kl. Thlaspietea rotundifolii, Schuttfluren;

Ch. Arabis alpina, Galeopsis ladanum, Gypsophila repens, Linaria alpina, Linaria minor, Saxifraga oppositifolia u.a., meist nur in einem Teil der Ordnungen vorkommend

1.O. Thlaspietalia rotundifolii, Kalkschuttgesellsch.;
Ch. Campanula cochleariifolia, Hutchinsia alpina, Rumex scutatus, Silene vulgaris ssp. prostrata u.a.

- 1.V. Stipion calamagrostis;
  Ch. Galeopsis angustifolia, Vincetoxicum officinale var.
  submontan
- 2.V. Thlaspion rotundifolii;
  Ch. Achillea atrata, Chrysanthemum halleri, Cerastium latifolium, Doronicum grandiflorum u.a.
  subalpin-alpin
  Beisp. 1+2

2.O. Drabetalia hoppeanae, Kalkschieferschuttgesellsch.;
Ch. Artemisia genipii, Draba hoppeana, Erigeron uniflorus, Pedicularis asplenifolia, Sesleria ovata u.a.

- V. Drabion hoppeanae;
  Ch. = O.Ch.
  in Zentralalpen alpin-nival

3.O. Androsacetalia alpinae, Silikatschuttgesellsch.;
Ch. Cardamine resedifolia, Cryptogramma crispa, Epilobium alpinum, Poa laxa, Ranunculus glacialis

- 1.V. Galeopsion segetum;
  Ch. Senecio viscosus,
  Diff. Epilobium collinum, Galeopsis tetrahit fo.
  submontan-montan
- 2.V. Androsacion alpinae;
  Ch. Achillea moschata, Cerastium uniflorum, Saxifraga bryoides u.a.
  subalpin-nival
  Beisp. 3 + 4

4.O. Epilobietalia fleischeri, Pionierges. der Schuttalluvionen;
Ch. Epilobium dodonaei, Hieracium piloselloides ssp. u.a.

- V. Epilobion fleischeri;
  Ch. Calamagrostis pseudophragmites, Erigeron acris ssp. angulosus, dazu Diff. aus Weidenauengesellschaften
  submontan-alpin
  Beisp. 5-7

assimilieren kann und zweitens die Photosynthese bis 75 000 Lux steigern kann; dies ist ein selbst bei Lichtpflanzen selten erreichter Wert, der offenbar als Adaptation an die oft hohen Lichtintensitäten im Hochgebirge zu verstehen ist. Dadurch reicht die Vegetationsperiode von 60–70 Tagen aus, um genügend Stoffgewinn für den langen Winter zu erzielen, wobei die niedrigen Nachttemperaturen als atmungssenkend günstig wirken. Die Pflanze ist unerwarteterweise wenig frostresistent (Frosthärte bei –6 bis –8 °C) und daher auf die in diesen Höhen sichere Schneedecke angewiesen.

Dem Oxyrietum entspricht in der hochmontan-subalpinen Stufe in Blockmeeren das

4. **Crytogrammetum crispae** J.-LIPS 1930, die Rollfarnflur; Ch. *Cryptogramma crispa.* In Schwarzwald, Vogesen und Bayerischem Wald hat sich dieser Farn mit arktisch-alpischem Hauptareal mit hoher Wahrscheinlichkeit als Glazialrelikt an Standorten gehalten, die wegen der Mächtigkeit der Blöcke nicht vom Wald erobert werden konnten und können (s. RASBACH und WILMANNS 1976). Kleine Feinerdenester werden von Kräutern ausgenutzt. Die ruhende Blockhalde ähnelt standörtlich den Felsspalten und hat daher manche Art mit diesen gemeinsam.
5. **Epilobietum fleischeri** BR.-BL. 1923, Schwemmboden-Weidenröschenflur. Ch. *Epilobium fleischeri.* In den Alpen auf Sand, Kies und Geröll im Überschwemmungsbereich der Bäche und Flüsse in der subalpinen und alpinen Stufe.
6. **Chondrilletum** BR.-BL. 1938, Tamariskenflur; Ch. *Chondrilla chondrilloides.* In der montanen Stufe in Alpen und Alpenvorland an das Epilobietum fleischeri anschließend. (Vgl. Abb. 32.)
7. **Epilobio-Scrophularietum caninae** W. KOCH et BR.-BL. 1948, Hundsbraunwurz-Gesellschaft; Ch. *Epilobium dodonaei, Scrophularia canina.* Im Oberrheingebiet an die Tamariskenflur in der submontan-kollinen Stufe anschließend. Auch in Steinbrüchen auf Schotter über der stauenden Sohle des Anstehenden.

Den drei letztgenannten Assoziationen und damit den **Epilobietalia fleischeri** ist gemeinsam, daß sie auf grobem, feinerdearmem, oberflächlich rasch und stark austrocknendem Substrat leben. Aufgefüllt wird das Wasserreservoir durch ein- oder gar mehrmalige Überschwemmungen während der Vegetationsperiode, denn sie besiedeln ja Flußbetten, welche die sommerlichen Schneeschmelzwässer der Alpen abführen. Deren Gewalt reißt auch die Kies- und Sandbänke immer wieder fort und lagert sie um, so daß die Sukzession vielfach abgebrochen wird und diese Initialgesellschaften, obwohl sie von perennierenden Arten aufgebaut werden, an ein und derselben Stelle kurzlebig und zugleich Schlußgesellschaft sein können.

19. Klasse: Asplenietea rupestria, Felsspaltengesellschaften

Das Areal der Klasse umschließt ganz Europa und Nordafrika; die Ostgrenze ist noch unklar. Die floristischen Daten zeigen, daß einige Arten auch in Nordamerika (z. B. *Asplenium trichomanes, A. viride* und *A. septentrionale),* wenige auch in Ostasien vorkommen (z. B. *Asplenium ruta-muraria); Woodsia ilvensis* ist sogar circumpolar verbreitet. Wahrscheinlich bauen die **Chasmophyten** (spaltenbewohnenden Pflanzen) also mehrere Klassen mit vielen vikariierenden und wenigen identischen Arten auf.

Eine Besonderheit der Asplenietea liegt in ihrem Reichtum an **Endemiten** (s. S. 35). Eine Fülle von Beispielen gibt es für Sippen mit winzigem Areal: *Petromarula pinnata* ist ein Gattungsendemit der kretischen Gebirge; *Alyssum pyrenaicum,* ein Halbstrauch, ist auf eine einzige Felsgruppe beschränkt; *Saxifraga paradoxa* gibt es nur in zwei Talgebieten um die Koralpe in Kärnten-Steiermark (s. EBERLE 1971). Offenbar handelt es sich um systematisch gut getrennte Sippen; sie sind daher als **Relikt-** oder **Paläoendemiten** zu interpretieren. Wann sie im einzelnen entstanden sind, ist aus diesem Befund allein nicht zu schließen, da der Grad der genetischen Differenz, den man durch die taxonomische Einstufung zum Ausdruck bringt, nicht proportional dem Alter der Separation, der räumlichen Trennung, zu sein braucht. Die erste Entstehung von Angiospermen-Gebirgspflanzen innerhalb Europas wird man ins Tertiär legen, wo sich aus Sippen der Tieflagen solche der Gebirge abspalten konnten. Da es sich um viele gut voneinander abgesetzte Arten handelt, schreibt BRAUN-BLANQUET (1948) mit Recht, sie seien mit dem „Stempel des Alters“ versehen. Vielfach besitzen Asplenietea-Arten auch **disjunkte Areale.** Ein Versuch, diese chorologischen Eigenarten zu erklären, muß historische und ökologische Faktoren berücksichtigen; die Deutung sollte überdies auch auf die Thlaspietea übertragbar sein, welche dieselben Probleme, Reliktendemismus und Disjunktion, bieten.

1. Die **ökologische Sonderstellung** des Spaltenstandortes: a) In Spalten kann sich nur wenig Feinerde ansammeln; Wurzelraum und Wasservorrat sind folglich, bezogen auf die vom Sproßsystem überdeckbare Oberfläche, äußerst gering. Die unterirdische Konkurrenz muß erheblich schärfer sein als die oberirdische. Die quantitative Entwicklung der Wurzelsysteme ist nur in glücklichen Zufällen erfaßbar, etwa

bei Sprengungen. b) Soweit die Standorte südexponiert sind, herrscht sehr starke Einstrahlung; an senkrechten Wänden wird das Maximum in unsern Breiten bereits im Winter und Vorfrühling erreicht. Die Folge sind starke Temperaturschwankungen im Tageslauf und scharfe Beanspruchung des Wasserhaushaltes. In Nordexposition liegen die Verhältnisse erheblich günstiger. Die Unterschiede der Vegetation in Abhängigkeit von der Himmelsrichtung sind daher ausgeprägt. c) Nicht selten siedeln Asplenietea-Gesellschaften auch unter Überhängen, wo sie einerseits zwar Strahlungs- und Verdunstungsschutz genießen, andererseits aber nicht direkt vom Regen befeuchtet werden. Nicht „Regenschutz“ dürfte für diese sog. Anombrophyten entscheidend sein, sondern Verdunstungsschutz; die Wasserversorgung erfolgt durch Sickerwasser in den Spalten. Für eine Reihe lokal anombrophytischer Arten läßt sich zeigen, daß sie sehr wohl direkte Benetzung vertragen, z. B. für das im atlantischen Gebiet freiwachsende *Asplenium billotii,* welches an seiner Ostgrenze im pfälzisch-elsässischen Buntsandsteingebiet an Spalten mit Felsüberhang gebunden ist. Die Punkte a) und c) machen es auch verständlich, daß Kalkfelsspalten die prägnanteren Gesellschaften besitzen, denn hier entstehen leicht Spalten durch Verkarstung.

2. Die **historische Sonderstellung** des Spaltenstandorts: a) Soweit sich die Wuchsorte an ausgedehnten Felspartien, an Steilwänden, in Flußtälern oder an Gebirgsrändern befinden, bieten sie Dauerstandorte, die durch Jahrtausende konstant bleiben können. Denn wenn auch Felsen durch Verwitterung abgesprengt werden, so bleiben doch stets nahebei gleichartige Standortsbedingungen erhalten. Voraussetzung ist freilich, daß es sich nicht nur um eine einzige Felskuppe oder -nase handelt, die seitlich von Wäldern überwachsen werden kann, sondern um ausgedehnte Massive von einigen 100 bis 1000 m Ausdehnung. b) Solche Felsgruppen liegen innerhalb der Mittelgebirge oft in großer Entfernung voneinander; innerhalb der Hochgebirge ist dieser „Inselcharakter“ nicht ausgeprägt; dafür lassen sich solche Gebirge als Ganzes als „standortsökologische Insel“ im Tiefland auffassen.

Die Kombination dieser Eigenschaften erklärt in der Tat den häufigen Reliktcharakter der Chasmophytenvegetation: Derartige Standorte können von größeren Stauden, Sträuchern oder Bäumen mit entsprechendem Wasserverbrauch nicht besiedelt werden; sie sind also zwar nicht konkurrenzlos, aber doch von stark schattenden Pflanzen frei. Daher können sich hier, von einschneidenden Klimaänderungen abgesehen, über Jahrtausende Dauergesellschaften ohne menschliches Zutun halten.

Zu erklären bleibt noch die vielfach **geringe Ausdehnung der Areale** und damit die Isolation der Populationen und die Seltenheit der Arten, sei es absolut, sei es innerhalb eines bestimmten Gebirgsteiles. Offenbar beruht dies, da ja geeignete Wuchsorte vorhanden sind, auf geringer Ausbreitungsfähigkeit. Diese wiederum kann theoretisch auf gehemmtem Transport von Diasporen oder auf schlechter Fähigkeit zur Ansiedlung beruhen, es können mit anderen Worten „dispersal“ oder „establishment“ limitieren. Diese Frage untersuchten WILMANNS und RUPP (1966) für einige Arten des Drabo- Hieracietum der Schwäbischen Alb. Da das Ergebnis aus der Kombination von autökologischen, synökologischen, morphologischen und historischen Erwägungen folgte, sei der Gedankengang hier mitgeteilt. Die Abb. 16 zeigt die Teilareale der drei untersuchten Arten auf der Alb. Synökologische Daten belegen, daß alle drei eine recht große ökologische Amplitude haben und lichte wie halbschattige Standorte besiedeln. Alle bilden auch reichlich kleine und damit flugfähige Samen. Bei allen ist die Keimfähigkeit hoch, falls man sie in Licht mit Hellrot-Anteil testet. Dennoch ist die Siedlungsdichte sehr verschieden: *Saxifraga paniculata (= aizoon)* hat auch Wuchsplätze erobert, die

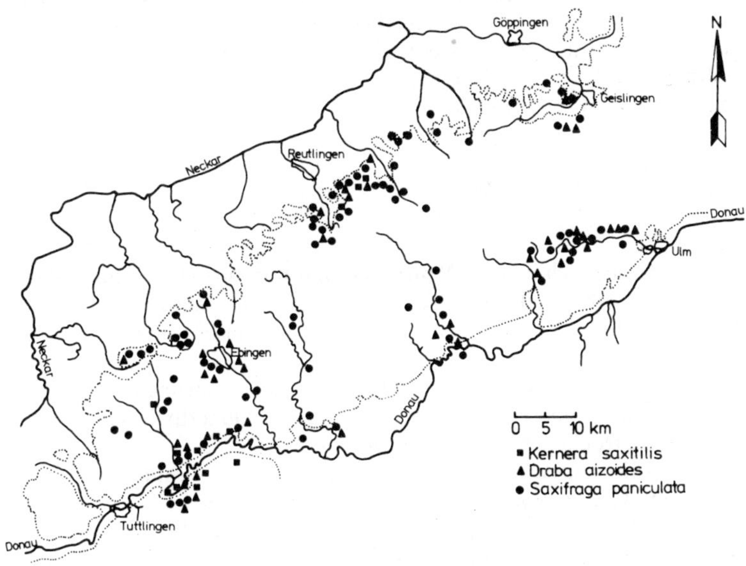

Abb. 16: Punktverbreitungskarte von Felsspaltenarten auf der Schwäbischen Alb. (Nach WILMANNS und RUPP 1966).

mit Sicherheit erst nach der Rodung des Waldes auf der Hochfläche durch den prähistorischen Menschen besiedelbar waren; für *Draba aizoides* trifft dies in geringem Maße zu, für *Kernera saxatilis* gar nicht. Letztere ist auf große, zusammenhängende Felsgebiete am Donaudurchbruch und am oder nahe dem Albtrauf beschränkt. Diese abgestufte Ansiedlungsfähigkeit findet eine Erklärung in der aus morphologischen Beobachtungen erschließbaren Konkurrenzstärke: *Saxifraga* bildet große Rosetten, die in oft fußgroßen Polstern beisammensitzen; die Rosetten können Ausläufer bilden und sich bewurzeln; sie überwachsen dabei andere Pflanzen, so Moosrasen; vegetative Fortpflanzung durch abgerissene Rosetten dürfte häufig sein. *Draba* bildet kleinere Rosetten, die in kleineren Polstern beisammensitzen; sie ist nicht zur Ausläuferbildung befähigt, doch konnten sich abgerissene Rosetten im Experiment bewurzeln. *Kernera* schließlich hat winzige, eng dem Boden angepreßte Rosetten; die Triebe verzweigen sich offenbar nur spärlich, denn die Gruppen bleiben klein; vegetative Fortpflanzung findet nicht statt. Während die Ausbreitungsfähigkeit durch Samen wohl bei den drei Arten im ganzen gleich ist, entspricht ihre Durchsetzungsfähigkeit der morphologisch bedingten Konkurrenzstärke. Im Vergleich zu Rasenpflanzen sind natürlich alle drei Chasmophyten konkurrenzschwach; die Unfähigkeit, in fremde Gesellschaften nennenswert einzudringen, beweist gleichzeitig ihren Charakter als Glazialrelikte auf der ca. 100 km von den nächsten Alpen-Vorkommen entfernten Schwäbischen Alb.

Systematischer Überblick

Einige Assoziationen:

1. **Asplenium trichomanes-Asplenium ruta-muraria-Assoziation,** Mauerrauten-Gesellschaft; Ch. *Asplenium ruta-muraria* (opt.), Diff. Ass. *Tortula muralis.* In Mauerfugen mit Mörtel in der planaren bis submontanen Stufe.
2. **Drabo-Hieracietum humilis,** Habichtskraut-Spaltengesellschaft; Ch. *Hieracium bupleuroides, Hieracium humile* (innerhalb der Stufe). In offenen, trockenen Felsspalten der montanen Stufe.
3. **Potentillo caulescenti-Hieracietum humilis,** Fingerkraut-Spaltengesellschaft; Ch. *Potentilla caulescens, Hieracium humile* (innerhalb der Stufe). In der subalpinen Stufe an Ass. 2 anschließend.
4. **Androsacetum helveticae,** Gesellschaft des Schweizer Mannsschilds; Ch. *Androsace helvetica, Draba tomentosa, Festuca alpina, Minuartia rupestris.* In der alpinen Stufe in sehr strahlungsintensiven, windex-

ponierten Spalten. Der Polsterwuchs der 3 erstgenannten Kennarten kann als Wind- und Transpirationsschutz, die Behaarung der ersten beiden möglicherweise als Strahlungs- und Transpirationsschutz verstanden werden.

BS 9

Kl. Asplenietea rupestria, Felsspalten- und Mauerfugengesellschaften;
Ch. (von geringer Stetigkeit, da die einzelne Art nicht die gesamte Höhenspanne bewältigt) Asplenium trichomanes agg., Ceterach officinarum, Sedum dasyphyllum, Valeriana tripteris, im Mittelmeergebiet Ficus carica

1.O. Potentilletalia caulescentis, Gesellschaften der Kalkfelsspalten und Mörtelfugen; Ch. (O.+V.) Asplenium ruta-muraria, Draba aizoides, Kernera saxatilis, Primula auricula, Rhamnus pumila, Saxifraga paniculata u.a.	2.O. Androsacetalia vandellii, Silikatfelsspaltengesellschaften; Ch. Asplenium septentrionale u. wenige andere

dazu 2 bis 3 weitere Ordnungen im Mittelmeergebiet

1.V. Potentillion caulescentis, in trocknen Spalten; 2.V. Cystopteridion fragilis, in frischen Spalten; dazu 4 weitere Verbände in den spanischen Gebirgen;	3.V. Androsacion vandellii, dazu 4 weitere Verbände in den span. Gebirgen	4.V. Asplenion serpentini, Serpentinfelsspaltengesellschaften
Beisp. 1 - 5	Beisp. 6 +7	Beisp. 8

5. **Asplenio-Cystopteridetum**, Blasenfarn-Gesellschaft; Ch. *Asplenium viride, Cystopteris filix-fragilis.* An schattigen, luftfeuchten Felsen in der montanen Stufe.
6. **Asplenium septentrionale-Asplenium adiantum-nigrum-Ass.**, Gesellschaft des Schwarzstieligen Streifenfarns; Ch. *Asplenium adiantum-nigrum.* In der kollin-submontanen Stufe, vor allem in Weinbaugebieten, an Lesestein-Mauern aus Silikatgestein und in Felsspalten.

7. **Woodsio-Asplenietum septentrionalis,** Wimperfarn-Spaltengesellschaft; Ch. *Hieracium pallidum, Woodsia ilvensis* und lokale Ch. (im Schwarzwald z. B. *Veronica fruticans,* im Harz z. B. *Sedum telephium* ssp. *maximum).* In der montanen Stufe von Silikatgebirgen.
8. **Asplenietum serpentini,** Serpentin-Streifenfarn-Spaltengesellschaft; Ch. *Asplenium adulterinum, Asplenium cuneifolium.* Spezialistengesellschaft in Spalten von Serpentinit. Dies ist ein Gestein, dessen Hauptbestandteil das Mineral Serpentin ist, ein wasserhaltiges Magnesium-Eisen-Silikat ohne Aluminium, das bei Verwitterung nur wenig Calcium und Kalium anliefert. (S. weiter KRAUSE 1958, RASBACH und WILMANNS 1976.)

20. Klasse: Parietarietea judaicae, Glaskraut-Mauerfugengesellschaften

Die Soziologie dieser Klasse hat OBERDORFER (1975) in kaum übertreffbarer Dichte geschildert, so daß wir seine Darstellung wörtlich wiedergeben wollen. „Es ist ein immer wieder auffälliges Bild, besonders im südlichen Europa, daß Mauern und Mauerreste, oft aber auch gewachsene Felsen, im Umkreis menschlicher Siedlungen einen ganz andern Bewuchs bieten, als siedlungsferne Felsen mit ihren spärlichen Kleinfarnen oder Polsterpflanzen. Zwar fehlt es auch bei den von Menschenhand geschaffenen felsspaltartigen Mauerfugen nicht an Arten, die offensichtlich an Felsen beheimatet hier verwandte ökologische Bedingungen gefunden haben. Sie treten aber ganz zurück gegenüber den üppigen Gehängen krautig sprossender und den Mauerfugen auch hervorragend angepaßten Kräutern, die jüngeres oder auch jahrtausendaltes Mauerwerk aus antiker oder mittelalterlicher Zeit fast teppichartig überziehen können. Wuchsfreudigkeit und taxonomische Verwandtschaft, auch die in ihren Ansprüchen bekannten ruderalen Begleiter, wie *Sonchus oleraceus,* lassen einen hohen Nährstoffanspruch vermuten, der ganz im Gegensatz zu der bekannten Anspruchslosigkeit sonstiger siedlungsferner Fels-Spezialisten steht. Noch in Mitteleuropa ist das geschilderte Bild wenig ausgeprägt“.... „Soziologisch markanter und physiognomisch auffälliger werden diese anspruchsvollen siedlungsbegleitenden Mauerfugen-Gesellschaften erst im westlichen Europa oder südwestlichen Mitteleuropa, dort, wo die an die Mauerbesiedlung angepaßte *Parietaria diffusa*“ (= *P. judaica*) „erscheint. Einen auch in ihrer soziologischen Eigenart nicht mehr zu übersehenden Höhepunkt erreicht die anthropogene Mauer-Vegetation aber im Mittelmeergebiet, wo jahrtausendalte menschliche Einflüsse in Verbindung mit einem gemäßigt warmen sommertrockenen Klima die Anhäufung und Mobilisierung von Nährstoffen (insbesondere Stickstoff und Phosphor-Verbindungen) begünstigen."

Ch. Antirrhinum majus, Cheiranthus cheiri, Corydalis lutea, Cymbalaria muralis, Erigeron karwinskianus, Kentranthus ruber, Parietaria judaica, P. lusitanica, Veronica cymbalaria u. a.

Von den wenigen und im Vergleich zum Mittelmeerraum nur fragmentarischen mitteleuropäischen Gesellschaften der Klasse sei nur das **Cymbalarietum muralis**, die kollin-submontane Zimbelkraut-Gesellschaft, erwähnt.

5. Formation: Ausdauernde Ruderal- und Uferstauden-gesellschaften

Aus überwiegend ausdauernden Arten (Hemikryptophyten und rasigen Geophyten) aufgebaute Gesellschaften an mäßig gestörten, meist nährstoffreichen Standorten. Sie treten in der Kulturlandschaft sehr viel stärker hervor als in der Naturlandschaft und sind zum Teil durch auffallende Neophyten angereichert. Wir wollen hier die folgenden 3 Klassen zusammenfassen:

21. Kl.: Artemisietea vulgaris, Beifuß-Gesellschaften
22. Kl.: Epilobietea angustifolii, Schlagfluren
23. Kl.: Agropyretea intermedio-repentis, Halbruderale Halbtrockenrasen, Quecken-Ödland

Die synsystematische Bearbeitung dieser Gesellschaften ist stark im Fluß; die syntaxonomischen Auffassungen divergieren. So erwähnen wir die Klasse Agropyretea nur mit großem Vorbehalt. Die in der ersten Auflage noch als Einheit aufrechterhaltenen Plantaginetea, die Tritt- und Flutrasen, werden aufgelöst in Einjährigen-Trittgesellschaften, die Polygono-Poetea (s. S. 95), und Kriechrasengesellschaften, die dem Wirtschaftsgrünland zugeordnet werden können (s. S. 218). Die Schlagfluren dagegen gehören, wenn man die Vorwaldgesellschaften abtrennt, zweifellos in diese 5. Formation. Standortskundlich-messend gewonnene und experimentell-ökologische Daten sind noch spärlich. Umso eher werden wir auf eine syntaxonomische Detailgliederung verzichten, als vielmehr versuchen, gewisse markante Einheiten herauszustellen, wonach das Studium der Spezialliteratur erleichtert sein sollte.

21. Klasse: Artemisietea vulgaris, Beifuß-Gesellschaften

In dieser eine weite ökologische Spanne umfassenden Klasse lassen sich ruderale Staudenfluren der Schuttplätze (vgl. S. 96) sowie Uferstaudengesellschaften und nitrophytische Waldsäume vereinigen. Oft sind es meter- bis mannshohe, üppige Bestände. Die hohe Produktivität solcher Standorte weist auf allgemein gute Nährstoff- und Wasserversorgung hin. Feld- und laborökologische Untersuchungen sind in den letzten Jahren (abgesehen von den Onopordetalia) gefördert worden (Janiesch 1973, Dierschke 1974); dennoch muß man sich bei der synökologischen Charakteristik weithin noch auf Schlüsse aus Geländebeobachtungen stützen. Für eine Reihe von Arten konnte MAYSER (in WALTER 1960, 1964) zeigen, daß sie durch Ammonium- oder Nitratzufuhr hinsichtlich Keimungsrate und quantitativer vegetativer Entwicklung gefördert werden, also nitrophil sind; dies gilt z. B. für *Arctium minus, Rumex obtusifolius* und *Urtica dioica,* nicht aber für alle Ruderalarten.

Systematischer Überblick

Zu **Ordnung 1, Onopordetalia acanthii,** Eselsdistel-Gesellschaften:

Die Onopordetalia bilden den trockensten Flügel der Klasse und nähern sich damit den einjährigen Ruderalfluren (Sisymbrion). Ruderalpflanzen sind ja Arten, die Schuttplätze, Trümmer, steinige Böschungen, Gleiskörper, Wegränder und ähnliche zivilisationsbedingte Stellen besiedeln; ihre Standorte können daher recht verschiedenartig sein; für den Strahlungs- und Wasserhaushalt in Dörfern hat dies GROSSE-BRAUCKMANN (1953) bewiesen.

1. **Echio-Melilotetum,** Natterkopf-Gesellschaft; Ch. *Echium vulgare, Melilotus albus, Melilotus officinalis, Oenothera biennis.* Pionierassoziation auf feinerdearmen, trockenen Kies- und Schotterböden. Die tiefwurzelnden Steinklee-Arten sind für die künstliche Begrünung entsprechender Biotope geeignet; neben ihrer Funktion als Substratfestiger spielt dabei die Stickstoffanreicherung durch Knöllchenbakterien eine Rolle.
2. **Dauco-Picridetum,** Möhren-Bitterkraut-Gesellschaft; Ch. *Daucus carota* (schwach), *Picris hieracioides.* Pionierassoziation auf feinerdereichen Böden in warmer Lage, besonders in aufgelassenen (brach gefallenen) Weinbergen.
3. **Onopordetum acanthii,** Eselsdistel-Gesellschaft; Ch. *Echinops sphaerocephalus, Hyoscyamus niger, Onopordon acanthium* u. a. Eine Schuttgesellschaft ausgesprochen sommerwarmer und trockener Gebiete mit stark mediterranem Einschlag.

Zu **Ordnung 2, Artemisietalia vulgaris,** Kletten-Gesellschaften:
Aus diesen frischeren Ruderalfluren seien aufgeführt:

4. **Tanaceto-Artemisietum,** Beifußgestrüpp; Ch. *Artemisia vulgaris* (opt.), *Tanacetum vulgare* (= *Chrysanthemum v.*). Häufig auf relativ frischen Schuttstandorten in Städten und Dörfern, vor allem nach dem 2. Weltkrieg auf Trümmergrundstücken.
5. **Ballota nigra-Chenopodium bonus-henricus-Assoziation,** Gesellschaft des Guten Heinrich; Ch. sind die namengebenden Arten. Eine typische Dorf-Ruderalgesellschaft. GROSSE-BRAUCKMANN (1953) hat Bestände

BS 10

Kl. Artemisietea vulgaris, Beifuß-Gesellschaften;

Ch. Artemisia vulgaris, Carduus crispus, Cirsium vulgare, Conium maculatum, Galium aparine, Melilotus altissimus, Rumex obtusifolius, Silene alba (=Melandrium a.), Tanacetum vulgare, Urtica dioica u.a.

1.O.Onopordetalia, Eselsdistelges.;	2.O.Artemisietalia, Klettenges. und Lägerfluren;	3.O.Glechometalia, Nitrophytische Saum- und Verlichtungsges.	4.O.Calystegietalia sepium, Uferstauden- und Schleierges.
Ch. (von verschiedenen Einheiten innerh. der Ordnung)	Ch. (innerh. O.)	Ch. (innerh. O.)	Ch. (innerh. O.)
Berteroa incana	Arctium lappa	Aegopodium podagraria	Aster salignus
Carduus nutans	Arctium minus	Geranium robertianum	Aster tradescantii
Cynoglossum officinale	Arctium tomentosum	Geum urbanum	Calystegia sepium
Marrubium vulgare	Ballota nigra	Glechoma hederacea	Impatiens glandulifera
Oenothera biennis	Chenopodium bonus-henricus	Lamium maculatum	Myosoton aquaticum
Reseda lutea	Lamium album	Lapsana communis	Senecio fluviatilis
Verbascum thapsiforme	Leonurus cardiaca	Moehringia trinervia	Rudbeckia laciniata
u.a.	u.a.	Viola odorata	u.a.
		u.a.	

dieser Assoziation (und des Urtico-Malvetum, s. S. 110) um Göttingen umfassend untersucht; die Befunde können mutatis mutandis auf entsprechende Gesellschaften übertragen werden. Wichtig ist, daß der Boden sich an offenen Stellen ebenso stark erwärmen kann wie etwa in Halbtrockenrasen; gemessen wurden bis zu 57 °C! Auch die Evaporation kann ähnlich hohe Werte erreichen. Wie dort (s. S. 175) haben sich auch unter den Ruderalpflanzen verschiedene Wasserhaushaltstypen entwickelt, Tiefwurzler sind z.B. *Verbena officinalis* und *Chenopodium bonus-henricus;* sie transpirieren denn auch sehr stark. Die mäßig tief wurzelnden Arten *Urtica dioica* und *Ballota nigra* dagegen schränken zeitig die Wasserabgabe ein. Das Nährstoffangebot ist jedenfalls in Dörfern mit Misthaufen und allerlei Getier sehr hoch; die Phosphat- und Kalium-Werte übertreffen sogar die von Äckern; für den Stickstoff dürfte Ähnliches gelten. Anders ist die Situation jedoch in Städten; hier können Pflanzen, besonders Straßenbäume, durchaus unter Nährstoffmangel leiden; sie wurzeln ja oft in Bauschutt und anderen groben und einseitigen Substraten und haben kaum eine zusätzliche, laufende Nährsalzzufuhr.

6. **Rumicetum alpini,** Alpenampfer-Läger; Ch. *Rumex alpinus.* – In dem Verband Chenopodion subalpinum mit den Kennarten *Cerinthe alpina, Cirsium spinosissimum* und *Senecio alpinus* gesellen sich den Ruderalarten eine Reihe subalpiner Hochstauden bei, so daß man auch einen syntaxonomischen Anschluß bei den Hochstaudenfluren des Adenostylion diskutiert hat. Das Rumicetum alpini fällt jedem Alpenwanderer um die Sennhütten herum auf; seine mastigen Blätter zeigen an, wo die Rinder sich bevorzugt aufhalten. Der Alpen-Ampfer wird ebenso wenig vom Vieh gefressen wie die im Rumicetum häufigen Stauden *Aconitum napellus, Chenopodium bonus-henricus, Peucedanum ostruthium, Senecio alpinus* und *Veratrum album.* Ein wesentlicher Standortsfaktor ist der Reichtum an Stickstoffverbindungen, die mit den Viehexkrementen angeliefert werden, und die damit verbundene Nitrifikation; REHDER (1970) fand bis zu 250 kg/ha/a mineralisierten Stickstoff; zum Vergleich: eine kräftige Wiesendüngung beträgt 80 kg/ha und Jahr!

Zu **Ordnung 3, Glechometalia,** Nitrophytische Saumgesellschaften:

An natürlichen wie an menschlich bedingten Waldrändern ist die Vegetation häufig in bezeichnender Weise strukturiert: Der **Wald** wird durch einen Gebüschstreifen, den **Mantel,** gegen das Freiland abgeschirmt; diesem ist ein von Stauden beherrschter Streifen vorgelagert, der **Saum,** welcher seinerseits vermittelt zu verschiedenen natürlichen oder Ersatzgesellschaften, seien es Röhrichte oder Moore, seien es Grünland, Äcker oder Heiden. Während die Waldmäntel seit längerem bekannt sind (TÜXEN 1952), wurden die **Saumgesellschaften** erst 1961 und zwar für Trockenwälder beschrieben (s. bei Trifolio-Geranietea, S. 246). Strukturell entsprechende und durch ihren Reichtum an Umbelliferen (*Apiaceae*) physiognomisch ähnliche Säume gibt es auch im Grenzbereich frischer und feuchter Wälder; erstere gehören zu den Glechometalia, letztere zu den Calystegietalia (s. Ordn. 4). Über die Synökologie vieler Saumgesellschaften wissen wir dank DIERSCHKEs grundlegender und vielseitiger Arbeit (1974) recht gut Bescheid, umso mehr, als hier die Bestände verschiedener Gesellschaften vergleichend im strengen Sinne, mit gleichen Methoden und in gleichen Zeiträumen, untersucht wurden.

Die meisten floristisch definierten, Säume bildenden Gesellschaften sind nicht an Waldränder und damit an deren Mikroklima gebunden, sondern kommen – ebenso wie dies für strauchige Mäntel gilt (s. S. 256) – auch unabhängig von ihnen vor; erst recht trifft dies auf einzelne ihrer Arten zu; es müssen jedoch die Voraussetzungen: nicht-bewirtschaftet, nicht-bewaldet und nicht-extreme Bodenverhältnisse, erfüllt sein. Wenige Assoziationen gedeihen nur im Halbschatten, so vor allem eine Gruppe von *Impatiens noli-tangere*-Gesellschaften (zu den Glechometalia gehörend), die in Waldstücken, aber auch saumartig an luft- und bodenfeuchten Standorten als **Verlichtungsgesellschaften** leben (TÜXEN und BRUN-HOOL 1975).

Aus der Artenzusammensetzung und auf Grund von Beobachtungen der Standortsfaktoren hat man auf **Nitrophytismus** der Glechometalia (meist begrifflich mit Nitrophilie zusammengeworfen) geschlossen – zu Recht, wie die Messungen vor allem von DIERSCHKE (1974) beweisen: Die Böden weisen ein niedriges, um 10 liegendes C:N-Verhältnis (vgl. S. 287) auf; der Stickstoff-Umsatz erfolgt rasch und liegt hoch. Auffallend groß ist dabei mit 85 bis fast 100% der Anteil an Nitrat-, im Gegensatz zu Ammonium-Ionen. Daß zumindest ein Teil der bezeichnenden Arten auch nitrophil ist, d. h. durch Stickstoff-Zufuhr gefördert werden, zeigte JANIESCH (1973) für *Anthriscus sylvestris* und *Aegopodium podagraria* (s. dort auch zur zellphysiologischen Problematik).

Bezeichnende Assoziationen:

1. **Urtico-Aegopodietum,** Brennessel-Giersch-Saum. Häufige Gesellschaft der planaren bis montanen Stufe ohne Assoziationscharakterarten. Die namengebenden Arten dominieren einzeln oder gemeinsam; ihnen gesellen sich auch Wiesenpflanzen wie *Anthriscus sylvestris, Heracleum sphondylium, Dactylis glomerata, Poa trivialis* bei, die

an solchen Standorten wahrscheinlich ihre Urheimat haben. Derartige, nicht als Fragmente, sondern in charakteristischer Artenkombination mit den Kennarten höherer Ordnung sich wiederholende Bestände kommen in verschiedenen Klassen vor; sie können als **Zentral-** oder **Kernassoziation** bezeichnet werden. (Den ebenfalls benutzten Ausdruck Rumpfassoziation sollte man als mehrdeutig hierfür fallen lassen.)

2. **Chaerophylletum aurei,** Goldkälberkropf-Saum; Ch. die namengebende Art. In der montanen Stufe, meist an ruderal beeinflußten Standorten.
3. **Alliario-Chaerophylletum temuli,** Knoblauchsrauken-Taumelkälberkropf-Saum; Ch. die namengebenden Arten. An trockneren Standorten als Ass. 1, im Saum im Halbschatten, oft unter Robinie.

Zu **Ordnung 4, Calystegietalia** (= **Convolvuletalia**) **sepium,** Zaunwinden-Gesellschaften:

Der gleichsinnige deutsche Name **„Uferstauden- und Schleiergesellschaften"** weist auf die bezeichnenden Lebensformen hin: Übermannshohe Stauden wie *Angelica archangelica* und *Senecio fluviatilis, Conium maculatum* und *Helianthus tuberosus* werden von einem „Schleier" von Kletterpflanzen wie die (am weitesten über die Ordnung hinausgreifenden) *Calystegia sepium, Vicia cracca, Polygonum dumetorum* und parasitischen *Cuscuta*-Arten übersponnen. So entstehen geradezu dschungelartige Dickichte, wie sie MOOR (1958) für die Schweiz und LOHMEYER (1975) für den Mittel- und Niederrhein schildern. Solch üppiger Wuchs ist nur bei ganzjährig guter Nährstoff- und Wasserversorgung möglich. In der Tat werden die Böden dieser Flußufer-Staudengesellschaften durch angespültes organisches Getreibsel und Absätze von anorganischem Feinmaterial alljährlich angereichert. Ursprünglich als Säume der Weidenaue (s. Salicetea S. 257) gegen den Fluß oder gegen Röhricht nur bandartig entwickelt, treten sie heutzutage an aufgelichteten oder gar gerodeten Stellen, besonders am Rhein, großflächig auf.

Ein besonderer Zug der Calystegietalia ist ihr Reichtum an faziesbildenden, meist nordamerikanischen **Neophyten,** z. B. *Solidago canadensis* und *gigantea, Aster salignus, tradescantii* und *nova-belgii, Rudbeckia laciniata, Impatiens glandulifera* (aus Indien stammend) u. a. Manche von ihnen, so vor allem die Goldruten, dringen auch in andere einheimische Gesellschaften ein, wenn diese offen und gestört sind; diese erweisen sich damit als „ungesättigt", während die Gesellschaften der Wälder, Wiesen, Moore und viele andere dem Eindringen von Neophyten hohen Widerstand entgegensetzen und daher als **„gesättigte Gesellschaften"** frei von ihnen bleiben (SUKOPP 1962).

Solche Flußufer-Bestände, in denen ein bestimmter Neophyt dominiert, vermutlich deshalb, weil er zufällig als erster zur Stelle war, werden zweckmäßigerweise als *Impatiens glandulifera*-Calystegion-Gesellschaft, *Solidago serotina*-Calystegion-Gesellschaft oder entsprechend zusammengefaßt und benannt. An Ufern sind solche Störzonen oft durch wasserwirtschaftliche Eingriffe entstanden; so stellte KOPECKÝ (1967) in Mähren eine Korrelation zwischen deren Häufigkeit und dem Vordringen von Neophyten seit dem Ende des 19. Jahrhunderts fest. Auf das nachgewiesene Fehlen vieler natürlicher Feinde ist dieses Vordringen wohl kaum oder doch nicht allein zurückzuführen; jedenfalls bildet die „golden rod" in Nordamerika ähnliche unduldsame Herden durch vegetative Vermehrung mittels unterirdischer Ausläufer. Schattenfest sind diese Arten nicht; in geschlossene Wälder können sie nicht vordringen. An Standorten, wo sie nicht ihre optimale Konkurrenzstärke erreichen, werden sie von „Schleierbildnern" wie *Convolvulus sepium, Clematis vitalba* und *Rubus caesius* überwältigt.

In mehrfacher Hinsicht kommt diesen „Flußufer-Unkrautgesellschaften", wie sie auch genannt werden, eine **landeskulturelle Bedeutung** zu (s. vor allem PASSARGE 1976). Das lebende wie das winterliche, tote Gestrüpp hemmt die Geschwindigkeit und damit die erodierende Kraft des Wassers bei Überschwemmungen. Die Pflanzen festigen durch ihre Wurzel- und Rhizomgeflechte die Ufer der Gewässer, so daß Erosionsschäden hier, wo nicht ganz verhindert, so doch rascher ausgeheilt werden (**„Heilgesellschaften"**). Dabei darf allerdings nicht verschwiegen werden, daß die Knollen von *Helianthus tuberosus* (Topinambur) von Nagern und Wild gern ausgegraben und verzehrt werden und dadurch Bodenwunden entstehen können. Als Standortszeiger für den **biologischen Uferschutz,** möglicherweise auch als Bioindikatoren für Schadstoffe im Wasser- und Uferbereich verdienen sie Beachtung. Und schließlich gibt es gerade in der ausgeräumten Landschaft kaum andere Vegetation, die in ihrer Dichte und hohen Stoffproduktion für Tiere in so guter Weise Unterschlupf und Nahrung bietet. Der Reichtum nicht nur der Zaunwinden-, sondern der Saumgesellschaften überhaupt an Umbelliferen, Gramineen, Compositen und z. T. Rosaceen legt den Gedanken nahe, daß gerade den Säumen eine hohe Bedeutung als Nahrungspflanzen parasitischer Hymenopteren, besonders der kurzrüsseligen Schlupfwespen zukommt, den besten Helfern des Menschen bei der **spontanen biologischen Schädlingsbekämpfung** (s. S. 102). Solche, ohnehin nur außerhalb der genutzten Flächen lebenden Pflanzengesellschaften zu entfernen – womöglich aus „Ordnungsliebe" und zur Beseitung von „Ödland" – ist also aus ökologischen Gründen zu verurteilen, aber nicht nur aus diesen. Vielmehr empfinden auch viele Menschen den Reiz solch geradezu tropisch anmutender Üppigkeit in Siedlungsnähe und die Schönheit etwa der roten *Impatiens*-Bänder an monoton begradigten Wasserläufen.

Bezeichnende Assoziationen:

1. **Sonchus paluster-Archangelica littoralis-Assoziation,** Sumpfgänsedistel-Erzengelwurz-Gesellschaft; Ch. die namengebenden Arten. Auf schwach salzhaltigen Böden an brackischen Gewässern, z. B. an den Unterläufen unserer großen Ströme.
2. **Cuscuto** (**europaeae**)-**Convolvuletum** (=-**Calystegietum**), Seiden-Windenschleier. Weit verbreitet in den großen Stromtälern in der Stufe der Weichholz-Aue (s. S. 257).
3. **Carduus crispus-Chaerophyllum bulbosum-Assoziation,** Knollen-Kälberkropf-Gesellschaft; Ch. die namengebenden Arten. Weit verbreitet im Grenzbereich von Weichholz- und Hartholzaue und in dieser.

22. Klasse: Epilobietea angustifolii, Schlagfluren

Selbst große Schlagflächen sind meist schon im folgenden Jahr von einer Vegetation überzogen, die mit dem vorherigen Wald kaum etwas gemeinsam hat. Plötzlich findet also der erste Schritt einer vom Menschen ausgelösten, dann aber spontan ablaufenden **Sukzession** statt, die allmählich zu erneuter Bewaldung führt. Vermutlich haben die Samen der Schlagfluren größten Teils im Boden geruht. Oft sind die Bestände geradezu landschaftsfärbend, wenn etwa *Epilobium angustifolium* oder *Digitalis purpurea* blühen oder *Deschampsia flexuosa* im Herbst abzusterben beginnt. Es handelt sich um einheimische Arten, die schon in der vorgeschichtlichen Naturlandschaft und vor Einführung der Kahlhiebe auf Brandstellen, Windwurfflächen, an lichten Stellen um einzelne zusammengebrochene Bäume, auch in der Nähe der Waldgrenze sowie nach Schlag von Nieder- und Mittelwäldern (s. S. 294) vorgekommen sein müssen (Apophyten, s. S. 35). Wo der Forstmann bereits vor dem endgültigen Abtrieb der Bäume für Naturverjüngung unter dem Schirm des Altholzes gesorgt hat, entwickeln sich die Epilobietea allenfalls andeutungsweise.

Landschaftsökologisch erfüllen die Schlagfluren die wichtige Funktion, den freigelegten Boden vor allzu starker Erosion zu schützen. Weiter schaffen sie ein Mikroklima, in dem Sämlinge von Holzarten Fuß fassen können. Allerdings kann die Schlagvegetation unter Umständen so üppig aufschießen (z. B. in Form von *Calamagrostis epigeios*-Herden), daß nicht nur eine natürliche, sondern auch eine künstliche Verjüngung, wie sie heute auf Kahlschlagflächen die Regel ist, erschwert wird. Ungünstig ist diese Situation freilich nur vom Standpunkt einer auf rasche Holzproduktion bedachten Forstwirtschaft.

Unmittelbar auf Schlagfluren bezogene **ökologische Untersuchungen** sind spärlich, doch sind die standörtlichen Unterschiede zwischen Wald und Freiland oft und gut belegt, und die qualitativen Änderungen, welche die Schlagvegetation auslösen, sind unmittelbar einsichtig: 1. Hohe Lichtintensität. 2. Starke Ein- und Ausstrahlung und damit starke Temperaturschwankungen; extrem in dieser Hinsicht sind Schläge in horizontalem Gelände, deren Durchmesser etwa gleich der doppelten Höhe der umgebenden Bäume ist (s. GEIGER 1961), denn hier kann die nächtliche Kaltluft zwar „hineinfallen", aber nicht abfliessen. 3. Höhere Windstärke als im Walde. 4. Höhere Niederschläge am Boden als im Walde, da keine Interzeptionsverluste eintreten (s. S. 286); Schläge sind daher zuweilen vernäßt, während die umgebenden Wälder auf gleichem Bodentyp allenfalls ein paar Feuchteanzeiger beherbergen. 5. Ein sicher wichtiger Faktor ist der durch die höhere Einstrahlung verstärkte Streuabbau. Die typischen Schlagpflanzen wie *Epilobium angustifolium, Senecio sylvaticus, Atropa belladonna, Rubus idaeus* u. a. gelten als nitrophil (s. WALTER 1960), ohne daß freilich der experimentelle Nachweis schon in ausreichendem Maße geführt wäre. Lediglich für *Epilobium angustifolium* hat VON ANDEL (1974) dies geprüft, allerdings nicht auf typischen Schlagflächen. Er fand zwar niedrige C:N-Werte, aber nur schwache Stickstoffmineralisation; *Epilobium* wurde durch hohe Ammonium-, nicht aber Nitratgaben gefördert.

Auch die Schlagvegetation selbst durchläuft eine **Sukzession zum Walde** hin; sie ist dadurch charakterisiert, daß in die staudenreichen Bestände zunehmend Gehölze eindringen. Als solche kommen neben *Rubus*-Arten zunächst lichtliebende Pionierhölzer wie *Salix caprea, Populus tremula, Betula pendula, Sambucus*-Arten in Betracht, die nach wenigen Jahren keimen, dann allmählich die Stauden zurückdrängen und Vorwaldgesellschaften aufbauen (s. S. 263).

Die floristische Ausprägung der Schlagfluren ist selbstverständlich standortsspezifisch; es lassen sich bestimmten natürlichen Waldgesellschaften bestimmte Schlagfluren als Ersatzgesellschaften ersten Grades zuordnen. Solche Gesellschaften, die unter gleichen Geländestandortsbedingungen und damit auf gleicher Fliese stocken, können als **homolog** bezeichnet werden. Die Epilobietea wachsen dabei auf „mittleren" Standorten, bilden also keine homologen Gesellschaften zu den Flaumeichenwäldern oder zu dem nassen Flügel von Auenwäldern und Bruchwäldern.

BS 11

Kl. Epilobietea angustifolii, O. Epilobietalia angustifolii, Schlagfluren;
Ch. Calamagrostis epigeios, Centaurium umbellatum, Fragaria vesca, Gnaphalium sylvaticum, Myosotis arvensis var. sylvestris, Rubus idaeus

1.V. Epilobion angustifolii, Weidenröschenfluren;	2.V. Atropion belladonnae, Tollkirschenschläge;
Ch. Epilobium angustifolium, Senecio sylvaticus, dazu Diff.	Ch. Arctium nemorosum, Atropa belladonna, Bromus ramosus ssp. ramosus, Cirsium lanceolatum var. hypoleuceum, Hypericum hirsutum, dazu Diff.

Zu **Verb. 1, Epilobion** (= **Fragarion vescae**):

1. **Digitali** (**purpureae**)-**Epilobietum,** Schlagflur des Roten Fingerhutes; Ch. *Digitalis purpurea.* Bezeichnende subatlantisch-montane Gesellschaft. OBERDORFER (1957) gibt für sie eine Lebensdauer von 2–3 Jahren bis zur Ablösung durch eine Vorwaldgesellschaft an. Ersatzgesellschaft von Luzulo- und Abieti-Fagetum, vor allem nach Fichtenforsten auftretend.

Zu **Verb. 2, Atropion:**

2. **Atropetum belladonnae,** Tollkirschen-Schlagflur; Ch. *Atropa belladonna.* Ersatzgesellschaft montaner Fagiongesellschaften auf Kalkböden.

23. Klasse: Agropyretea intermedio-repentis, Halbruderale Halbtrockenrasen, Quecken-Ödland

Diese Klasse mit einer Ordnung ist in ihrem Range zwar sehr umstritten; doch wurden immerhin von MÜLLER und GÖRS (1969), auf deren Arbeit wir uns stützen, eine Gruppe von Queckengesellschaften als zusammengehörig beschrieben, die offenbar ihren Verbreitungsschwerpunkt in sommerwarmen, (sub)kontinentalen Gebieten haben. Die wissenschaftliche Regel, man müsse die Gesellschaften jeweils im Areal ihrer optimalen Entfaltung studieren, bewährt sich auch hier; dann läßt sich auch mancher fragmentarische Bestand als Ausklang verstehen.

Agropyron repens selbst hat als Species eine recht weite soziologische und ökologische Amplitude (in Unkrautgesellschaften verschiedener Art, im Agropyro-Rumicion, in Saumgesellschaften); doch muß man berücksichtigen, daß auf Sandböden eine eigene var. *maritimum* vorkommt und daß möglicherweise unterschiedliche Ökotypen auffindbar sein werden. Im kontinentalen Raum wird *Agropyron repens* durch *A. intermedium* ersetzt. Diese beiden Quekkenarten sind in den halbruderalen Trockenrasen kombiniert mit den von den Autoren als Klassenkennarten bewerteten Arten *Cerastium arvense, Convolvulus arvensis, Poa angustifolia* und *Poa compressa.*

Die zu betrachtenden Gesellschaften besiedeln meist Acker- und Weinbergsböschungen, auch aufgelassene Ackerparzellen, also durchweg anthropogene Standorte mit lockeren, mineralkräftigen (ob stickstoffreichen?) Böden. Ihre natürlichen Vorkommen dürften trockene Lößanrisse sein, wo sie ebenso als **Heilgesellschaften** fungieren wie das Agropyro-Rumicion (s. S. 218) auf feuchtnassen Böden. Aufnahmen liegen vor aus den kontinental getönten Inneralpen, aus Ungarn, der Ukraine, Südwestdeutschland (hier besonders aus Weinbaugebieten) und von der mitteldeutschen Schwelle bis nach Brandenburg und Mecklenburg.

Eine markante Assoziation überkleidet großflächig die sonnigen Lößböschungen am Kaiserstuhl, das **Diplotaxi-Agropyretum**; Kennarten sind die submediterranen *Diplotaxis tenuifolia* und *Chondrilla juncea*, ferner *Falcaria vulgaris*, Differentialart ist *Saponaria officinalis.* Die Assoziation dürfte hier von der Düngung der Rebparzellen profitieren. Eine spontane Sukzession wird durch das Abflämmen im Frühjahr unterbunden. Die gegenwärtige Artenkombination ist durch dieses seit etwa zwei Jahrzehnten betriebene **Abbrennen** ausgelesen; die Wirkung auf diese Arten ist sehr gering: Da alle ein bis zwei Jahre abgeflämmt wird, ist nur wenig Streu da; das Feuer huscht, wenn es mit dem Winde und bei trockner Witterung gelegt worden ist, über diesen „Zunder" hinweg, so daß selbst Knospen, falls sie ein wenig von alten Blättern geschützt sind, überleben, ganz zu schweigen von den unterirdischen Knospen häufiger Arten (*Agropyron repens, Brachypodium pinnatum, Convolvulus arvensis, Euphorbia cyparissias* und *seguieriana, Falcaria vulgaris*) (Wilmanns et al. 1977). (Eine Zusammenstellung der Feuerwirkungen gibt Daubenmire 1968; eine

Bibliographie stammt von RIESS und TÜXEN 1977.) Nach tiefgreifenden Rebumlegungen stellt sich, falls Oberboden der alten Böschungen auch an die Oberfläche der neuen gelangt, die Gesellschaft aus Rhizomen und Wurzelbrut wieder ein; schon nach etwa 5 Jahren ist sie eindeutig ansprechbar. Bei den modernen Riesenböschungen muß allerdings künstlich im Spritzverfahren begrünt werden, wobei sich *Bromus inermis,* ebenfalls eine Charakterart innerhalb der Agropyretea, gut bewährt.

6. Formation: Röhrichte und Großseggensümpfe (Großseggenrieder)

Hochwüchsige Pioniervegetation des Sumpfgeländes an See- und Flußufern. Vorherrschende Lebensform ist die der **Helophyten**; diese sind dadurch charakterisiert, daß ihre Überdauerungsknospen sich unter Wasser in den oberen Schlammschichten befinden, die entwickelten Sprosse aber oberhalb der Wasseroberfläche assimilieren. Den Aspekt beherrschen Süß- und Sauergräser (Gramineen und Cyperaceen), welche **Polykorme** und dadurch häufig Fazies bilden. (Unter einem Polykorm oder Polykormon versteht man eine durch vegetative Vermehrung entstandene und infolgedessen ober- und unterirdisch durch Ausläufer, Rhizome o. ä. Organe verbundene Gruppe von Pflanzen einer Art. Da ein Polykorm aus einer einzigen Mutterpflanze hervorgeht, stellt er genetisch einen Klon oder einen Teil eines Klons dar; das zunächst einheitliche Rhizom- oder Ausläufersystem pflegt im Laufe der Jahre von hinten her abzusterben, so daß, formal betrachtet, aus einem einzigen allmählich mehrere Polykorme entstehen.)

Hierher gehören die folgenden beiden Klassen:

24. Kl.: Bolboschoenetea, Brackwasserröhrichte

25. Kl.: Phragmitetea, Süßwasserröhrichte und Großseggensümpfe (= Großseggenrieder)

Röhricht nennt man Bestände, die am oder im Wasser stehen und die physiognomisch von Schilfrohr, *Phragmites communis,* und morphologisch ähnlichen Pflanzen, also Gräsern, Simsen, Rohrkolben bestimmt werden. Unter Ried wird a) allgemein sumpfiges Gelände mit entsprechendem Pflanzenbewuchs und b) dieser Pflanzenbewuchs selbst verstanden. In Süddeutschland wird „Ried“ in der Bedeutung von „Moor“ gebraucht. Die Volksnamen des Hauptröhrichtbildners *Phragmites,* Reeth in Norddeutschland und reed in England, gehen auf die gleiche indogermanische Wurzel zurück; die sprachliche Verwandtschaft ist Ausdruck der von jeher empfundenen inhaltlichen Verwandtschaft von Ried und Röhricht.

Da die Röhricht- und Riedarten wie Hydrophyten im wasserdurchtränkten Substrat stocken, ist es plausibel, daß sie ebenfalls reich an **Aerenchym** sind. Dieses reicht bis in die Sproßachsen, teilweise auch Blätter. Deren photosynthetische **Sauerstoffproduktion** ist offenbar entscheidend wichtig. Den Beweis dafür brachten Versuche von CONVAY (1937): Wurden Pflanzen von *Cladium mariscus* in schlecht durchlüftetem Wasser gezogen, so gediehen sie nur dann normal, wenn die Blätter nicht entfernt worden waren; nur dann konnte *Cladium* in Rhizom und Wurzeln eine hohe O_2-Spannung aufrechterhalten. Offenbar reicht die O_2-Diffusionsgeschwindigkeit aufgrund des Gefälles zwischen assimilierendem Blatt und Rhizom aus, nicht aber bei der Konzentration der Luft. Eine gewisse Rolle mag dem Aerenchym auch für die Mechanik der Helophyten zufallen; es ermöglicht eine zylindrische Anordnung der Leitbündel und damit größte Festigkeit bei trotzdem sehr geringem Gewicht des Halmes. Dies ist aber gerade bei flachem Wurzelsystem notwendig; ein flaches Wurzelsystem wiederum ist Folge der niedrigen Sauerstoffspannungen im Boden. In den letzten Jahren hat sich gezeigt, daß Pflanzen, die an zeitweise überfluteten Standorten gedeihen, Eigenarten des Zellstoffwechsels erworben haben, die als **biochemische Adaptation an O_2-Mangel** zu verstehen sind (zusammenfassende Darstellung bei CRAWFORD 1972). Die bisher daraufhin untersuchten Arten gehören zwar sehr verschiedenen Gesellschaften an, doch sei das Prinzip an dieser Stelle behandelt, denn für diese Formation ist gerade lang anhaltende Wasserbedeckung typisch. Pflanzen „normaler“ Standorte, die nur ausnahmsweise unter anaerobe Verhältnisse im Wurzelraum geraten, pflegen an Stelle vollständiger Zellatmung eine alkoholische Gärung durchzuführen; die hohen Äthanol-Konzentrationen in den Zellen wirken dabei schädigend oder sogar tödlich. Für eine Reihe von Arten, die dagegen regelmäßig auf vernäßten Böden siedeln, konnten CRAWFORD und TYLOR (1969) nachweisen, daß diese stattdessen als Endprodukt der Atmung unschädliche Äpfelsäure bilden, wobei wohl, von Phosphoenolbrenztraubensäure ausgehend, Oxalessigsäure dehydriert wird (CRAWFORD 1972). Es sind von zahlreichen Pflanzen eine Vielzahl „harmloser“ Endprodukte des Atmungsstoffwechsels bekannt geworden, ein interessanter Parallelismus zum Tierreich, und es bleibt zu prüfen, inwieweit diese mit einer bestimmten ökologischen Konstitution gekoppelt sind.

24. Klasse: Bolboschoenetea maritimi, Brackwasserröhrichte

Im Gezeitenbereich der großen Ströme und an Meeresküsten siedeln als Röhrichtpioniere nur wenige Arten. Da sich landwärts einige Vertreter des Süßwasserröhrichts einschieben können, stellte man diese Gesellschaften bisher meist zu den Phragmitetea. TÜXEN und HÜLBUSCH (1971) weisen jedoch auf ihre Eigenständigkeit hin. Die

Klasse mit bisher nur einer Ordnung und einem Verband wird lediglich durch *Bolboschoenus maritimus (= Scirpus m.)* in der ssp. *compactus*(!) und *Schoenoplectus tabernaemontani (= Scirpus t.)* charakterisiert. Großflächig kommt sie an den Küsten der Ostsee vor.

Einige Assoziationen:

1. **Scirpetum tabernaemontani,** Gesellschaft der Grauen Seebinse. Es ist eine Brackwasserpioniergesellschaft, die auch im Binnenland an versalzten Stellen vorkommen kann. Sie wird von manchen Autoren mit der folgenden Assoziation vereinigt.
2. **Bolboschoenetum maritimi ssp. compacti,** Meersimsenröhricht. In Brackwasser; auch im Binnenland nicht selten. (*B. maritimus* ssp. *maritimus* ist eine Phragmition-Sippe; die Meersimsenröhrichte im Süßwasser-Tidebereich der Unterelbe gehören demgemäß zur folgenden Klasse.)

25. Klasse: Phragmitetea, Süßwasserröhrichte und Großseggensümpfe

Die in der ganzen Holarktis verbreitete Klasse mit nur einer Ordnung läßt folgende floristische und standörtliche Großgliederung zu, wobei die 3 in traditioneller Weise gefaßten Verbände möglicherweise bei stärkerer Berücksichtigung von kontinentalen und mediterranen Gesellschaften stärker aufgegliedert werden müssen. Zahlreiche Kennarten höherer Syntaxa haben in niedrigeren Einheiten Maxima und gelten daher dort als Kennarten höheren Treuegrades (s. S. 28).

Die **ökologischen Unterschiede** zwischen den 3 Verbänden: Ein Vegetationsprofil von einer freien Seefläche zum höher gelegenen Ufergelände (Beispiel Abb. 7) veranschaulicht qualitativ den Unterschied zwischen Röhrichtverbänden und Magnocaricion: Höheres Niveau über dem See- und Grundwasserspiegel bewirkt geringere Überflutung; damit trocknen die Magnocaricion-Bestände zeitweilig oberflächlich ab, ihr Oberboden ist besser durchlüftet (gleiche Bodenart vorausgesetzt). Quantitativ sind die Verhältnisse nicht so klar: Die Grenze zwischen den Verbänden liegt in den verschiedenen Regionen nämlich nicht in der gleichen Höhe über dem Grundwasserspiegel, weil der Wasserhaushalt zusätzlich durch die oft abweichenden Bodenarten und Niederschlagsmengen bestimmt wird; die gesamte Wasserbilanz aber entscheidet über die Lebensmöglichkeit der Pflanze, nicht ein einzelner Standortsfaktor.

Den differenzierenden Faktorenkomplex zwischen Glycerio-Sparganion und Phragmition arbeitete KOPECKÝ (1966) heraus; die Hauptpunkte zeigt die kleine Übersicht:

	Glycerio-Sparganion	Phragmition
Lage der Bestände	vorwiegend im Litoral	vorw. im Sublitoral
Wasserstand	rasch und oft wechselnd	nicht so
Strömung	deutlich, daher grobes Sediment	gering bis fehlend, daher feinkörniges Sediment
Bodendurchlüftung	relativ gut	relativ schlecht

BS 12

Kl. Phragmitetea, O. Phragmitetalia, Süsswasserröhrichte und Großseggenrieder;
Ch. Alisma plantago-aquatica, Equisetum fluviatile, Glyceria maxima, Iris pseudacorus, Lycopus europaeus, Phragmites communis, Rumex hydrolapathum u.a.

1.V. Glycerio-Sparganion, Fliesswasserröhricht;	2.V. Phragmition, Stillwasserröhricht;	3.V. Magnocaricion, Großseggengesellschaften;
Ch. Glyceria plicata,	Ch. Acorus calamus,	Ch. Carex acutiformis,
Nasturtium officinale,	Butomus umbellatus,	Carex paniculata,
Sparganium erectum ssp. neglectum,	Phragmites communis,	Galium palustre ssp. elongatum,
Veronica beccabunga,	Sparganium erectum ssp. erectum,	Lysimachia thyrsiflora,
Veronica catenata	Typha angustifolia,	Scutellaria galericulata
u.a.	Typha latifolia	u.a.
	u.a.	

Einige Assoziationen:

Zu **Verband 1:** Die **Fließwasserröhrichte** sind bei uns nur kleinflächig und dort, wo die Bäche begradigt sind und ausgeräumt werden, oft nur fragmentarisch entwickelt. Am häufigsten ist noch das

1. **Sparganio-Glycerietum fluitantis,** Flutschwaden-Röhricht; Ch. *Glyceria fluitans*, (lokal) *Mimulus guttatus* (Zierpflanze aus Nordamerika). In und an klaren Gewässern; ausgebaute Gräben mit Steinschüttungen und mäßiger Fließgeschwindigkeit kann es geradezu „verstopfen", gefördert durch die von anschließenden Nutzflächen ausgehende Eutrophierung. Auch Wasserpflanzengesellschaften stellen sich in Gräben mit fast stehendem Wasser ein. Schattende Erlen-Streifen verhindern den an dieser Stelle unerwünschten Pflanzenwuchs auf ungiftige Weise, billiger und wirkungsvoller als steter Herbizideinsatz und mechanische Ausräumung (LOHMEYER und KRAUSE 1975).
2. **Phalaridetum arundinaceae,** Rohrglanzgrasröhricht (ob hierher?); Ch. die namengebende Art. Im oberen Litoralbercich an Bächen wachsend. Wo die Gesellschaft am Böschungsfuß von Gräben und Kanälen wächst, kommt ihr Bodenschutzfunktion zu.

Zu **Verband 2:** Die **Stillwasserröhrichte** dürften infolge von Entwässerung und Uferverbau insgesamt zurückgegangen sein; doch haben sie auch einige neue Biotope gewinnen können, so Baggerseen und Lößfangbecken. – Im Kern des Phragmition stand ein sehr weit gefaßtes **Scirpo-Phragmitetum.** Dieses wird heute meist in mehrere Assoziationen (Nr. 3, 4 und 5) aufgeteilt, da die einzelnen Arten doch recht unterschiedliche Standortsoptima haben; dank ihrer ausgeprägten Polykormbildung führt dies zu stark differierenden Dominanzverhältnissen.

3. **Scirpetum lacustris,** Seebinsenröhricht; Ch. *Schoenoplectus lacustris (= Scirpus l.)*. Die See-Binse ist eine bis zu 5 m Wassertiefe vordringende Pionierpflanze. Ihre chlorophyllführenden, laubblattlosen, aerenchymatischen Sproßachsen sind wenig bruchfest und kommen daher nur in recht ruhigem Wasser vor. Sollte sich erweisen, daß die See-Binse und ihre gleich gebauten Verwandten (*Sch. tabernaemontani, Sch. littoralis* auf der Südhalbkugel) auch unter Wasser assimilieren, so böte dies die Erklärung dafür, daß diese Arten weiter seewärts vorrücken können als *Phragmites* und andere; deren Konkurrenz erliegen sie landwärts. Der an *Schoenoplectus lacustris* siedelnden Mikroorganismenflora kommt bei der biologischen Selbstreinigung eine besondere Rolle zu, da sie an sich schwer abbaufähige Substanzen, vor allem Phenole, aus dem Wasser aufnehmen und zu leichter zersetzlichen verarbeiten kann.
4. **Phragmitetum communis,** Schilfröhricht; ohne eigene Charakterarten, also als Zentral- oder Kernassoziation zu bewerten (s. S. 141). Im Verlandungsgürtel an das Scirpetum anschließend. Auf mäßig nährstoffreichen Böden, wo die Kennarten der folgenden Assoziation noch fehlen, bildet *Phragmites* geschlossene Herden. Dies bedeutet

nicht, daß es etwa durch Nährstoffzufuhr geschädigt würde; im Gegenteil: KLÖTZLI (1969) berichtet, an Abwassereinleitungen werde es bis zu 4 m hoch. Nach Entwässerung hält sich die Pflanze zäh und kann auch auf scheinbar trocknen Böden, die aber tiefgelegene Stauhorizonte besitzen, in dichten Herden gedeihen; denn das Rhizomgeflecht, unter Wasser nur etwa 10 cm tief liegend, kann dem Grund- und Stauwasserspiegel folgen; wir beobachteten es noch in Tiefen von 80 cm. Solche Bestände ohne andere Kennarten aus den Phragmitetea sind jedoch nicht als Assoziation „Phragmitetum" zu bezeichnen, sondern als „*Phragmites*-Gesellschaft" eines engeren Gebietes.

5. **Typhetum angustifolio-latifoliae,** Rohrkolbenröhricht; Ch. die namengebenden Arten. (Möglicherweise zwei getrennte Assoziationen.) An recht nährstoffreichen Standorten.
6. **Glycerietum maximae,** Wasserschwaden-Röhricht; Ch. *Glyceria maxima.* An sehr nährstoffreichen Standorten. Am Bodensee bildet diese etwa 1,50 m Höhe erreichende Graminee das Röhricht in den vom Menschen eutrophierten Uferzonen an den Einmündungen abwasserbelasteter Flüsse (LANG 1967). Daß sich die Pflanze hier gegenüber dem dichter- und höherwüchsigen Schilfrohr durchsetzen kann, führen BUTTERY and LAMBERT (1965) überzeugend auf den frühen Austrieb von *Glyceria* zurück: sie beschattet nämlich schon Anfang Mai den Boden so stark, daß andere Arten, so auch die später austreibenden *Phragmites*-Sprosse, nicht mehr konkurrenzfähig sind. Wo sich jedoch bereits *Phragmites*-Herden installiert haben, beschatten sie die unteren Schichten später, aber höher hinaufreichend und über längere Zeit, bis in den September hinein.
7. **Cladietum marisci,** Schneidbinsenröhricht; Ch. die namengebende Art. Die Assoziation leitet schon über zum Magnocaricion. Sie lebt in Süddeutschland in kalkreich-oligotrophen, sauerstoffreichen Sümpfen und Mooren sommerwarmer Gebiete; in Nordwestdeutschland besteht diese Bindung an kalkreiches Substrat aus noch unbekannten Gründen nicht. Obwohl die Schneidbinse sich nach Entwässerung zähe hält, ist die Gesellschaft sehr selten geworden. Da das Cladietum nachweislich in der postglazialen Wärmezeit häufiger war, kann es als Reliktgesellschaft gelten. Auf Grund von Großrest-Untersuchungen konnte GROSSE-BRAUCKMANN (1973) das subfossile, wärmezeitliche Cladietum eines oldenburgischen Moores in einer „pflanzensoziologischen Tabelle" darstellen; diese zeigt eine so hohe Übereinstimmung mit rezenten Aufnahmen einer *Sphagnum palustre*-Variante des Cladietum, daß man diese als „lebende Fossil-Gesellschaft" bezeichnen kann (GÖRS 1975).

Zu **Verband 3: Magnocaricion,** Großseggenrieder:

8. **Caricetum elatae**, Steifseggenried; Ch. *Carex elata.* Die bis mannshohen Horste entwickeln sich vor allem bei starken Wasserstandsschwankungen unter meso- bis eutrophen Bedingungen (ELLENBERG und KLÖTZLI 1965/66).
9. **Caricetum gracilis**, Schlankseggenried; Ch. *Carex gracilis.* Es schließt im Wasserhaushalt an die Kohldistelwiesen an und spielt daher schon eine gewisse grünlandwirtschaftliche Rolle (s. S. 216). Da diese Segge Rasen, nicht Bulte bildet, kann sie im Herbst leicht als Streu gemäht werden. Ohne Mahd dringen hier bereits Gehölze des Bruchwaldes ein.
10. **Caricetum rostratae**, Schnabelseggenried; Ch. *Carex rostrata.* In sauren, oligo- bis mesotrophen Gewässern, oft im Lagg von Hochmooren (s. S. 237).

Bedeutung, Gefährdung und Sicherung von Röhrichtgürteln

Der Wert eines solchen Streifens liegt 1. im **Uferschutz**; er zerteilt und bremst einen geschlossenen Wasserstrom und verhindert die Ufererosion bei starkem Wellengang. 2. leistet er einen Beitrag zur **Selbstreinigungskraft.** 3. ist er Bauelement und Voraussetzung für eigene **Uferbiozönosen** und wirtschaftlich wichtig vor allem als **Fischlaichplatz.** Als Lebensraum sind Röhrichte seit langem auch als schutzbedürftig bekannt. In den riesigen Schilfbeständen des Donaudeltas leben z. B. fast 100 Vogelarten, darunter noch Pelikane! Manche Arten sind gänzlich auf diesen Biotop beschränkt, so Zwerg-Rohrdommel und Rohrsänger, für andere ist er nur ihr Brutbiotop, so für Haubentaucher und Schwan. Aus der *Phragmites*-Monographie von RODEWALD-RUDESCU (1974) wird deutlich, welch reiche Tierwelt überhaupt in einem Röhrichtgürtel zu finden ist. So werden beispielsweise für den Balaton-See allein als epiphytisch lebende Tiere genannt: peritriche Infusorien, *Spongilla, Hydra,* Bryozoen, Nematoden, Cladoceren, Hydracarinen-Larven, Ostracoden, Copepoden, Turbellarien, Larven von Hydroptiliden, Trichopteren, Ephemeriden und Chironomiden, Oligochaeten, Hirudineen, Schnecken und Laichballen *Limnaea.* Dabei gehören die zahlreichen Crustaceen-Arten verschiedenen soziologischen Gruppen an, die jeweils an bestimmte Pflanzengesellschaften gebunden sind. Aus der Armut an höheren Pflanzen darf keinesfalls auf biozönologische Armut geschlossen werden!

Fortschrittliche Praktiker des **Biologischen Wasserbaus** haben sich seit Jahren bemüht, die Ufer durch Röhricht zu beleben. Besonders die Anpflanzung von Schilfrohr ist technisch ausgearbeitet (BITTMANN 1965).

In zunehmendem Maße muß man aber auch – unabhängig von Entwässerungsmaßnahmen – einen Rückgang des verbreitetsten Röhricht-Typs, eben des Phragmitetum, zur Kenntnis nehmen. Zwar ist es ganz normal, daß etwa treibende Eisschollen oder scharfe Fröste Schilfrohr beschädigen; auch weiß man längst um eine als **„Schilfsterben"** beschriebene Krankheit allerdings unbekannten Ursprungs, wobei infolge von Rhizomfäule fleckweise Löcher in den Gürteln entstehen können. Aber seit den 60er Jahren nimmt der **Schwund** alarmierende Ausmaße an. Dies belegten z. B. SUKOPP und Mitarbeiter (1975) durch Vergleich von Luftbildern und durch Kartierung vom Boot aus für die Westberliner Havel: Waren 1962 noch 37,5 km (= 40% der Uferlinie)

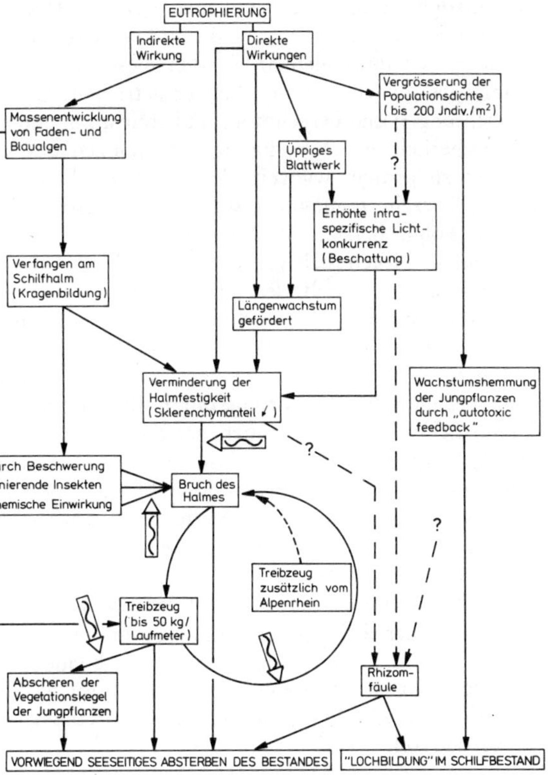

Abb. 17: Schematische Darstellung von möglichen Auswirkungen der Eutrophierung auf einen Schilfbestand; ⟨Wellensymbol⟩ = **unter Welleneinfluß.** (Aus KLÖTZLI 1976.)

mit Röhricht bestanden, so waren es 1972 nur noch 21,6 km (= 23%); die Flächen waren sogar um 50,4% geschrumpft. Ursächlich beteiligt sind dabei mehrere, miteinander kombinierte Schadfaktoren, deren Bedeutung im einzelnen gebietsweise verschieden sein kann. Vor allem dank der Arbeiten KLÖTZLIs (zuletzt 1973 und 1976) in einigen Alpenrandseen schält sich dabei ein Kausalzusammenhang heraus, der in Abb. 17 dargestellt sei, weil diese das komplizierte Wirkungsnetz, das ein einziger ökologischer Faktor auslösen kann, aufzeigt. Die Nährstoffanreicherung in den Gewässern, vor allem von Stickstoff-Verbindungen, hat direkte Wirkungen auf das Schilfrohr: Es bildet erheblich schwächere Sklerenchymstränge in den Leitbündeln des Halmes, wodurch dessen Elastizität und Bruchfestigkeit sinken; überdies steigen Höhe und Dichte der Halme. Die **Eutrophierung** wirkt sich auch auf die Algen aus. Blau- und Grünalgen bilden verfilzte Matten, die zudem Äste, Plastikflaschen, Latten und Getreibsel umschließen. Werden diese Pakete vom Winde gegen die bereits geschwächten Schilfpflanzen getrieben, so knicken diese um, wie Beobachtungen und Berechnungen übereinstimmend zeigen. Dies bedeutet mit Sicherheit eine Schädigung der Pflanzen durch Substanzverlust; auch ist zu prüfen, wieweit die verringerte Sauerstoff-Zufuhr zu Rhizom und Wurzeln, ja möglicherweise eindringendes Wasser deren Zersetzung zur Folge haben. Mechanische Faktoren – auch z. B. frühzeitige Mahd – wirken sich gerade auf Schilfrohr stark aus, weil dieses für den ersten Austrieb den größten Teil seiner im Rhizom gespeicherten Reservestoffe verbraucht. Es kann zwar noch einmal schwächer nachtreiben; werden diese Sprosse erneut vernichtet, so stirbt die Pflanze (bzw. ein Teil des Polykormons) ab. Daher hat weiterhin die **mechanische Zerstörung** durch Badebetrieb und Sportboote, in deren Schneisen hinfort noch verstärkte Erosion stattfindet, schwerwiegende Folgen. Der Druck auf die Erholungslandschaft, gerade um Berlin besonders stark, gefährdet diese selbst. Andere Röhrichtpflanzen sind erst unzulänglich auf ihr Verhalten geprüft worden; doch ist keine in der Lage, derartigen Belastungen zu widerstehen. Auch wenn Pflanzungen, Schonbezirke und – wie erwogen wird – lokal Zäune zum Schutz gegen Getreibselpakete angelegt werden, so ist ein Röhrichtgürtel nur bei bewußter Selbstbeschränkung zu erhalten. Diese *Phragmites*-Misere lehrt eindrücklich, wie wichtig die genaue Kenntnis der Biologie derjenigen Arten ist, welche eine Biozönose bestimmen, der **Schlüsselarten** (EHRENFELD 1970), wenn die Kulturlandschaft bewahrt und gepflegt werden soll.

7. Formation: Quellfluren, Schneeböden, Niedermoor- und Schlenkengesellschaften

Hier werden niederwüchsige, ziemlich geschlossene Bestände vereinigt, in denen meist Moose eine ausgeprägte Schicht bilden; die Feldschicht pflegt locker, zuweilen sogar kärglich entwickelt zu sein; sie wird von Hemikryptophyten, zuweilen auch Zwergsträuchern aufgebaut. Höherwüchsige Gehölze fehlen, es sei denn, es handle sich um späte Stadien in einer Sukzession.

26. Kl.: Montio-Cardaminetea, Quellflurgesellschaften
27. Kl.: Scheuchzerio-Caricetea nigrae, Niedermoor- und Schlenkengesellschaften
28. Kl.: Salicetea herbaceae, Schneebodengesellschaften

Die Schneebodengesellschaften erfahren ihre reichste Entfaltung in der alpinen Stufe, die Quellfluren in der montanen und subalpinen, die Niedermoor- und Schlenkengesellschaften in der montanen, ohne in andern ganz zu fehlen. Ökologisch gemeinsam ist den Klassen der feuchte bis nasse Standort. **Chorologisch gemeinsam ist ihnen die große Zahl** von Arten, deren Hauptverbreitung in der Arktis und den alpiden Hochgebirgen liegt, die also dem arktisch-alpischen Arealtyp folgen. Sie haben in einigen Mittelgebirgen und/oder im Alpenvorland noch kleine, wissenschaftlich wertvolle **„Splitterareale“**. Manche Sippen, besonders der Scheuchzerio-Caricetea, verhalten sich insofern etwas abweichend, als ihr Schwerpunkt im nordischen Nadelwald liegt. Das zerstückelte Areal vieler Arten läßt sich bei ihrer Bindung an kühl-nasse Standorte zwanglos mit der Theorie erklären, daß es sich bei ihnen und ihren Gesellschaften um Glazialrelikte handelt. Zusätzliche Beweise liefern Fossilfunde. Wir werden dies an einzelnen Gesellschaften näher analysieren.

26. Klasse: Montio-Cardaminetea, Quellfluren

Systematischer Überblick

Mit dem Cardamino-Montion vikariiert das floristisch ähnliche Mniobryo-Epilobion hornemanni, zu welchem DAHL (1956) aus Rondane (Südnorwegen) hervorragendes Material erarbeitet hat; auf diese umfassende Monographie subarktischer Vegetation einschließlich ökologischer Messungen sei nachdrücklich hingewiesen. – Die beiden in

Mitteleuropa vorkommenden Verbände enthalten auch Gesellschaften, die nur von Moosen aufgebaut werden; im Cratoneurion spielen zudem Algen, vor allem Cyanophyceen, eine Rolle. Das System muß daher von den Kryptogamen her aufgebaut werden. Daß vor allem in der alpinen Stufe noch viele ökologische und geographische Zusammenhänge aufzudecken sind, zeigt die Arbeit von GEISSLER (1976); ihre neuen Gliederungsvorschläge wollen wir hier jedoch nicht aufgreifen, da sie noch der Bestätigung in anderen Gebieten bedürfen.

BS 13

Kl.Montio-Cardaminetea, O.Montio-Cardaminetalia, Quellfluren Ch. Cardamine amara, Epilobium alsinifolium, Mniobyrum albicans var. glaciale, Philonotis seriata u.a.

1.V.Cardamino-Montion, mitteleuropäisch-alpische Silikatquellfluren Ch. Chrysosplenium oppositifolium, Montia rivularis, Stellaria alsine u.a.	2.V.Cratoneurion commutati, nord- und mitteleuropäisch-alpische Kalkquellfluren Ch. Cratoneuron commutatum, Philonotis calcarea, Saxifrage aizoides u.a.

Standort

Die Gesellschaften leben im unmittelbaren Quellbereich auf überrieseltem Gestein oder Rohboden; hier ist das Wasser ausgezeichnet sowohl durch Sauerstoffreichtum als auch durch relativ und gleichmäßig niedrige Temperaturen, verglichen mit denen anderer nasser Standorte und quellferner Gewässer. Diese **Kaltstenothermie** belegen Messungen von MAAS (1959) aus Holland und von DAHL (1956) aus Epilobion-Gesellschaften Südnorwegens; DAHL erhielt Sommerwerte von 1,4–7,0 °C, Winterwerte von 1,0–2,2 °C!

Die Zäsur zwischen den Quellfluren der Silikat- und der Kalkgesteinsgebiete ist so ausgeprägt, daß die Verbände vielleicht besser zu Ordnungen aufgestuft würden. Im Cratoneurion schaffen die Pflanzen selbst ihr Substrat und tragen zur **Gesteinsbildung** bei. Der Zusammenhang ist folgender: Das aus Kalkfelsspalten austretende Wasser ist kühl, reich an

CO_2 und gesättigt mit schwerlöslichem $CaCO_3$ und leicht löslichem $Ca(HCO_3)_2$; das Gleichgewicht wird durch die Formel $CaCO_3 + CO_2 + H_2O \rightleftarrows Ca\ (HCO_3)_2$ qualitativ wiedergegeben. An der Erdoberfläche sinkt die Konzentration an CO_2 ab, weil a) der Partialdruck geringer ist als im Berginneren, b) die Wassertemperatur im Sommer steigt und damit die Löslichkeit des Gases sinkt, c) an pflanzenbewachsenen Stellen dem Quellwasser CO_2 zur Photosynthese entzogen wird. Die Folge der Konzentrationsänderung ist Zerfall des $Ca(HCO_3)_2$ und damit Übersättigung mit $CaCO_3$, welches sich als **Quelltuff** oder Travertin an toten und lebenden Gegenständen niederschlägt. Das tote organische Material (Blätter, Äste, Moose) wird im Laufe von Monaten zersetzt. Wenn die umgebenden Krusten erhärtet sind, stellen sie Abdrücke dieser organischen „Matrizen" dar. Sie sind zu Fossilien geworden und erlauben unter glücklichen Umständen noch nach Jahrmillionen Rückschlüsse auf die Tuffbildner und die Vegetation der Umgebung.

Einige Assoziationen

Zu **Verb. 1, Cardamino-Montion,** Silikatquellfluren:

1. Bryo (schleicheri)-Philonotidetum seriatae (= Montio-Bryetum schleicheri), Sternsteinbrechflur; Ch. *Diobelon squarrosum, Epilobium nutans, Mniobryum albicans* var. *glaciale, Philonotis seriata, Saxifraga stellaris.* In der subalpinen und alpinen Stufe der Alpen verbreitet, kommt es außerhalb des Hochgebirges in Deutschland nur noch in den Gipfellagen des Schwarzwaldes oberhalb 1300 m vor; erst in Südnorwegen gibt es wieder floristisch ähnliche Assoziationen. Einzelne Arten, so *Diobelon squarrosum* und *Philonotis seriata,* greifen weiter hinunter und fehlen auch andern Mittelgebirgen nicht ganz. Diese Verbreitung ist nur unter Berücksichtigung der historischen Entwicklung zu verstehen. Unter den heutigen klimatischen Bedingungen hätten die Diasporen der Arten über eine Strecke von mehreren hundert km in einem Sprung transportiert worden sein müssen, und zwar in so großer Zahl, daß trotz aller Keimungsverluste eine Ansiedlung hätte stattfinden können; ökologisch geeignete „Zwischenlandeplätze" (= „stepping stones") sind ja nicht vorhanden. Dies ist, wenn nicht unmöglich, so doch äußerst unwahrscheinlich. Die heutigen Areale sind also **disjunkt.** Will man nicht den nur in seltensten Fällen überhaupt diskutierbaren Vorgang mehrfacher (polytoper) Entstehung ein und derselben Art an verschiedenen Orten annehmen, so muß ein ehemals geschlossenes Wandergebiet postuliert werden. Ein solches muß während der pleistozänen Kaltzeiten zwischen dem arktischen und dem Alpen-Eisschild zur Verfügung gestanden haben (s. S. 44). Die Chance, Silikatquellflurarten selbst direkt als Fossilien nachzuweisen, ist gering, denn sie haben leicht zersetzbare Blätter, die Phanerogamen unter ihnen liefern wenig Pollen, die Moose sporulieren selten, und ihre Sporen wären nicht von denen anderer Arten zu unterscheiden. Mit der Zunahme der Temperatur, dem Rückgang der Eisschilde und dem allmählich dichter werdenden Vegetationsschluß wurden die Arten auf die spärlichen, ihnen physiologisch noch zusagenden und vor der übermächtigen Konkurrenz der Wälder geschützten Standorte eingeengt. An Spezialstandorten, wie sie eben solche kaltstenothermen Quellbäche darstellen, konnten sich die Quellflurarten offensichtlich auch in der postglazialen Wärmezeit halten. Sie sind also als **Glazialrelikte** aufzufassen: als Sippen oder Pflanzengesellschaften, die eiszeitlich weite Verbreitung hatten und heutzutage auf kleinräumige Sonderbiotope beschränkt sind. Ihre heutigen Wuchsplätze müssen zum großen Teil während des Hochstandes der Vereisung vergletschert gewesen sein; später aber boten sie Refugien. Arten, die ihre heutigen Relikt-Wuchsorte erst nachträglich erreicht haben, können als **Wanderrelikte** gekennzeichnet werden. Es ist damit zu rechnen, daß Arten, welche heutzutage in den gleichen Gemeinschaften wachsen, aber infolge ihrer breiteren ökologischen Amplitude nicht auf Sonderstandorte beschränkt sind, ebenfalls während der Eiszeiten (oder mindestens einer Eiszeit) in Mitteleuropa gelebt haben; doch ist dafür der Beweis prinzipiell nur durch Fossilfunde, nicht aber aus dem Areal zu führen. Manche Arten haben entweder die skandinavischen Gebirge oder auch die Alpen beim Rückzug des Eises nicht erreicht, oder sie sind dort später ausgestorben. *Epilobium hornemanni* z. B. ist in nordischen Quellfluren häufig, fehlt aber in Mitteleuropa; umgekehrt kommt z. B. *Soldanella alpina,* die in den Alpen und am Feldberg in Quellfluren und Flachmooren wächst, nicht in der Arktis vor. Die – erst spärlich untersuchte – **Tierwelt** der Quellfluren bietet ebenfalls eine Reihe offensichtlich reliktischer Arten, so die Laufkäfer *Nebria gyllenhali* und *Pterostichus panzeri* (s. WILMANNS 1970).

2. Cardaminetum amarae, Bitterschaumkrautflur; Ch. *Cardamine amara.* Weitverbreitet in Silikatgebirgen an leicht beschatteten oder nordexponierten Bächen in montaner (bis subalpiner) Lage.

3. Philonotido-Montietum, Quellkrautflur; Ch. *Montia rivularis, Philonotis fontana.* In Silikatgebirgen an offenen und strahlungsintensiven Standorten der montanen Stufe.

Zu **Verb. 2, Cratoneurion commutati,** Kalkquellfluren:

4. Cratoneuretum commutati, Starknervmoos-Quellflur; Zentralassoziation (s. S. 141). Im Einzugsbereich dauernd rieselnder Kalkquellen in dichten Decken; oft baut die Gesellschaft ganze Travertin-Felsnasen auf, über welche dann ein Wasserfall hinabstürzt. Es ist die häufigste Cratoneurion-Assoziation.

5. **Eucladietum verticillati,** Schönastmoos-Quellflur; Ch. *Eucladium verticillatum.* Eine vorwiegend aus Polstermoosen aufgebaute Gesellschaft, die an sommerlich versiegenden Kalkquellen harten Travertin bildet (PHILIPPI 1965).

6. **Cratoneuro-Arabidetum jacquinii,** Gänsekresse-Tuffmoosflur; Ch. *Arabis jacquinii, Heliosperma quadridentatum, Saxifraga aizoides.* Schließt in der subalpin-alpinen Stufe an das Cratoneuretum an.

7. **Scytonemetum myochrous,** Blaualgen-Tuff-Flur; Ch. *Nostoc verrucosum, Scytonema myochrous,* übergreifend *Eucladium verticillatum.* Wo an steilen Kalkplatten und Abbrüchen das Wasser so rasch fließt, daß sich Moose schwer ansiedeln können, bilden einige Cyanophyceen als Pioniere mit ganz wenigen anderen Arten Quelltuff (BRAUN 1970).

27. Klasse: Scheuchzerio-Caricetea nigrae, Niedermoor- und Schlenkengesellschaften

Sümpfe und Niedermoore (= Flachmoore = **Kleinseggenmoore**) zeichnen sich dadurch aus, daß Grund-, Quell- oder Sickerwasser den Boden langfristig durchtränkt; sie trocknen nur ganz oberflächlich ab. In Mooren kommt es dabei zu einer Hemmung der Streuzersetzung, in Sümpfen nicht; Moore bilden daher **Torf** als semiterrestrische Humusform, d. h. die Struktur der Bestandteile ist mikroskopisch noch erkennbar; bei Sumpfhumus ist dies nicht der Fall. Auf Torfbildung und -wachstum sei erst bei den Hochmooren näher eingegangen (s. S. 238), wo diese Prozesse den Standort stärker bestimmen als bei den Niedermooren. Diese stehen den Sümpfen noch so nahe, daß manche Gesellschaften an beiden Standorten vorkommen; wollte man das in den deutschen Namen zum Ausdruck bringen, so würden diese zu schwerfällig. Im Alpenvorland lassen sich aufgrund von Differentialarten (*Sesleria varia, Gentiana verna, Pinguicula alpina* u. a.) sogar innerhalb der Kalkflachmoore diejenigen Bestände, deren Wurzelboden mineralreich ist, von denen auf reinem Torf unterscheiden.

Die beiden **Niedermoor-Ordnungen** leben in Quellmulden, an durchsickerten Hängen, an Seen oberhalb des Großseggengürtels (Abb. 7), am Rande von Hochmooren. Manche dieser Standorte sind sicher sekundär; sie wären ohne Mahd oder Beweidung von Strauchgesellschaften oder Wald bewachsen oder doch so stark beschattet, daß die lichtliebenden Moorarten nicht gediehen. Viele Arten besitzen ein disjunktes Areal, welches sie zu Glazialrelikten stempelt. Da eine Neuansiedlung dieser konkurrenzschwachen und empfindlichen Seltenheiten an ihren wenigen Wuchsorten äußerst unwahrscheinlich ist, müssen sie sich an waldfreien Standorten gehalten haben. Zu diesen Eiszeitrelikten gehören u. a. *Swertia perennis, Pedicularis sceptrum-carolinum, Carex capitata, C. heleonastes,* das Moos *Cinclidium stygium.* Einige Arten konnten sich von den primären Wuchsorten aus ein wenig auf anthropogenes Sumpfgelände ausbreiten (sog. **progressive Glazialrelikte,** Beispiel *Bartsia alpina* im Schwarzwald), während andere auf die ursprünglichen Stellen beschränkt geblieben sind (**konservative Glazialrelikte,** Beispiel *Selaginella selaginoides* im Schwarzwald); schließlich sind einige infolge der Zerstörung ihrer Wuchsorte fast bis zur lokalen Ausrottung verschwunden (**regressive Glazialrelikte,** Beispiel *Saxifraga hirculus* im Alpenvorland). Diese Typisierung läßt sich auch auf Relikte anderer Formationen anwenden (WILMANNS 1965, BOGENRIEDER und WILMANNS 1968). Natürlich gibt es auch tiefgelegene, ursprüngliche Sumpf- und Moorgesellschaften, in denen heute aus klimatischen Gründen das arktisch-alpische und nordische Geoelement nicht vertreten sein können. Generell sind alle diese Standorte zivilisationsgefährdet, zumal sie kleinflächig sind, oft inmitten von landwirtschaftlich genutztem Gelände liegen und leicht von dort durch Düngung beeinflußt werden, wie man an eindringenden Naßwiesenarten erkennt; so sind sie auch meist leicht „meliorierbar". Menschlicher Einfluß hat zunächst die Mannigfaltigkeit der Vegetation und damit der Lebensräume sicher erhöht; das Optimum ist jedoch längst überschritten, weiterer Nivellierung gilt es daher zu wehren.

Die **Scheuchzerietalia** sind eine abseits stehende Ordnung; sie müssen möglicherweise sogar als eigene Klasse gefaßt oder den Oxycocco-Sphagnetea zugeordnet werden. Da ihr Verbreitungsschwerpunkt in den nordischen Mooren liegt, muß die endgültige Beurteilung an Hand von skandinavischem und russischem Material erfolgen. Es sind Gesellschaften nasser Torfböden, die bei uns meist Schlenken bewohnen; sie können in sauren Niedermooren wie auch in Hochmooren leben (s. S. 236).

Systematischer Überblick

Zu **Ordnung 1, Scheuchzerietalia palustris:**

1. **Caricetum limosae,** Schlammseggenschlenke; Ch. *Carex limosa, Scheuchzeria palustris, Sphagnum cuspidatum.* In nicht austrocknenden Übergangs- und Hochmoorschlenken.
2. **Rhynchosporetum albae,** Schnabelbinsenmoor; Ch. *Lycopodiella inundata, Rhynchospora alba* (opt.), *Rh. fusca.* Auf nackten, nähr-

stoffarmen Moor- und torfigen Sandböden, die oberflächlich abtrocknen können.

BS 14

Kl. Scheuchzerio-Caricetea nigrae, Niedermoor- und Schlenkengesellschaften;
Ch. Eriophorum angustifolium, Menyanthes trifoliata, Pedicularis palustris, Potentilla palustris (=Comarum p.), Sphagnum contortum, Sphagnum subsecundum u.a.

1.O. Scheuchzerietalia palustris, mit wichtigstem Verband Rhynchosporion albae, Schlenkengesellschaften;
Ch. Drosera intermedia, Hammarbya paludosa, Rhynchospora alba, Sphagnum cuspidatum, Trichophorum alpinum u.a.

2.O. Caricetalia nigrae, mit wichtigstem Verband Caricion canescenti-nigrae, Braunseggensümpfe und -flachmoore;
Ch. Carex canescens, Carex echinata, Carex nigra (L.) Rchd. (Synonym C. fusca All.) Juncus filiformis, Viola palustris u.a.

3.O. Tofieldietalia calyculatae, mit wichtigstem Verband Caricion davallianae, Kalksümpfe und -flachmoore;
Ch. Carex lepidocarpa, Carex pulicaris, Epipactis palustris, Eriophorum latifolium Parnassia palustris, Pinguicula vulgaris u.a.

Zu **Ordnung 2, Caricetalia nigrae:**

3. **Carici-Agrostietum caninae,** Grauseggensumpf; Ch. *Agrostis canina* (opt.), *Carex canescens* (opt.). Von kalkfreiem Wasser durchsickerte Flachmoorgesellschaft der montanen Stufe, in Norddeutschland auch im Flachland.
4. **Eriophoretum scheuchzeri,** Kopfwollgrassumpf; Ch. *Eriophorum scheuchzeri.* Arktisch-alpische Verlandungsgesellschaft in Seen und in Rieselfluren, durch die dicken Wollgrasschöpfe von sehr charakteristischem Habitus.
5. **Parnassio-Caricetum pulicaris,** Flohseggensumpf; lok. Ch. *Carex lepidocarpa, C. pulicaris, Parnassia palustris, Pinguicula vulgaris.*

In Silikatgebirgen und im norddeutschen Flachland. Etwas nährstoffreicher als Assoziation 3 und daher an der Grenze zur folgenden Ordnung stehend. Eine prächtige, reliktenreiche Höhenvikariante (als **Bartsio-Caricetum fuscae** beschrieben) kommt am Feldberg oberhalb 1200 m vor.

Zu **Ordnung 3, Tofieldietalia calyculatae:**

6. **Caricetum frigidae,** Eisseggenflur; Ch. *Carex frigida,* als Diff. Quellflurarten. In Kalkgebieten der Alpen; im Schwarzwald über Gneis, der von Calcitadern durchzogen ist, daher in den Vogesen fehlend.
7. **Caricetum davallianae,** Davallseggensumpf; Ch. *Carex davalliana.* Auf durchrieselten, sauerstoffreichen Böden, daher meist in Hanglage.
8. **Primulo-Schoenetum ferruginei,** Mehlprimel-Kopfbinsenmoor; Ch. *Schoenus ferrugineus* (opt.), Diff. *Pinguicula alpina, Primula farinosa, Selaginella selaginoides.* Die bezeichnende montane Kalkflachmoor- bzw. Kalksumpfgesellschaft.
9. **Orchio-Schoenetum nigricantis,** Orchideen-Kopfbinsenmoor; Ch. *Orchis palustris.* Dieser Tieflagengesellschaft fehlen die alpinen Arten der vorigen; *Orchis palustris* ist eine submeridionale Art. – *Schoenus nigricans* ist in Mitteleuropa eine typische Kalkflachmoorart; rätselhaft waren daher seit langem ihre Vorkommen in irischen hochmoorartigen Deckenmooren weitab von jeglicher Calciumkarbonatquelle und bei pH-Werten um 4. Den ursächlichen Zusammenhang konnte SPARLING (1967) aufklären; er dürfte für manch andere, wenn auch nicht für alle „Kalkpflanzen" zutreffen: Bei pH-Werten unter 5 pflegt die Konzentration an Aluminium-Ionen in Mineralböden stark anzusteigen; dadurch werden Al^{+++}-empfindliche Pflanzen eliminiert, u. a. *Schoenus nigricans.* In den irischen „blanket bogs" ist die Mineralsalzkonzentration wegen der Reinheit der Luft jedoch so gering, daß trotz der Azidität keine toxischen Al^{+++}-Konzentrationen auftreten können.
10. **Juncetum alpino-articulati,** Gesellschaft der Alpenbinse; Ch. *Equisetum variegatum.* In Hochwasserrinnen der Alpenflüsse auf Schlick und Sand.

28. Klasse: Salicetea herbaceae, Schneeboden- und Schneetälchengesellschaften

Im Juli und August findet man in den Alpen im Umkreis der letzten Schneereste eine sehr charakteristische Vegetation; in den Zentralalpen ist sie reich an *Salix herbacea,* der Kraut-Weide, von LINNÉ als „minima inter omnes arbores" beschrieben; in den Kalkketten blühen hier Herden von weißem *Ranunculus alpestris.* In der Regel sind es Senken, in denen sich derartige Schneemassen angesammelt hatten; die entsprechend spät ausapernden Bestände werden als Schneetälchenvegetation bezeichnet. Häufiger und großflächiger findet man sie in der Arktis. Dort sind die Gebirge durch mächtige Eisdecken stärker abgehobelt als in den Alpen; ebene oder leicht eingemuldete Flächen sind daher häufiger. Außerdem bleibt der Schnee – ceteris paribus – infolge der geringeren Einstrahlung länger liegen. Dort spricht man daher besser von Schneebodengesellschaften. Die Klasse Salicetea herbaceae ist in der alpinen Stufe der alpiden Gebirge und der Arktis weitverbreitet; in den europäischen Mittelgebirgen klingt sie in Fragmenten, die allenfalls als Lokalassoziationen faßbar sind, aus; hierzu gehört das **Nardo-Gnaphalietum supini** an wenigen Punkten in Schwarzwald und Vogesen. Die floristische und damit ökologische Ähnlichkeit der Schneebodengesellschaften in Alpen und Arktis ist sehr groß. Selbst für die durch eigene Sippenentfaltung bekannten Pyrenäen gibt BRAUN-BLANQUET (1948) an, daß 61% der Arten des dortigen Salicion herbaceae arktisch-alpisch verbreitet seien. Dies bedeutet, daß für die Schneebodengesellschaften zwischen den Eisschilden des Nordens und der alpiden Gebirge gute **Wanderungsmöglichkeiten** bestanden haben müssen; und zwar nur für die Arten der Schneeböden auf Silikat, nicht für die kalkspezifischen Arten (keine der in BS 15 genannten Kennarten der Arabidetalia außer *Salix reticulata* kommt auch in der Arktis vor). Fossilfunde von *Salix herbacea, S. reticulata* und *S. retusa* im Schluchsee durch OBERDORFER (1931) beweisen unmittelbar das Vorkommen im „Zwischeneisgürtel".

Differenzierender Standortsfaktor gegenüber allen anderen Klassen ist die **Kürze der Vegetationsperiode** infolge anhaltender Schneebedeckung. Zwar ist nachweislich schon vor dem völligen Abschmelzen der **Schneedecke** mit Photosynthese zu rechnen, aber die Differenz zu den übrigen Gesellschaften bleibt dennoch. Unter diesem Gesichtspunkt ist auch zu verstehen, daß schließlich nur noch Moose existenzfähig sind, denn bei ihnen ist der Anteil an „heterotrophem" Gewebe im Verhältnis zu assimilierendem geringer als bei Kormophyten. Inwieweit der Kälteschutz durch die Schneedecke eine Rolle spielt, ist noch nicht untersucht worden. Die geringe Frostresistenz von *Gnaphalium supinum* spricht für dessen Bedeutung (BOGENRIEDER 1972). Die Schneetälchen sind ganzjährig feucht; oft zersetzt sich das organische Material nur schwach, und es kommt zu Bildung von Rohhumus.

Systematischer Überblick

BS 15

Kl. Salicetea herbaceae, Schneebodengesellschaften;

Ch. Alchemilla fissa, Cerastium cerastioides+, Sagina saginoides+, Sedum alpestre, Veronica alpina+ u.a.

1. O. Salicetalia herbaceae, Silikatschneebodengesellschaften, mit einzigem V. Salicion herbaceae;	2. O. Arabidetalia coeruleae, Kalkschneebodengesellschaften mit einzigem V. Arabidion coeruleae;
Ch. (innerh. O.) Cardamine alpina, Chrysanthemum alpinum, Dicranum starkei+, Gnaphalium supinum+, Polytrichum sexangulare+, Salix herbacea,+ Sibbaldia procumbens+, Soldanella pusilla u.a.	Ch. (innerh. O.) Arabis coerulea, Carex parviflora, Gentiana bavarica var. bavarica, Gnaphalium hoppeanum, Plantago atrata, Ranunculus alpestris, Rumex nivalis, Salix reticulata,+ Saxifrage androsacea u.a.

+ = mit arktisch-alpischem Areal

Einige Assoziationen der Alpen:

Zu Verb. 1, Salicon herbaceae, Silikatschneeböden:

1. **Polytrichetum sexangularis**, Widertonmoos-Schneetälchen; Ch. die Moose *Anthelia juratzkana, Gymnomitrium varians, Pleuroclada albescens, Polytrichum sexangulare* u. a. Eine nahezu reine Moos-

gesellschaft mit der kürzesten Aperzeit; 10 Monate, teilweise auch ganzjährig schneebedeckt.

2. **Salicetum herbaceae,** Krautweiden-Schneetälchen; Ch. *Alchemilla pentaphylla, Arenaria biflora, Salix herbacea* u. a. Die in den Zentralalpen häufigste Schneebodengesellschaft.

Zu **Verb. 2, Arabidion coeruleae,** Kalkschneeböden:

3. **Rumici-Arabidetum coeruleae,** Gänsekresse-Schneetälchen; Ch. *Gentiana bavarica* var. *bavarica, Rumex nivalis.* In den Kalkalpen nicht selten, besonders in verkarstetem Gelände mit trichterartig eingebrochenem Kalkgestein (Dolinen).

8.–10. Formation: Mitteleuropäische Grasfluren, Rasengesellschaften

Mit dem Ausdruck Rasen ist in diesem Zusammenhang nicht ein teppichartiger Gramineenbewuchs im Sinne von „english lawn“ gemeint, sondern das Wort wird entsprechend dem angelsächsischen (und zuweilen auch schon eingedeutschten) **„grassland“**, also **„Grasflur“** „Grasflurgesellschaften“ gebraucht. Derartiges „Grasland“ kann man definieren als mehr oder weniger geschlossene Vegetation, die vorwiegend aus Gramineen und dikotylen Kräutern besteht, wobei Röhrichte, Rieder und Moore ausgeschlossen sind.

Will man eine Grobklassifizierung der Grasfluren der Erde vornehmen, so kann man mit SCHMITHÜSEN (1968) unterscheiden:

a) trockenes Grasland der Tropen = **Savanne;**

b) trockenes Grasland der gemäßigten und subpolaren Zonen = **Prärie;** dieses ist standörtlich durch Winterkälte einerseits, Sommerwärme und -trockenheit andererseits zu kennzeichnen und entspricht damit der **Steppe** im engeren Sinne;

c) **Wiesen** = frische, feuchte und nasse Bestände, in denen demgemäß hygromorphe Arten dominieren (weichblättrige Arten mit gering ausgeprägtem Transpirationsschutz).

Oft, vor allem in der Landwirtschaft, wird auch der Begriff **Grünland** benutzt. Seinen Umfang kann man aus dem zusammenfassenden Werk KLAPPs „Grünlandvegetation und Standort“ (1965) ablesen: Außer Rasengesellschaften werden dort Niedermoorgesellschaften, Röhrichte und Großseggenrieder behandelt; insgesamt also Gesellschaften, die vorwiegend aus grasartigen Gewächsen und teilweise auch dikotylen Kräutern aufgebaut, gehölzfrei und mäh- oder beweidbar sind. „Kulturgrünland“ ist durch planmäßige Pflege-, Düngungs- und/oder Meliorationsmaßnahmen beeinflußt; für **„Ödland“** (in diesem speziellen Sinne als Alternativbegriff) gilt das nicht. Unter **„Magerrasen“** versteht der Pflanzensoziologe vor allem die nicht oder nur sehr schwach gedüngten Grasfluren der Festuco-Brometea und Nardetalia.

Das Schema der Abb. 18 möge einen Überblick geben über die großen Einheiten der mitteleuropäischen Grasfluren und die sie differenzierenden, komplexen Hauptfaktoren. Im Zentrum stehe die – nur gedachte – Vegetation eines ausgeglichenen, also hinsichtlich keines Faktors extremen Standorts in Mitteleuropa; er sei also weder grundwasserbeeinflußt, noch ungewöhnlicher Austrocknung unterworfen (Saugkräfte < 15 atm);

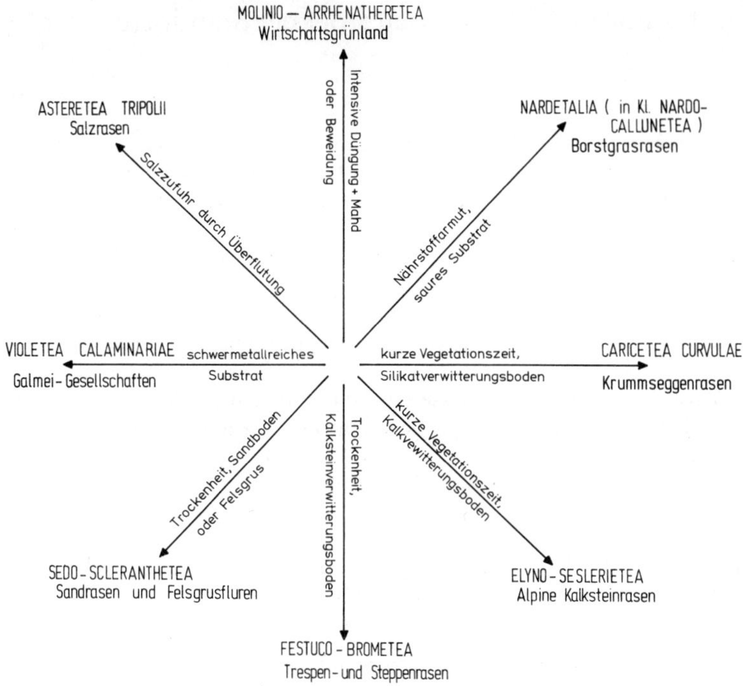

Abb. 18: Schema: Synsystematische Übersicht und synökologische Charakteristik der Grasflur-Klassen in Mitteleuropa.

es sei ein ungedüngter Lehm mittlerer Azidität; die Vegetation werde gelegentlich gemäht oder leicht beweidet; sie liege in der submontanen Stufe. Konkret dürfte eine solche Vegetation nicht existieren; denn falls solche Standorte Grasland tragen, so werden sie, da standörtlich wertvoll, intensiv bewirtschaftet – auch dies ein stark auslesend und damit ausmerzend wirkender Faktor; unbewirtschaftet aber entstünde Wald.

8. Formation: Magerrasen trockner Standorte

Grasfluren aus Hemikryptophyten und oft beträchtlichen Anteilen von Therophyten und Chamaephyten; sie besiedeln trockene Standorte und sind daher oft lückig entwickelt. Wir stellen die folgenden 3 Klassen hierher:

29. Kl.: Violetea calaminariae, Europäisch-westsibirische Schwermetallrasen
30. Kl.: Sedo-Scleranthetea, Sandrasen und Felsgrusgesellschaften
31. Kl.: Festuco-Brometea, Schwingel-Steppen- und Trespenrasen

Bei der erstgenannten Klasse wird das Problem der Schwermetalltoleranz behandelt, bei den folgenden steht der Xerophytismus im Vordergrund.

29. Klasse: Violetea calaminariae, Europäisch-westsibirische Schwermetallrasen; Galmeigesellschaften

Seit langem ist die Eigenart der Flora und der Vegetation auf verlassenen Bergwerkshalden und in Einsturztrichtern über alten Stollen (in Pingen) bekannt, falls dort schwermetallhaltiges Gestein das Substrat bildet. Diese gewerblich-industriell geschaffenen Standorte gehen bis auf das Mittelalter zurück, so im Harz und im Schwarzwald, wo vom 13. Jh. an Erzbergbau nachgewiesen ist. Ursprüngliche Standorte solcher Pflanzen, die an hohe Schwermetallkonzentrationen angepaßt sind, der **Chalkophyten**, sind in Europa und Nordamerika selten geworden, auf den Südkontinenten stehen jedoch noch häufiger derartige Gesteine als Ausbisse erzführender Schichten an. Stets ist die Vegetation dort artenarm, schütter und zwergwüchsig; Bäume fehlen. Es haben sich eigene chalkophytische Sippen entwickelt; in Europa hat das Galmeiveilchen, Viola calaminaria, Artrang erreicht (Galmei = $ZnCO_3$). (Bei vielen anderen als Arten bewerteten Pflanzen dürfte es sich nur um stark abweichende Phänotypen handeln, die unter Kulturbedingungen allenfalls geringe genetisch fixierte morphologische und biochemische Abweichungen von der Stammform zeigen.) Als Schwermetalle kommen – fast immer zu mehreren – Zn, Cu, Pb, Ni, Co, Cd und Cr, selten andere in Betracht. Während die Konzentrationen an Eisen (bis zu 45%!) nicht selektierend wirken, da es zum größten Teil in inaktiver Form vorliegt, und Mangan nur selten schädigende Mengen erreicht, wirken schon Konzentrationen von 0,1% im Boden bei den oben genannten Metallen auf die meisten Pflanzen und Tiere toxisch und damit selektierend. (Minimale Mengen von Fe, Mn, Zn, Cd, Mo und Co werden von allen Organismen als Enzymaktivatoren benötigt.) Diese Spezifität bedingt, daß man Pflanzen in geologisch wenig erforschten Gebieten bei der Prospektion (gezielten Suche) von Erzvorkommen einsetzen kann (MALYUGA 1964). Als Indikatoren können dabei nicht nur Chalkophyten, sondern auch teratologische Formen (Mißbildungen, z. B. mit zerschlitzten Kronblättern) von nicht-angepaßten Arten dienen. Die Fragen der Standorts- und damit Vegetationseigenart, der Resistenz der Pflanzen und der Geschichte ihrer Gesellschaften sind am eingehendsten in Europa und damit an der Klasse Violetea calaminariae untersucht worden. Eine vielseitige und gründliche Monographie über die Schwermetallvegetation der ganzen Erde verdanken wir ERNST (1974); auf diese beziehen wir uns, wobei die Gesetzmäßigkeiten der Violetea offenbar auf andere Einheiten übertragbar sind.

Standort und Schwermetallresistenz

Außer hohem Gehalt an Schwermetallen scheint allen Standorten eine geringe mikrobiologische Aktivität gemeinsam zu sein; wesentlich ist ihre Armut an Stickstoffbindnern. Aber auch der sonstige Stoffumsatz verläuft träge. Wenn es sich um Halden und aufgeschüttete Sande handelt, sind die Standorte dazu noch trocken. Die Verwitterung und die Anreicherung von Feinerde gehen daher langsam voran. Auch aus diesen Gründen ist die Produktivität gering.

In der Feinerde der Schwermetallstandorte ist der Gehalt an wasserlöslichen Schwermetallen (ohne Eisen und Mangan) auf das 10–10000fache erhöht; berücksichtigt man dazu den durch die schwachen Säuren der Pflanzenwurzeln und Mikroorganismen austauschbaren Anteil, so ist mit weiterer Steigerung um das 10fache zu rechnen. In „Normalboden“ rechnet man mit 30–79 ppm in trockner Feinerde; schon Konzentrationen ab 50 ppm gelten für Kulturpflanzen als toxisch; an Schwermetallstandorten findet man jedoch 4000–40000 ppm. Auch Chalkophyten gehen in Nährlösungen bei derart hohen Konzentrationen ein. Günstiger wird es, wenn Chelate zugesetzt werden (deren Moleküle die Ionen krebsscherenartig durch Haupt- und Nebenvalenzbindungen umhüllen); aber auch dann zeigt sich, daß nicht die hohen Werte des Standortes ertragen werden; dort müssen also besondere Bindungsverhältnisse eine gewisse Abschirmung bewirken. Trotzdem werden die Chalkophyten gleichsam mit Ionen überschwemmt; ihre Resistenz muß also plasmatisch bedingt sein. Höchstwerte von 384 μg Atom Zn/g TS = 2,5% bei *Thlaspi alpestre,* Werte von 1000–6000 ppm bei **Galmeipflanzen** allgemein lassen sich feststellen; derartige Mengen werden inaktiviert in Wand und Vakuole festgelegt. Die Resistenz ist dabei art-, populations- und metallspezifisch.

Eine andere Frage ist es, ob diese Pflanzen durch die hohe einseitige Ionenkonzentration im Boden gefördert werden, also chalkophil sind, oder ob sie diese nur besser tolerieren als Nicht-Chalkophyten. Bisher ließ sich für einige Schwermetallökotypen zeigen, daß ihre Stoffproduktion in Kulturen bei Zusatz geringer Schwermetallmengen ein wenig gefördert wurde; die Konzentrationsspanne ist aber eng; hohe Konzentrationen hemmen auch sie. Die Galmeipflanzen sind also nur schwächer **chalkophob** als andere Sippen. Von daher ist es auch verständlich, daß im Harz die Halden aus der Zeit von 1671 bis 1813 noch fast vegetationsfrei, die von 1400 bis 1670 auch nur teilweise bewachsen sind (SCHUBERT 1954). Einen Beitrag zur Bodenbildung können Pflanzen hier also erst nach Jahrhunderten leisten.

Synevolution

Auf Grund einer Synthese von arealkundlichen, systematischen und genökologischen Daten lassen sich einige Schlüsse zur Sippen- und Gesellschaftsbildung ziehen. – Die Galmeigesellschaften sind disjunkt weit verbreitet; sie sind aus dem Harz und seinem Vorland, dem Aachenniederbelgischen Revier, den Alpen, den Pyrenäen und Großbritannien bekannt, in fragmentarischer Ausbildung auch aus andern Gegenden.

Aufschlußreich für die Entstehung der Assoziationen ist das Verhalten der Art *Armeria maritima.* Sie hat in mehreren Gebieten endemische Varietäten gebildet; von diesen interessieren uns hier die var. *bottendorfensis* (an einer Lokalität an der Unstrut), die var. *hornburgensis* (an einer Lokalität im Harzvorland), die var. *halleri* (in Mitteleuropa östlich der Elbe), die var. *calaminaria* (in Mitteleuropa westlich der Elbe) und die var. *mülleri* (in den Zentralpyrenäen). Offenbar sind dies **Endemiten,** die auf eine Stammform zurückgehen, welche vor der Separation dieser Areale, also vor der Wiederbewaldung nach der Eiszeit weit verbreitet war. (In der Tat ist *Armeria*-Pollen aus dem Spätglazial verschiedentlich nachgewiesen worden (s. S. 77).) Die Stammform hat an verschiedenen Stellen, bereits ehe der Mensch Halden und damit ein Vielfaches der natürlichen Standorte schuf, **chalkophytische Ökotypen** gebildet, die sich heute auch morphologisch im Range von Varietäten unterscheiden. Man muß postulieren, daß es für diese lichtbedürftigen, konkurrenzschwachen Sippen in den betreffenden Gebieten immer offene und konkurrenzarme Standorte gegeben hat, etwa auf unbeschatteten Felsrippen. Auf die heutzutage weitverbreiteten Sippen *Viola calaminaria, Thlaspi alpestre, Minuartia verna* u. a. übertragen heißt dies, daß auch sie bereits spätglazial existiert haben müssen; es sei denn, man macht die unwahrscheinliche Annahme einer rezenten sprunghaften Ausbreitung über Hunderte von Kilometern. Es handelt sich bei den Schwermetallpflanzen also – auch wenn sie bereits in geologischer Zeit entstanden sind – um progressive oder Neoendemiten, bei denen zwar die Stammform ihr Areal dichter besiedelt haben muß, die jungen Öko-

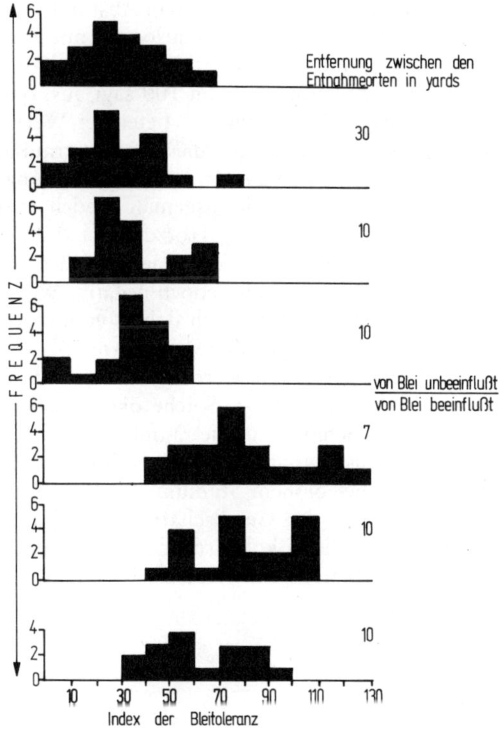

Abb. 19: Physiologische Widerstandsfähigkeit von *Agrostis tenuis* gegen Blei-Ionen in der Nährlösung. Die Mutterpflanzen stammten von bleihaltigen bzw. bleifreien Böden eines kleines Gebietes (s. Abstände der Flächen); Frequenz = Zahl der geprüften Pflanzen in den einzelnen Toleranzklassen; zur Definition des Index der Bleitoleranz s. Text. Index <100 = im Experiment gehemmt. (Nach BRADSHAW et al. 1965.)

typen aber in den heutigen Gebieten ihre Evolution durchlaufen haben und sich unter menschlichem Einfluß sogar noch ausbreiten konnten.

Auch gegenwärtig kann eine solche **Ökotypenbildung** noch stattfinden, wie man an frisch entstandenen schwermetallreichen Standorten erkennen kann. Instruktiv für den Pflanzensoziologen wie für den Evolutionsgenetiker ist das Verhalten der Sippen und Populationen an den Grenzen von schwermetallreichen („kontaminierten") und „normalen" Böden; das Histogramm von BRADSHAW et al. (1965) (Abb. 19) zeigt eine Analyse von *Agrostis tenuis*, die sich zwar auf Bleitoleranz bezieht, aber im Prinzip auch für andere Schwermetalle gilt. Samen von einzelnen Pflanzen von *Agrostis tenuis* aus bestimmtem Abstand von der Gesteinsgrenze wurde a) in reiner, b) in einer Nährlösung mit Zusatz von Pb^{++} angezogen und das prozentuale Verhältnis der Wurzellängen in b und a bestimmt; ein Index der Bleitoleranz von 100 sagt aus, daß das Wurzelwerk in beiden Fällen gleich lang war; je tiefer der Wert, desto stärker die Hemmung. Zu berücksichtigen ist, daß das Rotstraußgras ein selbststeriler Windblütler ist, daß also dauernde Durchmischung des Erbgutes der Individuen stattfindet. Definitionsgemäß siedelt also in beiden Arealen ein und dieselbe Population. Trotzdem ist der Gen-pool deutlich verschieden: Bleitolerante werden innerhalb des kontaminierten Gebietes positiv selektiert, außerhalb jedoch negativ. Weshalb ihre Konkurrenzkraft hier geringer ist, steht noch dahin; vermutlich wachsen sie langsamer und sind deshalb gegenüber den Normalökotypen im Nachteil. Spontan entstehende Tolerante werden also in nicht-kontaminierten Gegenden sofort wieder ausgemerzt. Solche ökologischen Populationsanalysen führen zu dem Schluß, daß die räumliche Verteilung der Pflanzen in der Natur, ihr Muster (**pattern**), die Standortsfaktoren weit feiner widerspiegelt, als man bei bloßem Studium der Verteilung der Spezies erkennt. Zum Verständnis der Gesellschaftsbildung ist also auch das Studium von infraspezifischen ökologisch definierten Sippen, den Ökotypen erwünscht. Das betreffende Arbeitsgebiet wird auch als Genökologie bezeichnet.

Systematischer Überblick

Die Klasse Violetea calaminariae wird durch Schwermetallökotypen von *Silene vulgaris* (= *S. cucubalus*) und *Minuartia verna* charakterisiert. Diese beiden Caryophyllaceen erscheinen überall als Pioniere. 2 Ordnungen mit 6 Verbänden mit jeweils mehreren artenarmen Assoziationen sind beschrieben worden. Klassisch sind das **Armerietum halleri,** das LIBBERT 1930 aus dem nördlichen Harzvorland beschrieben hat, und das **Violetum calaminariae** SCHWICKERATH 1931, der Galmeirasen der Eifel.

Zur rechten Würdigung der beiden folgenden Klassen, der Sandrasen und Felsgrusgesellschaften und der Schwingel-Steppen- und Trespenrasen, geben wir in ganz knapper Zusammenfassung einige

Hinweise zum Wasserhaushalt

Die Physiognomie xerophytischer Bestände ist ja so eigentümlich, daß wir uns den Anpassungscharakter der bestimmenden Merkmale vergegenwärtigen sollten. (S. besonders WALTER 1960, LARCHER 1976, ferner Lehrbücher der allgemeinen Botanik.)

Will man den Wasserhaushalt einer Gesellschaft beurteilen, so sind folgende verschiedenwertige **Faktoren** zu beachten:

1. Niederschlagshöhe und -verteilung im Gebiet und am Wuchsort.
2. Sättigungsdefizit der Luft als Maß für die Saugkraft der Atmosphäre; abhängig von Temperatur, Wind und absoluter Luftfeuchte; Relativwerte sind meßbar mit Evaporimetern. Expositionsunterschiede gehen in diesen Wert ein.
3. Grund-, Sicker- und Stauwassereinfluß.
4. Bodenart und -struktur und damit Wasserspeicherkraft unter Feldbedingungen pro Volumeneinheit (Feldkapazität) unter Berücksichtigung des pflanzenverfügbaren Anteils (Beispiel S. 205).
5. Gründigkeit des Bodens: durchwurzelbares Bodenvolumen und damit Gesamtmenge an pflanzenverfügbarem Wasser = nutzbare Regenkapazität (s. S. 22).
6. Schichtenstruktur der Vegetation: Ein Teil der Niederschläge wird von höheren Schichten abgefangen: Vorgang und Menge werden als **Interzeption** bezeichnet. – Hierher gehört auch die Abdeckung der Bodenoberfläche durch Stroh u. ä. und damit Verringerung von „unproduktiven" Wasserverlusten, d. h. von Wasser, das nicht durch die Pflanzen transpiriert worden ist.
7. Wasserentzug durch Konkurrenten des gleichen Bestandes.

Daraus lassen sich auch die **Strukturen und Verhaltensweisen von Xerophyten**, Pflanzen trockner Standorte, verstehen. Es gibt ganz verschiedene, zwei Grundtypen zuzuordnende „Strategien", den xerischen (trocknen), meist sogar xerothermen (trockenheißen) Standort zu meistern: Erstens den **Typ der Thallophyten,** welche mit ihrer **„Quellkörperorganisation"** (s. STOCKER 1956) keine Möglichkeit haben, aktiv ihre Wasserbilanz zu regeln; ihr Wasserzustand (Wasserpotential) folgt daher mit nur knappen Verzögerungen jenem der angrenzenden Atmosphäre; sie werden danach als **poikilohyder** bezeichnet. Sie können xerische Standorte nur dann besiedeln, wenn ihre plasmatische Dürreresistenz hoch ist. LANGE (1953, 1955) zeigte, daß die Bewohner xerothermer, aber auch viele Arten gemäßigter Standorte monatelange Austrocknung und im trockenen Zustand Temperaturen von 80–100 °C ertragen. Die Thallophyten xerothermer Standorte sind konkurrenzschwach, weil sie während der Zeit der Austrocknung nicht aktiv leben und daher leicht überwachsen werden können von Vertretern des **zweiten Typs, den Kormophyten,** die (von ganz wenigen sekundären Ausnahmen abgesehen) durch ihre **„Spaltöffnungsorganisation"** **homoiohyder** sind. Homoiohydrie setzt voraus: Nutzung des Bodenwasserreservoirs durch ein rasch wachsendes Wurzelsystem, Verdunstungsschutz durch Cuticularschichten oder Periderm, verschiedene Wasserspeicherungsmöglichkeiten, Regulation der Wasserabgabe durch Stomata. Vollkommener Abschluß ist natürlich aus Gründen des Gaswechsels unmöglich. Wie hoch die Wasserverluste sein dürfen, wie weit also das Wasserpotential des Plasmas schadlos absinken darf, ist artspezifisch verschieden und hängt von mehreren Parametern ab, u. a. dem Vorleben des Individuums. BORNKAMM (1958) bestimmte für Mesobromionarten bei Göttingen, also für schon recht gemäßigte Standorte, das subletale Defizit zu 60–80% (man versteht darunter denjenigen Anteil des Wassergehalts bei Sättigung, der abgegeben werden kann, ohne daß mehr als 10% der Blattfläche getötet werden). Bei voller Transpirationsintensität könnte diese Menge von *Bromus erectus* und *Brachypodium pinnatum* in etwa 10 Minuten umgesetzt werden! Man erkennt daraus die Wirksamkeit der Einschränkung der stomatären Transpiration.

Unter günstigen Wasserhaushaltsbedingungen unterscheiden sich Xero-, Meso- und Hygrophyten nicht prinzipiell in der Wasserabgabe pro Trockengewichtseinheit; entscheidend sind vielmehr die Streß-Bedingungen. Bei den xerophytischen Kormophyten ist die **plasmatische Resistenz** (**hardiness**) gegen Austrocknung (wiederum von Ausnahmen wie *Ceterach officinarum* u. ä. abgesehen) weit geringer als bei den oben genannten Thallophyten. Das Prinzip bei ihnen ist vielmehr, durch besondere Eigenschaften morphologischer Art (sog. **Xeromorphien**) oder physiologischer Art eine derartige Austrocknung zu verhindern: **konstitutionelle Resistenz** (**avoidance**). Geht man davon aus, daß nur eine begrenzte Wassermenge zur Durchströmung der Pflanze zur Verfügung steht, daß ferner das Sättigungsdefizit und damit die Saugkraft der Atmosphäre durch die Pflanze nicht nennenswert beeinflußt werden kann, so wird klar, daß die „Konstruktion" der Pflanze – in Analogie zum Ohm'schen Gesetz: Spannung = Stromstärke × Widerstand – auf eine jedenfalls zeitweilige Erhöhung der Transpirationswiderstände hinauslaufen muß. Unter diesem Aspekt seien folgende Merkmale genannt, die in bestimmten Kombinationen aufzutreten pflegen und bestimmte Lebensformen kennzeichnen. (Die Sippenbeispiele beziehen sich auf Vertreter der beiden Klassen Sedo-Scleranthetea und Festuco-Brometea.)

1. *Passive Xerophyten:*

a) Therophyten, welche die dürregefährdete Jahreszeit als Samen überdauern; *Cerastium pumilum, Veronica verna.*

b) Geophyten, welche die dürregefährdete Jahreszeit mit unterirdischen Speicherorganen als Knollen, Zwiebeln, Rhizome überdauern; *Ophrys, Scilla autumnalis.*

2. *Aktive Xerophyten:*

a) Sukkulente, gekennzeichnet durch Wasserspeichergewebe, selten in der Wurzel *(Geranium sanguineum),* in tropischen Klimaten im gesamten metamorphosierten Sproß (Kakteen), bei uns meist in den Blättern *(Sedum, Sempervivum).* Verknüpft damit ist ein „Anpassungssyndrom": kräftige Cuticula, ungewöhnlich geringe Zahl von Stomata, damit freilich träger Gaswechsel und geringer Zuwachs; daher sind Sukkulente nur für konkurrenzarme Standorte geeignet (s. Alysso-Sedion). Eine wichtige biochemische Konvergenz ist der diurnale Säurerhythmus (bei Crassulaceen, Cactaceen, aber auch epiphytischen Orchideen u. a. gefunden): bei Nacht Öffnung der Stomata, Aufnahme von CO_2, Einbau in Pyruvat und nach Reduktion Speicherung als Malat in der Vacuole; bei Tag dann Spaltung des Malats und Einschleusung des CO_2 in den Photosyntheseweg (KLUGE 1972).

b) Kräftige Entwicklung des Wurzelsystems; Längen von 1–2 m werden verschiedentlich erreicht; *Eryngium campestre, Artemisia campestris.*

c) Sproß-Wurzel-Relation genotypisch und phänotypisch zugunsten des Wurzelsystems verschoben. Daher rührt der oftmals lückige Habitus der Xerophytenbestände.

d) Kräftig entwickeltes Leitgewebe, d. h. großer Querschnitt des Leitsystems bezogen auf die von ihm zu versorgende Oberfläche.

e) Sklerenchymreichtum.

f) Dicke Cuticularschichten; sie rufen zusammen mit Sklerenchymreichtum Hartlaubcharakter hervor; *Helianthemum nummularium, Thymus serpyllum, Eryngium campestre.*

g) Rollblätter und borstliche Blätter mit geschützter Lage der Stomata; *Stipa, Festuca ovina.*

h) Große Zahl von Stomata; dadurch zu Zeiten guter Wasserversorgung intensiver Gaswechsel möglich; bei nicht-sukkulenten Xerophyten liegen die Werte bei ca. 200–600 Stomata pro mm^2 Ober- und Unterseite des Blattes; hygromorphe Pflanzen haben Werte von ca. $100/mm^2$.

i) Wachsüberzüge und wohl auch Behaarung setzen die cuticuläre Transpiration herab; *Festuca pallens, Sedum reflexum.*

30. Klasse: Sedo-Scleranthetea, Sandrasen und Felsgrusfluren

Systematischer Überblick

BS 16

Kl. Sedo-Scleranthetea, Sandrasen und Felsgrusgesellschaften;
Ch. Rumex acetosella (bestimmte Sippen), Scleranthus perennis, Sedum acre, Sedum mite, Trifolium arvense, Veronica verna, die Kryptogamen Ceratodon purpureus, Cladonia furcata, Polytrichum piliferum u.a.

1.O. Corynephoretalia, atl.-subatl. Silbergrasfluren;	2.O. Festuco-Sedetalia, zentraleurop.-sarmatische Schafschwingelfluren;	3.O. Sedo-Scleranthetalia, Felsgrus- und Felsbandgesellschaften;
Ch. Carex arenaria, Corynephorus canescens, Ornithopus perpusillus, Diff. Mibora minima u.a.	Ch. Festuca trachyphylla, Helichrysum arenarium, Sedum reflexum, Thymus serpyllum s.str., Petrorhagia prolifera u.a.	Ch. Allium montanum, Sedum album, Sempervivum tectorum, Silene rupestris u.a.
mehrere Verbände	mehrere Verbände	mehrere Verbände: Alysso-Sedion, Festucion pallentis, Sedo-Scleranthion
Beisp. 1-4	Beisp. 5	Beisp. 6-9

Abb. 20: Beispiele für Areale (ohne Kleinstexklaven): *Corynephorus canescens* subatlantisch, *Teucrium montanum* submediterran, *Koëleria glauca* kontinental. (Nach MEUSEL 1943.) ▶

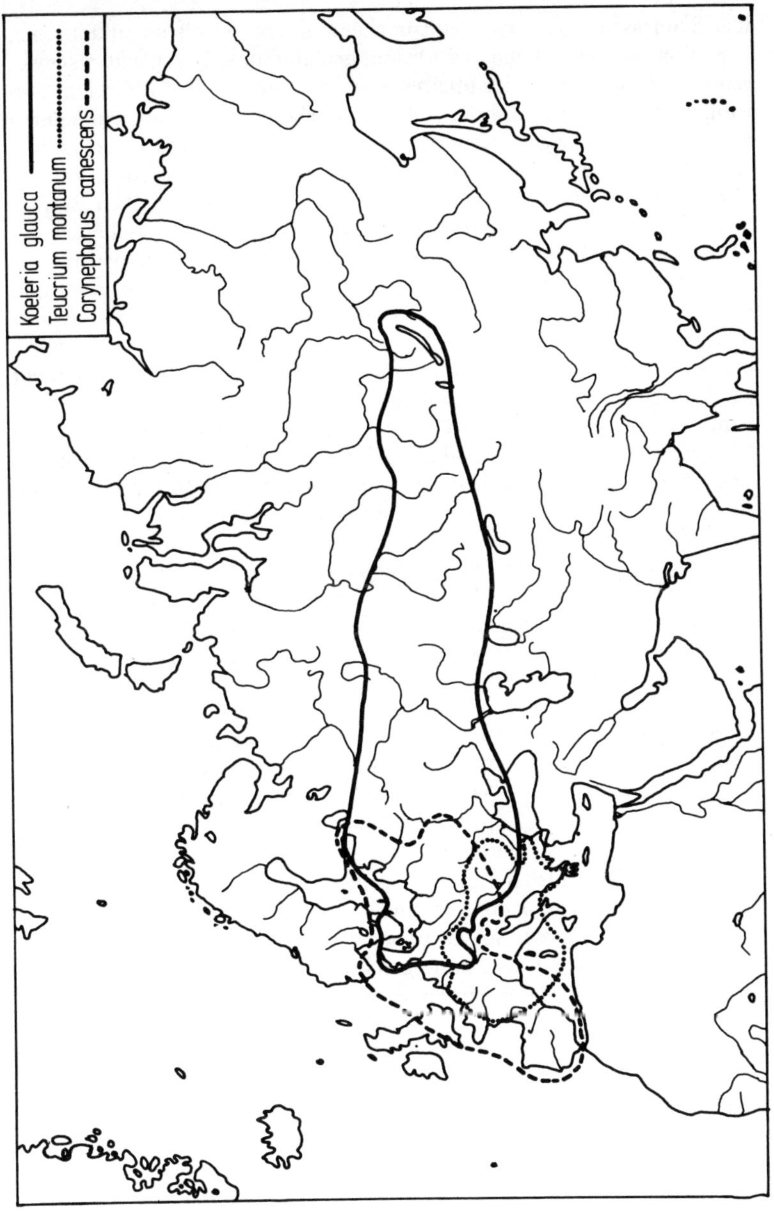
Koeleria glauca
Teucrium montanum
Corynephorus canescens

Die **Sandrasen** lassen sich entsprechend ihrem Anteil an atlantischen bzw. kontinentalen Arten in 2 Ordnungen aufteilen; Übergänge erschweren es, ein einheitlich akzeptiertes System zu finden. Auf die Feingliederung wird in dieser Einführung verzichtet. Da die Aufstellung eines guten Systems intensive eigene Kenntnis der Gesellschaften im Gelände voraussetzt, halten wir uns im wesentlichen an die Gliederung von KRAUSCH (1968), denn er hat in Brandenburg, „des Heiligen Römischen Reiches Streusandbüchse", gearbeitet, wo die kontinentalen Gesellschaften der Klasse bereits gut entwickelt sind und die subatlantischen immerhin erst ausklingen. (Vgl. Abb. 20.) Die Ordnungen **Corynephoretalia** und **Festuco-Sedetalia** kommen auf Küsten- wie Binnendünen und diluvialen Sandflächen vor, falls der Sand höchstens noch schwach verweht wird. Die **Sedo-Scleranthetalia** leben auf flachgründigem Felsgrus (Grus besteht aus kantigen, erbsen- bis haselnußgroßen Gesteinsbrocken) oder auf Felsbändern, daher vor allem in Gebirgen. Sekundär sind sie aber auch auf Mauerkronen, Kiesdächer und ähnlich flachgründig-feinerdearme Standorte übergegangen; diese besitzen, über das ganze Profil hin betrachtet, ebenso wie die Sandböden nur eine geringe Wasserspeicherkraft.

Einige Assoziationen:

1. **Spergulo-Corynephoretum,** Silbergrasflur; Ch. *Spergula morisonii, Teesdalia nudicaulis, Cladonia cervicornis, Cladonia destricta, Cladonia polydactyla.* Eine azidophytische **Dünenpionierassoziation,** die vom Silbergras dominiert wird. *Corynephorus* wird durch leichte Sandüberwehung (10 cm/a; vgl. S. 121) gefördert, weil die übersandeten Knoten junge Wurzeln bilden. An entkalkten Anrissen kann die Pflanze daher zur Festigung angesät werden. – Da die Bestände locker und einschichtig, die Böden lose und steinfrei sind, lassen sich hier günstig modellartige Mikroklima-Messungen durchführen (s. die instruktiven Abbildungen bei BERGER-LANDEFELDT und SUKOPP 1965). (Der floristische Sondercharakter des reinen Corynephoretum ermöglicht sogar die Aufstellung einer eigenen Klasse.)
2. **Airetum praecocis,** Schmielenhafer-Gesellschaft; Ch. die namengebende Art. Auf sauren, schwach oder nicht bewegten Sandböden als lückige, niederwüchsige Pioniergesellschaft.
3. **Tortulo-Phleetum arenarii,** Sandlieschgrasflur; Ch. *Erodium glutinosum, Phleum arenarium, Silene conica, Tortula ruralis* ssp. *ruraliformis* u. a. Auf kalkreichen **Küstendünen.** Der entsprechende Verband wird u. a. durch das atlantische Schillergras, *Koeleria albescens,* charakterisiert.
4. **Agrostio-Poetum humilis,** Straußgrasdüne. Blumenbunte, durch Beweidung entstandene, aber durch Kaninchen-Massenfraß auf den Nordsee-Inseln beeinträchtigte Rasengesellschaft mit den Verb. ch.

Galium verum var. *maritimum, Jasione montana* var. *littoralis, Viola tricolor* ssp. *curtisii* u. a. Sie kennzeichnet unsere **Kleingrasdünen** und sei daher hier erwähnt, obwohl sie noch nicht hinlänglich beschrieben ist.

5. **Jurinaeo-Koelerietum glaucae,** Silberschartenflur; Ch. *Alyssum arenarium, Gypsophila fastigiata, Jurinaea cyanoides, Koeleria glauca, Onosma arenarium,* Diff. *Kochia arenaria.* Alle Charakterarten gehören dem kontinentalen Geoelement an; sie bauen zusammen mit Mitteleuropäern eine endemische Gebietsassoziation in der xerothermen nördlichen Oberrheinebene auf. Diese Isolation sowie der steppenartige Charakter der Vegetation und des Standorts verleitete dazu, die Assoziation als Relikt des frühen Postglazials (Kiefernzeit) zu werten. Dagegen spricht freilich die Beobachtung, daß sie durchweg anthropogen entwaldete Stellen besiedelt, an denen die Kiefer zwar schwer aufforstbar ist, Eiche und Robinie aber spontan aufkommen. So vermutet PHILIPPI (1971) eher eine prähistorisch-historische Einwanderung und Verschleppung im Gefolge des Menschen. Dies Beispiel zeigt die Schwierigkeit, Vorgänge der Vergangenheit zu entschlüsseln, wenn keine Fossilien (wie Pollenkörner) vorliegen und in einem moorarmen Trockengebiet auch nicht zu erhoffen sind.
6. **Alysso-Sedetum albi,** Kelchsteinkraut-Mauerpfeffer-Gesellschaft; Ch. (lokal) *Sedum album.* Eine typische therophytenreiche Gesellschaft auf sehr flachgründiger initialer Rendsina über massivem Kalk der Felsköpfe, besonders schön auf der Schwäbischen Alb (MÜLLER 1961). *Sedum album* bildet geradezu Decken. Bei dieser wie bei verwandten Felskronengesellschaften beobachtet man, daß die nicht-sukkulenten Hemikryptophyten sich nur dort festsetzen können, wo sich mindestens etwa 3 cm Feinerde in den Spalten und Nischen befinden; *Sedum* dagegen nutzt lediglich die Wasserkapazität der oberflächlichsten Streu-Humus-Schicht.
7. **Cerastietum pumili,** Hornkrautgesellschaft; Ch. *Cerastium brachypetalum, C. pumilum.* Sie entspricht dem Alysso-Sedetum auf feinsandiger oder Löß-Auflage über Kalk, also auf initialer Pararendsina.
8. **Diantho-Festucetum pallentis,** Pfingstnelkenflur; Ch. *Dianthus gratianopolitanus,* lokal *Allium montanum, Alyssum saxatile* u. a. Auf heißtrocknen **Kalkfelsbändern** der Schwäbischen und Fränkischen Alb; der Standort ist etwas humoser und feinerdereicher als der des Alysso-Sedetum.
9. **Sclerantho (bienni)-Sempervivetum arachnoidei,** Hauswurz-Gesellschaft; Ch. *Sempervivum arachnoideum.* Pioniergesellschaft auf Felsbuckeln, Ruheschutt und sekundär auf Mauerkronen in der subalpinen Stufe der Alpen. BRAUN-BLANQUET (1948–1950) berichtet,

daß die Rasenarten in sehr trocknen Sommern in dieser Gesellschaft eingehen, die Sukkulenten jedoch überdauern; die Therophyten erneuern sich ohnehin alljährlich aus Samen.

31. Klasse: Festuco-Brometea, Schwingel-Steppen- und Trespenrasen

Auch bei diesen artenreichen, **basiphytischen Magerrasen** auf Kalk, Löß oder basisch verwitternden Silikatgesteinen lassen sich 2, im typischen Falle klar gesonderte Ordnungen verschiedenen Areals erkennen: die subkontinentalen Festucetalia valesiacae und die submediterranen Brometalia erecti. Die Brometalia sind in Mitteleuropa reich entfaltet, die Festucetalia klingen aus; von den ersten nennt OBERDORFER (1970) 16 Assoziationen, von den letzten 5.

Innerhalb dieser basiphytischen Magerrasen gibt es deutliche großräumige geographische Gradienten: Die Brometalia-Arten dünnen nach Osten und Norden hin aus, die Festucetalia-Arten nach Westen und Norden. In Alpennähe greifen mit der „*Sesleria*-Gruppe" Arten ein, die in den Schneeheide-Kiefernwäldern, im Latschenkrummholz und in Kalk-Steinrasen ihren Verbreitungsschwerpunkt haben; sie werden als **dealpin** bezeichnet. Es vereinigen sich also ganz verschiedene Geoelemente (s. Abb. 20).

Florengeschichte

Aus den verschiedenen Arealtypen muß man auf verschiedene ökologische Konstitution schließen (der umgekehrte Schluß wäre unzulässig) und aus dieser auf verschiedene Florengeschichte. Die Festucetalia-Arten, die in kontinentalen Steppen vorkommen, dürften genügend kälteresistent gewesen sein, daß sie eiszeitlich wie manche Steppentiere in Mitteleuropa überdauert haben. Daß dies auch für heute alpin-subalpine Arten galt, ist sicher; *Carduus defloratus* aus der „*Sesleria*-Gruppe" ist sogar fossil in Oberschwaben nachgewiesen (LANG 1962). Die Submediterranen jedoch, vielfach frostempfindlich und mit hohen Ansprüchen an Sommerwärme, dürften erst in der postglazialen Wärmezeit oder später nach Beginn der Rodungen vorgedrungen sein. Noch komplizierter gestalten sich die Verhältnisse dadurch, daß die einzige bei uns großflächig vorkommende Gesellschaft, das Mesobromion, anthropogen und durch Mahd und Weide entstanden ist. ZOLLER (1954a) untersuchte, wo dessen Arten ihre ursprünglichen Standorte hatten; sie stammen danach von Schutt-

Kl. Festuco-Brometea, Steppen- und Trespenrasen;

Ch. Allium sphaerocephalum, Asperula cynanchica, Carex caryophyllea, Eryngium campestre, Euphorbia cyparissias, Koeleria gracilis, Medicago falcata, Potentilla heptaphylla, Prunella grandiflora, Salvia pratensis, Stachys recta, Trifolium montanum, die Moose Abietinella abietina, Campthothecium lutescens, Rhytidium rugosum u.a.

1.O. Festucetalia valesiacae, (subkontinentale) Steppenrasen;

Ch. (innerh. O.) Achillea setacea, Adonis vernalis, Astragalus danicus, Euphorbia seguieriana, Festuca duvalii, Festuca valesiaca, Poa badensis, Potentilla arenaria, Seseli hippomarathrum, Silene otites, Stipa capillata, Stipa ioannis Stipa stenophylla, Veronica spicata u.a.

2.O. Brometalia erecti, submediterrane Trespentrockenrasen;

Ch. Arabis auriculata, Bromus erectus, Centaurea scabiosa ssp., Dianthus carthusianorum, Helianthemum nummularium ssp. obscurum, Hippocrepis comosa, Koeleria pyramidata, Pulsatilla vulgaris, Scabiosa columbaria, Teucrium montanum u.a.

1.V. Xerobromion, Trespen-Volltrockenrasen;

Ch. Fumana procumbens, Globularia elongata, Linum tenuifolium, Stipa pulcherrima u.a.

1.U.V. Eu-Xerobromion; ohne Diff.

2.U.V. Seslerio-Xerobromion; Diff.: Carduus defloratus, Coronilla vaginalis, Polygala chamaebuxus, Sesleria varia u.a.

2.V. Mesobromion, Trespen-Halbtrockenrasen;

Ch. Carlina acaulis, Euphorbia verrucosa, Ononis spinosa, Ophrys apifera, O. insectifera, O. sphegodes, Orchis militaris, O. morio, O. ustulata, Ranunculus bulbosus u.a., dazu viele Diff. aus Wirtschaftswiesen

1.U.V. Eu-Mesobromion; ohne Diff.

2.U.V. Seslerio-Mesobromion; Diff. Carduus defloratus, Coronilla vaginalis, Polygala chamaebuxus, Sesleria varia u.a.

und Rutschhalden, Felsnasen und -bändern, aus Waldsäumen und lichten Trockenwäldern. Wir werden auf diese Probleme am Beispiel der Kulturwiesen näher eingehen (s. S. 201).

Standort

Die **Festucetalia valesiacae** sind innerhalb Deutschlands an Gebiete mit knapp 500 mm Jahresniederschlag gebunden. Am reinsten sind sie im mitteldeutschen Trockengebiet westlich Halle ausgeprägt (MAHN 1965); im Westen, wo eindeutige Vorkommen in Rheinhessen mit dem Mainzer Sand liegen, sind sie schon von Brometalia-Arten durchsetzt. Hier überall sind sie nur kleinflächig ausgebildet; großflächige und wirklich typische Bestände findet man in den trockensten Teilen der Inneralpen (BRAUN-BLANQUET 1961).

Die **Brometalia erecti** finden ihre beste Entwicklung in den submediterranen Gebirgen auf Kalk, aber auch in Mitteleuropa in sommerwarmen und nicht zu winterkalten Gebieten. Berühmt sind Main- und Moselhänge, Kyffhäuser, Kaiserstuhl, ferner die Schwäbische und Fränkische Alb. Gegen Norden und Nordwesten klingen die Trespenrasen rasch aus, bei Göttingen sind sie nur noch fragmentarisch (BORNKAMM 1960).

Der Unterschied zwischen den beiden Verbänden **Xerobromion,** Volltrockenrasen, und **Mesobromion,** Halbtrockenrasen, liegt, wie die Namen andeuten, im Wasserhaushalt. Das **Xerobromion** nimmt steile, flachgründige, südexponierte Hänge ein, an denen Acker- und Rebbau ausgeschlossen sind. In solchem Gelände kann es sich selbst noch bei 1000 mm Jahresniederschlag entwickeln, so auf der Schwäbischen Alb. Volltrockenrasen heben sich als lückige und sommerlich graubraune Flecken aus der angrenzenden Vegetation, meist Mesobrometen, heraus. Teilweise sind es Dauergesellschaften, die nicht von Wald überwachsen werden können. Sicher sind es aber nur recht kleine Flächen, wo das Xerobromion potentielle natürliche Vegetation ist. Zur Feststellung der genauen Grenzen muß im Laufe der nächsten Jahrzehnte beobachtet werden, wo Buschwerk und Baumarten eindringen können und – entscheidend wichtig – sich auch in außergewöhnlichen Trockenjahren halten. Der Standortsvergleich zeigt jetzt schon, daß sich vielerorts ohne gelegentlichen Schlag oder Mahd sehr allmählich Flaumeichenwald oder doch Berberidion-Gebüsch einstellen würde (v. ROCHOW 1951).

Das **Mesobromion** dagegen nimmt im ganzen solche Fliesen ein, die auch als Ackerland und in der kollinen Stufe als Weinberg genutzt werden könnten. Ersetzt man die schwache, ungeregelte oder fehlende Düngung des Mesobromion durch geregelte, kräftige Nährsalzzufuhr, so entstehen sogar Fettwiesen gleicher Trockenheitsstufe; die Ersatzgesellschaft ersten Grades (mit schwachem menschlichem Einfluß s. S. 233) wird zur Ersatzgesellschaft zweiten bis dritten Grades. Entfallen die einmalige Mahd oder die extensive Beweidung (Nutzung als Triftweide, s. S. 222), so stellen sich Saumarten der Trifolio-Geranietea (s. 247) ein; das Gelände beginnt zu verbuschen. Das Mesobromion ist also eine eindeutig anthropogene Gesellschaft, in seiner extensiven Nutzung zugleich ein Zeuge früherer Wirtschaftsweise. (Zur Geschichte s. HARD 1964.) Pflanzen und Pflanzengesellschaften sind folglich zunächst **hemerophil** gewesen, d. h. durch den wirtschaftenden Menschen gefördert; die stark intensivierte Nutzung und auch der Druck auf die freie Landschaft führten jedoch zu ihrem Rückgang; man klassifiziert sie daher heute als **pseudohemerophob.** (**Hemerophob** im eigentlichen Sinne sind z. B. Hochmoore, die entwässerungs- oder abbaufähig, und Waldgesellschaften, deren Standorte für forstliche Monokulturen geeignet sind. Zur diesbezüglichen Terminologie s. ZOLLER 1954a, JALAS 1955).

Mesobromion-Landschaften

wie sie z. B. die Hochfläche der Schwäbischen Alb bietet, gehören zu den wertvollen **Erholungsräumen.** Dabei spielt nicht nur die blumenbunte Vegetation selbst, sondern auch die mit dieser verknüpfte Landschaftsstruktur eine wesentliche Rolle. So finden sich auf den Mesobrometen oft knorrige alte Kiefern oder ausladende, tiefbeastete Weidbuchen, die Mensch und Vieh als Schattenspender dienten. Wo das Gelände zeitweise als Acker genutzt worden ist, zeugen Riegel von Lesesteinen, die am Ackerrand aufgehäuft worden sind, von der Flachgründigkeit der Krume; sie sind jetzt mit Buschwerk zeilenartig bestanden. Wo zusammenhängende Flächen im Gemeindebesitz (Allmende) waren, wurden sie oft als Triftweide, meist für Schafe, genutzt; hier kamen verbißfeste Sträucher auf, wenn der Schäfer sie nicht jeweils abhackte. *Juniperus communis* ist heute noch ein Zeiger ehemaliger Weide in Wäldern und Forsten. Flachgründige Buckel pflegen durch kleinere Waldstücke oder Feldgehölze betont zu werden. In Senken sind heute meist Äcker und Fettwiesen angelegt; sie liegen oft in Dorfferne und werden daher trotz ihrer günstigen Standorte weniger intensiv bewirtschaftet; in seltenen Fällen ist noch die altertümliche Vegetation erhalten. Alle diese Farb- und Formelemente verschaffen heute diesen durchaus kulturbetonten, aber organisch gewachsenen Landschaften ihren besonderen Reiz und damit ihre Bedeutung für die verstädterte Bevölkerung. Der **Erlebniswert** ist aber keinesfalls nur ästhetischer Art. Da beweidete und nicht mehr gemähte Mesobromion-Flächen vielfach ohne Schädigung – wenn auch nicht unbegrenzt von größeren Menschenmengen – betreten werden können, kommt die Freude an freier Bewegung in freier Landschaft hinzu. So bietet die Erhaltung dieser schon stark geschrumpften Flächen eine wichtige Aufgabe für den **Naturschutz.** Der Druck auf sie ist in mehrfacher Weise groß; man kann geradezu von „Streßfaktoren der Vegetation" sprechen. In Stichworten: Nutzung des „Ödlandes" zu Siedlung und Verkehr; Nutzung als Wald, also Aufforstung; Nutzung zu Einrichtungen des Massentourismus; Unterlassen jeglicher Nutzung, da für den Besitzer unrentabel (Sozialbrache). Man kann zwar mit finanziellem Aufwand und maschinellem Einsatz das potentielle Waldland offenhalten; auch gelegentliches Abbrennen der verfilzenden Streu wird diskutiert. Spärlich sind leider noch gründliche experimentelle Untersuchungen in Mesobrometen als Grundlage für die praktische Landschaftspflege. Mahd und Feuer wirken ja ganz verschieden auf die Narbe ein. Schon einmaliges Flämmen fördert Pflanzen mit unterirdischen Knospen wie *Brachypodium pinnatum, Teucrium chamaedrys* und *Anthericum ramosum*; bei Rosettenpflanzen wie den *Ophrys-* und *Orchis*-Arten ist der Zeitpunkt des Brandes entscheidend für Förderung oder Vernichtung (ZIMMERMANN 1978). (Wir werden derartige landschaftspflegerische Probleme am Beispiel der Heiden auf S. 226 besprechen.) Offen ist auch die entscheidende Frage, ob bei solchen gezielten Eingriffen der bisherige Erlebniswert, das sog. Erlebnispotential, erhalten bleibt oder ob wir damit riesige Freilichtmuseen erzeugen, denen man eher mit rationalem Interesse oder Nostalgie zu begegnen pflegt.

Einige Assoziationen

Es lassen sich gebietsweise eine Fülle von Einheiten klar abgrenzen und ökologisch interpretieren (z. B. KUHN 1937, ZOLLER 1954b, BORNKAMM 1960, MAHN 1965). Die territoriale synsystematische Gliederung nach Charakterarten ist jedoch noch nicht befriedigend abgeschlossen.

Zu **Ordnung 1, Festucetalia valesiacae,** Schwingel-Steppenrasen:

1. **Stipetum capillatae,** Federgrasflur; Ch. *Achillea collina, Achillea setacea, Astragalus danicus, Stipa capillata* u. a. Weit gefaßte Sammelassoziation in den deutschen Trockengebieten.

Zu **Ordnung 2, Verb. 1, Xerobromion,** Trespen-Volltrockenrasen:

2. **Xerobrometum erecti,** Volltrockenrasen; lok. Ass.ch. = V. ch. An sehr heißen, flachgründigen Südhängen auf Kalk und anderen basisch verwitternden Gesteinen, z. B. Tephrit. Offene Bestände, da überall nackter Fels zutagetritt. Im Frühjahr in den Lücken oft einzelne Therophyten des Alysso-Sedion wie *Erophila verna, Cerastium*

pumilum. An solchen Stellen bilden auch mediterran-kontinentale Kryptogamen eine typische Synusie, die Bunte Erdflechtengesellschaft, mit *Fulgensia fulgens* (gelb), *Squamarina lentigera* (hellgrün), *Cladonia endiviaefolia* (hellgelb); dazu *Toninia coeruleo-nigricans* (blau) und *Psora decipiens* (rot) als auch in andere Gesellschaften ausgreifende Flechten offener kalkreicher Böden.

Zu **Ordnung 2, Verb. 2, Mesobromion,** Trespen-Halbtrockenrasen:

3. **Onobrychido-Brometum,** Esparsetten-Halbtrockenrasen; Ch. *Anacamptis pyramidalis, Anthyllis vulneraria, Onobrychis viciaefolia, Ophrys fuciflora, Orchis simia.* Gemähte, blumenbunte, orchideenreiche Mähder (einschürige Wiesen) der kollinen bis montanen Stufe.
4. **Gentiano-Koelerietum,** Enzian-Halbtrockenrasen; Ch. *Cirsium acaule, Gentiana ciliata, Gentiana germanica, Koeleria pyramidata.* Da diese Rasen durch Schafe beweidet werden oder wurden, sind stachlige und bitterstoffreiche Arten positiv ausgelesen worden. *Bromus erectus* fehlt als nicht weidefest fast ganz; an seiner statt sind *Festuca ovina lemani, Koeleria pyramidata* und *Brachypodium pinnatum* die Hauptnarbenbildner; alle drei werden nur im jungen Zustande gefressen.
5. **Carlino-Caricetum sempervirentis,** Horstseggen-Blaugrasrasen; charakterisiert durch die ausgeglichene Kombination von Arten der Trespenrasen und der alpischen Kalk-Steinrasen (s. folg. Klasse). In der montanen Stufe der Nordalpen.

9. Formation: Hochgebirgsrasen

Offene bis geschlossene Grasfluren vorwiegend der alpinen Stufe in den alpiden Gebirgen und der Arktis. Die Bestände besitzen fast keine Therophyten und Sukkulente und nur wenige Geophyten; offenbar sind die Bedingungen auch während der kurzen Vegetationsperiode der raschen Entwicklung nicht günstig. Ob diese Gesellschaften, habituell den Festuco-Brometea ähnlich, den Rang einer eigenen Formation verdienen, sei vorerst dahingestellt.

Es handelt sich um 3 Klassen, die standörtlich nach Ausgangsgestein und Böden in die Gruppe der neutrophytisch-basiphytischen Kalkrasen (Seslerietea variae und Elynetea = Carici rupestris-Kobresietea bellardii, früher in einer Klasse, den Elyno-Seslerietea variae, vereinigt) und die der alpin-nivalen azidophytischen Silikatrasen geschieden sind. Eine ganze Reihe berühmter, „klassischer" Assoziationen gehört hierher, die weitgehend das Bild der alpinen Stufe der Alpen bestimmen. Sie werden auch als **„Urwiesen"** bezeichnet, obwohl die meisten ihrer Gesellschaften nicht mähbar sind. Richtig ist, daß es größtenteils primäre, also nicht menschlich bedingte Gesellschaften sind, wenn ihre Ausdehnung im Almengebiet auch stark gefördert worden ist. Sie sind durch vielerlei Übergänge untereinander und mit Schuttgesellschaften, Borstgrasrasen u. a. verbunden. Qualitativ lassen sich solche Bestände aus Bodenprofil und Kleinklima meist gut verstehen, für quantitative Untersuchungen ist noch ein weites Feld offen.

32. Kl.: Seslerietea variae, Blaugras-Kalk-Steinrasen
33. Kl.: Elynetea = Carici rupestris-Kobresietea bellardii, Holarktische Nacktriedrasen
34. Kl.: Caricetea curvulae, Krummseggenrasen

Einige klassische, zusammenfassende Werke über Alpenvegetation: Braun-Blanquet und Jenny 1926, Schröter 1926, Aichinger 1933, Braun-Blanquet 1948–50, Oberdorfer 1950, Ellenberg 1963.

32. Klasse: Seslerietea variae, Blaugras-Kalk-Steinrasen

Diese Klasse mit mehreren Ordnungen hat ihren Schwerpunkt in den alpiden Gebirgen nördlich des Mittelmeeres. Wenn auch einzelne ihrer Arten noch im Hohen Norden (dort innerhalb der Elynetea) vorkommen, so sind viele doch an die südlichen Gebirge gebunden und auch hier entstanden, von mediterranen Stammformen ausgehend, z. B. *Anthyllis, Biscutella, Calamintha, Helianthemum, Globularia* und *Sesleria* selbst. In den Alpen lösen die Seslerietea die Trespenrasen von der subalpinen Stufe an nach oben ab. Hier sind sie großflächig an der Stelle gerodeten Latschen- und Grünerlen-Krummholzes entstanden und bilden bunte Alpenweiden, seltener auch Wiesen. Natürliche Vegetation sind sie nicht nur in der alpinen Stufe, sondern sie greifen auf Schottern und in Lawinenbahnen auch in die Fichtenstufe hinunter.

Systematischer Überblick

BS 18

Kl. Seslerietea variae, Blaugras-Kalk-Steinrasen;
O. Seslerietalia variae, Alpen-Kalk-Steinrasen;
Ch. Alchemilla hoppeana, Anthyllis vulneraria ssp. alpestris, Astragalus frigidus, Astragalus penduliflorus, Carex atrata, Centaurea scabiosa ssp. alpestris, Galium anisophyllum, Gentiana nivalis, Globularia cordifolia, Helianthemum nummularium ssp. grandiflorum, Nigritella nigra, Pulsatilla alpina u.a.

1.V.Seslerion variae, alpische Blaugrasrasen;	2.V.Caricion ferrugineae, Rostseggenrasen;
Ch. Biscutella laevigata ssp., Gentiana clusii, Helianthemum alpestre, Pedicularis rostrato-capitata u.a.	Ch. Campanula thyrsoidea, Carex ferruginea, Festuca violacea u.a. Diff.: Hochstauden

Zu **Verb. 1, Seslerion variae,** alpische Blaugrasrasen:

Das Seslerion stockt auf trockenen Rendzinen, aus Karbonatgestein entstanden, oder auf Pararendzinen aus Kalk-Silikat-Gesteinen oder Mergeln.

1. **Caricetum firmae,** Polsterseggenrasen (oft kurz Firmetum genannt); Ch. *Carex firma* (opt.), *Crepis jacquinii, Saxifraga caesia.* Auf sehr trocknen, flachgründigen, skelettreichen, windexponierten Böden aus massiven Karbonatgesteinen; typische Gesellschaft der nordalpinen Hauptdolomitberge. Stellenweise sind die Bestände selbst im Winter aper. Die Böden bleiben unreif; die derben, immergrünen Horste der Polstersegge bilden Humuspolster, denen der Bodensubtyp den Namen Polsterrendzina verdankt (KUBIENA 1953).
2. **Seslerio-Caricetum sempervirentis,** Blaugras-Horstseggenhalde (salopp auch Semperviretum genannt); Ch. *Leontopodium alpinum, Oxytropis jacquinii,* lokal weitere Arten; bezeichnend ist das reiche Vorkommen der namengebenden Arten im Gegensatz zum Caricetum firmae. Diese viel buntere Gesellschaft wächst auch ein wenig frischer als dieses; sie braucht mehr Feinerde und ist daher auf Kalk-Silikatgesteinen (z.B. Kalkglimmerschiefern und Bündner Schiefern) am besten entfaltet.

Zu **Verb. 2, Caricion ferrugineae,** Rostseggenrasen:

Die Rostseggenrasen bilden den frischen Gesellschaftsflügel. Steile Mergelhänge mit lockeren, tiefgründigen Böden, oft durchsickert oder doch nicht südexponiert, ermöglichen üppigere Produktion.

3. **Caricetum ferrugineae,** Rostseggenhalde; Ch. *Crepis pontana, Festuca pulchella, Pedicularis foliosa, Phleum michelii.* Diese Urwiesen sind ihres üppigen Wuchses wegen als „Wildheuplanken“ mähbar; oft sind sie Ersatzgesellschaften an Stelle von gerodetem Grünerlengebüsch (s. S. 252). Aus jüngster Zeit sind Narbenabrisse und Bodenerosion aus dem Caricetum ferrugineae bekannt geworden. Sie sind wahrscheinlich eine Folge des Rückgangs der Almwirtschaft: An den langen, winters niederliegenden Halmen und Blättern können sich bei Frostwechsel aus Schnee schwere Eisplatten bilden, durch deren Gewicht am Steilhang die ganzen Pflanzen herausgerissen werden. Es wäre wissenswert, ob diese Vorgänge auf jene Stellen beschränkt sind, an denen die potentielle natürliche Vegetation ein Grünerlenbusch ist.
4. **Laserpitio-Calamagrostietum variae,** Bergreitgrashalde; Ch. *Calamagrostis varia* (lok.), Diff. *Festuca amethystina, Polygala chamaebuxus* u. a. Diese Gesellschaft stellt den thermophytischen Ausklang der Seslerietalia auf der Schwäbischen Alb und im Schweizer Jura dar. In *Carex sempervirens, Anthyllis vulneraria* ssp. *alpestris* (in einer offenbar jungen, endemischen var. *elongata*) und Hochstauden wie *Centaurea montana* sind wenige Relikte aus dem Spätglazial am Nordfuß der Südwestalb dort erhalten geblieben, wo der Kalkschutt des Gebirgstraufes auf unterlagernde Mergel stürzt und infolge Steinschlag und Rutschungen kein Wald

aufkommen kann und konnte. Eben hier suchen auch die ausgesetzten Gemsen besonders gern ihr Futter.

33. Klasse: Elynetea (= Carici rupestris-Kobresietea bellardii), Holarktische Nacktriedrasen

Daß diese Klasse erst 1974 von OHBA als selbständig beschrieben wurde, ist aus den Verhältnissen in den Alpen leicht zu verstehen, denn hier kann sie mit den Seslerietea bei gleichem Ausgangsgestein eng verzahnt sein, und die Nacktriedrasen erreichen hier meist nur Bestände von wenigen Quadratmetern Größe. Anders in der Subarktis, wo viele Arten der Kalk-Steinrasen der Alpen fehlen und recht einheitliche Gesellschaften sich über Hektare ausdehnen können. Die Verarbeitung aller heute verfügbaren Aufnahmen zeigt eine holarktische Klasse mit eigenen, disjunkt verbreiteten Ordnungen in der Subarktis, in Island und Schottland, in den Pyrenäen und Alpen, in den dinarischen Gebirgen, in Japan und wahrscheinlich in Südsibirien. Viele der Gattungen kommen auch in den zentralasiatischen Hochgebirgen vor, so daß es wahrscheinlich eine ganze holarktische Klassengruppe gibt. Dies alles weist auf eine lange **Evolution** der Gesellschaften hin. Über ihre Ökologie außerhalb der Alpen ist wenig bekannt geworden; doch scheinen die Nacktriedrasen allgemein an basenreiche Ausgangsgesteine gebunden zu sein.

Holarktische Klassencharakterarten: Carex rupestris, Dryas octopetala, Elyna myosuroides (= Kobresia bellardii), Lloydia serotina, Minuartia verna, Silene acaulis u. a.

Aus den Alpen ist nur eine Assoziation beschrieben:

Elynetum (= Kobresietum bellardii), Nacktriedrasen. Ausgezeichnet charakterisiert durch Assoziations- und höherrangige Kennarten; zu den oben genannten treten *Antennaria carpatica, Cerastium alpinum, Chamorchis alpina, Erigeron uniflorus, Saussurea alpina* u. a. Auf sehr windexponierten und daher winters lange Zeit schneefreien Kuppen und Graten der Alpen, den „**Windecken**", erkennt man schon von Ferne das Elynetum an der fuchsroten Färbung des Nacktrieds. Die lange Aperzeit hat es mit dem Polsterseggenrasen und auch dem Loiseleurietum (s. S. 234) auf Rohhumus gemeinsam; für alle diese wind- und kälteharten Bestände ist eine Gruppe sog. Windflechten bezeichnend; *Thamnolia vermicularis, Cetraria cucullata, C. nivalis, Alectoria ochroleuca* sind häufig und leicht erkennbar; diese Windflechten bilden also einen eigenen arktisch-alpischen Verein (Synusie). Felsköpfe im Elynetum werden gern als hochragende Sitzplätze von Dohlen und Greifvögeln benutzt; hier siedelt eine ornithokoprophile (d. h. Stellen mit Vogelkot bevorzugende) Flechtengesellschaft mit der orangeroten *Caloplaca elegans.* – Nacktriedrasen ersetzen Polsterseggenrasen auf kalkreichen Silikatgesteinen (ALBRECHT 1969). Das Elynetum hat eine sehr weite pH-Amplitude (8,0–3,2); offenbar ist nicht die Azidität, sondern ein höherer Gehalt an mineralischer Feinerde entscheidend für ihr Vorkommen. An klimatisch entsprechenden Stellen im reinen Silikatgebiet korrespondiert ihr der Krummseggenrasen.

34. Klasse: Caricetea curvulae, Krummseggenrasen (= Juncetea trifidi)

Als Schlußgesellschaft auf Silikat in der hochalpinen und nivalen Stufe der Zentralalpen (oberhalb 2600 m) ist diese Einheit in Deutschland nur in Ausklängen und selten entwickelt; nach unten schließt sich das Nardion an. Die Charakterarten der Klasse und Ordnung fallen in den Alpen mit denen des mitteleuropäischen Verbandes, **Caricion curvulae,** zusammen. In Skandinavien wird der Verband durch das **Juncion trifidi** ersetzt. Charakterarten: *Carex curvula, Juncus trifidus, Luzula lutea, Phyteuma hemisphaericum, Primula minima, Senecio carniolicus, Sesleria disticha* u. a. Klassisch ist das **Caricetum curvulae,** der Krummseggenrasen, als dessen Kennarten in Graubünden BRAUN-BLANQUET (1948–50) u. a. *Potentilla frigida, Primula glutinosa* und *Sesleria disticha* angibt.

10. Formation: Salz- und Kulturrasen

Es handelt sich hierbei um meist geschlossene Grasfluren aus überwiegend Hemikryptophyten, die auf frischen bis nassen Böden stokken. Die erste Klasse lebt im Bereich des Salzwassers, die zweite wird nur von Süßwasser versorgt.

35. Kl.: Asteretea tripolii, Salzrasen der nördlichen Holarktis
36. Kl.: Molinio-Arrhenatheretea, Wirtschaftsgrünland, Kulturrasen

35. Klasse: Asteretea tripolii, Salzrasen der nördlichen Holarktis

Standorte, an denen bei kühlgemäßigtem Regionalklima der Boden mit Kochsalz angereichert ist, gibt es in weiter Verbreitung längs der europäischen, japanischen und nordamerikanischen Flachküsten. Dies ist der Kernbereich der Asteretea tripolii. Vorposten halten sich in der Subarktis, aber auch in den südosteuropäischen Trockengebieten, dem pontisch-pannonischen Raum (ungarische Tiefebene, Rumänien); hier enthält der Boden über salzhaltigem Gestein durch aufsteigendes Grundwasser reichlich Soda und Gips (neben NaCl). In solchen Landschaften, z. B. am Neusiedler See, verzahnen sich die Asteretea an feuchten Standorten mit Gesellschaften der vorderasiatischen Salzsteppen (Halostachyetalia) an trocknen Standorten (WENDELBERGER 1950). Verarmte Vorkommen sind aus der Umgebung von Salzbergwerken, Salinen, Solquellen in Nord- und Mitteldeutschland (Werratal, Unstruttal, Lüneburg) seit langem bekannt.

Die Asteretea gehören also zu den noch relativ artenarmen Spezialistengesellschaften mit weitem Areal. Dies macht sie auch zu geeigneten Testobjekten für eine tabellarische Verarbeitung mit Hilfe des Computers (s. in TÜXEN 1972).

Die Asteretea-Arten sind **Halophyten,** d. h. Pflanzen, die in irgendeinem Stadium ihres Lebens einer Salzwirkung des Bodens ausgesetzt sind, die von der großen Menge der Pflanzenarten, den Glykophyten, nicht ertragen wird; als Grenzkonzentration setzt man dabei einen NaCl-Gehalt des Bodenwassers von 0,5 Gew.% an. (Für die übrigen Salze sind noch keine Grenzkonzentrationen festgelegt.) Halophytenarten können ausschließlich oder gelegentlich auf Salzböden vorkommen und damit als obligat oder fakultativ (oder auch exklusiv, präferent oder okkasionell gemäß BARKMAN 1958) klassifiziert werden. Eine andere Frage ist, ob sie durch den Salzgehalt physiologisch gefördert werden oder nicht, ob sie halophil sind oder eben nur toleranter als Glykophyten. Dieses Problem ist bisher meist nur für die Jugendstadien untersucht worden. Die Erwartung, schon bei der Keimung wirke der Salzgehalt des Bodenwassers selektierend, bestätigte sich nicht; beide Gruppen keimen in reinem Wasser am besten und werden in gleicher Weise durch NaCl-Gehalte gehemmt, wobei es selbstverständlich artspezifische Abstufungen gibt (zuletzt ROZEMA 1975). Eine leichte Wachstumsförderung durch geringe NaCl-Gehalte ist bei einigen Halophyten nachgewiesen; diese sind also im Hinblick darauf tatsächlich halophil (*Salicornia europaea, Aster tripolium*). Die meisten Salzwiesenpflanzen scheinen im erwachsenen Zustande nur halotoleranter zu sein als Glykophyten. Diese **Halotoleranz** erfordert, daß die Pflanzen schadlos so hohe NaCl-Mengen in das Cytoplasma aufnehmen können, daß die Saugkraft der Zellen die osmotische Saugspannung des Bodenwassers übersteigt. Genaueres über die im einzelnen wirksamen Regulationsmechanismen erfährt man aus den ökophysiologischen Darstellungen (z. B. ADRIANI 1958, WALTER 1960, KREEB 1974, LARCHER 1976).

Standort

Die Salzrasen an den Küsten der Nord- und Ostsee beginnen mit scharfer Grenze oberhalb der Quellerwatten (Salicornietum strictae, s. S. 88), also etwa bei der Linie mittleren Tidehochwassers (Abb. 3). Landwärts zeigen sie eine Zonierung, wie sie GILLNER (1960) für die südschwedische Küste durch Feinnivellement sehr klar darstellte (Abb. 21). Sie reichen bis zur oberen Grenze der Sturmfluten. Man erkennt, daß sich trotz kontinuierlichen Anstiegs des Geländes und, damit korreliert, sicher auch kontinuierlichen Änderung der Standortsfaktoren deutliche Gesellschaften abgrenzen lassen. Dies liegt daran, daß sich mehrere Arten jeweils ökologisch fast gleich verhalten. Natürlich gelingt die saubere Grenzziehung nur dann, wenn die Assoziationen genügend fein untergliedert worden sind. Die nicht ohne Willkür zuzuordnenden Grenzstreifen treten quantitativ so zurück, daß man sie vernachlässigen kann. Man prüfe selbst die von uns dem GILLNERschen Diagramm hinzugefügten Gesellschaftsgrenzen.

Puccinellietum und Juncetum gerardii bilden an der deutschen Nordsee- und an der westlichen, salzwasserführenden Ostseeküste die ausgedehnten sog. **Wattwiesen.** Da sie beweidet und kaum gemäht werden, seien sie hier klarer als Salzrasen bezeichnet. Die Standorte der beiden Assoziationen unterscheiden sich durch einen

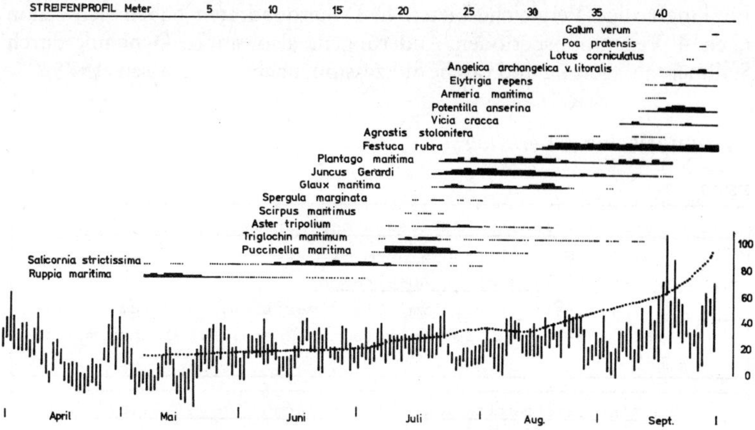

Abb. 21: Zonierung der Salzvegetation am Kategatt bei Göteborg. Das Profil gibt die Mehrzahl der Arten in einem 0,5 m breiten Streifen wieder; die Balkenhöhe bezeichnet den Deckungsgrad. Senkrechte Linien = tägliche Wasserstandsschwankungen von April bis Sept. 1948; punktierte Linie = Höhe der Bodenoberfläche über Normalnull in cm. (Etwas vereinfacht nach GILLNER (1960). 0–6 m Ruppietum, 6–18 m Salicornietum strictae, 18–23 m Puccinellietum maritimae, 23–31 m Juncetum gerardii, Subass. v. *Salicornia*, 31–39 m Juncetum gerardii, Typ. Subass., ab 39 m Agropyro-Rumicion.

ganzen Komplex von Faktoren; es ist nicht immer möglich, den im Einzelfall als Differenziator wirkenden herauszuschälen. Doch weist die Übereinstimmung der Zonation an Nord- und Ostsee darauf hin, daß es nicht in erster Linie der Salzgehalt ist. Das Puccinellietum, der Andelrasen, wird häufiger und länger überschwemmt als das Juncetum gerardii, der Salzbinsenrasen; das Sediment ist feinkörniger, der Boden ist im Durchschnitt wasserreicher und sauerstoffärmer; es kommt zur Bildung von H_2S; die Aussüßung durch Regenwasser ist geringer; die Salzanreicherung bei längeren Trockenperioden ist stärker, da die Oberflächenverdunstung und der kapillare Hub größer sind; die Schwankungen im Salzgehalt sind stärker. Diese Unterschiede ergaben die Daten GILLNERS (1960).

Auf der erst 1867 entstandenen Nordsee-Insel Trischen konnte A. SCHWABE einen raschen räumlichen und zeitlichen Wechsel der Salzwiesengesellschaften und Quellerwatten belegen. Die kleinflächige Mosaikstruktur der Vegetation wird aus der im Maßstab 1 : ca. 5000 aufgenommenen Karte (1972) deutlich, die auch eine hervorragende Grundlage für langfristige Vergleiche bietet. In Dauerquadraten haben sich schon nach 4 Vegetationsperioden Änderungen, also starke **Dynamik** durch Sedimentablagerung und rasche Sukzession, nachweisen lassen (1975).

Systematischer Überblick

BS 19

Kl. Asteretea tripolii, Salzrasen der nördlichen Holarktis, im atlantisch-baltischen Raum mit der
O. Glauco-Puccinelletalia, Andelrasen;
Ch. (Kl.+O.): Aster tripolium, Glaux maritima, Limonium vulgare, Plantago maritima, Spergularia marginata, Triglochin maritimum

1.V. Puccinellion maritimae, Andel-Verb.	2.V. Armerion maritimae, Grasnelken-Verb.
Ch. Cochlearia danica, Halimione portulacoides u.a.	Ch. Armeria maritima var. marit. Festuca rubra var. littoralis u.a.

Eine gründliche Zwischenbilanz unserer Kenntnisse von Systematik und Chorologie der europäischen Salzpflanzengesellschaften und damit auch der Asteretea verdanken wir BEEFTINK (1968).

Einige Assoziationen:
Zu **Verb. 1, Puccinellion,** Andel-Verband; meernäher und häufiger überschwemmt als Verb. 2:

1. **Puccinellietum maritimae,** Andelrasen; Ch. *Halimione pedunculata, Puccinellia maritima, Puccinellia rupestris.* Die niedrigen, kriechenden Pflanzen sind Schlickfänger oberhalb der Quellerzone. Sie dominieren an der Nordseeküste im Watt zwischen der Linie des mittleren Tidehochwassers und knapp des Springtidehochwassers. An der Nordsee also periodisch überschwemmt, an der Ostsee aber im Frühjahr wochenlang trockenfallend, erträgt der Andelrasen starke Schwankungen im Salz- und Wassergehalt. Der Boden ist vergleyt; der Wechsel im Wassergehalt macht sich in Rostflecken einerseits, in Sulfidabsätzen andererseits bemerkbar. Hat das Puccinellietum das Gelände bis auf etwa 25 cm über MTHW erhöht, so kann es schon durch niedrige Sommerdeiche geschützt werden; Wintersturmfluten lagern noch weiteren Schlick und Sand auf.

2. **Obionetum portulacoidis (= Halimionetum p.)**, Salzmeldenrasen; Ch. die namengebende Art. Bei schwacher oder ohne Beweidung setzt sich an etwas erhöhten Stellen mit besser durchlüfteten Böden noch im Andelrasen-Bereich die Strand-Salzmelde durch; die Gesellschaft gewinnt innerhalb ihres westeuropäischen Areals wegen zurückgehender Viehhaltung an Raum.
3. **Puccinellietum distantis,** Salzmierenrasen; Ch. *Puccinellia distans.* Auf abgeplaggten, vom Vieh zertrampelten oder anderweitig gestörten Stellen, auch um Salinen, wo sich in Vertiefungen Tümpel bilden, die sommers austrocknen, der Salzgehalt also sehr stark schwankt.

Zu **Verb. 2, Armerion maritimae,** Grasnelken-Verband; höhergelegen als Verb. 1:

4. **Juncetum gerardii,** Bottenbinsenrasen; Ch. *Armeria maritima* var. *maritima, Juncus gerardii* (opt.), dazu Diff. Die Gesellschaft bildet einen sich in der Landschaft deutlich abhebenden, durch das Vorherrschen der Bottenbinse dunkelgrün-braunen Gürtel, im Hochsommer übersät von den rosa Grasnelken-Blütenköpfen, wie denn überhaupt durch die Dominanz einzelner Arten in diesen Salzrasen die eigenartigen und harmonischen sommerlichen Farbtöne der Nordsee-Wattwiesen zustandekommen. Das Juncetum gerardii beginnt eben unterhalb der Springtide-Hochwasserlinie und reicht so weit, wie das Gelände bei Sturmfluten noch von Salzwasser überschwemmt wird. Für die Ostseemarsch bei Kiel gibt Raabe (1965) eine Bandbreite von 15 bis 70 cm über NN an. Fragmentarisch geht das Juncetum gerardii auch ins Binnenland. Der Boden ist besser durchlüftet und meist sandiger als im Andelrasen. Die Narbe wird im höher gelegenen Gelände, wo sich reichlich *Festuca rubra* var. *littoralis* einstellt, bis 40 cm hoch und ist mähbar; doch dient die Gesellschaft heutzutage in der Regel als wertvolle Außendeichsweide. Unter dem Zahn des Viehs entwickelt sich eine recht einförmige Narbe; die primären Standortsunterschiede werden verwischt. Sukzessionsbeobachtungen von Raabe 1952 bis 1965 in der Nähe von Kiel liefern einen guten Beweis für das unterschiedliche „Potential", das in solchen „nivellierten" Beständen stecken kann: Von den 3 Beständen des Juncetum gerardii, die nur geringe floristische Unterschiede aufwiesen, blieb einer nach Ende der Beweidung erhalten; hier war also das Juncetum gerardii aktuelle und zugleich potentielle natürliche Vegetation. Ein zweiter Bestand entwickelte sich zu einer halophytischen Hochstaudengesellschaft der Calystegietalia; hier gepflanzte Erlen gingen fast gänzlich ein. Ein dritter, in welchem ebenfalls Erlen gepflanzt waren und der unter

stärkerem Süßwassereinfluß stand, entwickelte sich in Richtung auf einen schwach halophytischen Erlenbruchwald. In den beiden letzten Fällen war das Juncetum gerardii eine Ersatzgesellschaft.

5. **Artemisietum maritimae,** Strandwermutgestrüpp; Ch. *Artemisia maritima, Limonium vulgare* (opt.). Auffällige, silbrige Herden auf leicht erhöhten Sandrücken mit etwas Getreibsel, vor allem an Prielrändern.
6. **Blysmetum rufi,** Braunsimsenrasen; Ch. *Blysmus rufus* (= *Scirpus r.*). In feuchtnassen Dellen auf schlecht durchlüfteten Böden bei Süßwassereinfluß.

36. Klasse: Molinio-Arrhenatheretea, Wirtschaftsgrünland; Kulturrasen, Streuwiesen und Bach-Hochstaudenfluren

Grünland als Phytozönose von Nutzpflanzen

Die Molinio-Arrhenatheretea werden üblicherweise Wirtschaftsgrünland oder Kulturrasen genannt; die Ausdrücke decken den Umfang der Klasse nicht exakt, weil die bachbegleitenden Hochstaudenfluren des Filipendulion nur sporadisch und umgekehrt einige Mesobrometen regelmäßig gemäht werden (dazu s. S. 217); auch für die syntaxonomisch unklaren Tritt- und Flutrasen, die wir hier angefügt haben, gilt dies nicht. Das Gros der Gesellschaften aber bildet in der Tat die landwirtschaftlich wichtigen Wiesen und Weiden; nur auf diese soll sich unsere folgende Darstellung beziehen. Man vergleiche hierzu KLAPP 1965, wo die ökologischen und soziologischen Aspekte der Grünlandwirtschaft, sowie KLAPP 1971, wo die ökologisch begründeten landwirtschaftlichen Aspekte betont werden.

Die Pflanzen des Wirtschaftsgrünlandes sind, von ein paar Giftpflanzen abgesehen, Nutzpflanzen, und ihr Standort ist anthropogen. Doch unterscheidet sich ihre Kultur in ökologisch wesentlichen Punkten von jeder andern land- und forstwirtschaftlichen Produktion: Es kommt hier nicht auf den Anbau einer einzelnen Art an, sondern der Bestand als Ganzes wird genutzt. Nicht eine möglichst perfekte Monokultur, sondern gerade ein Mischbestand, gleichsam eine **„Polykultur"** ist das Wirtschaftsziel. Demgemäß ist die Reaktion auf kurz- oder langfristige Standortsänderungen, wie Niederschlagsschwankungen oder Düngungsänderung, die Antwort einer Biozönose, nicht die einer einzelnen Art. Überlegen wir einmal die grundsätzlichen Konsequenzen dieser Tatsache:

1. Es stellt sich **spontan** die unter den gegebenen Standortsbedingungen produktionskräftigste Artenkombination ein; sie ist ja die konkur-

renzstärkste (BORNKAMM 1965). Der Wettbewerb wird nicht zwischen Unkräutern und Nutzpflanzen, sondern zwischen diesen selbst, die allerdings von verschiedener Qualität sein können, ausgetragen. Wenn eine bestimmte Saatgutmischung eingebracht wird, so entwickelt sich im Verlauf weniger Jahre die standortsgemäße Artenzusammensetzung. Voraussetzung dafür ist allerdings, daß Diasporen geeigneter Arten im Boden oder in der Nähe vorhanden sind.

2. Durch **gezielte Standortsveränderungen** hat es der Landwirt in der Hand, die von ihm gewünschte Artenkombination innerhalb der klimatisch und edaphisch bestimmten Grenzen „einzustellen". Die Grünlandvegetation ist bekannt für ihren feinen Zeigerwert (Beispiele s. u.). Bei optimaler Bewirtschaftung treten keine Wiesenunkräuter auf. Wenn jedoch eine Umstellung so unbiologisch rasch vorgenommen wird, daß die Entwicklung der Narbe nicht folgen kann, etwa bei plötzlicher Grundwasserabsenkung (ELLENBERG 1952), können Dauerstörungen auftreten.

3. Die Standortsamplitude des Wirtschaftsgrünlandes ist sehr viel größer als die einer einzelnen Nutzpflanze, denn die Anpassungsfähigkeit einer Narbe ist weit größer als die einer einzelnen Art. Man kann das in der Zoologie bewährte **Prinzip der Stellenäquivalenz** auf die Botanik übertragen: Der gleiche Typus von Biozönose „funktioniert" unter verschiedenen Bedingungen, weil die gleiche Funktion im System von verschiedenen Arten wahrgenommen werden kann, verschiedene Arten also funktionell äquivalente Stellen im System einnehmen. In bezug auf Fettwiesen sind folgende Beispiele zu nennen: In montanen Lagen tritt der Goldhafer *(Trisetum flavescens)* als Obergras und Massebildner an die Stelle des Glatthafers *(Arrhenatherum elatius)* der Tieflagen; unter den Kräutern ersetzt *Geranium sylvaticum* das wärmebedürftigere *Geranium pratense*; unter den Giftpflanzen zeigt *Ranunculus acris* frische bis feuchte Standorte an, *Ranunculus bulbosus* ersetzt ihn an trockenen.

4. Als weitere günstige Folge der **„Polykultur"** treten auch in Jahrhunderte altem Grasland keine Bodenmüdigkeitserscheinungen durch einseitigen Bewuchs auf. Solche können auf Anreicherung von Schädlingen, auf Bodenverdichtung, in seltenen Fällen wohl auch auf Wurzelausscheidungen zurückgehen. Schädlingskalamitäten sind im mitteleuropäischen Grünland praktisch unbekannt. Günstig ist auch die gleichmäßigere Ausnutzung der Bodennährstoffe.

5. Ein letzter Gesichtpunkt, dessen Bedeutung vielfach noch nicht genügend erkannt ist, muß genannt werden: die Mannigfaltigkeit in der **Zusammensetzung des Futters** von gut bewirtschafteten Wiesen. Durch sehr intensive Bewirtschaftung, vor allem durch hohe

Stickstoffdüngung im Verein mit häufigem Schnitt oder vielfacher Beweidung, kann die Quantität der Produktion enorm gesteigert werden; die Qualität ändert sich dadurch in Richtung auf Einseitigkeit. Denn der Landwirt schafft auf diese Weise Extremstandorte, für welche die 2. Thienemann'sche Regel gilt: Artenarmut bei Individuenreichtum dieser wenigen Arten. Es ist üblich, für die einzelnen Arten Futterwertzahlen zu bestimmen und danach die Qualität des Grün- oder Trockenfutters anzugeben. In die Futterwertzahlen sind eine Reihe von Faktoren eingegangen, vor allem Proteingehalt, Kaloriengehalt, Verdaulichkeit, Mineralgehalt, Rohfasergehalt, Giftigkeit, aber auch Schmackhaftigkeit und „Beliebtheit" beim Vieh. Die höchste Futterwertzahl der 10stufigen Skala billigt KLAPP (1971) nur *Festuca pratensis, Lolium perenne, Phleum pratense* und *Trifolium repens* zu; die niedrigste haben z. B. *Colchicum autumnale* und *Equisetum palustre*. Obwohl die einzelnen Arten der Intensivst-Bestände durchaus wertvoll sind, kann die Einseitigkeit des Angebots bei Tieren zu schweren Schäden, bes. zu Fruchtbarkeitsstörungen führen, die bei Fütterung mit mannigfaltigem Heu, etwa von Gebirgswiesen, vermeidbar sind (z. B. AEHNELT und HAHN 1969). Die Kausalanalyse der Zusammenhänge wird noch zeigen müssen, wie weit eine Rationalisierung gehen kann, wenn die Erhaltung der notwendigen biologischen Mannigfaltigkeit gewährleistet sein soll. Wir müssen diese Perspektive aber auch jetzt schon bei der Diskussion um die Erhaltung der offenen Mittelgebirgslandschaften und der Höhenlandwirtschaft berücksichtigen (s. auch S. 185).

Eigenschaften von Grünlandpflanzen

Das Wirtschaftsgrünland besiedelt ehemalige und potentielle Waldstandorte. Es verdankt folglich seine Entstehung und Erhaltung nur den menschlichen Eingriffen Mahd und Beweidung. Dies hat auch die **Selektion** der Grünlandarten bestimmt. 1. Es müssen Arten sein, die entweder sehr regenerationsfähig sind oder der Sense sowie dem Zahn des Viehs entgehen, indem sie den größten Teil ihres Sproßsystems als Rosette oder Kriechtrieb am Boden entwickeln. Daß gerade Gramineen im Grünland dominieren, dürfte mit daran liegen, daß an ihren Blattbasen ein Meristem liegt, welches aktiv wird und die Blätter „nachschiebt"; bei Dikotylenblättern ist das nicht möglich, da ihr Randmeristem nicht erhalten bleibt. 2. Notwendig ist weiter, daß Grünlandpflanzen Sonnenpflanzencharakter haben; auch niederwüchsige, lange Zeit beschattete Arten werden ja durch Mahd zeitweise voller Einstrahlung ausgesetzt. (Zum Mikroklima von

Mähwiesen s. Eger 1958). 3. Schließlich muß der Entwicklungsrhythmus so in den Bewirtschaftungsrhythmus eingepaßt sein, daß die Arten jedenfalls gelegentlich Samen bilden können. Zwar ist die Lebensdauer der Individuen im Bestand erheblich höher als im Einzelstand (es wurden 10 bis 30 gegenüber 2 Jahren beobachtet); aber man muß doch mit einem jährlichen Turnover von 2% der Pflanzen rechnen (s. Klapp 1971). Am bekanntesten ist das Einpassen der Herbstzeitlose, *Colchicum autumnale,* in den Mährhythmus mit Blüte im Herbst und Entwicklung der assimilierenden Sprosse im Frühling vor dem 1. Schnitt. Aber das ist ein Sonderfall; die meisten Arten blühen zunächst vor dem 1. Schnitt und später erneut zwischen 1. und 2. Schnitt und bringen innerhalb weniger Wochen einige Früchte zur Reife; wenige Arten blühen überhaupt nur zwischen 1. und 2. Schnitt, z. B. *Cirsium oleraceum* und die meisten Individuen von *Heracleum sphondylium, Daucus carota* und *Pastinaca sativa.*

Die Wiesen- und Weidepflanzen nutzen den Lebensraum in recht ähnlicher Form, sie sind ähnlich eingenischt; ihre **Komplementarität** innerhalb der Phytozönose ist also – im Vergleich und im Gegensatz zu Wäldern – gering: die oberirdische Sproßmasse ist auf engem Raum zusammengedrängt; gleiches gilt für die Wurzelmasse (vgl. Abb. 22). Die Konkurrenz muß entsprechend scharf sein. Einjährige und Konkurrenzschwache treten daher nur in lockeren, weil mageren (d. h. schwach gedüngten) Beständen auf.

Herkunft und Entstehung von Grünlandarten

Die Frage nach der Herkunft der Arten unserer Wirtschaftswiesen und -weiden scheint zunächst recht einfach zu beantworten zu sein. In lichten Wäldern, in Saumgesellschaften an Waldrändern, an Flußufern, in Hochstaudenfluren, also in andern Gesellschaften des gleichen Areals kommen viele der Wiesenarten heutzutage vor; es spricht nichts gegen die Annahme, daß sie bei uns in Mitteleuropa seit der Wiederbesiedlung nach der Eiszeit einheimisch waren und dann im Laufe der Entstehung von Wiesen und Weiden quantitativ gefördert worden sind. Solche Pflanzen werden Apophyten genannt. Aber nicht für alle Arten läßt sich ein ursprünglicher Gesellschaftsanschluß im Gebiet finden; Zoller (1954b) analysierte Wiesenpflanzen unter diesem Gesichtspunkt für die Nordwestschweiz und befand in diesem doch gewiß standörtlich mannigfaltigen Gebiet eine ganze Reihe von Wiesenpflanzen für „unsicher spontan“, darunter so häufige Arten wie *Festuca pratensis, Knautia arvensis, Arrhenatherum elatius* und *Trago-*

pogon pratensis. Denkbar wäre eine Einwanderung aus fremden Florengebieten; hierfür gibt es jedoch keine Beispiele.

Bei genauer Überlegung zeigen sich noch **offene Probleme,** deren Lösung eine Kombination vegetationskundlicher und systematischer Methoden erheischt. Haben sich nicht vielleicht neue Arten oder wenigstens neue Ökotypen in Anpassung an die neuen Standortsbedingungen gebildet? Dabei müßten es nicht gleich Arten der gut gedüngten Rasen gewesen sein; auch magere Bestände kämen in Frage. Der Zeitpunkt der Entstehung von Fettwiesen ist nicht genau bekannt; ELLENBERG (1963) spricht ihnen ein Höchstalter von einem Jahrtausend zu. Dies dürfte in vielen Gebieten nicht einmal erreicht sein; denn früher fiel weniger Stallmist, an, weil das Vieh bis in die Mitte des 19. Jahrhunderts draußen auf der Brache, auf der Gemeindeweide und im Wald weidete; außerdem wurde der Mist als Dünger für die weniger ertragreichen und daher relativ ausgedehnteren Ackerflächen benötigt. Daß sich **Grünland-Ökotypen** gebildet haben, ist als sicher anzunehmen. Durch längerfristige Evolution dürften sich Ökotypen auch morphologisch differenziert haben und zu Sippen höheren Ranges, schließlich Arten geworden sein. ZOLLER betont, daß die typischen Wiesenarten meist zu genetisch variablen Sippen gehören. Ein schönes Beispiel für die Änderung des Genotyps beim Übergang vom Wald- zum Wiesenstandort bietet *Cardamine pratensis,* das Wiesen-Schaumkraut: Im Wald gibt es di- und tetraploide Cytotypen, die Wiesenform ist nur tetraploid (DERSCH 1969), also jünger. Auf diese Weise läßt sich auch die „soziologische Wanderrichtung" bestimmen; wäre es doch bei zytogenetischer Gleichheit immerhin denkbar, daß Wiesenpflanzen sekundär in Wälder und Säume übergegangen wären. Zweifellos ist kritische Vorsicht am Platze, wie folgendes Beispiel zeigen mag: Bei uns kommt eine Margerite (*Chrysanthemum maximum*) auf warmen Kalkfelsbändern in sicher ursprünglicher Gesellschaft vor; vom Standort her könnte man sie durchaus als Stammform unserer Wiesen-Margerite (*Chrysanthemum ircutsianum*) ansprechen; widerlegt wird dies aber dadurch, daß die erste hexaploid, die Wiesensippe jedoch tetraploid ist. Diese kann also allenfalls auf das diploide submediterrane *Chrysanthemum leucanthemum* s. str. zurückgehen. – LANDOLT und GROSSMANN (1968) zählen einige Arten (vorwiegend der Mesobrometen) auf, die sie als erbfest gewordene Bastarde heute noch lebender submediterraner mit alpinen Arten auffassen, z. B. *Scabiosa columbaria, Lotus corniculatus* und *Centaurea scabiosa.* In diesen Fällen ist die Frage offen, wann die Artbildung sich abgespielt hat. Geht sie auf Kontakte der Stammarten infolge menschlichen Einflusses zurück, oder fand sie in der frühen Nacheiszeit zu Beginn der Wiederbewaldung statt?

Die wichtigsten differenzierenden Faktoren

Sie gehen aus der systematischen Übersicht BS 20 a–c hervor und seien an Hand einiger Beispiele erläutert.

1. Beweidung und Mahd; Tritt

Daß die Weiden als eigene Ordnung Trifolio-Cynosuretalia von den Arrhenatheretalia abgetrennt werden sollten, ist kennzeichnenderweise erst seit wenigen Jahren spruchreif: Die Umstellung von Mäh- auf arbeitsparende **Weidewirtschaft** etwa seit 1960 und die Intensivierung des Weidebetriebs haben zur Folge gehabt, daß die gegen Beweidung empfindlicheren Arten ganz zurückgedrängt worden sind und nicht mehr als Kennarten in die Weiden übergreifen; hier haben dafür die wenigen Weideresistenten einen um so klareren Schwerpunkt erworben. Auf Intensivweiden sind Pflanzen mehr **„Streßfaktoren“** unterworfen als auf Mähwiesen: zum häufigen Verbiß (bis allwöchentlich) kommen die mechanisch-verletzende Wirkung des Tritts und die Bodenverdichtung (s. u.). So ist auch zu verstehen, daß die Wurzeln weniger tief reichen. Die Wurzelmasse ist geringer, da sie vom assimilierenden Gewebe ernährt und infolgedessen von diesem quantitativ bestimmt wird. Die Schädigung durch Beweidung ist nicht für alle Arten gleich stark. Weideunkräuter (gemiedene Arten wie Wolfsmilch und Disteln) sowie Pflanzen mit schlecht faßbaren Kriechtrieben haben bessere Chancen; die Unkräuter können aber leicht durch Nachmahd ausgemerzt werden. So haben die Weiden geringe Diversität. Immerhin spiegeln aber selbst die Weiden Nordwestdeutschlands noch

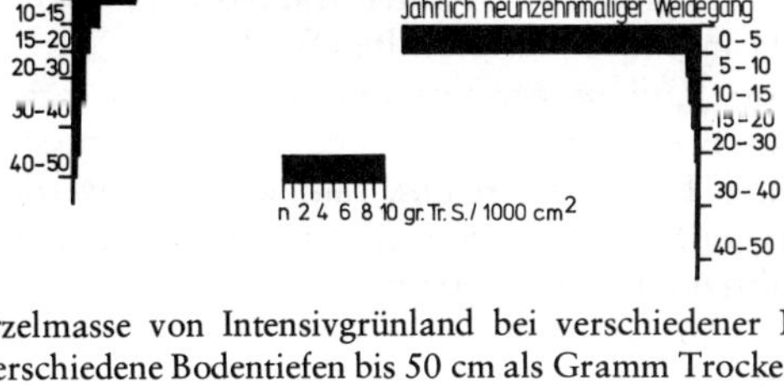

Abb. 22: Wurzelmasse von Intensivgrünland bei verschiedener Nutzungsweise, bestimmt für verschiedene Bodentiefen bis 50 cm als Gramm Trockensubstanz unter 1000 cm² Bodenoberfläche. (Aus KLAPP 1971.)

Standortsunterschiede wider: MEISEL (1970) konnte aufgrund von über 2000 Aufnahmen noch 15 Untereinheiten des Lolio-Cynosuretum erkennen.

Bei **Mahd** werden hohe und mittelhohe Arten gleichmäßig betroffen. Häufigkeit und Zeitpunkt der Schnitte haben starken Einfluß auf die floristische Zusammensetzung. Am klarsten ist dies bei den erst im Spätaugust bis Oktober gemähten Streuwiesen des Molinion zu erkennen; diese werden denn auch von spät austreibenden und spät blühenden Arten aufgebaut. Da die Halme zur Mahdzeit abgestorben sind und wenig mehr als Zellulose und Lignin enthalten, brauchen die Bestände nicht gedüngt zu werden. Sie liefern gute Stalleinstreu. Ihr Wert war früher erheblich; heute sind sie selten geworden, da ihre Standorte leicht durch Entwässerung meliorierbar sind; am ehesten findet man sie noch im Alpenvorland als ackerbau- und daher stroharmem Grünlandgebiet.

Mit dem Stichwort „**Tritt**“ wird ein ganzer Komplex von Faktoren zusammengefaßt, deren Einzelwirkungen auf die Pflanzen noch kaum untersucht worden sind. Wesentlich sind mit Sicherheit 1. die mechanische Schädigung empfindlicher Sprosse durch Reifendruck und Tritt von Mensch und Tier, besonders der Hufränder, und 2. die Dichtlagerung des Bodens. Dabei wird das Volumen der für die Durchlüftung entscheidenden Grobporen stark vermindert, wie es ja auch sich stauendes Regenwasser demonstriert. Die Sauerstoffdiffusion dürfte demgemäß gering sein, die Durchwurzelung flach, die nutzbare Regenkapazität gering (s. S. 22).

Dennoch spiegelt die quantitative Artenzusammensetzung selbst unter diesen Bedingungen noch standörtliche Nuancen wider. Dies zeigte PIETSCH (1968) in origineller Weise am Rasenbewuchs von Fußballplätzen. Hier ist nicht nur oft das Substrat anthropogen, sondern auch die Narbe, die angesät wird. Die Spielintensität und damit die Trittbelastung auf den verschiedenen Teilen der Fläche (Torraum, 16-m-Raum, Mitte, Seiten, Ecken des Feldes) ist ja sehr unterschiedlich. Aus der quantitativen Prüfung von 177 Plätzen von Nord- bis Süddeutschland erhielt PIETSCH die in Abb. 23 dargestellten Werte.

Man erkennt: *Lolium perenne* und *Poa annua* kommen in allen Feldteilen, also bei allen Spielintensitäten vor, während die meisten anderen Arten, z. B. *Bellis perennis,* randlich steter werden. *Poa annua* wird offenbar durch Konkurrenten in ihrer Deckung herabgesetzt (annuell!), während *Lolium perenne* sich etwa hält. Nur eine quantitative Analyse von Deckung und Stetigkeit erlaubt es, solche feinen Differenzen aufzudecken.

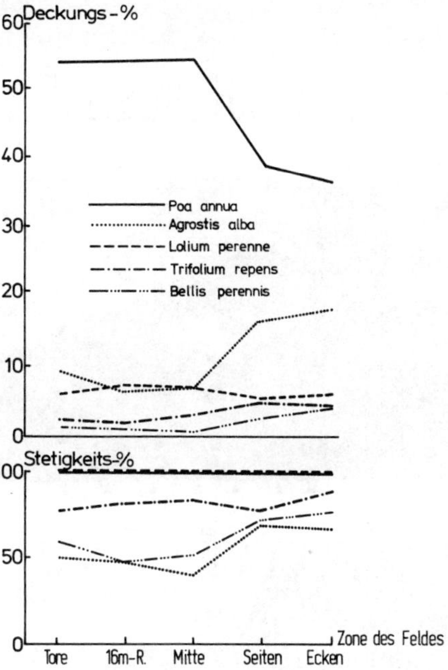

Abb. 23: Die durchschnittliche Häufigkeit charakteristischer Pflanzenarten in den einzelnen Bereichen von Fußballplätzen. (Nach PIETSCH 1968.)

2. *Wasserhaushalt*

Erfahrungsgemäß bestimmt der Wasserhaushalt bei Wiesen in erster Linie die floristische Zusammensetzung; umgekehrt wird er durch die Arten so scharf angezeigt, daß Karten der Grünlandgesellschaften wichtige Unterlagen für Entwässerungsmaßnahmen geworden sind (zusammenfassende Darstellung BALÁTOVA-TULÁČKOVÁ und KRAUSE 1977). Als instruktiven Beweis für den unterschiedlichen Wasserhaushalt von Beständen aus verschiedenen, aber nahe verwandten Gesellschaften (Weidelgrasweiden in Norddeutschland) diene die Abb. 24. In Isoplethen wurde der Gang der **Bodenfeuchte** in verschiedenen Tiefen über das Jahr hin dargestellt. Man erkennt: gleichmäßige Auffüllung des Reservoirs im Winter, oberflächliche Abtrocknung im März; Austrocknung von den oberflächennahen Schichten her durch Evaporation und Transpiration; Regengüsse können von oben her auffüllen; dabei kann eine trockene Zwischenzone erhalten blei-

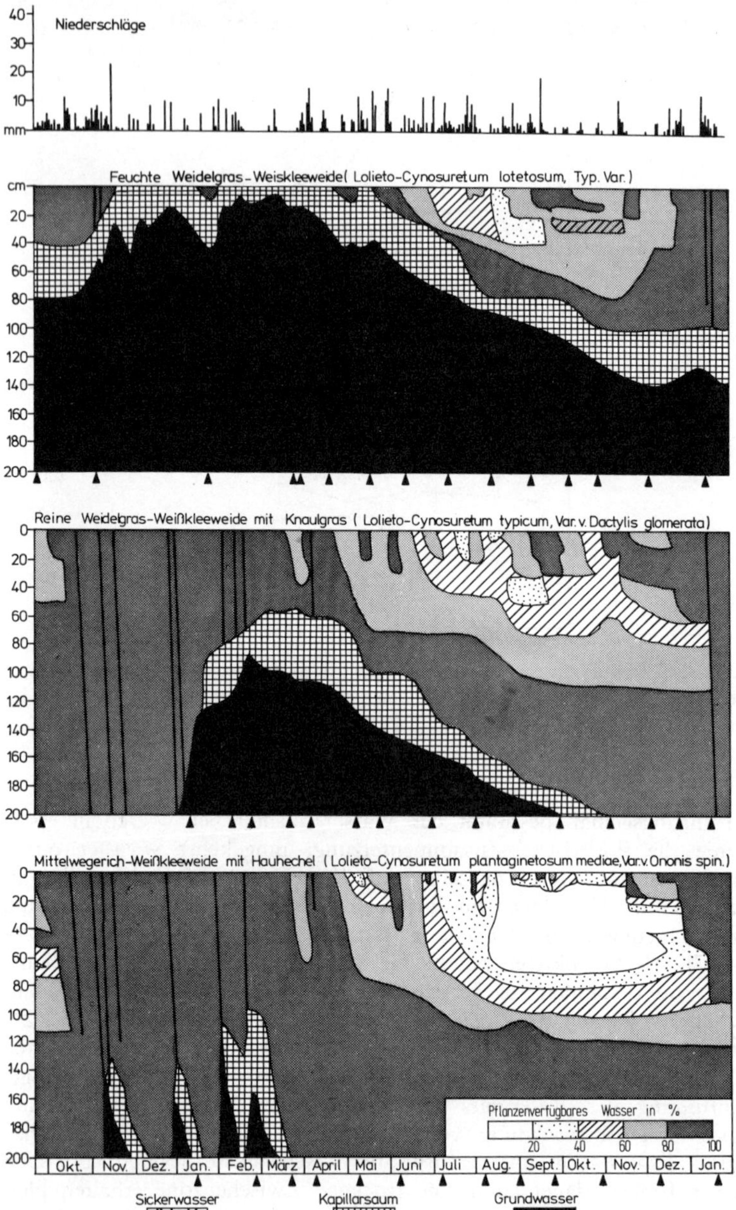

Niederschläge
mm
40
30
20
10
Feuchte Weidelgras-Weiskleeweide (Lolieto-Cynosuretum lotetosum, Typ. Var.)
cm
Reine Weidelgras-Weißkleeweide mit Knaulgras (Lolieto-Cynosuretum typicum, Var. v. Dactylis glomerata)
Mittelwegerich-Weißkleeweide mit Hauhechel (Lolieto-Cynosuretum plantaginetosum mediae, Var. v. Ononis spin.)
Pflanzenverfügbares Wasser in %
20 40 60 80 100
Okt. Nov. Dez. Jan. Feb. März April Mai Juni Juli Aug. Sept. Okt. Nov. Dez. Jan.
Sickerwasser
Kapillarsaum
Grundwasser

ben, welche in den trocknen Ausbildungsformen am stärksten ausgeprägt ist. Die Austrocknung wird von der Wurzeltiefe der Pflanzen bestimmt; diese ist in den trockneren und daher besser durchlüfteten Böden größer. Auf Abb. 24 ist zu erkennen, daß nach Beweidung infolge der verringerten Transpiration der Kapillarsaum wieder ansteigt. Die Abbildungen belegen als sehr wichtigen Sachverhalt, daß im Boden mit einem Mosaik trockner und feuchter Stellen zu rechnen ist; ein Ausgleich erfolgt kaum, weil der Leitwiderstand zu hoch ist. Von daher wird die geradezu „perfekte" Konstruktion der Kormophytenwurzel verständlich: Spitzenwachstum, reichliche Verzweigung, erhebliche Wachstumsgeschwindigkeit (bei Gräsern ist mit ca. 1 cm/Tag zu rechnen), wodurch die Hohlräume „abgeweidet" werden können. Obwohl die Wurzelmasse unterhalb einer Tiefe von 10 cm sehr gering ist, muß sie, wie die Wasserabnahme im Boden zeigt, noch sehr wirkungsvoll sein; in der Tat fand v. MÜLLER , daß die unteren 5 Gew.% der Wurzeln (natürlich Feinwurzeln!) noch bis zu 27% der Wasseraufnahme der Pflanze bestreiten können.

Der Unterschied zwischen den Ordnungen Arrhenatheretalia und Molinietalia liegt im Bodenwasserhaushalt. Die Ausdrücke frisch bis mäßig trocken für erstere, feucht bis naß für letztere geben hier und in anderen Fällen keinen präzisen Wassergehaltswert an, sondern sind als Relativbezeichnungen zu verstehen. „Naß" ist grob umschreibbar als „wasserdurchtränkt bei eingeschränktem O_2-Austausch", „trokken" bedeutet in diesem Zusammenhang, daß für zahlreiche Arten zeitweise Schwierigkeiten der Wasseraufnahme auftreten können. Der Verband **Molinion** ist nicht nur durch späte Mahd zur Streugewinnung und durch fehlende Düngung gekennzeichnet, sondern im typischen Falle auch durch **Wechselfeuchtigkeit.** Es ist nötig, diese Auffassung durch exakte Meßwerte in weiteren Fällen zu beweisen. Bisher ließ sich beobachten, daß die Molinion-Kennarten ihren Schwerpunkt dort haben, wo tonige und torfige, also kolloidreiche Bodenschichten eingeschaltet sind. Daraus läßt sich auf bestimmte bodenökologische Verhältnisse schließen: Bei starken Niederschlägen Quellung der Kolloide, Füllung der sehr engen Bodenporen, daher geringe Sauerstoffkonzentration infolge Atmung der Wurzeln und des Edaphons (Bodenorganis-

◀ Abb. 24: Isoplethendarstellung des pflanzenverfügbaren Wassers im Boden von 3 Weidelgrasweiden. Oben: Bestand von März bis Dez. als Standweide genutzt; in Febr. und März Bodeneis. Mitte: Im Juni und Juli je einmal im Umtrieb beweidet. Unten: Anfang Juni gemäht, im Juli und Sept. je einmal im Umtrieb beweidet. (Nach VON MÜLLER 1956.)

men, also Tiere, Pilze, Bakterien); in Trockenzeiten scharfe Austrocknung, da der Anteil an pflanzenverfügbarem Wasser gering ist. Bei Überwiegen der trocknen Phase spricht man von Wechseltrockenheit.

Auf verdichteten, episodisch vernäßten Standorten, wo durch verschiedenartige „dann- und wann- Störungen" die Pflanzendecke lückig aufgerissen wird (vgl. S. 218), kommen verschiedene Gesellschaften des Verbandes **Agropyro-Rumicion crispi** vor. Bleibt z. B. in Dellen großer Flußtäler auf undurchlässigem Auelehm im Frühjahr über längere Zeit hin das Wasser stehen, so bilden sich hier Flutrasen. Zeitweise Überschwemmung durch Salzwasser oder zeitweise Eutrophierung durch Vieh an Tränken lassen andere Agropyro-Rumicion-Assoziationen aufkommen. Bezeichnend ist, daß neu geschaffene offene Stellen durch diese Arten rasch ausgeheilt werden (**„Heilgesellschaften"**); auffallend häufig geschieht dies mit Hilfe oberirdischer Ausläufer (vgl. die Charakterarten); diese Ausläufer-Hemikryptophyten bewurzeln sich auf feuchtem Boden rasch an den Knoten und lassen durch diese „Strategie" den Therophyten kaum Raum; es entstehen typische „Kriechrasen".

3. Düngung

Die Reaktion der Narbe auf Nährstoffzufuhr, speziell Stickstoff, Phosphor und Kalium, wird durch eine Vielzahl praktischer Erfahrungen und Experimente belegt. Bei der Grünlandkartierung lassen sich regelmäßig Syntaxa ausscheiden, deren Ertrag durch Düngung gesteigert werden könnte. Meist handelt es sich nur um Varianten; sie werden angezeigt durch sog. **Magerkeits-** oder **Hungerzeiger.** Dieses sind konkurrenzschwache Arten, die sich nur in lückigen Narben halten, z. B. *Briza media, Luzula campestris,* zuweilen auch Brometalia- oder Nardetalia-Arten. Zwar werden durch Düngung wohl alle Arten gefördert, doch ändert sich ihre relative Konkurrenzfähigkeit und dadurch ihr Anteil an der Stoffproduktion; die Hungerzeiger pflegen zurückgedrängt zu werden, weil die wüchsigeren Arten das angebotene Nährstoffpotential besser nutzen können. So verschieden die Düngerwirkung im einzelnen ist, allgemein gilt, daß Leguminosen regelmäßig durch P-K-Zufuhr gefördert und durch N-Zufuhr gehemmt werden, denn bei hohem NO_3-Angebot bietet die Eigenversorgung durch Knöllchenbakterien ihnen keinen Vorteil mehr.

4. Höhendifferenzierung

Innerhalb der Fettwiesen und der Fettweiden gibt es je 2 in der Höhenlage unterschiedene Verbände (s. BS 20a). Ursache ist ein ganzer Komplex von Faktoren, den KLAPP (1965) als **„Höhenkomplex"** bezeichnet. Hierzu gehören tiefere Temperaturen bei kürzerer Vegetationsperiode und höhere Niederschläge als unveränderbare Klimafaktoren; sie haben stärkere Bodenauswaschung und stärkere Erosionsneigung zur Folge. Dazu kommt eine besondere betriebswirtschaftliche Situation, liegen doch oft die Parzellen ortsfern, sind die

Tab. 8. Wiesengliederung auf der Reutlinger Alb (nach WILMANNS 1956).
a) Goldhaferwiese; in kühlen Nordlagen; b–f) Berg-Glatthaferwiese; b) Wiesenfuchsschwanz – Subass., vor allem in frischen Senken; a) u. b) mit Trennarten aus den Feuchtwiesen (M); c) Typische Subass., Typ. Variante; d) Typ. Subass., Rotstraußgras – Variante, mit „Hungerzeigern“; e) Knollenhahnenfuß – Subass., Typ. Var. an mäßig trocknen, schwach geneigten Hängen; f) Knollenhahnenfuß – Subass., Salbei – Variante, an stärker geneigten Hängen, trockenste Fettwiese; e) u. f) mit Trennarten aus den Trespenrasen (B).

Artengruppe \ Gesellschaft	a	b	c	d	e	f
Arrhenatherum elatius, Crepis biennis, Galium mollugo, Pimpinella major, Tragopogon pratensis	x	x	x	x	x	x
Anemone nemorosa, Centaurea montana, Knautia sylvatica, Poa chaixii, M Sanguisorba officinalis, M Trollius europaeus	x					
Crepis mollis, M Polygonum bistorta	x	x				
Alopecurus pratensis, M Geum rivale	x	x				
B Abietinella abietina, B Bromus erectus, B Ranunculus bulbosus					x	x
B Dianthus carthusianorum, B Festuca ovina var. firmula, B Potentilla tabernaemontani, B Primula veris, B Salvia pratensis, Veronica teucrium u. a.						x
Agrostis tenuis, Hieracium pilosella, B Galium verum, Luzula campestris, Sanguisorba minor u. a.	x			x		x

Wege lang und steil, wird der Zeitaufwand höher; Grund genug, weniger intensiv zu wirtschaften. Die Zunahme an Magerkeitszeigern mit der Höhe kann vermieden werden; das Ausklingen einiger ertragreicher Arten wie *Arrhenatherum elatius* dagegen ist klimatisch bedingt und unabänderlich.

Grünlandkartierung

Die lokalen Konstellationen der besprochenen Faktoren führen zu einer Vielzahl verschiedener Gesellschaftsausbildungen; diese müssen für die Kartierung und ökologische Erforschung in den einzelnen Gebieten zunächst einmal ausgegliedert werden. Den Grünlandarten lassen sich, wie den Ackerunkräutern, ökologische Kennzahlen zuordnen und die Aufnahmen entsprechend auswerten (s. S. 99; ELLENBERG 1950–54, 1963, 1974).

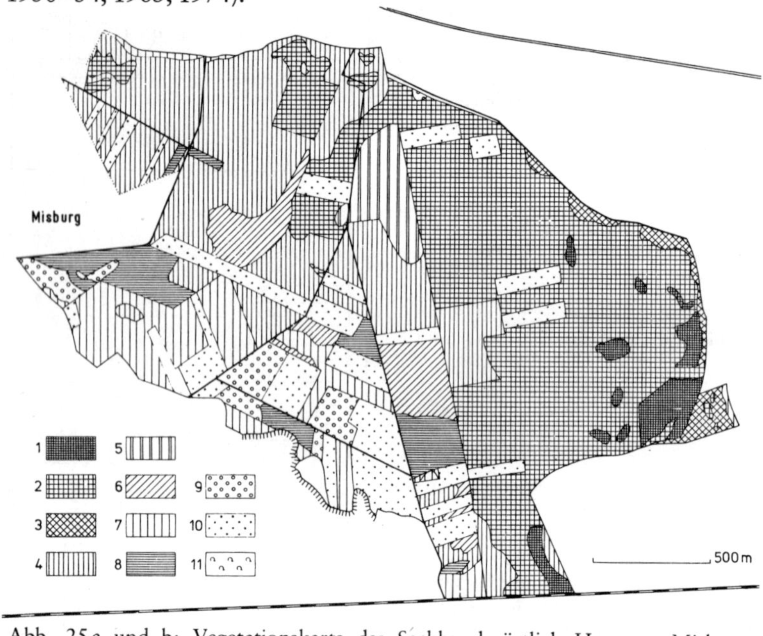

Abb. 25 a und b: Vegetationskarte des Seckbruch östlich Hannover-Misburg. a: Zustand im Jahr 1950; b: Zustand im Jahr 1975. 1 = Großseggen-Gesellschaften, 2 = Dotterblumenwiese, 3 = Kohldistelwiese, 4 = Wiesenknopfwiese, 5 = Benthalmwiese, 6 = Hochstaudenflur, 7 = Glatthaferwiese, 8 = Flutrasen, 9 = Weidelgrasweide, 10 = Äcker, 11 = Wald- und Forstgesellschaften, Aufforstungen. (Aus MEISEL und VON HÜBSCHMANN 1976.)

Als allgemeine Prinzipien der synsystematischen Gliederung im wichtigen standörtlichen Mittelbereich, dem des Arrhenatherion, kann man folgende herausstellen: Feuchte Ausbildungen werden durch Differentialarten angezeigt, die aus den Molinietalia übergreifen; dem trocknen Bereich entsprechen Brometalia-Arten; Molinion-Arten zeigen Wechselfeuchtigkeit bzw. -trockenheit an; „magere" Ausbildungen differenzieren, wie genannt, vielfach Arten aus den Trespen- und Borstgrasrasen. – Als Beispiel stehe ein kleines Schema der Wiesengliederung der mittleren, nördlichen Schwäbischen Alb (WILMANNS 1956), das etwas modifiziert als Kartierungsschema diente (Tab. 8).

Den einzelnen Einheiten sind bestimmte Wasserstufen und Düngungsintensitäten zuzuordnen; sie können also geeicht werden (vgl. S. 101). Daraus ergeben sich Bewirtschaftungs- und Meliorationsanweisungen

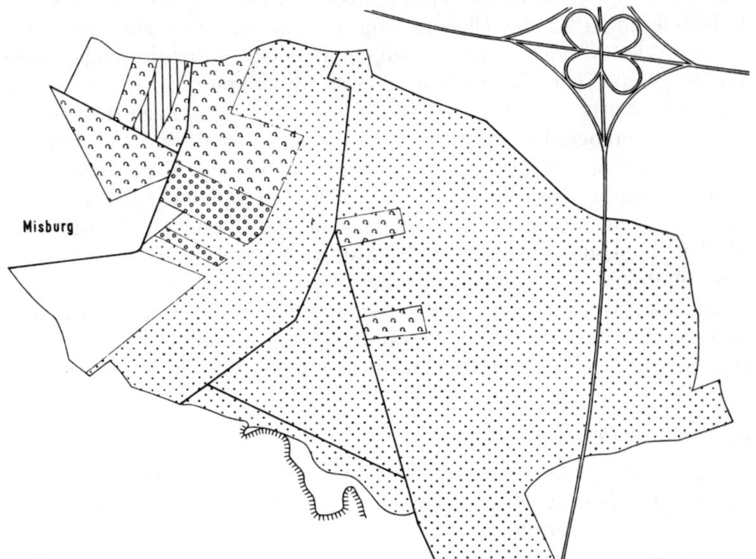

Abb. 25 b

(s. BUCHWALD 1954). Karten der Grünlandvegetation sind daher wichtige Hilfsmittel für wasserbauliche und landwirtschaftliche Planungen. Ihre Aussagen sind nach Interpretation durch den Pflanzensoziologen so eindeutig, daß sie als Beweismittel vor Gericht anerkannt sind, etwa bei

Entschädigungsverfahren nach Baumaßnahmen (vgl. z. B. ELLENBERG 1952). Sie liegen bei den zuständigen Dienststellen in großer Zahl, sind aber meist nicht publiziert. Als Beispiele für verschiedene Landschaften und für die Darstellungsgenauigkeit bei verschiedenen Maßstäben seien einige Karten zitiert: Bundesanstalt für Vegetationskartierung 1957, 1:5000 und 1961, 1:10000; ELLENBERG 1952b, 1:10000; LANG u. OBERDORFER 1960, 1:25000; SPEIDEL 1970/72, 1:50000; KRAUSE 1963, 1:100000.

Der Schwund von Grünlandgesellschaften

Während die Bedrohung von Röhrichten und Mooren, von Halbtrockenrasen und Heiden unübersehbar ist, verläuft der Schwund so mancher bewirtschafteter Grünlandgesellschaften eher schleichend. Entwässerung und die Überführung in eine zur Zeit eher lohnende Acker- oder Weidenutzung haben gebietsweise wörtlich tiefgreifende Folgen gehabt. Dies veranschaulicht das Abbildungspaar 25a u. b. Die Autoren MEISEL und VON HÜBSCHMANN (1976) schätzen auf Grund pflanzensoziologischer Unterlagen der Bundesanstalt für Vegetationskartierung (bis 1964) bzw. für Vegetationskunde, Naturschutz und Landschaftspflege, daß im nordwestdeutschen Grünland zwischen 1950 und 1975 die Feucht- und Naßwiesen des Calthion von 26 auf 14% Flächenanteil, die Streuwiesen des Molinion von 11 auf 2% gesunken sind. Während wirtschaftlich genutzte Gesellschaften, solange sie noch nicht ausgesprochen selten sind, in der Praxis schwerlich schützbar sind, ist es jetzt hohe Zeit, solche Bestände bewußt zu schützen, auch wenn dies nur mit regelmäßiger Bewirtschaftung möglich ist.

Systematischer Überblick

Die differenzierenden Faktoren der höheren Einheiten sind zuvor behandelt worden. Nun zu den einzelnen Assoziationen:

Zu Verb. 1, Cynosurion:

1. **Lolio-Cynosuretum,** Weidelgrasweide; Ass.ch. = V.ch. Ertragreiche Intensivweide der planaren bis submontanen Stufe; optimal und häufig im nordwestdeutschen Küstengebiet mit langer Vegetationsperiode, milden Wintern und feuchten Sommern.
2. **Alchemillo-Cynosuretum,** Rotschwingelweide; Ass.ch. = V.ch., vom Lolio-Cynosuretum durch einige Höhendifferentialarten *(Alchemilla monticola* und andere Kleinarten von *A. vulgaris* agg., *Carum carvi, Euphrasia rostkoviana)* und drastische Mengenverschiebungen der Gräser geschieden; das Weidelgras tritt stark zurück zu-

Kl. Molinio-Arrhenatheretea, Wirtschaftsgrünland;
Ch. Alopecurus pratensis, Cardamine pratensis, Centaurea jacea, Festuca pratensis, Festuca rubra, Holcus lanatus, Poa pratensis ssp. pratensis, Prunella vulgaris, Ranunculus acris, Rhinanthus minor, Rumex acetosa, Trifolium pratense, Vicia cracca u.a.

1.O.Trifolio-Cynosuretalia, Fettweiden;
Ch. Bellis perennis, Leontodon autumnalis, Trifolium repens, Veronica serpyllifolia

1.V.Cynosurion, Fettweiden der Ebene und mittl. Gebirgslagen;
Ch. Cynosurus cristatus,
Lolium perenne, (Diff.?)
Phleum pratense,
Veronica filiformis

planar-montan

2.V.Poion alpinae, Alpen-Fettweiden;
Ch. Cerastium fontanum s. str.,
crepis aurea,
Phleum alpinum,
Poa alpina,
Trifolium badium,
Trifolium pratense ssp. nivale,
Trifolium thalii

subalpin-alpin

gunsten von Horstrotschwingel. In der niederschlagsreichen und kühlmontanen Stufe, besonders gut im Voralpengebiet entwickelt, kann es als Vertreter einer Gruppe montaner Weide-Assoziationen gelten.

Eingeschoben sei hier die häufige, durch das ganze außermediterrane Europa verbreitete Trittrasen-Gesellschaft

3. **Lolio-Plantaginetum majoris,** Trittwegerich-Gesellschaft; zur charakteristischen Artenkombination gehören neben den namengebenden Arten als Hochstete *Trifolium repens*, *Taraxacum officinale* und *Leontodon autumnalis*. Den Weiden nahestehend, ist die genaue Syntaxonomie doch unsicher.

Zu **Verb. 2, Poion alpinae:**

4. **Poo (alpinae)-Prunelletum,** Alpen-Fettweide; zu den hochsteten V. ch. kommen als Diff.arten gegen die 5. Ass. *Prunella vulgaris* und *Trifolium repens*. Es handelt sich um eine anthropogene Weide, die

Kl. Molinio-Arrhenatheretea;
2.O.Arrhenatheretalia, Fettwiesen;
Ch. Anthriscus sylvestris, Avena pubescens, Chrysanthemum ircutsianum, Crepis capillaris, Dactylis glomerata, Heracleum sphondylium, Pimpinella major, Rhinanthus alectorolophus

3.V.Arrhenatherion, Glatthaferwiesen;	4.V.Trisetion flavescentis, Goldhaferwiesen;
Ch. Arrhenatherum elatius, Campanula patula, Crepis biennis, Galium mollugo, Geranium pratense, Knautia arvensis, Pastinaca sativa, Tragopogon pratensis ssp. orientalis	Ch. Alchemilla vulgaris div. Kleinarten, Centaurea pseudophrygia, Crepis mollis, Crocus albiflorus, Narcissus stellaris u.a.
planar-montan	montan-subalpin

für die Umgebung von Almhütten bezeichnend ist. *Plantago alpina*, *Ligusticum mutellina* und andere Hochgebirgsarten unterscheiden sie weiter vom Cynosurion; sie ist artenreicher und hat andere, höhenspezifische Entwicklungsmöglichkeiten.

5. **Trifolio (thalii)-Festucetum violaceae,** alpine Urfettweide; Ch. *Festuca violacea,* lokal (Allgäu) *Agrostis alpina.* Eine alpine Weidegesellschaft an Standorten, die wegen langer Schneebedeckung primär gehölzfrei sind. Solche feinerdereichen, frischen, sommerwarmen, leguminosenreichen Standorte dürften von jeher bevorzugtes Weidegelände für Gemsen und andere Pflanzenfresser der Alpen gewesen sein.

Zu Verb. 3, Arrhenatherion:

6. **Dauco-Arrhenatheretum elatioris = Arrhenatheretum medioeuropaeum,** Glatthaferwiese der planaren bis kollinen Stufe; Ass.ch. = V.ch. Es ist die typische Mähwiese der grundwasserfernen, gut gedüngten Standorte; zwei- bis dreischürig; besonders reich ge-

BS 20 c

Kl. Molinio-Arrhenatheretea;
3.O.Molinietalia, Nass- und Streuwiesen und nasse Staudenfluren;
Ch. Cirsium oleraceum, Cirsium palustre, Equisetum palustre, Galium uliginosum, Lychnis flos-cuculi, Dactylorhiza majalis, Sanguisorba officinalis, Silaum silaus u.a., dazu Diff.

5.V.Calthion, nährstoffreiche Nasswiesen;
Ch. Bromus racemosus, Caltha palustris, Crepis paludosa, Lotus uliginosus, Myosotis scorpioides, Polygonum bistorta, Scirpus sylvaticus, Senecio aquaticus u.a.

planar-montan

6.V.Filipendulion, nasse Staudenfluren;
Ch. Epilobium hirsutum, Geranium palustre, Hypericum tetrapterum, Lythrum salicaria, Stachys palustris, Valeriana (officinalis) procurrens u.a.

planar-montan

7.V.Molinion coeruleae, Pfeifengraswiesen;
Ch. Carex tomentosa, Cirsium tuberosum, Dianthus superbus, Galium boreale, Gentiana pneumonanthe, Inula salicina, Molinia coerulea, Senecio helenites, Serratula tinctoria, Succisa pratensis, Thalictrum flavum u.a.

planar-montan

gliedert in Süddeutschland. Hier ist sie auch besonders bunt, denn gegen Norden treten *Tragopogon pratensis* ssp. *orientalis, Geranium pratense* und *Campanula patula* zurück; die dem Mesobromion nahestehenden trocknen Ausbildungen mit *Salvia pratensis, Dianthus carthusianorum* und *Onobrychis viciaefolia* fehlen fast ganz. Diese floristisch-ökologische Verarmung in Norddeutschland kann man mit ELLENBERG (1963) wohl auf die dort geringere Erwärmung des Bodens zurückführen.

7. **Alchemillo-Arrhenatheretum,** Berg-Glatthaferwiese; Ass.ch. = V. ch.; dazu kommen, parallel zur Gliederung der Fettweiden des Cynosurion, Differentialarten für die submontane und montane Stufe: *Alchemilla xanthochlora, A. monticola,* als Kleinarten von *A. vulgaris* agg., *Carum carvi, Phyteuma nigrum* u. a. Der Glatthafer selbst tritt in den frischeren Ausbildungsformen schon zurück, Goldhafer und Horstrotschwingel nehmen zu. So deutet sich allmählich das Trisetion an. Das aus feuchtkühlen Lagen, so dem Vogelsberg und Oberschwaben, beschriebene **Poo-Trisetetum** ist eine solche Übergangsgesellschaft.

Zu **Verb. 4, Trisetion:**

8. **Trisetetum flavescentis,** Goldhaferwiese; Ass.ch. = V.ch. (Wir fassen eine ganze Reihe von Gebietsassoziationen, jeweils durch Differentialarten geschieden, in dieser kollektiven Assoziation zusammen.) Goldhaferwiesen schließen an Berg-Glatthaferwiesen nach oben an und sind oft lokal mit ihnen verzahnt; die Glatthaferwiesen nehmen dann die warm-trockenen, die Goldhaferwiesen die kühl-feuchten Fliesen ein. Das Trisetetum ist innerhalb Deutschlands aus Harz, Vogelsberg, Rhön, Schwarzwald, Schwäbischer Alb, Thüringer Wald, Bayerischem Wald und Böhmerwald, Voralpen und Alpen bekannt; seine Untergrenze sinkt, der allgemeinen Gesetzmäßigkeit entsprechend, von etwa 900 m in den Nordalpen auf etwa 400 m im Harz ab.

Zu **Verb. 5, Calthion = Bromion racemosi:**

(Die Assoziationen sind so ausgewählt und angeordnet, daß die Parallelität zwischen Kalk- und Silikatgebieten einerseits, zwischen Tief- und Gebirgslagen andererseits deutlich wird. Ass. 13 und 14 leiten zu Niedermooren über.

9. **Angelico-Cirsietum oleracei,** Kohldistelwiese; *Ch. Cirsium oleraceum* (opt.). Planar-submontane, gut gedüngte, ertragreiche Feucht- bis Naßwiese auf kalkreichem Substrat.
10. **Valeriano-Cirsietum rivularis,** Trollblumen-Bachdistelwiese; Ch. *Cirsium rivulare,* Diff. *Trollius europaeus.* Submontan-montane, gut gedüngte Feucht- bis Naßwiese auf kalkreichem Substrat.

11. **Senecioni-Brometum racemosi,** Traubentrespenwiese; Ch. beide namengebende Arten opt. Früher auf kalkarmen Böden in der Ebene häufig, jetzt fast verschwunden.
12. **Scirpetum sylvatici,** Waldsimsenwiese; Ch. *Scirpus sylvaticus* (opt.). Montane Naßwiese auf tonigen Silikatböden unter Stauwassereinfluß. Bezeichnende Gesellschaft des Odenwalds und des westlichen Schwarzwalds, des Harzes und anderer Silikatgebirge.
13. **Juncetum subnodulosi,** Kalk-Binsenwiese. Ch. *Juncus subnodulosus, Dactylorhiza incarnata.* Schwach gedüngte, einschürige Wiese auf kalkreichen, sickernaßen, tonigen Böden.
14. **Juncetum acutiflori,** Silikat-Binsenwiese; Ch. die namengebende Art, dazu atlantische Seltenheiten wie *Anagallis tenella.* Ausklang des atlantischen Verbandes Juncion acutiflori.

Zu **Verb. 6, Filipendulion** (ehemals Filipendulo-Petasition):
Wahrscheinlich werden diese Hochstaudenfluren, die sich schon hinsichtlich der vorherrschenden Lebensform von den Wirtschaftswiesen und -weiden abheben, als eine eigene Klasse gefaßt werden müssen, als Säume von Feuchtwiesengesellschaften. Auf standörtlich geeigneten Sozialbrache-Flächen dringen sie gegenwärtig ebenso vor wie die bereits als selbständig erkannten Calystegietalia, Glechometalia und Origanetalia (s. S. 247). Daß die soziologischen Aufnahmen, die für syntaxonomische Entscheidungen maßgebenden Ausgangsdaten, bisher zahlreiche Molinio-Arrhenatheretea-Arten enthielten, ist angesichts des nur meterbreiten, gelegentlich gemähten Streifens zwischen Bach und Wiese fast selbstverständlich.

15. **Filipendulo-Geranietum palustris,** Mädesüß-Gesellschaft; Ch. *Filipendula ulmaria* (opt.), *Geranium palustre.* Hochstaudenflur an Bächen der Tieflagen.
16. **Chaerophyllo (hirsuti)-Ranunculetum aconitifolii,** Quellstaudenflur; Ch. *Ranunculus aconitifolius* s. str. (opt.). Bezeichnende Gesellschaft des Schwarzwalds und anderer Silikatmittelgebirge. Zur Blütezeit des Hahnenfußes fällt sie besonders auf als weißes Band, das an den wenig eingeschnittenen Bächen auf quellig-durchsickerten, von benachbarten Wiesen her gut mit Nährstoffen versorgten Böden entlangzieht.

Zu **Verb. 7, Molinion:**

17. **Molinietum medioeuropaeum,** Stromtal-Pfeifengraswiese; Ch. *Allium angulosum, Allium suaveolens, Gladiolus paluster, Iris sibirica* (evtl. eigene Ass. charakterisierend, das **Iridetum sibiricae**).

Optimal entwickelt ist dieser Kern des Molinion in der sommerwarmen Oberrheinebene. Wo in die geologisch bunten Schotter Tonschichten eingelagert sind, kann es zur Wechselfeuchtigkeit kommen. In ortsferner Lage und ohne Melioration haben sich noch einige kleine Flächen erhalten. Die Assoziation kann als „basiklines" Molinietum vom folgenden „azidoklinen" abgesetzt werden.

18. **Junco-Molinietum,** Borstgras-Pfeilengraswiese; mit *Juncus conglomeratus* und *J. effusus.* Artenarme Streuwiesen auf Silikatböden, positiv durch eindringende Differentialarten aus den Borstgrasrasen gekennzeichnet.
19. **Gentiano (asclepiadeae)-Molinietum,** Schwalbwurzenzian-Pfeifengraswiese; Diff.arten der Ass. sind *Gentiana asclepiadea, Primula farinosa, Selaginella selaginoides, Veratrum album.* Im kühl-niederschlagsreichen Alpenvorland kommen bereits Streuwiesen mit Alpenpflanzen vor; die wärmebedürftigen Arten des Molinietum medioeuropaeum fehlen hier.

Eine Reihe lokaler, pflanzengeographisch interessanter Molinion-Gesellschaften sind aus der Oberrheinebene bekannt geworden (PHILIPPI 1960).

Zum **Verband Agropyro-Rumicion crispi** (vgl. S. 208):
Dieser Verband mit vielen Assoziationen nimmt eine Sonderstellung ein. Charakterarten: *Carex hirta, Juncus inflexus, Potentilla anserina, Potentilla reptans, Ranunculus repens, Rorippa sylvestris, Rumex crispus, Trifolium fragiferum* u. a.
Er spielt als Musterbeispiel eine Rolle bei dem Bemühen vor allem niederländischer Forscher, kybernetische Begriffe auch in der Pflanzensoziologie einzusetzen (VAN LEEUWEN 1965); Struktur, Störung, Regulation z. B. sind ja Begriffe, die in beiden Wissenszweigen benutzt werden. Bei diesen ersten Ansätzen zeigte sich, daß es Zonen in der Pflanzendecke gibt, die einen hohen Grad von „dann- und wann-Störung" („variety in time") aufweisen; man kann derartige meist anthropogene Streifen als **„limes convergens"** bezeichnen. Typisch für sie ist eben das Agropyro-Rumicion. Im Gegensatz dazu gibt es Gebiete, die zeitliche Konstanz, aber schnellen räumlichen Wechsel der Faktoren zeigen, also eine hohe „variety in space"; sie pflegen naturnah, ja ursprünglich zu sein; ein Beispiel für einen solchen Typ von **„limes divergens"** bietet die Abfolge Wald-, Mantel-, Saum-, Felsgesellschaften am Rande trockener Felsmassive (s. S. 248 und Abb. 31).

20. **Rumici (crispi) -Alopecuretum geniculati,** Knickfuchsschwanzrasen; Ch. *Alopecurus geniculatus.* In Flutmulden großer Flußtäler bei längerer Überstauung. In den letzten ein bis zwei Jahrzehnten ist

an seine Stelle im Weser- und Leinetal eine an nitrophytischen und wenig überflutungsfesten Arten reichere Gesellschaft getreten, das

21. **Ranunculo (repentis)- Agropyretum repentis,** Kriechhahnenfuß-Queckenrasen, der jetzt als kilometerlanges Band die Flüsse säumt; wie weit das veränderte Wasserregime, wie weit Eutrophierung und hoher Salzgehalt für den Wandel entscheidend waren, ist noch unbekannt (TÜXEN 1977).

22. **Dactylo-Festucetum arundinaceae,** Rohrschwingel-Gesellschaft; für die mäßig verdichteten Streifen zwischen Straßenrand und Wiesen auf nährstoffreichem Lehm sind die derben Horste des Rohrschwingels bezeichnend.

11. Formation: Zwergstrauchgesellschaften

Hier werden zwergstrauchreiche Gesellschaften unterhalb der Waldgrenze und ihnen floristisch zugehörige Borstgrasrasen, also eine Grünlandordnung, zusammengefaßt. Es handelt sich um sehr nährstoffarme Standorte, bei denen oft die Lückigkeit und Lockerheit der Kormophyten noch eine gut entwickelte Moosschicht zuläßt. Zwergstrauchreichtum, oft sogar -dominanz setzt sie von allen bisher besprochenen Gesellschaften ab.

37. Kl.: Nardo-Callunetea, Borstgrasrasen und Ginsterheiden
38. Kl.: Cetrario-Loiseleurietea, Arktisch-alpine Windheiden
39. Kl.: Oxycocco-Sphagnetea, Hochmoorbultgesellschaften und Heidemoore

37. Klasse: Nardo-Callunetea, Borstgrasrasen und Ginsterheiden

Diese Bestände heben sich markant aus den sie umgebenden Wäldern, Äckern, Fettwiesen und -weiden heraus; wenn sie auch nicht die Buntheit der Halbtrockenrasen zu erreichen pflegen, so gehört doch das Rosa der blühenden Callunaheiden wie das fahle Graugelb der herbstlichen Borstgrashorste zum Bild so mancher Erholungslandschaft. Wie die Mesobrometen sind diese Gesellschaften nicht natürlich, sondern anthropogen und Zeugen altertümlicher Wirtschaftsweisen. Auch sind sie heute stark geschrumpft; vor allem gilt dies für die niederländisch-nordwestdeutschen und dänischen Sandheiden. In den weniger dicht besiedelten Mittelgebirgen haben sich Nardo-Callunetea-Bestände in ortsferner Lage eher gehalten; doch auch hier besiedeln sie fast ausschließlich potentielles Waldland. Die Erhaltung vor allem der Ginsterheiden sei als hervorragendes Beispiel für die Problematik solcher landschaftsbestimmender Halbkulturformationen (s. u.) genauer besprochen.

Klassentypische Standortsfaktoren sind: niedriger pH-Wert, verknüpft mit geringen Nährstoffreserven, vor allem an Calcium und Nitrat, voller Lichtgenuß und nur extensive Beweidung.

BS 21

Kl. Nardo-Callunetea, Borstgrasrasen und Ginsterheiden;

Ch. Calluna vulgaris (schwach), Carex pilulifera, Cuscuta epithymum, Luzula multiflora, Potentilla erecta, Danthonia decumbens (=Sieglingia d.)

1.O. Nardetalia, Borstgrasrasen;

Ch. Antennaria dioica, Arnica montana, Botrychium lunaria, Coeloglossum viride, Dianthus seguieri, Nardus stricta u.a.

2.O. Calluno-Ulicetalia, Ginsterheiden, Callunaheiden;

Ch. Calluna vulgaris, Cladonia bacillaris, Cl. cornutoradiata, Cl. floerkeana, Hypnum cupressiforme var. ericetorum,

Diff. Dicranum spurium, Dicranum undulatum, Ptilidium ciliare

1.V. Nardion Subalpin-alpine Borstgrasrasen;

Ch. Campanula barbata, Diphasium alpinum, Gentiana kochiana, Gentiana punctata, Leontodon helveticus, Pseudorchis albida (=Leucorchis a.), Potentilla aurea u.a.

2.V. Violion caninae= Nardo-Galion saxatilis, Planar-montane Borstgrasrasen, Labkrautweiden;

Ch. Galium pumilum, Galium harcynicum, Jasione perennis, Polygala vulgaris, Viola canina ssp. canina u.a.

3.V. Calluno-Genistion, Subatlantische Sandginsterheiden;

Ch. Genista germanica, Genista pilosa, Lycopodium clavatum

4.V. Empetrion nigri, Krähenbeer-Sandheiden;

Ch. Empetrum nigrum,

Diff. Carex arenaria, Salix repens ssp. argentea u.a.

5.V. Sarothamnion, Besenginsterheiden;

Ch. Orobanche rapum-genistae, Sarothamnus scoparius

Diff. Pteridium aquilinum, Saumarten

Zur 1. **Ordnung, Nardetalia,** Borstgrasrasen:

Entstehung und Bewirtschaftung

Borstgrasrasen verdanken ihre Entstehung der Rodung bodensaurer Waldgesellschaften (meist auf Silikatgestein), die daher heute noch oft mit ihnen in Kontakt stehen. Lediglich in den Alpen und auf wenigen Mittelgebirgskuppen mögen die höchstgelegenen Bestände auch ursprünglichen Charakter haben. Ungeregelt beweidet werden auch sie. Meist sind es heute Allmenden, also Flächen in Gemeindebesitz, die als **Trift-** oder **Huteweiden** genutzt werden. Dieser Weidemodus ist für das Verständnis wichtig: Das Vieh zieht in geringer Stückzahl wiederholt über eine ausgedehnte Fläche. Die Tiere fressen dabei die von ihnen bevorzugten Pflanzen zuerst und beim geringsten Nachtrieb erneut und wiederholt ab; diese werden daher im Lauf der Zeit fast ausgemerzt. Unbeliebte (haarige, stachlige, giftige) Pflanzen bleiben als Weideunkräuter stehen und können sich anreichern. Auch *Nardus stricta* wird vom Vieh nur in jugendlichem Zustand angenommen; die ausgerupften und dann doch verschmähten Horste pflegen im Herbst als „Borstgrasleichen“ herumzuliegen. Werden die Tiere abends in die Ställe getrieben oder gepfercht, so werden den Weiden mit den Exkrementen auch die Nährstoffe entzogen; die Flächen verarmen. 83% der von Klapp (1965) untersuchten Bestände wurden nie gedüngt, der Rest auch nur kärglich.

Die **Selektivität** des Weideviehs bestimmt wesentlich die spezifische Artenkombination; hinzu kommen standörtliche und Bewirtschaftungsunterschiede. Differentialartengruppen, die sich in den verschiedenen Assoziationen wiederholen, weisen darauf hin. So sind *Thymus pulegioides* und *Galium verum* Trockenheitszeiger; Wechselfeuchtezeiger wie *Succisa pratensis* und *Cirsium palustre* zeigen meliorationsgünstige Bestände an; *Calluna* und Vaccinien halten sich nur bei geringem Weidedruck; Arten der Molinio-Arrhenatheretea wie *Rumex acetosa* und *Trifolium pratense* sind Zeugen für besser geregelte Beweidung mit Düngung durch das Vieh selbst oder Zufuhr von Kunstdünger bei zeitweiliger Erholungsmöglichkeit für wertvolle Futterarten. Sollen die Weiden verbessert werden, so muß diese Entwicklungsmöglichkeit ausgenutzt werden. Klapp betont aufgrund seiner jahrzehntelangen Erfahrungen, daß Düngung nur dann Erfolg hat, wenn man zugleich die (moderne) Umtriebsweide einführt und so die Selektivität unterbindet: Die Gesamtfläche wird dabei in Koppeln aufgeteilt; das Vieh weidet diese nacheinander jeweils einige Tage lang ab; Weideunkräuter werden in Nachmahd beseitigt; wertvolle Futterpflanzen können sich dann bis zum nächsten Auftrieb erholen.

Einige Assoziationen

Zum Hochlagen-Verband **Nardion:**

1. **Nardetum alpigenum,** Subalpine Borstgrasmatte. Ass.ch. = V.ch. Auf Fleckenmergeln und Kössener Schichten der Nordalpen und in den silikatischen Zentralalpen.

   2.–4. In den höheren Silikat-Mittelgebirgen (Bayerischem Wald, Schwarzwald, Vogesen, Harz, Riesengebirge) zeichnen sich die Nardeten durch die Arten aus, die nach Areal und Standortsansprüchen Eiszeitrelikte sein müssen (s. S. 42). Als die Hochlagen zu Weidfeldern (Extensivweiden) gerodet wurden, konnten manche (so *Leontodon helveticus* und *Potentilla aurea*) als progressive Glazialrelikte ihr Restareal erweitern; *Nardus* selbst hat dabei seinen Reliktcharakter gänzlich verloren (s. WILMANNS 1965/66).
2. **Leontodo-Nardetum,** Pyrenäenlöwenzahn-Borstgrasweide; Lokalassoziation der Schwarzwaldhochlagen; einige V.ch. = lokale Ass.ch.

   Ihm korrespondiert in den Vogesen das **Violo-Nardetum** mit der westeuropäischen *Viola lutea* und *Pulsatilla alba.* Statt *Potentilla aurea* ist *P. crantzii* vorhanden.
3. **Lycopodio-Nardetum,** Alpenbärlapp-Borstgrasrasen. Lokalassoziation des Bayerischen und Böhmerwaldes. Nur spärliche V.ch. vorhanden.
4. **Pulsatillo-Nardetum,** Anemonen-Borstgrasrasen. Weithin zerstörte Lokalassoziation des Brockens. Sehr arm an V.ch. (mit *Pulsatilla alba*).

Zum Tieflagen-Verband **Violion caninae = Nardo-Galion saxatilis:**

5. **Nardo-Gentianetum pneumonanthes,** Lungenenzian-Borstgrasrasen; lok. Ch. *Gentiana pneumonanthe, Pedicularis sylvatica.* Eine bezeichnende Gesellschaft auf frischen bis nassen Böden im atlantischen Küstengebiet (Quercion roboris-Gebiet); sehr selten geworden.
6. **Polygalacto-Nardetum** (= **Hypericum maculatum-Polygala vulgaris-Ass.**), Kreuzblumen-Borstgrasweide; Ch. *Polygala vulgaris.* Weitverbreitete Gesellschaft der niederen Gebirgslagen; oft auf wechselfeuchten Standorten; wirtschaftlich bedeutungslos.
7. **Festuco-Genistelletum,** Flügelginsterweide; Ch. *Genista sagittalis,* (lok.) *Carlina acaulis.* Hauptgras ist der Horstrotschwingel, *Festuca rubra* ssp. *commutata.* Aus sommerwarmen und trocknen Mittellagen von Schwarzwald, Vogesen und östlicher Eifel bekannte Gesellschaft, wohl etwas besser mit Nährstoffen versorgt. Rasch schrumpfend, da entweder durch Düngung in Cynosurion-Weiden überführt oder aufgeforstet.

Zur 2. **Ordnung, Calluno-Ulicetalia,** Ginsterheiden, Callunaheiden:

Der Begriff Heide

Unter Heiden pflegt man heutzutage baumfreie, von Zwergsträuchern beherrschte Bestände zu verstehen; meist wird der Begriff noch eingeschränkt auf ericaceenreiche, ozeanische Bestände. Dies war nicht von jeher so; vielmehr läßt sich an diesem Beispiel der Inhaltswandel eines vegetationskundlichen Begriffs, wie ihn KRAUSCH (1969) eingehend analysiert hat, gut darstellen. Die Bezeichnung Heide deckte zunächst einen **Rechtsbegriff** und bezog sich auf den nicht ackerbaulich genutzten Teil der Gemarkung; auch der im Gemeindebesitz befindliche Wald, nicht nur als Holzlieferant, sondern auch als Waldweide und zur Streugewinnung genutzt, war eingeschlossen. Das Vegetationsinventar dieses Geländes und seine spätere Entwicklung war gebietsweise sehr verschieden: trockene, oft kiefernreiche Wälder im nordostdeutschen Sprachraum, *Calluna* (Besenheide)- und *Sarothamnus* (Besenginster)-Gesellschaften und Verwandtes statt der ehemaligen Birken-Eichenwälder im Nordwesten, im Süden aber großenteils Trockenrasen (hier entspricht dem der Ausdruck Hardt). Durchgesetzt hat sich schließlich in der wissenschaftlichen Sprache der nordwestdeutsche Inhalt des Begriffes.

Zur Ökologie ozeanischer Zwergstrauchheiden

Ericaceenheiden sind zwar nicht völlig beschränkt auf kühl-niederschlagsreiche Gebiete, aber doch sehr bezeichnend für sie. STOCKER (1963) zeigte, daß sich unter diesen Bedingungen weltweit Ericaceengürtel finden; in Australien sind die verwandten Epacridaceen den Ericaceen stellenäquivalent. Teils bilden sie natürliche, teils anthropogene Gesellschaften. Weshalb mögen gerade Heidekrautgewächse unter diesen Bedingungen so durchsetzungsfähig sein?

1. In humiden Klimaten sind – ceteris paribus – ausgewaschene und daher basenarme und saure Böden häufiger als in kontinentalen. Da die Ericaceen Mykorrhiza-Bildner sind, dürften sie auf nährstoffarmen Böden bevorzugt sein; denn mit Hilfe des Wurzelpilzes ist eine raschere Absorption von Ionen möglich (s. SCHAEDE 1962).
2. Die meisten Ericaceen sind immergrüne Zwergsträucher. Solche sind geeignet a) für Gebiete mit milden Wintern und nicht oder nur kurzfristig unterbrochener Assimilationsmöglichkeit, ferner b) für Gebiete, in denen die Vegetationsperiode sehr kurz ist und nicht ausreicht, jeweils neues, nur einjähriges Laub aufzubauen; in diesem Falle sind Schneeschutz oder Frosthärte Voraussetzung. Ozeanische Gebiete erfüllen die erstgenannten Bedingungen; auf hohe Gebirgs-

lagen in den gemäßigten Zonen sowie die Arktis treffen die zweitgenannten zu (vgl. Cetrario-Loiseleurietea). In beiden Bereichen sind Ericaceen häufig.

3. Für ozeanische Gebiete sind neben hoher Luftfeuchte auch anhaltende und heftige Winde typisch. Dies bedeutet für die Pflanzen zunächst starke Transpirationsverluste und nach Schluß der Stomata die Gefahr, daß die Blätter durch Scherkräfte zerstört werden, daß unter Umständen auch Wasser aus den Zellen herausgepreßt wird. Als Anpassung (im Sinne von avoidance s. S. 176) kann man mit STOCKER (1923 und später) die kleinen harten Blätter mit viel Sklerenchym und kräftiger Cuticula werten, welche den „ericoiden Habitus“ bestimmen.

Einige Assoziationen

Zu **Verb. 3, Calluno-Genistion pilosae,** Calluna-Ginsterheiden:
Die drei mitteleuropäischen Assoziationen, geographisch gut getrennt, stehen einander floristisch recht nahe; die beiden ersten werden von manchen Autoren vereinigt (unter dem Namen Calluno-Genistetum pilosae).

8. **Genisto anglicae-Callunetum,** (Sub)atlantische Sand-Ginsterheide; Ch. *Cuscuta epithymum, Genista anglica,* (Diff.?) *Dicranum spurium.* Es ist diejenige Assoziation, welche die ehemals großflächigen, landschaftsbestimmenden niederländisch-nordwestdeutsch-jütländischen Heiden bildete, deren Reste, z. B. in der Lüneburger Heide, zu erhalten zu den wichtigen Aufgaben und Problemen des Naturschutzes gehört (s. u.). Sie ist Ersatzgesellschaft der Quercion roboris-Gesellschaften Betulo-Quercetum und Fago-Quercetum. Der Name **Sandheide** ist als Symbol zu verstehen, denn die Assoziation kann auch auf silikatreicheren Böden mit demgemäß höherem Schluff- und Tonanteil wachsen, wie die Übersicht BS 22 zeigt. Doch werden diese besseren Böden meist längst landwirtschaftlich genutzt.
9. **Genisto pilosae-Callunetum,** Haarginsterheide; Ch. *Genista pilosa, Viola canina* ssp. *montana,* Diff. *Diphasium tristachyum.* Diese Gesellschaft wächst weiter im Binnenland, wo die atlantisch-subatlantischen Arten allmählich verschwinden, die kontinentalen zunehmen. Die Ginsterheiden sind hier Ersatzgesellschaften von andern Quercion roboris-Wäldern (des Luzulo-Quercetum und des Pino-Quercetum, s. S. 308).
10. **Vaccinio-Callunetum,** Anmoorige Hochheide; Diff. *Diphasium alpinum, Trichophorum cespitosum, Vaccinium uliginosum, Vaccinium vitis-idaea.* Eine Gesellschaft der niederschlagsreichen Ge-

birgslagen; auf leicht vernässenden, armen Böden Rohhumus bildend.

Zu **Verb. 4, Empetrion nigri,** Krähenbeer-Sandheiden:

11. **Carici arenariae-Empetretum nigri,** Sandseggen-Krähenbeerheide. In Deutschland die einzige Assoziation des Verbandes, erkennbar an den V.ch. und der Differentialart *Polypodium vulgare.* Auf den friesischen Inseln als Folgegesellschaft von Kleingrasdünen oder Dünenweidengebüsch auf entkalkten, bereits befestigten Dünen an steilen Nordböschungen als Endglied der Sukzession. Die beiden Zwergsträucher, Besenheide und Krähenbeere, sind Arten von höchstem Bauwert; sie ertragen begrenzte Sandüberwehungen, da sich ihre niederliegenden Äste an den Knoten bewurzeln können.

Zu **Verb. 5, Sarothamnion scopariae,** Besenginsterheiden:

12. **Calluno-Sarothamnetum,** Besenginstergesellschaft; Ass.ch. = V.ch., da bisher einzige beschriebene Assoziation. Sie gehört zum Charakterbild unserer rheinischen Gebirge. Im westlichen, wintermilden Teil des mittleren Schwarzwaldes z. B. bilden die bis 2 m hohen, düstergrünen „Besen“ auf frischen, sauren Lehmböden einen Mantel um die Wälder, der im Mai/Juni zum goldgelben Band wird. Auch nicht mehr genutzte Magerweiden kann die Gesellschaft noch großflächig erobern, obwohl der Besenginster nach kalten und schneearmen Wintern durch Frosttrocknis zurückfriert. Er mußte früher durch Roden und Brand bekämpft werden, heute geschieht das durch Herbizide. Reichliches Vorkommen von **Adlerfarn in den Beständen** weist auf ehemaliges Abbrennen (Schwenden) hin, gegen welches die tiefliegenden Rhizome von *Pteridium aquilinum* resistent sind.

Entstehung, Lebensrhythmus und Erhaltung von Callunaheiden

Als bezeichnendes Glied der armen, atlantischen Altmoränenböden von hoher landschaftlicher Bedeutung, sind die von *Calluna vulgaris* beherrschten (sub)atlantischen Heiden recht intensiv untersucht worden (zusammenfassende Darstellungen bei WESTHOFF 1960, TÜXEN 1968, GIMINGHAM 1970, 1972, standortsökologische Messungen von LACHE 1974). Die Folgerungen, welche für die praktische Behandlung zu ihrer Erhaltung, das „Management“, gezogen wurden, stimmen gut überein. Die folgende Darstellung bezieht sich, wenn nicht anders vermerkt, auf das Genisto anglicae-Callunetum.

Diese Heide ist Ausdruck eines im Laufe von Jahrtausenden eingespielten **Wirtschaftssystems.** Die ursprünglichen bodensauren Birken-

Eichenwälder und Buchen-Eichenwälder des Quercion robori-petraeae wurden mit Beginn der vorgeschichtlichen Besiedlung durch **Waldweide, Brand** und **Rodung** zunehmend aufgelockert; da sie, weitgehend aus Lichtholzarten aufgebaut, ohnehin schon eine lichtbedürfte Feldschicht hatten (s. S. 306), standen nach Entfernung der Baumschicht genügend Arten zur Verfügung, die eine Folgegesellschaft, eben die Heide, aufbauen konnten. Diese wurde auch fernerhin durch Haustiere, in historischer Zeit durch die genügsamen Heidschnucken, offen gehalten, sie fraßen die eingestreuten Gräser, Baumkeimlinge und die jungen Spitzen der *Calluna*-Pflanzen. Durch den Verbiß wurde der Austrieb junger und damit blühender Äste gefördert. Für Bienen bot sich reiche Tracht; so wurde die **Imkerei** ein wichtiger Erwerbszweig, war Honig vor der Einfuhr von Rohrzucker und der Produktion von Rübenzucker doch die einzige Zuckerquelle und das Bienenwachs der Rohstoff für die bronzezeitlichen Gußformen. So waren zugleich Bestäubung und Samenansatz gesichert. Da die einzelne Besenheide-Pflanze altert, indem ihre Äste nach etwa 15 Jahren vom Zentrum her abzusterben beginnen, konnten gleichmäßig blühende Bestände nur gesichert werden, wenn der Mensch verjüngend eingriff. Dies geschah zuweilen durch Abbrennen; meist aber ließ es sich weit zweckmäßiger mit den Bedürfnissen der Ackerwirtschaft verbinden: Die alten Flächen wurden abgeplaggt, d. h. Soden mit den obersten Humuslagen abgeschält; diese dienten als Stallstreu und wurden dann, mit den Exkrementen der Haustiere angereichert, als Dünger auf die primär nährstoffarmen Sandäcker gebracht. Auf den abgeplaggten Flächen flogen *Calluna*-Samen an oder blieben liegen und bildeten, ein genügend feuchtes Jahr vorausgesetzt, dichten Jungwuchs. In Notzeiten konnte die Heide sogar gemäht werden und als Viehfutter dienen. Wiewohl bewährt, stellte diese Nutzungsweise Raubbau am ursprünglichen Ökosystem dar, denn es wurden dauernd Ionen entzogen, ohne daß die Nachlieferung aus den ohnehin nährstoffarmen (silikatarmen) pleistozänen Sanden damit hätte Schritt halten können. Die geringe Stickstoffnachlieferung im Callunetum bewies LACHE (1974) auch experimentell.

Hinzu kommt, daß die Ericaceen schwer zersetzliche, an Fulvosäuren reiche Streu liefern und daher die Auswaschung von Kolloiden fördern. Dieser Vorgang ist klar aus den Profilen ablesbar: Während unter ursprünglichem Eichen-Birkenwald niemals ein Podsol (Aschenboden) entsteht, vielmehr eine ganz charakteristische, durch feine oder kompakte braune Einwaschungsbänder ausgezeichnete podsolige Braunerde, ist das Genisto-Callunetum der **Podsol-Bildner** par excellence (s. TÜXEN 1957). Daß bestimmte Heidepflanzen tatsächlich und zwar im Verlauf weniger Jahrzehnte eine meßbare Bodenauswaschung

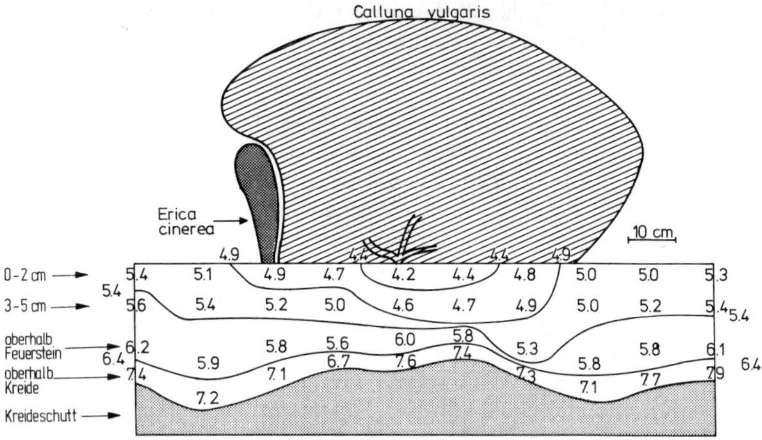

Abb. 26: Die pH-Werte unter einem 55 cm hohen Heidekrautbusch beweisen Bodenversauerung. (Boden 2,5 fach überhöht.) (Nach GRUBB et al. 1969.)

hervorrufen können, zeigen die Messungen von GRUBB et al. (1969) (Abb. 26). Sie untersuchten eine in England als „chalk grassland" bekannte Vegetation aus Basi- und Azidophyten, die sich auf Verwitterungsboden von Kreidekalken mit Feuersteinknollen, oft mit Lößbeimengung, ansiedelt; unter *Calluna*- und *Ulex*-Sträuchern bekannten Alters fanden sie, daß nach 10–12 Jahren der pH-Wert von 5–6 auf 3,5–4,5 abgesenkt war. – Das Alter einer mächtigen Orterde- oder Ortsteinschicht läßt sich in glücklichen Fällen bestimmen, dann nämlich, wenn durch vorgeschichtliche Brandbestattungen eine kulturgeschichtliche Marke gesetzt ist. An der Brandstelle wurde der Ortstein durch entstehende Pottasche aufgelöst; nach der Bestattung schüttete man über dem Grab einen Sandhügel auf; darauf pflegte sich erneut Heide anzusiedeln und wiederum Ortstein zu bilden. Dieser hat folglich das Alter des Grabes.

Das Genisto-Callunetum ist also eine durchaus anthropogene Gesellschaft; seine Gleichgewichtslage wird von einer Reihe heute überlebter Wirtschaftsmethoden bestimmt. In einem System der Gesellschaften nach dem Grade des menschlichen Einflusses kann die Sand-Ginsterheide als Musterbeispiel einer **kulturbetonten Gesellschaft** gelten (s. u.). Solche bieten dem Natur- und Landschaftsschutz besondere Schwierigkeiten. Die alte Bewirtschaftungsweise mit ihrem hohen Arbeitsaufwand kommt heute nicht mehr in Frage, jedenfalls nicht großflächig. Ohne Zutun des Menschen aber würde diese Vegetation ebenso verschwinden wie bei Intensivnutzung. Im Falle der Heide liegt der Schlüssel in der Kenntnis ihres **Entwicklungszyklus.** Gimingham (1970, 1972) stellt ihn nach mehreren Arbeiten über *Calluna*-Heiden in Großbritannien folgendermaßen dar: Bei der Besiedlung einer offenen Fläche durchläuft die Besenheide zuerst eine Pionierphase von 6 bis 10 Jahren Dauer; hier ist der Konkurrenzdruck in der Phytozönose noch gering, die Zahl der Begleitarten hoch; auf dem offenen Boden können sich Kryptogamen ansiedeln. In der anschließenden Aufbauphase (in Schottland etwa 7. bis 15. Jahr) schließen sich die Bestände; schattenliebende Kleintiere leben unter dem geschlossenen Zwergstrauchdach mit seinem ausgeglichenen Mikroklima. Die Streuproduktion nimmt zu. Niederliegende Seitenäste bewurzeln sich, wo der Rohhumus feucht genug ist. In der Reifephase (nach ca. 14–25 Jahren) mit noch üppiger Blüte beginnen die Pflanzen zentral abzusterben; erste Lücken im Bestande brechen auf; andere Kleintiere dringen ein. In der Altersphase, die etwa mit 20–33 Jahren eintritt und zuweilen bis zu 40 Jahren dauern kann, entstehen „räudig“ aussehende, absterbende, wirtschaftlich wertlose *Calluna*-Bestände. Die größte Diversität an Tieren findet sich natürlich in Flächen, die aus verschieden alten Beständen aufgebaut sind, wo also die größte Zahl von Nischen möglich ist; die Charaktertiere Moorschneehuhn (in Schottland) und Birkhuhn (im friesisch-niedersächsischen Raum) bevorzugen solche Gebiete.

Ein mosaikartiges Muster der Heidevegetation kann auch auf eine andere Biozönose-eigene, also **endogene** Ursache zurückgehen: episodischen Fraß des Heidekäfers *Lochmaea suturalis* (De Smidt 1977). (Daß **exogene** Faktoren wie Standortsunterschiede und Wirtschaftseinflüsse wirksam werden, bedarf hier kaum der Erwähnung.) Larven und Imago fressen ausschließlich an der Besenheide und können an feuchten, humosen und damit für ihre Ei-Entwicklung günstigen Standorten ganze Pflanzen zum Absterben bringen; in den Lücken siedeln sich Gräser oder Flechten an. *Calluna* verjüngt sich aus Samen und verdrängt diese dann im Laufe von 5 bis 10 Jahren. In diesen Zeitabständen pflegen auch *Lochmaea*-Ausbrüche zu erfolgen; da sich jedoch auf den zuvor zerstörten Flächen erst wenig Streu angesammelt hat, entwickeln sich hier nur wenige Käfer; dank dieser Rückkoppelung bleiben also diese Jungflächen verschont. Wenn die Lebensgemeinschaft als ganzes also auch stabil ist, so können kleinräumig doch durchaus instabile Verhältnisse herrschen.

Alle exogenen und endogenen Faktoren spiegeln sich in der Artenverbindung des Genisto-Callunetum wider und führen zu einer zunächst verwirrenden Vielzahl von Ausbildungen. Wie diese nach sauberer Analyse dennoch klar dargestellt und verstanden werden können, sei – zu-

Pflanzensoziologische Gliederung der nordwestdeutschen Calluna-Heide																								
Einheit	1	2	3	4	5	6	7	8	9	10	11	12	13	14	15	16	17	18	19	20	21	22	23	24
Zahl d. Aufn.	11	17	4	5	16	8	1	-	6	11	10	4	67	52	26	12	7	4	6	4	21	10	12	2
Assoziation	Genista anglica, Genista pilosa, Cuscuta epithymum, Dicranum spurium Ökologie: Durch Schafbeweidung, Plaggenhieb und Brand entstandene Extensivgesellschaft auf nährstoffarmen Böden im atlantischen Klima																							
Subassoziationen	Danthonia decumbens, Carex pilulifera, Agrostis tenuis, Potentilla erecta; auf anlehmigem Sand; Dauerges.; Ersatzgesellschaft des Fago-Quercetum p.								Cladonia chlorophaea, Cladonia uncialis, Cladonia gracilis, Cladonia sylvatica, Ptilidium ciliare, Hypogymnia physodes; auf Sandböden; Dauergesellschaft; Ersatzgesellschaft des Betulo-Quercetum roboris															
Varianten	reine Var.; Böden nicht staufeucht				Erica tetralix, Molinia coerulea; Böden staufeucht				reine Variante; Böden nicht staufeucht								Erica tetralix, Molinia coerulea; auf staufeuchten Böden							
Subvarianten									reine Subvar. in geschlossenen Beständen				Cladonia mitis, Cornicularia aculeata; aufgelichtete Bestände; fluktuierend				reine Subvar. in geschlossenen Beständen				Cladonia mitis, Cornicularia aculeata; aufgelichtete Bestände, fluktuierend			
Rasse			Empetrum nigrum; in Küst. nähe				Empetrum nigrum; in Küst. nähe				Empetrum nigrum; in Küst. nähe				Empetrum nigrum; in Küst. nähe				Empetrum nigrum; in Küst. nähe				Empetrum nigrum; in Küst. nähe	
Abbauphase Pinus sylvestris j. Quercus robur j.; Betula pendula j. u.a.		Pinus-Gruppe		Pinus-Gruppe		Pinus-Gruppe				Pinus-Gruppe		Pinus-Gruppe		Pinus-Gruppe		Pinus-Gruppe	Phasen unscharf, zu wenige Aufnahmen vorliegend					Pinus-Gruppe	unscharf zu wenige Aufnahmen	

gleich als Modellfall – an dem Blockschema 22 demonstriert (TÜXEN und KAWAMURA 1975). Das Genisto-Callunetum in Nordwestdeutschland kann in zwei Einheiten gegliedert werden, die sich im **Nährstoffgehalt** ihrer Böden unterscheiden; diese Unterschiede sind primär, vom Muttergestein her gegeben. Auch die Ausgangsgesellschaften, artenarme Eichenwälder, waren verschieden, wie sich aus deren Bodenprofilen, die von Heide-Ortstein überlagert sind, ablesen läßt (TÜXEN 1957, 1968). Deutliche Unterschiede im **Wasserhaushalt** kommen in beiden **Subassoziationen** durch Wasserstau im Untergrund zustande, so daß sich jeweils eine reine (typische) und eine Glockenheide-**Variante** ergeben. An lückigen Stellen können sich über einige Jahre hin, aber **fluktuierend,** reichlich Flechten ansiedeln; diese endogenen **Subvarianten** entsprechen wahrscheinlich den Initial- und Degenerationsphasen GIMINGHAMS. In Küstennähe ist, wohl infolge höherer Luftfeuchte und milderer Winter, die Krähenbeere in allen Syntaxa Glied der Feldschicht; *Empetrum nigrum* erfüllt damit die Forderung, die man an eine Differentialart einer **Rasse** stellt. Wenn die ganze Gesellschaft altert, weil großflächig keine Verjüngung mehr möglich ist, können sich Gehölze ansiedeln, welche zusammen mit *Avenella flexuosa* (= *Deschampsia f.*) und *Dicranum undulatum* ein als **Phase** bezeichnetes Entwicklungsstadium, hier die Degenerations- oder Abbauphase, kennzeichnen.

Auf Grund dieser Befunde ergibt sich als **Bewirtschaftungsvorschlag** (WESTHOFF, GIMINGHAM): Abbrennen von Flecken, die jeweils etwa einige Ar bis 2 Hektar groß sind, wobei die einzelnen Flächen nicht älter als 15 Jahre sein sollten. Denn dann hat sich erst wenig Streu und Rohhumus angehäuft und die Brandtemperatur bleibt niedrig. Die Samenproduktion aber ist dann bereits so groß, daß die Verjüngung gesichert ist. Die Brandzeit sollte Februar/März sein; denn dann sind noch viele Kleintiere im Boden geschützt, der feuchte Rohhumus fängt nicht Feuer und kann anschließend als Saatbett dienen. GÉHU und GÉHU-FRANK (1960/61) studierten die Wirkung eines äußergewöhnlich starken Brandes auf bretonische Heiden; unter solchen Bedingungen stellen sich Brandfolgepflanzen ein, und die Regeneration der trocknen Heide dauert mehrere Jahre. – Bei anderen Heidetypen, z. B. feuchten bis anmoorigen Ausbildungen, muß das Management etwas modifiziert werden. Vor allem besteht an solche Standorten die Gefahr, daß brandfeste Arten wie Pfeifengras und Adlerfarn zur Massenvermehrung gelangen. Überhaupt sollte man nie vergessen, daß eine bloße Zuordnung von Pflanzenbeständen zu „Heide", „Grünland" und ähnlichen Formationsbegriffen nicht nur für viele wissenschaftliche, sondern auch für praktische Zwecke viel zu ungenau ist; ohne gründliche Kenntnis des betreffenden Ökosystems, syntaxonomisch klar gefaßter Gesellschaft, ihrer Tierwelt und von deren Biotop, sind Fehlurteile unvermeidbar.

Tab. 9. Indirekte und direkte menschliche Einwirkungen auf Biozönosen

Stufenbezeichnungen Ellenbergs / Kriterien	naturbetont					kulturbetont		
	I unberührt	II natürlich besser: ursprünglich	III naturnah	IV bedingt naturnah	V bedingt naturfern	VI naturfern	VII naturfremd	VIII künstlich
a) Entzug von Biomasse (Ernte, Jagd)	–	(+)	(+)	+	+	+, ++	+, ++	++
b) Änderung der Häufigkeit einzelner Arten am Wuchsort	–	(+)	+	+	++	++	++	++
c) Änderung des Lebensformenspektrums am Wuchsort, Arten einheimisch	–	–	–	(+)	+	++	++	++
d) Schaffung neuer Gelände-Standorte, deren Typ bereits vorhanden ist			(+)	–	–	–	–	–
e) Schaffung neuer Standortstypen	–	–	–	–	–, +	+	++	++
f) Einbringen von Adventiv- oder Kulturpflanzen	–	–	–	–	–	+	++	++
Beispiele:	Felsspaltenges. im Hochgebirge	Urwälder ohne Großraubtiere, Hochmoore	Salzwiesen, eutraphente Wasserpflanzenges.	Hudewälder	Heiden, Halbtrokkenrasen	Fettwiesen, Kulturweiden	Ackerfluren, Ruderalges., Douglasienforsten	kein Biozönosencharakter, reine Kunstbestände

– findet nicht statt, (+) findet statt in unbedeutendem Ausmaß, + in bedeutendem Ausmaß, ++ in sehr bedeutendem Ausmaß

Es besteht das Bedürfnis, die Stärke des menschlichen Einflusses auf die Vegetation, den sog. **Hemerobiegrad,** genauer zu bestimmen. Dazu sind eine Reihe von Skalen vorgeschlagen worden, die sich auf Pflanzengesellschaften, Biozönosen, Ökosysteme oder Landschaften beziehen und 3 bis 8 Stufen umfassen (z. B. TÜXEN 1956, ELLENBERG 1963, WESTHOFF in BUCHWALD und ENGELHARDT 1968, SUKOPP 1972, MIYAWAKI und FUJIWARA 1975). Die Tab. 9 gibt in systematisierter Weise Kriterien wieder, die ELLENBERG und WESTHOFF aufgestellt haben, um Intensitätsstufen zu beschreiben. Landschaften, in denen **naturbetonte Vegetation** vorherrscht (Stufe I-IV), können als **Natur-** oder **Fast-Naturlandschaften** bezeichnet werden, Stufe V entspricht einer **Halbkulturlandschaft,** die Stufen VI-VIII charakterisieren **Kulturlandschaften.** In Stufe V gehören **Ersatzgesellschaften** 1. Grades, in VI solche 2. und 3. Grades, in VII solche 3. und 4. Grades. Stufe I und II bezeichnen „natural ecosystems“, II-VI „man-influenced ecosystems“, VII und VIII „man-made ecosystems“. Für städtische Lebensräume mag eine stärkere Unterteilung im **kulturbetonten Bereich** zweckmäßig sein, wie sie SUKOPP vornahm.

38. Klasse: Cetrario-Loiseleurietea, Arktisch-alpine Windheiden

Diese holarktische Klasse, deren Erstbeschreibung noch nicht publiziert ist (J. TÜXEN, pers. Mitteil.), hat ihren Verbreitungsschwerpunkt in der Subarktis und den von ihr ausstrahlenden Gebirgszügen des Nordens; doch wurden auch in den Alpen schon früh ähnliche Assoziationen erkannt, allerdings den Vaccinio-Piceetea zugeordnet (BRAUN-BLANQUET und JENNY 1926). Sie sind an saure Böden und damit überwiegend an Silikatgestein gebunden. Die deutsche Bezeichnung **„Windheiden“** bringt entscheidende floristische und ökologische Züge zum Ausdruck: Die charakteristischen und zugleich oft dominierenden Arten gehören der Ordnung *Ericales* (mit den *Ericaceae, Empetraceae* und *Diapensiaceae*) an: *Loiseleuria procumbens, Empetrum hermaphroditum, Diapensia lapponica,* ferner *Betula nana*; dazu kommt eine als „Windflechten“ bekannte Gruppe: *Alectoria ochroleuca, Cetraria cucullata, Cetraria nivalis, Cornicularia divergens, Thamnolia vermicularis.* Der Standort wird durch den Wind geprägt; entscheidend ist die Wirkung der Winterstürme, welche die Wuchsorte jeweils rasch schneefrei blasen. Die Pflanzen haben also zwar eine lange **Aperzeit,** sind aber auch den Wintertemperaturen, die in diesen Lagen leicht − 20 °C unterschreiten können, voll ausgesetzt. Die Pflanzen und die Pflanzengesellschaften der Windheiden werden oft als **chionophob,** Schnee-meidend, bezeichnet; wie sie sich unter einer

Schneedecke verhalten, ist nicht untersucht worden, sie sollten daher korrekterweise vorerst nur als achionophytisch (s. S. 24) eingestuft werden.

Die Cetrario-Loiseleurietea sind **Naturheiden** der unteren alpinen Stufe. Wo sie infolge von Rodungen im Waldgrenzbereich tiefer hinabsteigen konnten, ist die Wiederbesiedlung ihrer Stand- und Wuchsorte durch Bäume wegen der Gefahr der Frosttrocknis schwer und erst dann möglich, wenn an günstigeren Stellen in der Umgebung Gehölze Windschutz leisten (vgl. dazu die Untersuchungen der Forstl. BVA Wien 1967). Meist sind die Windheiden nämlich nicht einheitlich über große geschlossene Flächen verbreitet, sondern sie bilden mit schneereicheren Gesellschaften ein Mosaik. Im Hohen Norden sind sie noch eher landschaftsbestimmend-großflächig entwickelt als in den Alpen, wo sie Grate und Kanten, eben „Windecken“ besiedeln und darin den Elynetea entsprechen. Ihr dunkelgrün-blaßgelb gefleckter Teppich ist bezeichnend für die skandinavischen Gebirge. Die geringeren Schneemengen und die vom Inlandeis stärker abgeschliffenen Formen sind gewiß ursächlich beteiligt; möglicherweise spielt auch die stärkere Einstrahlung in den Alpen eine Rolle, denn der Schnee sollte leichter verharschen und dadurch festgelegt werden.

Diesen Bedingungen sind nur äußerst frostharte Arten gewachsen, wie es die Innsbrucker Schule durch ihre Untersuchungen zur Kälteresistenz auch experimentell beweisen konnte. Nicht von ungefähr sind so gut wie alle Arten wintergrün und damit bei Temperaturen über dem Gefrierpunkt rasch assimilationsfähig. Für die Flechten gelten diese ökologischen Eigenarten in erhöhtem Maße; hinsichtlich ihrer **Frosthärte** sind sie sogar „überdimensioniert“, wie die Ergebnisse von KAPPEN und LANGE (1972) zeigen, die nicht einmal an den Windflechten gewonnen wurden, sondern an einer Reihe von Arten wintermilderer Standorte. Temperaturen von – 196 °C werden, selbst in eingequollenem Zustande, ertragen; einige Stunden nach dem Auftauen springt die Photosynthese bereits wieder an. Diese ist allgemein bis – 5 °C möglich, bei manchen Arten sogar bis – 24 °C. Nimmt man an, daß ähnliche Werte auch für Windflechten gelten, so wird deren Eignung für kalte Aperstandorte einsichtig.

Einige Assoziationen:

1. **Cetrario-Loiseleurietum,** Gamsheideteppich; Ch. *Arctostaphylos alpinus, Loiseleuria procumbens* (opt.). An windgefegten Standorten der Alpen; unter Extrembedingungen fast nur noch aus Flechten aufgebaut.

2. **Vaccinio uliginosi-Empetretum hermaphroditi**, Rauschbeeren-Krähenbeerheide; Ch. *Empetrum hermaphroditum* (opt.). Weniger windexponiert als die vorige Assoziation, aber länger schneefrei als die *Rhododendron*-Gesellschaften (s. S. 305).

39. Klasse: Oxycocco-Sphagnetea, Hochmoorbultgesellschaften und Heidemoore

Grundbegriffe

Der schwedische Geobotaniker DU RIETZ definierte (1954) ein Moor als „jede in der Natur abgegrenzte Einheit von (wenigstens großenteils) torfbildender Vegetation auf (wenigstens zeitweise) nassen Torfböden und mit einer Reihe für diese charakteristischen Arten, zusammen mit dem von dieser Vegetation seit dem Beginn der Torfbildung abgelagerten Torfe." Zur Anhäufung unzersetzter Vegetationsreste kommt es, weil unter zeitweiliger Wasserbedeckung infolge Sauerstoffmangels weniger Humus zersetzt als nachgebildet wird. Je mächtiger die Torfdecke, desto eher ist eine gewisse Unabhängigkeit vom geologischen Untergrund gegeben. Danach hat man die beiden Hauptmoortypen zu unterscheiden: **Nieder- und Hochmoore.** Während bei dünner Torfdecke das sie durchtränkende Wasser noch mit dem ionenliefernden Mineralboden in Kontakt tritt, wird dieser Stoffaustausch bei großer Torfmächtigkeit schließlich unterbrochen, es sei denn, es erfolge ein seitlicher Zustrom von mineralbodenbeeinflußtem Wasser. Ist dies nicht der Fall, so muß schließlich die Vegetation ihren Wasser- und Ionenhaushalt allein aus Niederschlägen und Flugstaub, der u. a. auch Pollenkörner enthält, bestreiten; sie ist nicht mehr **minerotraphent**, sondern **ombrotraphent** und damit auch extrem **oligotraphent.** Ehe **Ombrotrophie** zustandekommt, muß also ein Stadium der **Minerotrophie** durchlaufen worden sein (s. Abb. 27).

Hochmoore im strengen Sinne sind also solche Moore oder Moorteile, die rein ombrotroph sind; sie können auch Regenwassermoore (engl. bog, schwed. mosse) genannt werden. **Nieder- = Flachmoore** (engl. fen, schwed. kärr) sind minerotrophe Moore oder Moorteile. Auch einen aus Hoch- und Niedermooranteilen aufgebauten Moorkomplex nennt man vereinfachend in der Umgangssprache Hochmoor.

Eine einführende und zugleich umfassende Besprechung der Entstehung, Typologie, Ökologie und Verbreitung der Hochmoore gab OVERBECK (1975); aus der ins Einzelne gehenden Darstellung speziell der nordwestdeutschen Moore wird deren hohe Bedeutung für die Entschlüsselung der Klima-, Vegetations- und Siedlungsgeschichte deutlich. Aber

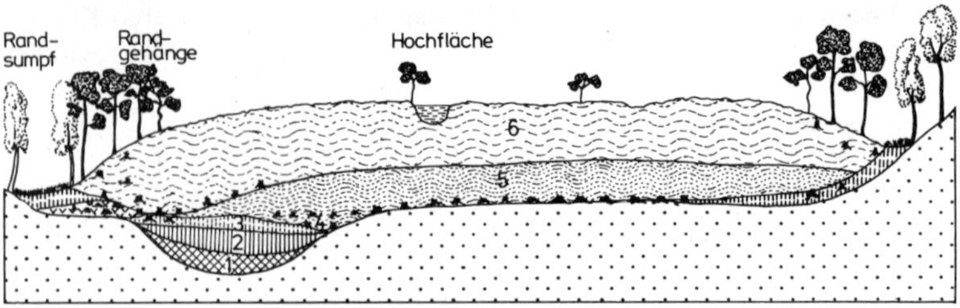

Abb. 27: Schematischer Schnitt durch ein mitteleuropäisches Hochmoor. Aus den Schichten des Untergrundes ist zu folgern, daß es zum Teil über einem verlandeten See, zum Teil durch Versumpfung eines Waldes auf nährstoffarmem Mineralboden (punktiert) entstanden ist. 1 = Mudde, 2 = Schilftorf, 3 = Seggentorf, 4 = Waldtorf, 5 = älterer, 6 = jüngerer Sphagnumtorf. (Aus FIRBAS in STRASBURGER 1971.)

auch ohne um diese Zusammenhänge zu wissen, empfindet wohl jeder Mensch die Eigenart dieses bei uns dahinschwindenden Lebensraumes.

Es sind keine Arten bekannt, die ausschließlich an Hochmoore gebunden wären, wohl aber solche, die dort ihren Verbreitungsschwerpunkt besitzen: es sind die Charakterarten der Oxycocco-Sphagnetea. Niedermoore dagegen haben eine Fülle eigener Pflanzenarten aufzuweisen, so alle Charakterarten der Scheuchzerio-Caricetea (s. S. 162). Diese klingen jeweils im Grenzgürtel zu den ombrotrophen Moorteilen hin aus; die Linie ihres äußersten Vorkommens wird exclusive fen plant limit oder **Mineralbodenwasserzeiger-Grenze** genannt. Schon ehe sie, vom Moorrande her, erreicht ist, sind nur noch wenige der anspruchsvolleren Niedermoorarten in die physiognomisch bereits hochmoorartige Pflanzendecke eingesprengt (z. B. *Carex lasiocarpa, Potentilla palustris, Menyanthes trifoliata, Molinia coerulea);* solche Moorteile pflegt man ebenfalls häufig in nicht ganz korrekter Weise als Hochmoor zu bezeichnen; besser ist es, hier von **Übergangsmooren** zu sprechen. Die ökologische Gruppe der Mineralbodenwasserzeiger ist am besten für Schweden ausgearbeitet (DU RIETZ 1954, SJÖRS 1956 u. a.); JENSEN (1961) hat sie für den Harz geprüft und dort bestätigen können. Doch ist sicher, daß man zwischen absolut und nur gebietsweise gültigen Mineralbodenwasserzeigern (z.B. *Eriophorum angustifolium* in Südskandinavien) zu unterscheiden hat. Dieser Befund weist bereits darauf hin, daß in der Natur weitere Faktoren eine vegetationsbestimmende Rolle spielen, z.B. Staubzufuhr. Aber auch mitten im ombrotrophen Bereich können entlang von Rüllen, in denen überschüssiges Wasser rasch abfließt, anspruchsvolle Arten leben; vermutlich werden hier in stärkerem Maße Ionen abgefangen (s. u.; MÜLLER 1973). (Theoretische Erörterungen s. ALETSEE 1967).

Außer dem Nährstoffhaushalt weicht auch der **Strahlungshaushalt** des Biotops Hochmoor vom üblichen ab: Bei Einstrahlung erhitzt sich dunkler, vor allem trockner Torf stark; nachts ist die Ausstrahlung und damit Abkühlung besonders hoch; dazu kann seitliche Kaltluft in Wald-umstandene Moore einfließen. Selbst im August maß HÖLZER (1977) z.B. in einem Schwarzwälder Moor in 1000 m Seehöhe frühmorgens 0 °C, am Mittag darauf aber 45 °C. Im Juli gab es Reif und in Schlenken Eis!

Die **Oberfläche** eines Hochmoores ist in sich gegliedert: Die weite Moorhochfläche, die oft, aber nicht immer gewölbt ist (Name!), geht in ein **Randgehänge** über, welches in eine ringförmige Senke, den **Lagg,** abfällt. Die Hochfläche ist oft in buckelige Erhebungen, die **Bulte,** und unregelmäßig geformte Mulden, die **Schlenken,** gegliedert. Eine typische Schlenkengesellschaft haben wir im Caricetum limosae (S. 162) bereits kennengelernt; die Bultgesellschaften gehören zu den Oxycocco-Sphagnetea. Die Karten des Sonnenberger Moores im Harz von JENSEN (1961) zeigt die Komplexität in eindrucksvoller Weise. Um Entstehung und Haushalt der Hochmoore zu verstehen, muß man sich gründlich mit den Massen-Torfbildnern vertraut machen, den Torf- oder Bleichmoosen, der Gattung *Sphagnum.*

Bau und Lebensweise der Sphagnen und ihre Bedeutung für das Hochmoor

Ein Bestand von *Sphagnum*-Pflanzen stellt ein schwammartiges **Kapillarsystem** dar (s. Lehrbücher der systematischen Botanik), welches nach einer Trockenperiode von Luft, nach Regen aber von Wasser erfüllt ist. Die „Moosblättchen" bestehen zum überwiegenden Teil aus abgestorbenen, oft spiralig versteiften und sogar mit groben Poren versehenen Zellen, Hyalozyten, mit Wasserspeicherfunktion, zwischen denen, volumenmäßig zurücktretend, assimilierende Chlorozyten liegen. Die „Stämmchen" sind von einem Zylinder toter Speicherzellen umkleidet. Kapillarräume entstehen auch zwischen den meist hohlen „Blättchen" und ihrem „Ast" sowie zwischen den polstrig-gedrängt wachsenden ganzen Pflanzen. Die daraus resultierende Wasserspeicherkapazität ist artspezifisch; OVERBECK und HAPPACH (1957) fanden für *S. magellanicum (= S. medium)* das 21-25fache des Trockengewichts, für *S. recurvum* das 14–18fache (rund 20 bzw. 10 g/100 ccm).

Eine Regulationsmöglichkeit der Wasserabgabe besteht bei diesen Thallophyten natürlich nicht. Da die Evaporation in Hochmooren an warmen Strahlungstagen etwa der in Trockenrasen entspricht (FIRBAS 1931), ist es verständlich, daß Hochmoore an relativ niederschlagsreiche und evaporationsschwache Gebiete gebunden sind (s. u.). – Die „Schwammstruktur" einerseits und die Dichte infolge stärkerer Zersetzung andererseits bewirken, daß *Sphagnum*-Rasen und aus ihnen entstandener Torf wenig wasserdurchlässig und damit wenig durchsickerbar sind; der mooreigene Grundwasserspiegel kann daher kleinflächig wechseln.

Die anhaltende Durchtränkung bewirkt Luftabschluß der tieferen Schichten und entsprechende **Sauerstoffarmut.** Unter anaeroben Verhältnissen wird zunächst die ohnehin nur geringe Eiweißmenge abgebaut; Gasblasen aus Methan, die beim Tritt in Schlenken aufsteigen, und der Geruch nach H_2S machen dies sinnfällig. Tiefwurzler können hier nicht existieren. Die Abnahme an Sauerstoff und die relative Anreicherung an Kohlenstoff und Wasserstoff stellen das erste Stadium der Inkohlung dar; Torflager, wenn auch nicht aus Sphagnen, sondern überwiegend aus Kormophyten aufgebaut, waren Voraussetzung für die Bildung von Braun- und später Steinkohle unter Druck über Jahrmillionen hin. Im Torf erhalten sich nicht nur bekanntlich schwer zersetzliche Polymere wie Lignin (und damit Holz) und Sporopollenin (und damit das äußere Sporoderm, Exospor, Exine) von Farnsporen und Pollenkörnern, sondern auch Zellulose. So lassen sich die *Sphagnum*-Arten, welche den jeweiligen Torf gebildet hatten, bei geringeren Zersetzungsgraden nach dem Zellnetz identifizieren. Moore sind daher auch die besten **„Archive" der nacheiszeitlichen Vegetationsgeschichte.**

Daß die Bleichmoose gerade für den extrem nährstoffarmen Standort Hochmoor so geeignet sind, beruht ferner auf dem Chemismus ihrer Zellwände: Infolge eines hohen Anteils an Polyuronsäuren (CLYMO 1963) wirken die Wände als **Kationenaustauscher.** Man wird sie als „Nährstoff-Fangorgan" und damit als ökologische Anpassung werten dürfen. Kationen, welche mit Staub und Niederschlägen auf das Moor gelangen, werden rasch gegen Protonen eingetauscht, welche ihrerseits das Substrat ansäuern; dabei stellt sich ein physikalisch bestimmtes Gleichgewicht zwischen Lösung und Zellwand ein. Die Pflanze kann diese locker gebundenen basischen Kationen allmählich gegen eigene Protonen eintauschen und aktiv, entgegen dem Konzentrationsgefälle, aufnehmen. Dabei wird der „Austauscher regeneriert" (ANSCHÜTZ und GESSNER 1954, BREHM 1971). Der Kationengehalt des von Moosen abgepreßten Wassers kann daher stark schwanken und vom „Standortswasser" abweichen (z. B. GIES und LÖTSCHERT 1973). Die Azidität des Hochmoores bleibt hoch; pH-Werte von 3–4 sind normal.

Das **Wachstum** der Sphagnen ist dank dieser Anpassungen erstaunlich groß: Der Längenzuwachs ist artspezifisch verschieden und kann von wenigen cm (bei den bultbildenden Sphagnen wie *S. medium)* bis zu etwa 50 cm/Jahr in Schlenken reichen. Solche locker und gut durchlichtet wachsenden Schlenkenpflanzen (z. B. *S. recurvum)* sinken auf die Seite und schieben sich so über seitliche Konkurrenten. Das Wachstum einer Hochmooroberfläche kann man auf jährlich 2–10 cm schätzen. Da die toten Pflanzenteile später zusammengepreßt werden, sind freilich für die Bildung von 1 cm Torf größenordnungsmäßig 10–20 Jahre anzusetzen (z. B. CASPARIE 1969, mit Radiokarbondatierung).

Die kormophytischen Hochmoorbewohner

Die Zahl der Pflanzen, die sich unter diesen ungünstigen standörtlichen Verhältnissen und zudem der scharfen Konkurrenz der raschwüchsigen Sphagnen halten können, ist gering. Unter den sonstigen Hochmoorarten befinden sich neben Moosen, die als „Lückenbüßer" zwischen Sphagnen auftreten, und Flechten, die sich vor allem auf hohen und trocknen Bulten ansiedeln können, überwiegend Ericaceen (*Andromeda, Chamaedaphne, Ledum, Oxycoccus, Vaccinium,* in Nordamerika *Kalmia*), Vertreter einer Familie also, die in ihrer Mykorrhiza ein Analogon zum Austauschermechanismus der Sphagnen besitzt. Auch der einzige, wenn auch nur ausnahmsweise, im Hochmoor lebende europäische Pteridophyt, *Lycopodiella inundata* (= *Lepidotis i.*) gehört zu den ganz wenigen Arten seiner Abteilung, bei denen der Sporophyt eine Mykorrhiza bildet. Zu den Ericaceen treten Insectivore, welche durch Tierfang zusätzliche Ionen, vor allem N-Verbindungen, beziehen: die kosmopolitische Gattung *Drosera,* in Nordamerika dazu die Gattung *Sarracenia,* in Hochmoorkolken *Utricularia.* Die kormophytische Hochmoorflora ähnelt in ihrer physiognomischen Kargheit manchen Xerophyten; der anatomische Befund bestätigt diese **Xeromorphie** der Hochmoorpflanzen (FIRBAS 1931): Sklerenchymreichtum, stark ausgebildetes Leitgewebesystem, große Zahl an Stomata. Die ursprüngliche Hypothese besagte, der Hochmoortorf sei ein „physiologisch trockenes" Substrat, weil entweder Humussäuren oder niedrige Temperaturen die Wasseraufnahme hemmen könnten. Beides erwies sich als unzutreffend; gerade Hochmoorpflanzen nehmen noch bei Temperaturen wenig über 0 °C ungehindert Wasser auf (FIRBAS 1931). Zur Erklärung muß man zwei andere Befunde heranziehen: 1. Hochmoore sind tatsächlich physikalisch trocken, wenn infolge intensiver Einstrahlung die oberste Torfschicht ausgetrocknet ist (die Pflanzen sind ja Flachwurzler!) und die Saugkraft der Atmosphäre hoch ist. Die Xeromorphien haben also durchaus Anpassungswert. 2. Es ließ sich durch Kulturversuche – u. a. an Hochmoorpflanzen – von MÜLLER-STOLL (1947) zeigen, daß Stickstoffmangel zu schärferer Ausprägung xeromorpher Merkmale führt. Ob dieser physiologischen Reaktion der Wert einer Anpassung auch an nichtxerischen Standorten zukommt, ist zweifelhaft.

Das Bult-Schlenken-System – ein „Regenerationskomplex"?

Die Oberfläche von Hochmooren pflegt in kontinentalen Gebieten sehr ausgeprägt in Bulte und Schlenken gegliedert zu sein; im atlantischen Raum ist dieses Relief weniger bis gar nicht deutlich; hier gibt es oft teppichartige Überzüge von Torf: blanket bogs, terrainbedeckende oder Decken-Hochmoore. Bis vor wenigen Jahren war es üblich, das mit der Morphologie verknüpfte Gesellschaftsmuster als Regenerationskomplex zu bezeichnen. Dahinter stand die Vorstellung, in Schlenken, die ja im ganzen feuchter sind als Bulten, wüchsen die Torfmoose rascher; daher sollten sich hier nach einigen Jahrzehnten Bulte aufwölben. Die alten Bulte aber sollten sich eindellen, weil sie so hoch über das Niveau

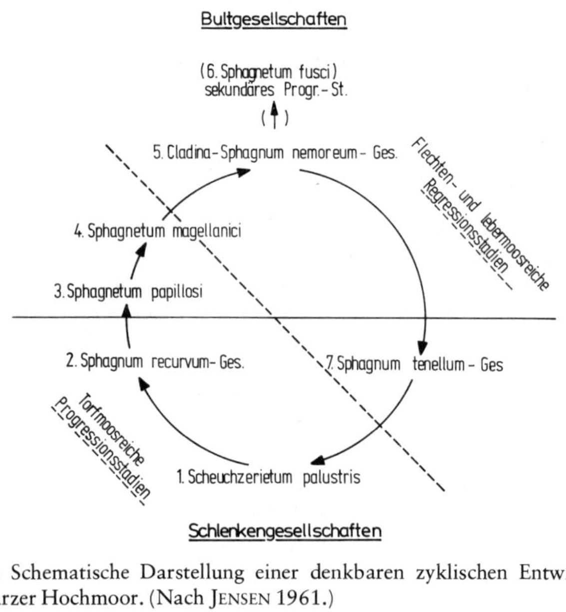

Abb. 28: Schematische Darstellung einer denkbaren zyklischen Entwicklung in einem Harzer Hochmoor. (Nach JENSEN 1961.)

des mooreigenen Wasserspiegels hinausgewachsen wären, daß kein weiteres Torfwachstum, sondern Zersetzung der höchsten Torfmoosschichten erfolgen sollte; aus den Löchern sollten Schlenken entstehen. In der Tat lassen sich manche Beobachtungen in diesem Sinne auswerten: Kümmernde Halme der Schlenkenart *Scheuchzeria palustris* in Bulten (als „Relikt"), Einsacken von flechtenreichen Bultkronen, übergreifendes Wachstum von *Sphagnum recurvum* über das Tiefschlenkenmoos *Sphagnum cuspidatum.* Einen solchen denkbaren Zyklus gibt JENSEN (1961) in einem „der Veranschaulichung dienenden Hilfsschema" wieder (Abb. 28). Seine Vorsicht anläßlich der Interpretation von Zuständen als Entwicklungsphasen war berechtigt; auch darf man nicht aus kurzfristigen floristischen Änderungen auf säkulare Prozesse schließen. Eine klare Entscheidung für oder gegen das Regenerationswachstum bietet die Torfsequenz an einer Stichwand oder im Bohrkern. Diese aber spricht in der überwiegenden Mehrzahl der Fälle gegen die **Regenerationshypothese.**

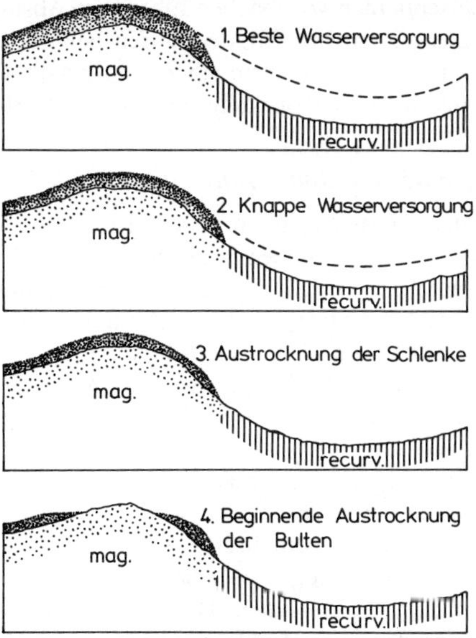

Abb. 29: Wachstum eines *Sphagnum magellanicum* -Bults (˙.˙ ·) und einer angrenzenden *Sphagnum recurvum*-Schlenke (ΠΠΠΓ) bei allmählicher Austrocknung des Moores (schematische Darstellung). Bei bester Wasserversorgung hat das Schlenkenmoos den stärkeren Zuwachs (----); er geht bei Verknappung rasch zurück, während der des Bultmooses (⁚⁚⁚) nur wenig nachläßt. (Aus OVERBECK und HAPPACH 1957.)

CASPARIE (1969) fand in gründlichen Untersuchungen in Holland eine über Jahrhunderte währende Stabilität des „Naß-Trocken-Mosaiks" und folgert: „Das stratigraphische Bild, aber auch die pollenanalytischen und rhizopodenanalytischen Befunde weisen darauf hin, daß von zyklischen Sukzessionen beim Moorwachstum keine Rede sein kann."

Messungen und Beobachtungen von OVERBECK und HAPPACH (1957) bieten eine gute Erklärung für diese Konstanz: Die Wasserspeicherkraft pro Volumeneinheit ist nämlich bei Bultsphagnen höher als bei Schlenkensphagnen; daher beginnt die Wachstumshemmung in Trokkenperioden wider Erwarten in den Schlenken, wie es die Abb. 29 zeigt. Dieser Befund erklärt auch, daß im atlantischen Gebiet, wo solche Trockenperioden selten sind, Bulte schlecht ausgeprägt sind, in kontinentalen aber leicht 1/2 m erreichen. Dies bedeutet nicht, daß jeglicher Gesellschaftswechsel ausgeschlossen wäre. Ganz abgesehen von künstlicher Entwässerung und Anlage von Torfstichen, die später wieder verlanden, können z. B. bei starken Regengüssen Erosionsschlenken enstehen; Einschneiden von Bächen führt zum Absinken des Grundwasserspiegels; das allgemeine Emporwachsen bewirkt schließlich Stillstand des Torfwachstums und ermöglicht außerhalb der atlantischen Region die Entwicklung von Moorkiefernwäldern (s. S. 303).

Voraussetzungen der Hochmoorentstehung

Hochmoore können durch Wachstum von anderen *Sphagnum*-Arten über Verlandungsniedermooren aus ehemaligen Seen (Abb. 27) oder auch über versumpftem mineralischem Untergrund aus Heidemooren oder bodensauren Wäldern entstehen. Der Nachweis der Sukzession ist aus der Beschaffenheit des Torfes im Profil zu führen. Schöne Beispiele bringt GROSSE-BRAUCKMANN (1968); ihm gelang es, 70 Arten aus Großresten im Torf zu identifizieren und so die Entwicklungsgeschichte einzelner Moore zu belegen.

Aus der Verbreitung der Regenwassermoore in Europa lassen sich die notwendigen klimatischen Voraussetzungen erschließen ALETSEE (1967) stellt das Areal dar: ein breiter Gürtel zieht sich vom außerarktischen Nordrußland (Südgrenze etwa bei Moskau) über Südfinnland, das Baltikum, Südschweden, Dänemark, Nordwestdeutschland nach England und Irland mit Exklaven in den deutschen Mittelgebirgen. Niederschlagreiches, kühles Klima, allgemein als boreal-montan oder subatlantisch zu skizzieren, ist für eine gute Entwicklung nötig. In Schleswig-Holstein kommen z. B. nur Gegenden mit über 700 mm Jahresniederschlag in Betracht (OVERBECK und HAPPACH 1957); im Schwarzwald sind es Lagen mit über 1000 mm an mindestens 150 Regentagen (DIERSSEN mdl.). Gebietsweise sind es freilich morphologisch und floristisch verschiedene Typen von Mooren (Zusammenstellung und Begriffsanalyse bei ALETSEE 1967 und OVERBECK 1975).

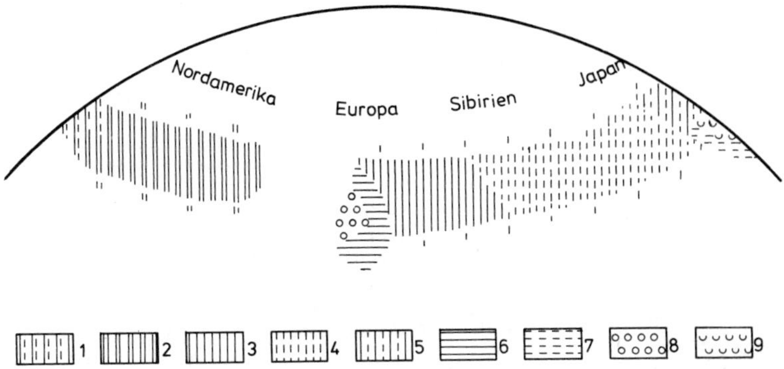

Abb. 30: Schematische Skizze der Verbreitung und syntaxonomische Gliederung der Oxycocco-Sphagnetea auf der nördlichen Halbkugel. 1 = Ledo decumbentis-Sphagnion fusci. 2 = Kalmio-Sphagnion fusci. 3 = Calluno-Sphagnion fusci. 4 = unbekannter sibirischer Verband (Verbände?). 5 = Myrico tomentosae-Sphagnion fusci. 6 = Calluno-Sphagnion papillosi. 7 = Moliniopsio-Sphagnion papillosi. 8 = Ericion tetralicis. 9 = Faurio crista-galli-Sphagnion compacti.
(Nach TÜXEN et al. 1972.)

Systematischer Überblick

Das System der Oxycocco-Sphagnetea wird seit Jahren intensiv diskutiert. TÜXEN et al. legten 1972 eine holarktische Übersicht vor, welche in der Zwischenzeit mehrfach bestätigt wurde. Da diese auch das erste Beispiel einer circumpolaren Klassengliederung ist und sehr gut die Ausdrucksfähigkeit eines auf Charakterarten aufgebauten Systems zeigt, sei es hier zugrunde gelegt und in Abb. 30 veranschaulicht. Die beiden Hochmoor-Bult-Ordnungen lassen sich floristisch von den eher abseits stehenden Heidemooren (3. Ordnung) trennen. Die Bult-Ordnungen haben unterschiedliche klimatische Schwerpunkte. In den drei Kontinenten lassen sich jeweils eigene Verbände aufstellen, welche die getrennte florengeschichtliche Entwicklung zum Ausdruck bringen.

Kl.Oxycocco-Sphagnetea, Holarktische Hochmoorbult- und Heidemoorgesellschaften;
Ch. Andromeda polifolia, Calypogeia sphagnicola (M), Carex pauciflora, Cephalozia connivens (M), Dicranum bergeri (M), Drosera rotundifolia, Oxycoccus palustris, Polytrichum strictum (M), Sphagnum magellanicum (M), Sphagnum rubellum (M) u.a.

1.O.Sphagnetalia fusci;	2.O.Eriophoro vaginati-Sphagnetalia papillosi;	3.O.Sphagnetalia compacti; Heidemoor und Anmoorgesellschaften;
Ch. Chamaedaphne calyculata, Mylia anomala (M), Rubus chamaemorus, Sphagnum fuscum (M), Sphagnum imbricatum (M)	Ch. Eriophorum vaginatum, Odontoschisma sphagni (M), Sphagnum papillosum (M), Sphagnum plumulosum (M)	Ch. Sphagnum compactum (M), Sphagnum molle (M)
holarktisch, boreal-subarktisch mit kontinentalem Verbreitungsschwerpunkt; bisher 4 Verbände; in Europa:	holarktisch, in humideren Gebieten als 1,0; bisher 3 Verbände; in Europa:	aus Europa und Japan bekannt, in humideren Gebieten als 1.O.; in Europa:
V.Calluno-Sphagnion fusci	V.Calluno-Sphagnion papillosi	V.Ericion tetralicis, Heidemoore

Zum Verband Calluno-Sphagnion papillosi:

1. **Sphagnetum magellanici** (= **medii**), Rote Hochmoorbult-Gesellschaft; Ch. *Sphagnum magellanicum*. Mit diesem (ergänzungsbedürftigen) Namen wird seit langem die bezeichnende west- und mitteleuropäische Bultgesellschaft belegt. Gut entwickelte Bulte sind dabei noch in sich gegliedert: *Sphagnum rubellum* wächst reichlicher am feuchten Fuß; wenn *Sphagnum magellanicum* auf der trocknen Krone schwächer wird, dringen zuerst *Oxycoccus palustris*, dann *Calluna vulgaris* ein; schließlich bildet sich eine Kappe von *Cladonia rangiferina, arbuscula* oder *impexa* oder von *Polytrichum strictum*. Auch Moor-Bergkiefern fliegen an, die aber nach einigen Jahren als flechtenumkleidete Krüppel einzugehen pflegen, wahrscheinlich dann, wenn ihre Wurzeln in dauernd sauerstoffarme Schichten gelangen. Immerhin deuten sie die Sukzession zu Moorkiefernwäldern bei weiterem Emporwachsen oder Entwässerung an.

2. **Sphagnetum papillosi,** Warzentorfmoos-Gesellschaft; Ch. *Sphagnum papillosum.* Als „Heilgesellschaft" kann es die Wiederbesiedlung von Torfstichen oder erodiertem Torf einleiten.

Zum **Verband Calluno-Sphagnion fusci:**

3. **Sphagnetum fusci,** Braune Hochmoorbult-Gesellschaft; Ch. *Oxycoccus microcarpus, Sphagnum fuscum,* Diff. *Empetrum nigrum agg.* Bultgesellschaft im boreal-kontinentalen Gebiet; sehr fragmentarisch und zerstreut auch im Harz, Schwarzwald, selbst im Hohen Venn.

Zum **Verband Ericion tetralicis:**

4. **Ericetum tetralicis,** Glockenheide-Anmoor; Ch. *Hypnum imponens, Odontoschisma denudatum, Sphagnum molle,* Diff. *Narthecium ossifragum.* Eine teilweise natürliche, teilweise durch Brennen und Plaggenhieb entstandene, torfbildende Heide auf Grund- oder Stauwasser-geprägten Böden (Anmoorgley, Pseudogley) mit hochanstehendem Wasserspiegel (10–55 cm). Sie entwickelt sich bei genügender Feuchte weiter zum Sphagnetum magellanici. Doch können auch Moorbirken als Vorhölzer einer Birkenbruchgesellschaft anfliegen, vor allem in anthropogenen Beständen (DIERSSEN 1972).
5. **Sphagno (compacti)-Scirpetum germanici,** Rasenbinsenmoor; Ch. *Trichophorum cespitosum* ssp. *germanicum* (opt.), vom Ericetum weiter durch Fehlen euatlantischer Arten wie *Erica tetralix* und *Narthecium ossifragum* geschieden. Torfauflagen über Mineralboden besiedelnd, so an vernäßten Stellen der Buntsandsteinrücken, den Missen, im Nordschwarzwald; auch im Rheinischen Schiefergebirge. *Trichophorum* selbst, die „Missenbürste", bildet im Südschwarzwald bei Solifluktion auf Mineralböden deckenartige Bestände (BOGENRIEDER und WILMANNS 1968).

12. Formation: Hochstaudengesellschaften

Die hier vereinigten beiden Klassen sind in ihrer Struktur schon recht kompliziert. Es sind meist artenreiche, sommergrüne, blumenbunte Gesellschaften, deren Aspekt meist von hochwüchsigen, etwa 150 cm erreichenden Stauden, d. h. nicht verholzenden, ausdauernden Gewächsen, bestimmt wird. Oft befindet sich darunter noch eine weitere Krautschicht von niederwüchsigen Pflanzen oder, wo diese fehlt, fleckenweise eine Moosschicht. Bezeichnend ist, daß in vielen Gesellschaften auch einzelne Sträucher oder Bäume aufkommen.

40. Kl.: Trifolio-Geranietea sanguinei, Saumgesellschaften und Staudenhalden trockner Standorte

41. Kl.: Betulo-Adenostyletea, Subalpine Hochstaudenfluren und -gebüsche.

36. Klasse: Trifolio-Geranietea sanguinei, Saumgesellschaften und Staudenhalden trockner Standorte

Den Saumgesellschaften der frisch-feuchten, nährstoffreichen Standorte (s. S. 139 und 141) entspricht diese Klasse als Saum mäßig bis sehr trockner Waldgesellschaften; sie ist den frischen Säumen gleichsam strukturhomolog, denn auch hier findet man die für natürliche und naturnah belassene Waldränder typische Gliederung in Stammwald, Buschmantel und Saum (Abb. 31).

Die Trifolio-Geranietea sind Hochstaudengesellschaften von einer für mitteleuropäische Verhältnisse ungewöhnlichen Farbenpracht; rote Klee-Arten und Blut-Storchschnabel, violette Kalk-Astern und Hain-Wachtelweizen, gelbes Rindsauge, Deutscher Ginster und viele andere Papilionaceen werden überragt von bizarren Umbelliferen; in manchen Gesellschaften bestimmen floristische Kostbarkeiten, geschützte Arten wie Diptam oder Wild-Anemone, das Bild. Die Papilionaceen als Stickstoffsammler mögen auch an der verhältnismäßig großen Produktionskraft der Gesellschaften ursächlich beteiligt sein.

Waldränder gab es in der Urlandschaft Mitteleuropas mit Sicherheit in geringerer Ausdehnung als heutzutage. Die Trifolio-Geranietea sind also, obwohl sie dem direkten Einfluß des Menschen nicht unterworfen sind, im Gegenteil indirekt gefördert worden. Die reichsten Bestände allerdings bieten immer noch naturnahe Waldränder an Felsabstürzen oder offene Lößwände. Es liegt nahe, ein spezielles „Spalier“- oder

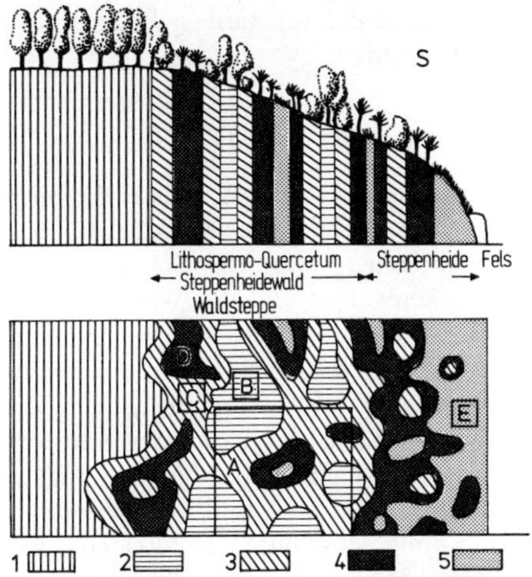

Abb. 31: Schema des Vegetationsmosaiks an einem Südhang der Schwäbischen Alb. 1 = Buchenwald, 2 = Steppenheidewald, 3 = Strauchgesellschaft als Mantel, 4 = Saumgesellschaft, 5 = ursprünglicher Trockenrasen. Eine Aufnahmefläche A würde einen Gesellschaftskomplex umfassen, B–E wären homogen. (Nach MÜLLER 1962.)

hier eben „Saumklima" mit erhöhter Strahlungsreflexion, Windstille und Laubanhäufung, wie es FLEMMING (1964) und DIERSCHKE (1974) herausarbeiteten, als entscheidend anzusehen. Die Bindung des Geranion sanguinei an überdurchschnittlich warme, dabei nicht allzu flachgründig-trockne Standorte, der hohe Anteil des submediterranen und des subkontinentalen Elementes (DIERSCHKE 1974, MARSTALLER für Thüringen 1970) und die Verarmung gegen Norden zeigen das Wärmebedürfnis dieses Verbandes an; das Trifolion medii ist eher mesophytisch und gewiß auch mesophiler. Beobachtungen in jüngster Zeit widerlegen jedoch die Notwendigkeit eines „Spalierklimas". So kann man heute im Kaiserstuhl und sicherlich auch andernorts in nicht mehr bewirtschafteten Mesobrometen innerhalb einiger Jahre eine großflächige „Invasion" von Saumarten erleben, die teils auf vegetativem Wege vom bisherigen Saum aus in geschlossener Front, teils aus Diasporen und dann zerstreut vordringen (WILMANNS 1976). Kaum eine der Trifolio-Geranietea-Arten beginnt vor Mitte Juni zu blühen; durch Mahd vor August wurde also die generative Verjüngung hintangehalten; die großenteils früher blühenden Mesobromion-Arten in den Kontaktgesellschaften dagegen konnten ihren vollen Entwicklungszyklus durchlaufen. Wie weit sich die Gruppen in der vegetativen Regenerationsfähigkeit unterscheiden, wird noch geprüft.

Theoretische Bedeutung der Trifolio-Geranietea

Die Entdeckung einer eigenständigen Klasse thermophiler Saumgesellschaften erwies sich als theoretisch außerordentlich bedeutsam: 1. Sie löste lebhafte Diskussionen über die Struktur der subkontinentalen (pannonischen) Trockenwälder und der Waldsteppe aus; 2. T. MÜLLER (1962) konnte zeigen, daß der Kern der berühmten GRADMANNschen Steppenheide identisch ist mit dem Geranion sanguinei. Als Erläuterung zu Punkt 1 kann die Abb. 31 dienen. Sie zeigt die Vegetationsstruktur, wie man sie etwa an Felsnasen der Schwäbischen Alb findet: Charakteristisch ist die kleinräumige Verzahnung verschieden strukturierter Gesellschaften: Felsfluren und Trockenrasen einerseits, Wald-, Busch-, und eben Saumgesellschaften andererseits. Es handelt sich hier nicht um ein durch Sukzessionsschritte verbundenes Gefüge, sondern um ein Mosaik von hoher zeitlicher Konstanz; es variiert nur räumlich, nicht aber zeitlich. Ursache ist die abgestufte Gründigkeit des Bodens, Differenziator also der Wasserhaushalt. Werden derartige Trockenwälder stark aufgelichtet oder sind sie (wie in kontinentalen Gebieten) infolge klimatischer Trockenheit von Natur aus lockerer, so dringen Saumarten auch ins Innere vor; viele Geranion-Arten galten früher als Kennarten der Flaumeichenwälder! Die Gliederung verwischt sich dann, und es bedarf des geschulten Blickes, um den strukturellen Typus durchschimmern zu sehen.

Zum 2. Punkt: 1898 hat R. GRADMANN in seinem „Pflanzenleben der Schwäbischen Alb“ die „Steppenheide“ der Albfelsen als komplexe „Genossenschaft“ beschrieben. Wie treffend dieser Name gewählt war, zeigte die spätere Strukturanalyse der pannonischen Waldsteppe durch WENDELBERGER (1954); auch hier ein kulissenartiger Aufbau aus Trokkenbusch mit Saum und Trockenrasen. Während sich Felsspalten-, Trockenrasen- und Buschgesellschaften seit KUHN (1937) sondern ließen, gelang die synsystematische Erkenntnis des xerophytischen Kerns, der „echten Steppenheide“, erst 1961. GRADMANNS überragende Leistung war die Endeckung der Koinzidenz derjenigen Landschaften, in welchen Steppenheide vorkommt, mit denen, welche schon in der Jungsteinzeit oder Bronzezeit besiedelt waren. Seine erste Interpretation war: gleichzeitige Einwanderung von Steppenheide und Mensch vor der postglazialen Wiederbewaldung. Diese Deutung, die **Steppenheidetheorie,** war damals, vor „Erfindung“ der Pollenanalyse und damit der genauen Rekonstruktionsmöglichkeit der Waldgeschichte, genial, wenn sie sich auch in dieser Form als unzutreffend erweisen sollte. Sie regte durch ihre Kombination von vegetationskundlichen und vorgeschichtlich-siedlungsgeographischen Perspektiven zu jahrzehntelanger Forschung und Diskussion an. Die heutige Fassung der Steppenheidetheorie (ELLENBERG 1954b) ist nicht stark von der letzten Auffassung GRADMANNS (1950) verschieden und besticht vor allem dadurch, daß die Erklärung nicht nur für das süddeutsche Schichtstufenland zutrifft, sondern auch für andere Altsiedelgebiete, so Nordwestdeutschland. Sie besagt: Am frühesten besiedelt wurden solche Gebiete, deren ursprüngliche, regionale Waldgesellschaften relativ licht und dadurch günstig für das nach Kräutern, Knospen und Eicheln suchende Weidevieh waren; wichtig war ferner Anfälligkeit gegen Viehverbiß. Auf diese Weise wurden Unterholz und Jungholz vernichtet; der Wald lichtete sich „von selbst"; und es bedurfte geringen Aufwandes, ihn vollends zu roden. In der Tat zeichnen sich unter den mitteleuropäischen Waldgesellschaften gerade jene der Altsiedelgebiete durch Anfälligkeit gegenüber Waldweide aus (ELLENBERG 1954b): die Birken-Eichenwälder der nordwestdeutschen Geest einerseits, flachgründige Buchen- und Laubmischwälder auf Kalk in Trockengebieten andererseits.

Systematischer Überblick

Zu **Verb. 1, Geranion sanguinei:**
In Süddeutschland in reichster Entfaltung im Kaiserstuhl.

1. **Geranio-Anemonetum sylvestris,** Wildanemonen-Saum; Ch. *Anemone sylvestris, Peucedanum oreoselinum,* Diff. *Scabiosa canescens.* Charakteristische Saumgesellschaft der Lößböschungen des südlichen Oberrheintals; an Stellen, die durch seltenen Brand oder Schlag gehölzfrei gehalten werden. Die Gesellschaft gehört zum bezeichnenden Mosaik der tief eingeschnittenen Lößhohlwege, wo schon allein durch das Nachstürzen der Steilwände immer wieder offene Stellen entstehen.
2. **Geranio-Dictamnetum,** Diptam-Saum; Ch. *Dictamnus albus, Clematis recta, Peucedanum alsaticum, Orobanche alsatica.* Diese Gesellschaft kommt am häufigsten und reichsten im submediterranen und subkontinentalen Gebiet vor und strahlt, in meist verarmter Form, bis ins Oberrheintal aus. Sie bildet nicht nur den Saum des Lithospermo-Quercetum, sondern auch seine Schlaggesellschaft. Daß sie auch im zweiten Falle keine Epilobietea-Nitrophyten besitzt, dürfte an der ausgeprägten Bodentrockenheit liegen.
3. **Geranio-Peucedanetum cervariae,** Hirschwurz-Saum; Ch. *Peucedanum cervaria, Seseli libanotis.* Die am weitesten verbreitete und

Kl. Trifolio-Geranietea, O. Origanetalia vulgaris, Saumgesellschaften und Staudenhalden trockener Standorte;

Ch. Astragalus cicer, Astragalus glycyphyllos, Calamintha clinopodium, Calamintha officinalis, Coronilla varia, Inula conyza, Lathyrus heterophyllus, Lathyrus silvester, Medicago falcata, Origanum vulgare, Silene nutans, Valeriana collina, Verbascum lychnitis, Vicia tenuifolia u.a.

1.V.Geranion sanguinei, Blutstorchschnabel-Saumgesellschaften, Trockenwald-Saumgesellschaften;

Ch. Anthericum ramosum, Bupleurum falcatum, Campanula rapunculoides, Campanula rapunculus, Coronilla coronata, Fragaria viridis, Geranium sanguineum, Inula hirta, Melampyrum cristatum, Peucedanum officinale, Thalictrum minus, Trifolium rubens u.a.

2.V.Trifolion medii, mesophytische Zickzackklee-Säume;

Ch. Agrimonia eupatoria, Agrimonia odorata, Galiom mollugo var. dumetorum, Trifolium medium, Trifolium ochroleucum und als

Diff. Molinio-Arrhenatheretea-Arten wie Dactylis glomerata, Lathyrus pratensis u.a.

damit vikariantenreichste Assoziation. Sie kommt in den süddeutschen Kalkgebieten, im Saarland, im Weser-Leine-Bergland, den Thüringer Muschelkalkgebieten und in verarmter Form bis an die Ostsee vor. Sie säumt Flaumeichenwälder, warme Buchen- und Eichen-Hainbuchenwälder.

4. **Geranio-Trifolietum alpestris,** Hügelklee-Saum; Ch. *Anthericum liliago, Lathyrus niger, Trifolium alpestre,* als Diff. zahlreiche Säurezeiger. Diese weisen – z. B. auf Tephrit des Kaiserstuhls – auf den Kontakt zu bodensauren Eichenwäldern hin.

Zu Verb. 2, Trifolion medii:
Die Zickzackklee-Säume sind weniger „prächtig“ und auch physiognomisch weniger auffällig, zumal eine Reihe von Fettwiesenarten eingestreut sind, von denen manche hier ihre ursprüngliche Heimat gehabt haben mögen (s. S. 201).

5. **Trifolio (medii)-Agrimonietum,** Zickzackklee-Odermennig-Saum; Ass.ch. = Verb.ch., *Agrimonia eupatoria* (opt.). Auf kalkreichen Böden weit verbreitet von der planaren bis in die montane Stufe und reich gegliedert (bei MÜLLER 1962 in 24 Untereinheiten!); es säumt mannigfache Carpinion- und Fagionwälder.
6. **Teucrio (scorodoniae)-Centaureetum nemoralis,** Salbeigamander-Flockenblumen-Saum; Ch. *Centaurea nemoralis* var. *nemoralis* (in einer eigenen, von der Wiesen-Sippe abweichenden Saum-Sippe), Diff. Säureanzeiger wie *Teucrium scorodonia, Deschampsia flexuosa* und *Holcus mollis.* Auf Silikatböden. Typische Saumgesellschaft des Schwarzwaldes.
7. **Vicietum sylvatico-dumetori,** Waldwicken-Saum; Ch. *Vicia dumetorum, Vicia sylvatica.* Eine Saum- und Schlaggesellschaft mineralkräftiger und frischer Standorte.

41. Klasse: Betulo-Adenostyletea, Subalpine Hochstaudenfluren und -gebüsche

Sie bilden die produktionskräftigsten Gesellschaften der europäischen Hochgebirge oberhalb der Waldgrenze; es sind Grünerlen- und Weidengebüsche sowie strauchfreie Hochstaudenfluren. Der gleichen Klasse gehören auch die auf entsprechenden Standorten in der skandinavischen Subarktis nördlich der Fichtenwaldzone lebenden Hochstauden-Birkenwälder an. Ob es sich nicht überhaupt um eine Klasse der Hochstaudenfluren einerseits, der Strauch- und Waldgesellschaften andererseits handelt, bedarf der kritischen Prüfung.

Die Üppigkeit der Mannshöhe erreichenden Feldschicht ist vom **Standort** her leicht verständlich: Die Gesellschaften kommen auf mineralkräftigen und dabei mittel- bis tiefgründigen oder anderweitig reichlich mit Wasser versorgten Böden vor; sie fehlen im allgemeinen auf reinen Kalkverwitterungsböden. Günstiger Wasserhaushalt ist Voraussetzung für solche Pflanzen mit großen weichen Laubblättern, für welche starke Transpiration anzunehmen ist. Sehr charakteristisch ist z. B. im Allgäu der Wechsel von Latschen-Krummholz (Rhododendro-Mugetum s. S. 300) auf langsam verwitterndem Dolomit und Kalk mit dem Grünerlenbusch (Alnetum viridis) auf rasch verwitterndem

Fleckenmergel, Kössener Schichten (Schiefer mit einzelnen Kalkbänken) und ähnlichen Gesteinen. Die potentiellen subalpinen Grünerlenbänder sind freilich stärker zerstückelt als die entsprechenden Latschenstreifen; denn diese günstigen Standorte wurden von den Sennen bevorzugt gerodet, vor allem in nicht steilem Gelände; die leichter verwitternden Gesteine bilden zudem sanftere Formen als die widerstandsfähigen Karbonatgesteine. Als Ersatzgesellschaften entstanden Rostseggen- und Borstgrasrasen, deren frischgrüne Flecken vom Dunkelgrün der Latschen-bestandenen Flächen und deren Ersatzgesellschaften, dem graugrünen Seslerion, abstechen. Die Grünerle selbst lebt in Symbiose mit stickstoffassimilierenden Actinomyceten; die Mineralstickstoff-Anlieferung erreicht hier (zusammen mit dem vom Vieh gedüngten Rumicetum alpini) die höchsten Werte unter den (sub)alpinen Gesellschaften (REHDER 1970). Da die Stickstoffverbindungen noch über mehrere Jahrzehnte hin im Ökosystem kreisen, kommen sie auch den rasigen Folgegesellschaften zugute.

Systematischer Überblick

Zu **Verb. 1, Adenostylion:**

1. **Alnetum viridis,** Grünerlenbusch; Ch. *Alnus viridis, Hieracium juranum, Poa hybrida.* Die Grünerle ist ein lichtbedürftiger Rohbodenkeimer und kommt auch unabhängig von Hochstauden als Pionierstrauch bei Bodenverwundungen auf; sie kann Weide-Unkraut, aber auch spontaner Böschungsbesiedler und Vorwald-Art sein, wie Untersuchungen im Schwarzwald zeigten (WILMANNS 1977). Von wenigen kühl-luftfeuchten Reliktstandorten an Felswänden und Flüssen ausgehend, hat der Strauch sich als progressives Glazialrelikt in eben jenem Teil des Gebirges ausgebreitet, in dem über Jahrhunderte hin Reutbergwirtschaft herrschte; dies war eine Brandwirtschaft, bei der wenige Jahre Ackerbau mit längerer Zeit der Weidenutzung oder des Niederwaldbetriebes wechselten, günstige Bedingungen für einen solchen Pionier.
2. **Adenostylo-Cicerbitetum,** Alpine Hochstaudenflur. Ohne eigene Charakterarten, mit besonders reicher Entwicklung der Hochstauden. Diese Gesellschaft entsteht nach Schlag des Alnetum, wenn nicht beweidet wird. Natürlich ist sie oberhalb des Alnetum in der alpinen Stufe.
3. **Aceri-Salicetum appendiculatae,** Schluchtweiden-Gesellschaft; Ch. (lok.) *Crepis blattarioides, Prunus padus* ssp. *borealis, Salix appendiculata.* Eine charakteristische Stauden- und Strauchgesellschaft der Lawinenbahnen im Hochschwarzwald (ob identisch in den Zentral-

BS 25

Kl. Betulo-Adenostyletea, subalpine und subarktische Hochstaudenfluren und -gebüsche;
Ch. Athyrium distentifolium, Cicerbita alpina, Geranium sylvaticum, Milium effusum var. violaceum, Ranunculus platanifolius, Ribes petraeum, Viola biflora

O. Adenostyletalia, Hochstaudenfluren und -gebüsche der alpiden und der Mittelgebirge;
Ch. Crepis blattarioides, Epilobium alpestre, Rosa pendulina, Salix waldsteiniana, Senecio nemorensis, Streptopus amplexifolius u.a.

1.V. Adenostylion, Hochstaudenfluren und Grünerlengebüsch der Alpen;	2.V. Calamagrostion arundinaceae, Hochgrasfluren der herzynischen Mittelgebirge;
Ch. Achillea macrophylla, Adenostyles alliariae, Chaerophyllum hirsutum ssp. villarsii, Peucedanum ostruthium, Saxifraga rotundifolia u.a.	Ch. Calamagrostis arundinacea, Hieracium prenanthoides, Knautia sylvatica var. sendtneri, dazu Diff.

alpen?). An der Oberkante steiler Runsen sammeln sich in Nord- bis Ostexposition als „Lee-Effekt" Schneewächten an. Sicher donnerten sie schon seit dem Spätglazial in den anschließenden Runsen zu Tal. So hat sich dort eine Reliktgesellschaft, die auch einige Waldpflanzen enthält, entwickelt. Neben *Salix appendiculata* kommen andere Sträucher, so *Sorbus aucuparia, Sorbus aria* und *Prunus padus* ssp. *borealis* als Krummholz vor, deren niederliegend-aufsteigender Wuchs als Anpassung an die Scherkräfte der Schneemassen zu werten ist: sie werden elastisch beim ersten Schneefall zu Boden gedrückt, so daß die späteren Schneebretter über sie hinwegsausen. Wo sich in nicht regelmäßig befahrenen Lawinenbahnen nach einigen Jahren Fichtenjungwuchs hatte einstellen können, werden diese Bäumchen dagegen abgeknickt oder entwurzelt.

Zu **Verb. 2, Calamagrostion:**

4. **Sorbo-Calamagrostietum arundinaceae,** Mitteleuropäisch-subalpine Hochgrasflur; Ch. *Allium victoriale, Bupleurum longifolium* (im Osten), *Calamagrostis arundinacea* (opt.), *Centaurea montana, Digitalis grandiflora* (innerhalb der Höhenstufe), *Hieracium prenanthoides* agg., *Sorbus ambigua.* (Der Begriff Hochgras wird hier als Parallele zu den dikotyl-breitblättrigen Hochstauden verstanden; streng genommen sind ja beide Typen Hochstauden.)

CARBIENER (1969) verdanken wir genauere, regionale Untersuchungen über den Verband Calamagrostion und besonders über diese Assoziation, die aus den Vogesen, Sudeten und, weniger gut entwickelt, dem Schwarzwald bekannt geworden ist. Der Verband ist perialpisch, alpennah, in den waldgrenznahen Lagen der genannten Silikatgebirge, im französischen Zentralmassiv, in Pyrenäen und Karpaten verbreitet. Unsere Assoziation besiedelt leeseitige, über 25° steile Hänge mit hoher Einstrahlung, also Ost- und Südhänge. Die Wasserversorgung ist weniger reichlich als im oft benachbarten Adenostylion. Eine Analyse der Waldfreiheit der Standorte steht noch aus. Auffallend ist das von CARBIENER herausgestellte gemeinsame Vorkommen ökologisch stark differenter Artengruppen wie wärmeliebenden Saumarten, Waldarten, Mähwiesen- und subalpinen Weidearten.

Geschichte der Betulo-Adenostyletea im außeralpischen Bereich

Unsere diesbezüglichen Kenntnisse gründen sich auf ökologische, zoologische, taxonomische, floristische und historische Befunde; sie sollen kurz erwähnt werden, um die Fruchtbarkeit solch verknüpfender Betrachtungen darzulegen.

1. Das heutige nordisch-alpische Areal vieler Betulo-Adenostyletea-Arten beweist, daß diese eiszeitlich in den Tieflagen vorgekommen sein müssen; nach dem Rückgang der Gletscher aus den Gipfellagen der Mittelgebirge, also vor etwa 10000 Jahren, müssen sie in höhere Lagen aufgestiegen sein. Für ihr Vorkommen im Feldbergraum im Spätglazial fand OBERDORFER (1931) einen eleganten Beweis, nämlich Flügeldecken von Käfern der Gattung *Chrysochloa* in Ablagerungen des Schluchsees. Diese Blattkäfer ernähren sich ausschließlich von den weichen Blättern von Compositen wie *Adenostyles, Petasites* und *Cicerbita.* Man findet sie auch heute noch massenhaft darauf. Ihre Nahrungspflanzen müssen also bereits spätglazial im Gebiet vorgekommen sein.

2. Beim Sorbo-Calamagrostietum der Vogesen sind 2 floristische Befunde wichtig und mit CARBIENER (1969) zu interpretieren.

a) Es gibt eine Reihe von Arten, die im Elsaß einerseits in den warmen Tieflagen, andererseits in den Hochgrasfluren vorkommen, dazwischen, in der Stufe der Buchen-Tannenwälder, aber fehlen; sie haben also lokale Disjunktionen. Beispiele sind *Laserpitium latifolium, Thalictrum minus* und *Convallaria majalis*. Die Erklärung: Diese Arten sind in der postglazialen Wärmezeit mit den Eichenmischwäldern eingewandert und bis in die Hochlagen gelangt (in den Vogesen erreichte diese Formation etwa 1200 m NN). Als später Buche und Tanne nachrückten und sich unter kühlerem Klima ein montaner Schattholzgürtel einschob, wurden die ursprünglichen Populationen aufgespalten. In den Hochlagen konnten sich die Thermophyten nur unter den lokalklimatischen „Vorzugsbedingungen" des Sorbo-Calamagrostietum halten. Eine solche lokale Separation kann Voraussetzung sein für die Bildung von Ökotypen, Subspecies und schließlich Species. Im Falle der Calamagrostion-Arten gibt es einige Beispiele für eine derartige Differenzierung, ohne daß man freilich bisher Angaben über den genauen Zeitpunkt ihrer Abspaltung und über die ursprünglichere der beiden Sippen machen könnte. Besonders interessante Beispiele hierfür sind *Arrhenatherum elatius* var. *subhirsutum* und *Avena pubescens* ssp. *alpina* als lokale Assoziationskenntaxa in den französischen Gebirgen.

b) Wir hatten auf S. 201 die Herkunft der Arten der Mähwiesen diskutiert. Eine der Spuren läßt sich wiederum in den Vogesen (CARBIENER 1969) verfolgen: Hier kommen eine Reihe von Arten des Sorbo-Calamagrostietum in Mähweiden vor, aber nur in solchen Talzügen, wo sie in unmittelbarer Verbindung mit den Hochgrasfluren stehen; Beispiele sind *Centaurea montana* und *Geranium sylvaticum*. Der „Wanderweg" ist hier also noch „markiert".

Diese unter Punkt 2 aufgeführten Schlüsse lassen sich im Prinzip gewiß auch auf analoge Fälle und Gebiete, z. B. die weniger klaren Verhältnisse im Schwarzwald, übertragen.

13. Formation: Strauchgesellschaften

Sträucher sind Gewächse, deren Überdauerungsknopsen zwischen ca. 0.25 und 2 m Höhe liegen, und die sich von der Basis her verzweigen und daher keinen eigentlichen Stamm bilden. Auch diese Lebensform ist der des Baumes unter den üblichen Klimabedingungen unterlegen. In der mitteleuropäischen Naturlandschaft müssen wir uns von Sträuchern beherrschte Gesellschaften an natürlichen Waldrändern als Mantel vorstellen, damit zwischen Wald und Saum vermittelnd. Im Inneren lockerer Wälder können Sträucher zwar reichlich vorkommen, aber ihr Optimum haben sie, von spärlichen Ausnahmen abgesehen, hier nicht; blütenüberzogene Weißdorn- und Schneeballbüsche oder fruchtende Schlehen oder Pfaffenhütchen stehen nur im Mantel der Waldränder oder in freien Hecken und Gebüschen mit hoher Lichtintensität. Wo auch heute noch ein Waldrand gegen Wiese oder Acker hin sich selbst überlassen bleibt, ummantelt ihn, falls die betreffenden Baumarten nicht sehr tief beastet sind, ein Buschstreifen. Dieser schirmt das Waldinnere gegen das Freiland ab.

Häufiger noch sind in der Kulturlandschaft gleichsam verselbständigte Mantelgesellschaften in Form von Hecken oder Buschwerk auf Steinriegeln an flachgründigen Äckern oder als sog. Knicks auf Erdwällen. Erstere gehören zum Charakteristikum der Muschelkalk- und Weißjuralandschaften (z. B. des „Heckengäu“ bei Horb und der Schwäbischen Alb), wo durch Jahrhunderte hin Erosion die Feinerde verwehte und verschwemmte und die Bauern die „nachwachsenden“ Steine absammeln mußten. Knicks bestimmen in der schleswig-holsteinischen Moränenlandschaft das Bild; es sind dem Typ nach uralte, in Schleswig-Holstein aber erst seit dem 17. Jahrhundert angepflanzte Hecken auf Wällen, die dem Aus- bzw. Einsperren des Viehs und nebenbei der Brennholzversorgung dienten. Solche Viehschutzhecken sind typisch für das atlantische Weidegebiet von Südschweden und Dänemark bis hinüber zur Bretagne und Vendee (s. Tüxen 1952, Weber 1967). Über ihre landschaftsökologische Bedeutung s. S. 264.

Die Strauchgesellschaften gehören zu mindestens zwei Klassen:

42. Kl.: Salicetea purpureae Moor 1958, Ufer-Weidengebüsche und -wälder

43. Kl.: Rhamno-Prunetea Rivas Goday und Carbonell 1961, Eurosibirische Heckengesellschaften

Eine dritte, die Franguletea DOING 1962 em. WESTHOFF, Weidenbruchgebüsche, ist umstritten; jedenfalls stehen ihre Gesellschaften den Erlenbrüchern nahe (s. Alnetea glutinosae).

Alle Klassen sind, wie die Autorbezeichnungen aussagen, recht jungen Datums, einige Assoziationen aber schon „klassisch". Dies liegt daran, daß die floristische und damit ökologische und strukturelle Selbständigkeit erst spät erkannt wurde und die Strauchgesellschaften zuvor mit den in Kontakt stehenden Waldgesellschaften vereinigt worden waren. Auch heute ist die Gliederung nicht unumstritten.

42. Klasse: Salicetea purpureae, Ufer-Weidengebüsche und -wälder

Dies sind die charakteristischen Gehölz-Gesellschaften oft überschwemmter Flußauen, der nach ihnen benannten Weichholzauen. Die Eigenart des Lebensraumes Flußaue, der sich so deutlich von seiner Umgebung absetzt, in Luftbildern aller Erdteile als schmales, mäandrierendes Band erscheint, schilderte MOOR (1958) für die Schweiz besonders gründlich. Die Wirkung des Menschen auf die ursprüngliche Auenvegetation faßten SEIBERT (1962) für die Isar und HÜGIN (1963) für das südliche Oberrheintal ins Auge und dokumentierten ihren Wandel und die Ersatzgesellschaften. Gründliche ökologische Untersuchungen verdanken wir HELLER (1969).

Standort

Als Aue wird jener Bereich eines Tales bezeichnet, der periodisch oder episodisch vom Fluß überschwemmt wird, wenn dieser mehr Wasser führt, als sein Bett, d. i. die beim mittleren Sommerwasserstand wassererfüllte Rinne, fassen kann. Wann die Überflutung erfolgt, hängt vom sog. Wasserregime des Einzugsgebietes ab: Von Gletschern und spät tauendem Hochgebirgsschnee gespeiste, also Alpenflüsse führen im Sommer (Juni bis August) Hochwasser und überfluten die Aue über wechselnde Zeit während der Vegetationsperiode. Bei Tieflandflüssen geschieht dies dagegen im Winter oder im Frühling. Doch bringen mögliche starke Regenfälle zu allen Jahreszeiten ein unberechenbares Element in den Rhythmus; die Dauergesellschaften der Aue müssen dem gewachsen sein.

Von der Masse und Geschwindigkeit des Wassers hängt seine Transportkraft ab. Die Größe der mitgeführten groben und feinen Partikel, Steine, Sand, Schwebstoffe, ist daher eine Funktion des Gefälles. Wird die Geschwindigkeit gestoppt, wie es schon beim Ausufern infolge der schlagartig höheren Reibung am Boden und an der Vegetation der

Fall ist, so setzen sich zunächst Steine und Kies, Sand und schließlich Schluff und Ton ab; grobes Sediment, Geröll, herrscht daher im gefällstarken Oberlauf vor, im Mittel- und Unterlauf aber feinkörniges. Diese Regel gilt freilich nur angenähert; denn auch im Oberlauf gibt es ruhige Stellen im Strömungsschatten, z. B. hinter Inseln, in Buchten und Altwasserarmen; so kann das Sediment und damit die Wasserspeicherkraft der Auenböden kleinräumig wechseln, weil etwa Sandlinsen in Tone oder Tonbänder in Kiese eingeschaltet sind. Aus diesen Gründen ist die Auenvegetation sowohl längs des Flußlaufes, als auch im Querprofil reich mosaikartig gegliedert (Abb. 32).

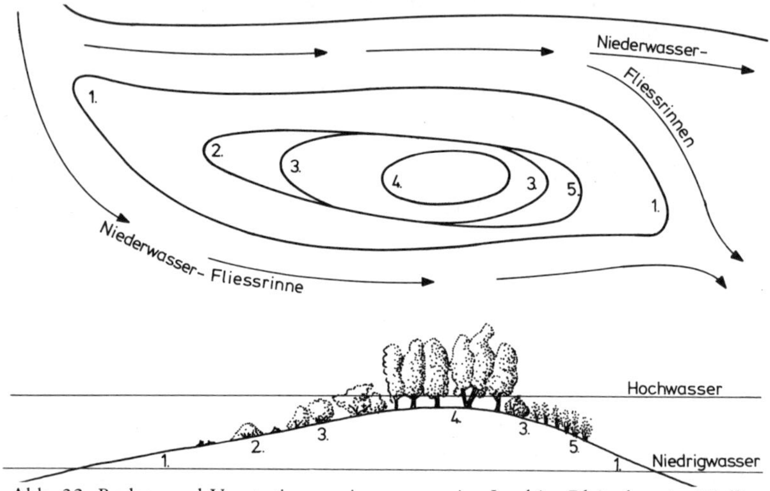

Abb. 32: Boden- und Vegetationszonierung um eine Insel im Rhônebett im Wallis (Aufsicht und überhöhter schematischer Schnitt). 1 = vegetationslose Kiesfläche, 2 = Schwemmboden-Weidenröschenflur auf Kies und Sand, 3 = Grauweiden-Gesellschaft auf Sand, 4 = Grauerlenwald auf Sand, 5 = Tamariskenflur auf Schluff. (Nach Moor 1958.)

Die Überschwemmungen haben für die Vegetation folgende Bedeutung: 1. vor allem in unmittelbarer Nähe des Flußbettes eine starke mechanische Beanspruchung (Zug, Verletzung durch Gerölle, auch Treibeis); 2. bei anhaltendem und nahezu stehendem Hochwasser eine verringerte Sauerstoffversorgung der ober- und unterirdischen Organe; 3. Düngung durch Feinstmaterial; 4. Auffüllung des Bodens auf volle Wasserkapazität und zwar von oben her. Daß viele, aber nicht alle Auengesellschaften dazuhin Anschluß an das Grundwasser haben, steht auf einem anderen Blatt.

Die systematische Übersicht wie auch der Augenschein zeigen die Vorherrschaft der schmalblättrigen Arten der Gattung *Salix* in der Weichholzaue. Welche Eigenschaften bewirken ihre Eignung für diese Standorte? 1. Die Samen nutzen die günstigen Bedingungen nach Rückgang der Fluten und keimen schon nach wenigen Stunden und verankern sich dabei; es sind Lichtkeimer auf Rohboden. 2. Die Arten sind durch tiefgehende, verzweigte Pfahlwurzeln befestigt. 3. Es bilden sich rasch und zahlreich Nebenwurzeln an überfluteten Sproßachsen; ganze Wurzelbärte können den Stammfuß sockenartig umgeben, ja sogar bis in die Kronen hinaufreichen, wenn das zuvor lange genug stehende Wasser abgelaufen ist (s. Abb. in HEGI Bd. 3). Sie bewirken eine zusätzliche Nährstoff- und vor allem wohl Sauerstoffversorgung. 4. Bekannt ist das hohe Restitutionsvermögen der Weiden: nach Verletzung treiben Achselknospen und Nebenwurzelhöcker leicht aus; selbst wenn ganze Stämme eingeschottert werden, halten sie sich. Hierauf beruht die große Bedeutung ihrer Steckreiser für den Lebendbau (s. S. 122). 5. Zugfestigkeit und Elastizität der Äste, bei der Korbflechterei genutzt, verhindern, daß die Ruten durch den Strömungsdruck brechen; sie passen sich den Stromlinien des Wassers an, so daß nur noch dessen Zug- und geringe Scherkräfte wirken. Für die Stämme gilt dies natürlich nicht; baumförmig gewachsene Weiden findet man daher an reißenden Gebirgsflüssen niemals in unmittelbarer Nähe des Flußbettes.

Systematischer Überblick

BS 26

Kl. Salicetea purpureae, Ufer-Weidengebüsche und - wälder,
O. Salicetalia purpureae;
Ch. Salix purpurea

1.V. Salicion elaeagni, Grauweidengebüsche;	2.V. Salicion albae, mitteleuropäische Weiden- und Pappelgesellschaften;
Ch. Salix daphnoides, Salix elaeagnos (= S.incana), Salix purpurea var. gracilis	Ch.= übergreifende Ass. ch.
Diff. Calamgrostis epigeios	Diff. Poa trivialis, Solanum dulcamara, Urtica dioica

Die systematische Gliederung dieser artenarmen Klasse von Pioniergehölzgesellschaften bearbeiteten vor allem MOOR (1958) und MÜLLER und GÖRS (1958).

Einige Assoziationen:

Zu **Verb. 1, Salicion elaeagni:**
Das Salicion elaeagni (= S. incanae) findet sich vor allem am Oberlauf der Alpenflüsse bis ins Vorland hinein auf Kies-, Sand- oder schluffigen Rohauenböden. Die boden- und damit indirekt strömungsbedingte Zonation der Weidenassoziationen zeigt die Abb. 32.

1. **Salici-Myricarietum,** Tamariskenflur; Ch. *Myricaria germanica, Salix villarsiana.* Es entwickelt sich spontan nicht weiter, es sei denn, es tritt eine **Standortsüberlagerung** ein, d. h. eine nicht durch die Vegetation selbst bewirkte Änderung des Biotops; sie kann z. B. in der Aufschüttung von Kies bestehen oder durch Tiefenerosion des Flusses zustandekommen, wobei der Grundwasseranschluß mancher Arten verloren gehen kann. Ihre Folge ist eine allogene (nicht durch die Vegetation selbst bedingte, also autogene) Sukzession.

2. **Salicetum elaeagni,** Grauweiden-Gesellschaft; Ch. *Hippophae rhamnoides* ssp. *fluviatile, Salix daphnoides* × *elaeagnos*, unter die Differentialarten fallen Alpenschwemmlinge wie *Linaria alpina* und *Campanula cochleariifolia,* deren Samen aus höheren Lagen herabgespült worden sind; diese finden auf den kiesig-sandigen Böden kurzfristig ähnliche Bedingungen wie auf den hochgelegenen Schuttfluren, gehen aber durch die sommerlichen Überflutungen bald ein. Auch Baumarten wie Grauerle und Kiefer halten sich allenfalls über einige Jahre.

Zu **Verb. 2, Salicion albae:**
Das Salicion albae findet sich vor allem am Mittel- und Unterlauf der Flüsse und verarmt mit steigender Meereshöhe. Es stockt auf Sand-, Schluff- oder Tonböden. Der Nährstoffreichtum der Böden wird durch die Differentialarten angezeigt.

3. **Salicetum triandrae,** Mandelweiden-Busch; Ch. *Salix triandra, Salix viminalis.* Diese Assoziation bildet den Mantel der folgenden. Sie stockt gerade in Höhe mittleren Sommerwasserstandes und wird daher regelmäßig und bis 1,5 m hoch überschwemmt. Von den reißenden Fluten plattgewalzt, erholen sich diese Pioniere rasch wieder. Bei Niederwaldnutzung der folgenden Assoziation geht sie in diese ein.

4. **Salicetum albae,** Silberweiden-Aue(nwald); Ch. die namengebende Art, im höher gelegenen Teil auch *Populus nigra.* (Die Bezeichnung Aue wird in der Pflanzensoziologie oft auch für bestimmte Gesellschaften benutzt, die innerhalb der oben definierten hydrographischen Aue wachsen.) Auf kalkreichen Böden; periodische Überschwemmungen und Zufuhr von Schwebstoffen sorgen für hohen Nährstoffreichtum. So sind diese Standorte z. B. in der Oberrheinebene begehrt für den Anbau von Hybrid-Pappeln; gute Bestände dieser schönen Silberweiden-Gesellschaft sind wegen der früheren niederwaldartigen Nutzung und eben der Umwandlung in Pappelforsten nur noch schmalflächig an den Gießen (von Grundwasser gespeisten Bächen) zwischen den Altrheinarmen und an diesen selbst erhalten und bedürfen dringend des Schutzes.
5. **Salicetum fragilis,** Bruchweiden-Auenwald; Ch. die namengebende Art. Auf kalkarmen Böden, ebenfalls periodisch überschwemmt, aber etwas nährstoffärmer.

43. Klasse: Rhamno-Prunetea, Eurosibirische Schlehengebüsche

Diese Klasse umfaßt in zahlreichen Assoziationen den Bereich mittlerer bis trockner Standorte. Außer den aus Mitteleuropa bekannten Verbänden sind weitere für Spanien, das Mittelmeergebiet und den kontinentalen Raum beschrieben worden.

Einige Assoziationen

Zu **Verb. 1, Rubion subatlanticum:**
Die subatlantischen Brombeerhecken sind azidophytische Gesellschaften, deren genaue Kenntnis behindert wird durch die schwer ansprechbaren Brombeer-Kleinarten. Allein in den schleswig-holsteinischen Knicks erfaßte WEBER (1967) 98 (oft allerdings nur minutiös unterschiedene) Typen von Gesellschaften niederen Ranges, die er zu 2 Assoziationen zusammenschloß und aus dem Carpino-Prunetum herausnahm: das **Pruno-Rubetum sprengelii** auf armen Böden und folglich besonders im Altmoränengebiet, und das **Pruno-Rubetum radulae** auf nährstoffreichen Böden, folglich besonders im Jungmoränengebiet.
1. **Carpino-Prunetum** (= **Pruno-Crataegetum**), Brombeer-Schlehenbusch; ohne eigene Ch. Offenbar in der jetzigen kollektiven Fassung die häufigste Assoziation des Verbandes. Enthält mit *Carpinus betulus, Poa nemoralis* und *Stellaria holostea* Arten des Eichen-Hainbuchenwaldes, dessen Mantel- und Ersatzgesellschaft es ist.

Kl. Rhamno-Prunetea, O. Prunetalia spinosae, eurosibirische Schlehengebüsche;
Ch. Clematis vitalba, Cornus sanguinea, Corylus avellana, Crataegus laevigata (=C.oxyacantha), Crataegus monogyna, Euonymus europaea, Prunus spinosa, Rhamnus cathartica, Rosa canina u.a.

1.V.Rubion subatlanticum, subatlantische Brombeerhecken;
Ch. zahlreiche Kleinarten des Aggregats Rubus fruticosus, so (nach WESTHOFF + DEN HELD)
R. plicatus
R. senticosus,
R. thyrsoideus
u.a.
Diff. Lonicera periclymenum,
Teucrium scorodonia
u.a. subatl. Arten

2.V.Berberidion, kalk- und wärmebedürftige Gebüsche;
Ch. Berberis vulgaris,
Ligustrum vulgare,
Rosa eglanteria,
Viburnum lantana
u.a.

3.V.Salicion arenariae, Dünenweiden-Gebüsche;
Ch. Hippophae rhamnoides ssp. rhamn.
Salix repens ssp. argentea

2. **Rubo-Coryletum,** Brombeer-Haselbusch; Ch. *Corylus avellana* (opt. innerhalb des Verb.), Diff. *Abies alba, Ilex aquifolium.* Mantel- und Ersatzgesellschaft des Buchen-Tannenwaldes des Gneis-Schwarzwaldes.

Zu **Verb. 2, Berberidion:**

3. **Cotoneastro-Amelanchieretum,** Felsenbirnengebüsch; Ch. *Amelanchier ovalis, Cotoneaster integerrima, Rosa rubrifolia, Rosa pomifera.* In warmtrocknen Spalten neutral bis basisch verwitternder Gesteine. Glied der Steppenheide der Schwäbischen Alb.
4. **Hippophao-Berberidetum,** Sanddornbusch; Diff. *Hippophae rhamnoides* ssp. *fluviatilis, Pinus sylvestris, Populus nigra.* Im Gegensatz zur sanddorn- und weidenreichen Tamariskenflur ist dies eine Gesellschaft der grundwasserfreien Kiesterrassen von Flußmittelläufen, die gern mit Trespenrasen in Kontakt steht. Schön entwickelt ist sie

in der südlichen Oberrheinebene; hier ist sie infolge der Grundwassersenkung durch die Rheinkorrektion vor rund 100 Jahren und das folgende Absterben der Auenwälder auf der Kiesterrasse entstanden. Der Sanddorn, der nur bei reichlicher Wasserversorgung optimal gedeiht, bildet in dieser Gesellschaft nur bis zu 35 Jahre alte Stämmchen (MOOR 1958), wächst aber durch Wurzelbrut zu undurchdringlichen, dornigen Dickichten heran. Als Relikte früherer Auenwälder sind noch Grauweide und Silberpappel darin; die Sukzession wird am Oberrhein zum Flaumeichenwald und ähnlichen Gesellschaften führen, im Alpenvorland zu Schneeheide-Kiefernwäldern.

5. **Pruno-Ligustretum,** Schlehen-Ligusterbusch; Ch. *Ligustrum vulgare* (opt.), *Viburnum lantana* (opt.). Es ist die häufigste Berberidion-Assoziation. Sie besiedelt Feldraine und Kalksteinriegel in den Kalkgebirgen und Hügelländern, so auf der Schwäbischen Alb und im Muschelkalkgebiet des Neckars. Mantelgesellschaft wärmeliebender Buchen- und Flaumeichenwälder.
6. **Pado-Coryletum,** Traubenkirschen-Haselbusch. Ch. *Vitis vinifera* ssp. *sylvestris,* Diff. gegen das Ligustro-Prunetum *Alnus incana, Prunus padus.* Diese Mantelgesellschaft von Hartholzauenwäldern (s. S. 311) fällt durch ihren Lianenreichtum auf; Waldrebe und Hopfen bewirken einen geradezu dschungelartigen Habitus der aufgelichteten Querco-Ulmeten, den Wäldern der höheren Aue.

Zu **Verb. 3, Salicion arenariae:**

7. **Hippophao-Salicetum arenariae,** Sanddorn-Dünenweidenbusch; Ass. ch. = V.ch.: *Hippophae rhamnoides* ssp. *rhamnoides, Salix repens* ssp. *argentea* (= *S.arenaria*); dazu von den übrigen Strauchgesellschaften durch den Reichtum an Arten der Kleingrasdünen geschieden. Bezeichnendes Gebüsch der **Tertiärdünen** der Nordsee-Inseln, mit *Sambucus nigra* als windhärtestem Großstrauch. *Rosa rugosa* ist aus ostasiatischen Dünengesellschaften der gleichen Klassengruppe (Rubo-Rosea) eingeführt worden und hat sich an diesem edaphisch gleichen und klimatisch ähnlichen Standort eingebürgert.

Zu **Verb. 4, Sambuco-Salicion capreae,** (nicht in BS 27):

Die **Vorwaldgesellschaften** werden von lichtbedürftigen Pionierholzarten aufgebaut, die auf Schlägen, brachliegenden Weiden, an Böschungen und ähnlichen Stellen anfliegen oder mit dem Kot von Vögeln angesät werden. Oft sind sie Folgegesellschaften von Schlagvegetation; in ihrem Schutze können dann die eigentlichen Waldarten aufkommen.

8. **Senecioni (fuchsii)-Sambucetum racemosae,** Traubenholunder-Vorwaldgesellschaft; Ch. *Sambucus racemosa* (opt.). Leitet auf Kalk wie Silikat zu montanen Fagion-Gesellschaften über.

Die Bedeutung der Hecken für die Landespflege

Dies Problem wird heute viel diskutiert; wir wollen versuchen, das Für und Wider, Nutzen aber auch Grenzen aufzuzeigen.

Das Arbeitsgebiet Landespflege hat heute eine derart große Bedeutung erlangt, daß wir es näher umreißen müssen. Dazu sei die gute Charakterisierung durch BUCHWALD (1968, s. ferner BUCHWALD und ENGELHARDT 1968/69) wörtlich wiedergegeben:

„**Die Landespflege mit ihren Teilgebieten Landschaftspflege und Naturschutz sowie der Grünordnung** hat die Aufgabe des Schutzes, der Pflege und der Entwicklung aller natürlichen Grundlagen der menschlichen Existenz. Sie erstrebt hierzu den Ausgleich zwischen dem natürlichen Potential des Landes als natürliche Lebensgrundlage und Lebensumwelt und den Erfordernissen der Gesellschaft.

Die 3 Teilgebiete der Landespflege haben unterschiedliche Aufgabenstellungen und räumliche Geltungsbereiche:

Die Landschaftspflege mit dem Schwerpunkt auf Pflege, Neugestaltung und Neuaufbau in der freien Landschaft;

der Naturschutz mit dem Schwerpunkt auf Schutz und Bewahren in der freien Landschaft wie im Siedlungsbereich;

die Grünordnung mit dem Schwerpunkt auf Neugestaltung und Sicherung im Siedlungsbereich."

Der Ausdruck Naturschutz wird aber auch im umfassenden Sinne, also gleichbedeutend mit Landespflege, benutzt (hierzu s. KÜNKELE und SCHILLINGER 1977).

Für alle drei Bereiche ist die Kenntnis unserer Strauchformation wichtig. Wir wollen 6 Gesichtspunkte besprechen, von denen die ersten beiden vorwiegend den Naturschutz betreffen, die folgenden beiden Domäne der Landschaftspflege sind, die letzten beiden der Grünordnung zugehören.

1. Hecken und Buschwerk in der freien Landschaft erhöhen die Mannigfaltigkeit an Lebensräumen und damit an Organismen, die **Diversität**; sie steigern damit das „biologische Potential". Schon allein dieser Gesichtspunkt ist in unserer zunehmend nivellierten Zivilisationslandschaft von Bedeutung, ganz abgesehen von Nützlichkeitserwägungen. TISCHLER fand in Knicks insgesamt rund 1200 Tierarten (zusammenfassende Darstellung 1968). Dabei ist zu berücksichtigen, daß Hecken zwar Rhamno-Prunetea-Gesellschaften als „Rückgrat" haben, daß sie aber von Säumen flankiert werden; untersucht man ihre Tierwelt, so werden Arten aus verschiedenen pflanzensoziologischen Elementen erfaßt. Dies gilt sinngemäß auch für die unter Punkt 2 folgenden Überlegungen.

2. Inwieweit spielen Hecken durch ihren Vogelreichtum für die *biologische Schädlingsbekämpfung* eine praktisch wichtige Rolle? Die Frage ist noch nicht eindeutig zu beantworten (s. KEIL et al. 1967). Man darf die Schwierigkeiten, hier zu wissenschaftlich schlüssigen, unemotionalen Aussagen zu kommen, nicht unterschätzen. Denn korrekt vergleichbare Gebiete, die sich nur durch ihren Heckenbewuchs unterscheiden, sind kaum auffindbar. Studiert man aber „Schädlinge" und „Nützlinge" in ein und demselben Areal, so müßte man die erst unvollständig bekannten biozönotischen Beziehungen berücksichtigen können: Eine insektenfressende Vogelart frißt eben nicht nur Schad-, sondern auch Nutzinsekten; das Verhältnis beider hängt vom Angebot ab und ändert sich mit der Dichte der Beute-Arten. Abgesehen von der theoretischen Auswertung ist die experimentelle Durchführung schwierig und äußerst zeitaufwendig. Schon die Arteninventur, eine in der Botanik selbstverständliche und leicht erfüllbare Forderung, setzt Spezialistenteams voraus. Wenn unser biozönotisches Detailwissen auf diesem Sektor also fragmentarisch ist, so wird doch immer deutlicher, daß eine mannigfaltige Flora, also z. B. Hecken und ihre Säume inmitten einer Agrarlandschaft, auch unter dem praktischen Gesichtspunkt der **Schädlingsbekämpfung** notwendig ist (vgl. S. 102).

3. Hecken dienen oft als **Windschutzpflanzung.** Dies setzt voraus, daß standörtlich geeignetes Pflanzmaterial ausgewählt wird. Je nach Pflanzziel kommen spezielle Ansprüche hinzu. Bei der Bepflanzung von Schnellstraßen z. B., so des Autobahnmittelstreifens, ist darauf zu achten, daß die Buschreihen guten Blendschutz bieten, sie ihr Laub also lange behalten; Arten mit großen Früchten und großen, plötzlich fallenden Blättern scheiden hier ebenso aus wie stark salzgefährdete.

   Die mikroklimatischen Auswirkungen von Hecken in der freien Agrarlandschaft faßt die Abb. 33 von KREUTZ (1968) zusammen. Im Einzelfall muß abgewogen werden, ob diese Wirkungen als positiv zu bewerten sind, wobei auch Arbeitserschwernis, Raumeinbuße und Wurzelkonkurrenz durch die Hecke zu bedenken sind (dazu STEUBING 1960). Aber auch verhaltensphysiologische Fragen spielen hinein; z. B. ist es für das Rind als ursprünglichen Bewohner lockerer Auenwälder günstig, wenn es sich bei praller Sonne oder Sturm in den Schatten von Hecken oder von Einzelbäumen zurückziehen kann.

4. **Lebendbau.** Auf diese Arbeitsrichtung sind wir bereits auf S. 122 eingegangen. Sträucher stellen besonders wichtiges Pflanzmaterial bei der Befestigung instabiler Böschungen; ihre Gesellschaften sind daher

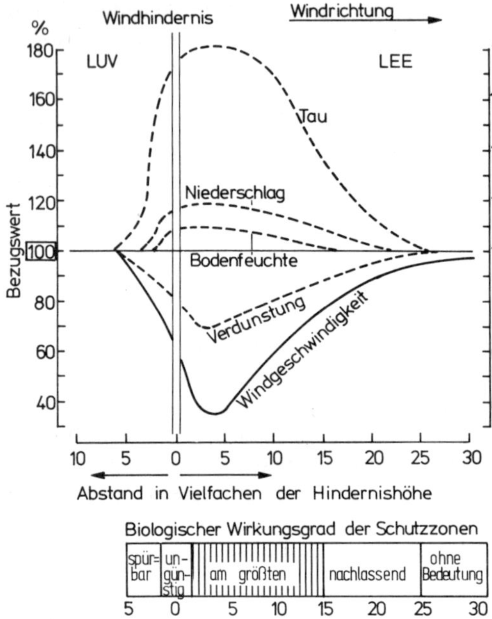

Abb. 33: Einfluß einer Windschutzanlage auf das Mikroklima. (Aus Kreutz 1968). 1968.)

geeignete Modelle für den Landschaftspfleger (Anweisungen s. Ehlers 1960, Zundel 1967, Schiechtl 1973).

5. In der Industrielandschaft und im Siedlungsbereich kommt Grüngürteln und damit Hecken abgesehen von ihrem ästhetischen Wert eine Funktion als **Staubfänger,** also im Immissionsschutz, zu. Da der Wind durch das durchblasbare Hindernis gebremst wird, sinkt seine Transportkraft; Staub setzt sich ab. Durch Regen wird dieser später abgewaschen, das „Filter" also „regeneriert". Erst wenige Zahlen liegen über die Filterkapazität vor; Keller (1971) schätzt eine Kapazität von mehr als 70 mg/g Blattgewicht für Buche, mehr als 200 mg/g für Bergkiefer; dies entspräche für Wälder (nicht Gebüsche) einer Kapazität von mehr als 280 bzw. 1000 kg/ha. In Städten können vielfach nur Hecken gezogen werden; bei diesen ist also auf tiefe Beastung und möglichst langfristige Belaubung zu achten. Freilich ist für derartige Schutzpflanzungen auch Immissionsresistenz gegen SO_2 unabdingbar; diese pflegt bei Nadelhölzern besonders gering zu sein.

6. Die genannte Fähigkeit von Gehölzen, Luftbewegungen zu bremsen, führt auch zur **Schalldämpfung.** Technisch aufwendige Pionieruntersuchungen von BECK (o. J., ca. 1967) zeigten, daß im günstigsten Falle Gehölzstreifen den Schallpegel im Vergleich zu freien Flächen um rund 10 Dezibel (dB), also auf $^{1}/_{10}$ senken können. Der genaue Wert ist abhängig von der Frequenz und Schallrichtung, den geometrischen Ausmaßen der Schutzpflanzung, der Blattgröße und -stellung. BECK ordnete zahlreiche Zier- und Wildgehölze nach ihrer Lärmdämpfung in 6 Qualitätsklassen ein; *Acer pseudoplatanus* gehört der höchsten an, *Ilex aquifolium, Quercus robur, Fagus sylvatica,* die beiden heimischen *Tilia*-Arten und *Viburnum lantana* stehen in der dritthöchsten Klasse. Trotz der relativ hohen dB-Werte reichen bloße Heckenpflanzungen zu befriedigendem Lärmschutz meist nicht aus; dazu sind Waldstreifen von mindestens 250 m notwendig (TURNER 1968).

14. Formation: Wälder

Wälder sind diejenige Formation, welche real und erst recht potentiell den größten Teil des Festlandes bedeckt. Von der Gesamtoberfläche der Erde sind rd. 30% Festland; davon nehmen ein (näherungsweise Werte, entnommen aus LEIBUNDGUT 1975):

Wälder	29%	landwirtschaftliche Kulturen	18%
Wüsten	23%	Rest, i. wes. Polargebiet und	
Steppen	21%	Hochgebirgszonen	9%

Da die kultivierten Flächen dem Walde abgewonnen sind, war also rund die Hälfte der Kontinente Waldland bzw. würde es wieder werden, wobei nicht berücksichtigt ist, daß manche ehemals bewaldete Fläche in den Tropen und Subtropen heute irreversibel erodiert ist. In der Bundesrepublik Deutschland sind rd. 30% der Fläche mit **Wäldern und Forsten** bewachsen. Diese beiden Begriffe werden nicht einheitlich gebraucht und sind nicht verbindlich definiert, wenn auch deutlich inhaltlich verschieden. Zielt man auf den wirtschaftlichen Aspekt, also Wald als Objekt der Ökonomie, so wird der Ausdruck Forst bevorzugt. Wald ist dagegen eine Lebensgemeinschaft, in der eine Baumschicht standortsprägend ist, zusammen mit ihrem Standort; im Blickpunkt steht das Beziehungsgefüge. Die gegenwärtige starke Betonung der Wohlfahrtswirkungen (s. S. 291) und damit der Dienstleistungs- oder Sozialfunktion wirkt sich auch in der Gesetzesterminologie aus: So löste z. B. das Baden-Württembergische Waldgesetz 1976 das alte Badische bzw. Württembergische Forstgesetz ab. In der Pflanzensoziologie verwendet man den Ausdruck Forst für naturferne, in der Holzartenkombination stark vom Menschen beeinflußte Bestände und typisiert sie als **Forstgesellschaften** (s. MEISEL-JAHN 1955). Oft sind es sehr artenarme Typen, deren klare Fassung dennoch auch wirtschaftlich wichtig ist, um z. B. Umwandlungen standortsgemäß planen zu können.

Aus der Fülle der vegetationskundlichen und sie berührenden waldbaulichen Literatur können wir in diesem Rahmen nur Weniges und in subjektiver Auswahl zitieren. An für den Pflanzensoziologen wichtigen, umfassenden neueren Werken von Lehrbuch-Charakter seien genannt: die Einführung in den Waldbau von BONNEMANN und RÖHRIG (1971/72), die Waldbau-Lehrbücher von MAYER (1976, 1977), die

Waldökologie von MITSCHERLICH (1971/1975), die Darstellung des Waldschutzes von REISCH (1976). Überblicke über Waldgesellschaften großer Räume geben ELLENBERG und KLÖTZLI (1972), HARTMANN und JAHN (1967), MAYER (1963), OBERDORFER, MÜLLER und PHILIPPI (1976), RUBNER und REINHOLD (1953).

Die Lebensform Baum und Grenzen des Baumwuchses

Ein Blick auf eine Vegetationskarte der Erde, aus welcher die natürliche Vegetation zu ersehen ist, überzeugt von der riesigen Ausdehnung von Wäldern in den gemäßigten und in den feuchten tropischen Zonen. Dies beweist den Erfolg der Lebensform Baum, also der stammbildenden Phanerophyten in der Evolution. Es stellt sich damit freilich auch die Frage, weshalb in den übrigen Gebieten kein nennenswerter Baumwuchs möglich ist und durch welche Faktoren **Waldgrenzen** bewirkt werden.

Die Bildung von tragenden Achsen, also von Stamm, Astwerk und Derbwurzeln, ermöglicht es der Pflanze, sich über die bodennahe Zone

Tab. 10. Standing crop (Biomasse zu bestimmtem Zeitpunkt) einiger Pflanzengruppen im ausgewachsenen Zustand und ohne Früchte, angegeben als Trockensubstanz in % (aus LARCHER 1976).

	photosynthetisch aktive Organe	oberirdische verholzte Achsen	Wurzeln und unterird. Sproßteile
	Grünmasse	ausschließlich atmende Organe	
winterkahle Laubbäume der gemäßigten Zonen	1–2	~80	~20
immergrüne Nadelbäume der Taiga und der Bergwälder	4–5	~75	~20
Jungpflanzen von Nadelbäumen	50–60	40–50	~10
Ericaceen-Zwergsträucher in Heiden und Tundra	10–20	~20	60–70
hemikryptophytische Wiesenpflanzen	~50		~50
hemikryptophytische Steppenpflanzen			
in feuchten Jahren	~30		~70
in trocknen Jahren	~10		~90

(Die höheren Grünmasse-Werte der Nadelhölzer kommen durch den größeren Anteil an chloroplastenfreiem Gewebe in den Nadeln zustande.)

schärfster Konkurrenz zu erheben und in den voll strahlungsexponierten Raum vorzustoßen. Dies bringt allerdings mit sich, daß ein großer Teil der Assimilate zum Aufbau und zur Atmung der Sproßachsen und des Wurzelsystems eingesetzt wird; die „Investition als totes Kapital", in Festigungs- und Leitgewebe, ist also hoch. Wenn auch ein großer Teil der Gewebe tot ist, so bleiben doch lebende Kambium-, Holz- und Bastzellen als heterotrophe Elemente. Ein „aufwendiges" Wurzelsystem ist aus Gründen der Statik wie der Wasserversorgung notwendig. Für das Verständnis entscheidend ist also der **„Verteilerschlüssel" der Assimilate.** Einige Zahlen für verschiedene Lebensformen mögen das verdeutlichen (Tab. 10).

Im Laufe des Lebens der Pflanze ändern sich die Gewichtsverhältnisse zu ungunsten der Blätter (Abb. 34). Die relative Abnahme des Wurzelwerks hat höhere Windwurfgefahr im Alter zur Folge. Forstwirtschaftlich günstig ist die stete Zunahme des Stammanteils. Wenn die untersuchten Eichen der Abb. 34 auch mit 50 Jahren noch in vollem Wachstum begriffen sind, so ist doch klar, daß der Kurvenverlauf schließlich horizontal werden muß. Ein dichteres Laubdach wäre biologisch sinnlos, weil zusätzliche Blätter bei gleichem Kronenvolumen auch keinen höheren Strahlungsanteil nutzen könnten; eine Vergrößerung der Krone aber ist stets mit einer Zunahme von heterotrophem Astwerk verknüpft und daher

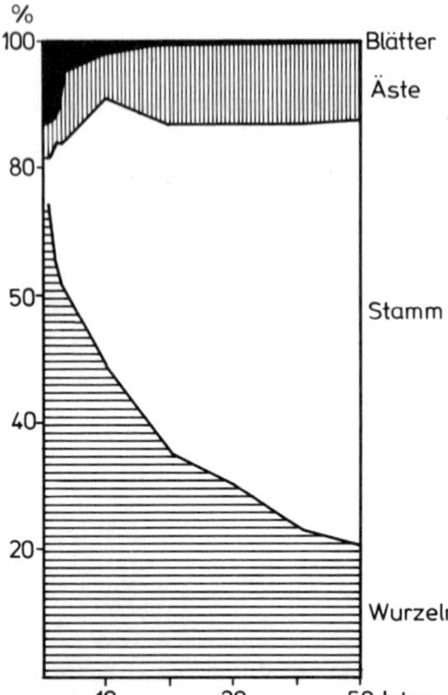

Abb. 34: Der prozentuale Anteil von Blättern, Ästen, Stamm und Wurzeln an der Biomasse verschieden alter Eichen aus der südrussischen Waldsteppe. (Aus MITSCHERLICH 1975.)

nur begrenzt möglich. Weiteres Höhenwachstum wäre nur dann sinnvoll, wenn dadurch schattenwerfende Konkurrenten überrundet würden. Das Verhältnis von autotrophem zu heterotrophem Gewebe ist (neben der Schwierigkeit der Wasser-Nachleitung) ein Grund dafür, daß „die Bäume nicht in den Himmel wachsen". Der **Ökonomische Koeffizient der Produktion $ÖK_P$**, definiert als das Verhältnis von Bruttophotosynthese zu Atmung, liegt bei Bäumen denn auch um 2–3, bei Wiesenpflanzen und Getreide dagegen um 10 (LARCHER 1976).

Eine zusätzlich Beanspruchung bringen das Blühen und vor allem das Fruchten mit sich. Eine ausgewachsene Eiche soll jährlich im Durchschnitt etwa 15 000 Nüsse, eine Föhre 100 000 geflügelte Samen, eine Birke 30 Millionen Nüßchen erzeugen! Reicher **Blütenansatz** ist nur möglich, wenn im Spätsommer nach der Bildung von Kambium, Holz, Bast, Periderm und vegetativen Knospen sowie der Auffüllung der Stärkedepots in Stamm und Wurzeln noch ein Assimilatüberschuß verfügbar ist. Bei den meisten Baumarten ist daher nur in Abständen von einigen Jahren reichlicher Samenansatz (Vollmast) möglich; da dies von der Photosyntheseaktivität der Vorjahre abhängt, ist die Häufigkeit auch standortsabhängig. Bei uns rechnet man bei Eiche in kühleren Lagen mit Vollmasten in Abständen von 6–12 Jahren, für Fichte, Tanne und Buche 5–6 Jahre, Ulme, Ahorn, Esche, Linde 3–4 Jahre, wogegen die Pionierhölzer Weide, Pappel, Birke, Erle alljählich gut anzusetzen pflegen. Der Zuwachs in Jahren mit Vollmast bleibt gering.

Konstruktion und Organisation der Lebensform Baum bedingen auch die **regionalen Grenzen** von Baumwuchs und Wald: Die Kürze der Vegetationszeit limitiert im Hochgebirge und in der Subarktis (hierzu s. HOLTMEIER 1974), Trockenheit gegen die natürlichen Steppengebiete hin. TRANQUILLINI (1967) stellte die auch experimentell untersuchten Ursachen im Hochgebirge zusammenfassend dar; danach nimmt die photosynthetisch nutzbare Zeit mit steigender Höhe jahreszeitlich und tageszeitlich immer mehr ab; die Stoffproduktion sinkt. In den wärmeren Zentralalpen liegt demgemäß die Baumgrenze, von Arve und Lärche gebildet, mit rd. 2400 m NN um etwa 600 m höher als in den randlichen Nordalpen, wo es sich allerdings um die Fichte handelt. Außerdem treten im Vorfrühling verstärkt Frosttrocknisschäden auf, besonders an jungen Nadeln: die Pflanzen erleiden bei hoher Saugspannung der Luft Wasserverluste, die sie aus dem noch gefrorenen Boden nicht ersetzen können. Daß beide Vorgänge ursächlich zusammenwirken, daß also die Nadeln nicht voll ausreifen können und deshalb frosttrocknisanfälliger sind, ist sehr wahrscheinlich; unterstützt wird die Theorie durch den Befund von LANGE und SCHULZE (1966), wonach bei

Mittelgebirgsfichten die Nadelcuticularschichten erst nach 3 Monaten voll entwickelt sind.

Die **lokalen natürlichen Grenzen** des Waldes sind oft ebenfalls durch Trockenheit bestimmt. Auch die durch mechanische Einwirkungen bedingten hängen mit dem Gestalttypus zusammen: mangelnde Elastizität in Lawinenrunsen, bei starker Strömung (s. S. 258) und an Sturmstandorten, geringe Regenerationskraft bei Verschüttung durch anhaltende Rutschungen und Steinschlag. Dagegen gibt es noch weitere lokale Grenzen, die wohl von der Baumform unabhängig sind: ausgesprochen salzreiche und ausgesprochen nasse Standorte sind in der gemäßigten Zone waldfrei. Und schließlich haben sich heutzutage indirekt anthropogene **„Vergiftungsgrenzen“** in der Umgebung starker SO_2-, HF- und HCl-Emittenten herausgebildet.

Biozönologie des Waldes: Beziehungen zwischen Pflanzen und Tieren

Infolge der reichen strukturellen Gliederung der meisten Wälder, eben der soziologisch höchststehenden Formation, bieten diese einer Fülle von Tieren Lebensraum, der 1. Thienemann'schen Regel entsprechend (s. S. 15). Wir wollen versuchen, die Grundzüge in diesen soziologischen Beziehungen am Beispiel des Waldes herauszuarbeiten; durch sie werden die Individuen und Sippen als Elemente erst zu einem funktionalen Gefüge, also zu einem Ökosystem verbunden (s. hierzu besonders SCHWERDTFEGER 1975).

In doppelter Weise stellt die Vegetation sog. **Requisiten,** lebensnotwendige Gegebenheiten, für die Tiere: a) als Nahrungsquelle und b) als Aufenthaltsort mit allen seinen Qualitäten; zu diesen gehören bestimmtes Mikroklima, bestimmte Bodenbeschaffenheit, bestimmte Strukturmerkmale, welche die Eignung z. B. als Jagd-, Balz- oder Brutplatz bestimmen. Faßt man umgekehrt die Bedeutung der tierischen für die pflanzlichen Partner ins Auge, so sind zu beachten:

a) Bestäubung durch Tiere,
b) Ausbreitung durch Tiere,
c) Zerstörung durch spezifischen Fraß, im Wirtschaftswald also die Frage der Schadwirkung durch Primärkonsumenten,
d) Tiere als Antagonisten der Schädlinge, als natürliche Feinde,
e) Tiere und ihr Beitrag zum Abbau organischer Substanz und damit zum Stoffkreislauf (was auf S. 288 behandelt wird).

Wir wollen diese Beziehungen nicht quantitativ und abstrahiert betrachten, denn derartige Kreislauf- und Nahrungsketten-Darstellungen gibt es zur Genüge; zum Verständnis und auch zum praktischen Einsatz

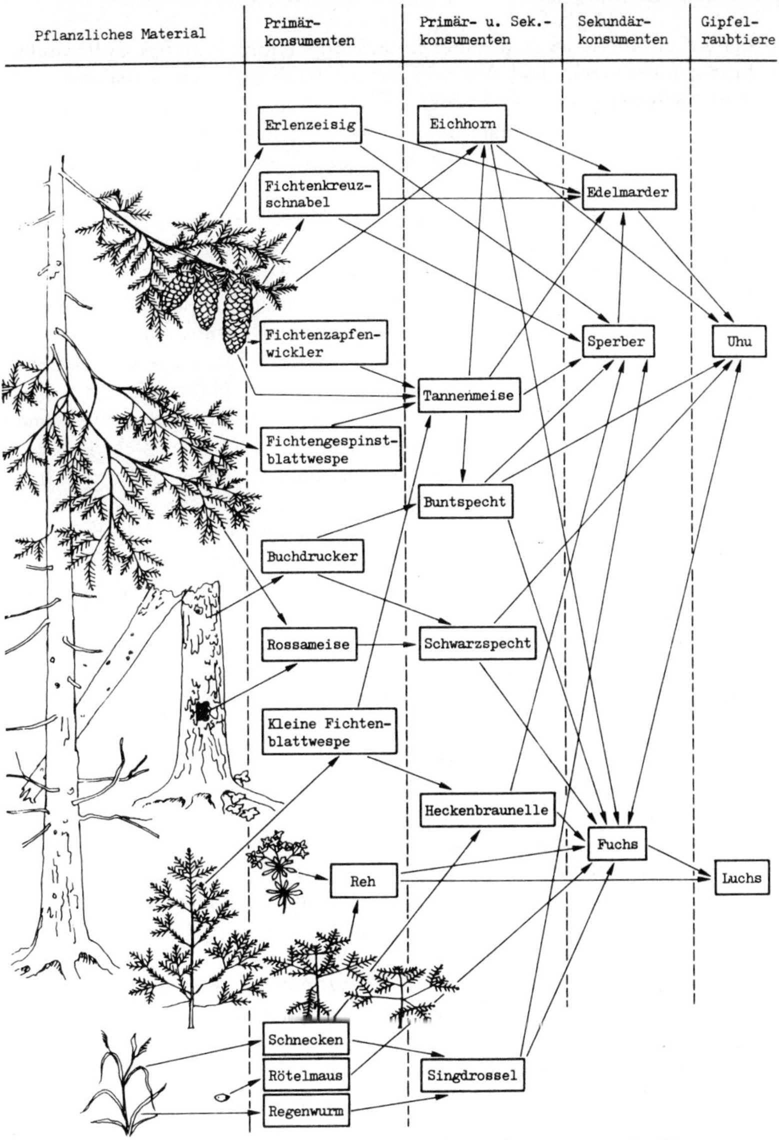

Abb. 35: Schematische Darstellung von Nahrungsketten eines Waldes. (Aus: H. LEIBUNDGUT, Wirkungen des Waldes auf die Umwelt des Menschen. Eugen Rentsch Verlag, Erlenbach b. Zürich 1975.)

der Erkenntnisse ist es darüber hinaus notwendig, konkrete Fälle qualitativ zu studieren. Die Abb. 35 veranschaulicht einen Ausschnitt aus dem **Nahrungsnetz** eines Fichtenwaldes. Dabei wird beispielhaft einiges deutlich, was bei schematischen Darstellungen leicht untergeht: Schon die Pflanzenfresser, welche an ein und derselben Art leben, sind äußerst verschieden eingenischt, ihre Bedeutung geht über den bloßen Energietransfer vom Produzenten zum Primärkonsumenten hinaus. Weiter kann die einzelne Tierart, ja das einzelne Individuum auf verschiedenen Stufen der Nahrungskette stehen, d. h. verschiedenen trophischen Niveaus angehören; z. B. frißt der Erlenzeisig hauptsächlich Baumsämerein von Erle, Birke, Fichte, Tanne sowie Unkrautsamen, Knospen und Pollen, aber auch kleine Insekten und er füttert, wie selbst die reinen Körnerfresser, seine Jungen mit tierischer Nahrung; er ist also zugleich **Primär-, Sekundär-** und **Tertiärkonsument.** Den **polyphagen Tieren,** die an Pflanzen verschiedener Familien fressen, stehen **oligo-** bzw. **monophage** gegenüber, die an mehreren Gattungen der gleichen Familie bzw. an nur einer Gattung oder gar nur einer einzigen Art fressen. Für die letzte Gruppe stehe die Kleine Fichtenblattwespe, welche bei nicht standortsgemäßem Anbau in Fichtenforsten massenhaft auftreten und starke Zuwachsverluste verursachen kann: Standortsspezifität der Nahrungsnetze.

Die **methodischen Schwierigkeiten** bei der Erfassung der Tiere über und in dem Boden sind wegen ihrer Beweglichkeit und der hohen Artenzahl enorm (s. z. B. in ELLENBERG 1971). Von den rd. 48000 deutschen Tierarten leben allein 6800 im Buchenwald, davon rd. 1800 in enger Anpassung an diesen Lebensraum (SCHWERDTFEGER 1975). An und von Eichen leben bei uns mehr als 1000 Insektenarten. An einer einzigen starken Eiche können in einer Vegetationsperiode rd. 250 Insektenarten mit Tausenden von Individuen leben, ohne daß der Baum sichtbar geschädigt würde (LEIBUNDGUT 1975)! Es wird also nur selten möglich und wohl auch nötig sein, alle Tiere eines Bestandes zu erfassen; man wird sich auf bestimmte systematische Gruppen (Taxa) oder auf **Gilden** (gleiche Funktion ausübende Tiere, z. B. Pollensammler, Stengelbohrer) beschränken oder **biozönotische Konnexe** studieren, d. h. die Gesamtheit der unmittelbaren Beziehungen zu einer bestimmten Sippe (zum biozönotischen Konnex der Fichte der Abb. 35 gehören neben den Primärkonsumenten z. B. auch die dort nistenden Vögel und die epiphytischen Flechten und Moose). Aus der Natur der Beziehungen zwischen Vegetation und Fauna ergibt sich, daß es methodisch sinnvoll ist, die Untersuchungen auf floristisch definierte Einheiten zu beziehen. Ebenso sicher darf man andererseits nicht erwarten, daß der Lebensbereich von Tiergruppen regelmäßig mit den Grenzen von

Pflanzengesellschaften und gar Assoziationen zusammenfällt. Tages- oder jahreszeitliche Wanderungen, entwicklungsgeschichtlich bedingter Biotopwechsel (ausgeprägt bei den Amphibien), Trennung von Brut- und Jagdrevier (viele Greifvögel) sind Erfahrungstatsachen. Die als **Monotop** bezeichnete Gesamtheit der auf die Art wirkenden ökologischen Faktoren überstreicht mehrere Biotope; ein geeignetes Bezugssystem für tiersoziologische und autökologische Untersuchungen dürfte daher in vielen Fällen ein bestimmter **Gesellschaftskomplex** sein (BEGUIN, MATTHEY et VAUCHER 1977).

Als erstes Beispiel zeigt Tab. 11 die **Koinzidenz** bestimmter Waldassoziationen mit den Vorkommen einiger Tierarten aus verschiedenen Ordnungen und mit verschiedener Lebensweise, wobei eine Kausalanalyse der Bindung noch aussteht. – Als weiteres Beispiel sei die Bindung des ziemlich gut – wenn auch ohne ausreichenden pflanzensoziologischen Bezug – untersuchten **Auerwildes** besprochen (ARBEITSGRUPPE AUERWILD 1974, EIBERLE 1976). Vergleicht man seine Areale in Baden-Württemberg mit einer Karte der natürlichen Vegetation, so zeigt sich weitgehende Deckung mit den Gebieten des aktuell vorhandenen Vaccinio-Abietetum, des Beerstrauch-Tannenwaldes im Schwarzwald. Eine statistische Analyse der standörtlichen **Schlüsselfaktoren** in einem Gebiet des Alpenvorlandes ergab eine Bevorzugung derjenigen Wälder, die durchlichtet und von stufigem Aufbau waren, die auf Rippen und Kuppen bei geringer Hangneigung wuchsen; hier stockte das Luzulo-Fagetum vaccinietosum. Diese Bindungen erklären sich aus Nahrungsansprüchen und Verhalten des Auerwildes: Es braucht große Boden-Balzplätze auf vegetationsarmen Bestandeslücken, Balz- und Schlafbäume mit waagrechten Ästen, beerentragende Zwergsträucher, besonders Heidelbeeren mit eiweißreichen Knospen, im Sommer Deckungbietende Bodenvegetation zur Brut und als Kälteschutz für die Küken. Diese Bedingungen sind in bodensauren und plenterartig bewirtschafteten, nadelholzreichen, ausgedehnten Wäldern der genannten Gesellschaften verwirklicht. Für den praktischen **Schutz** dieser bedrohten Vögel folgt daraus, daß sowohl sehr dichte, urwaldähnliche Bestände, als auch Kahlschläge vermieden werden müssen; anzustreben sind vielmehr stufig aufgebaute, mindestens stellenweise lockere Wälder. – Als Anregung für biosoziologisch aufgeschlossene Leser sei noch auf den Gedanken eines teilweise auf Pflanzengesellschaften bezogenen Biotop-Systems mit Charaktervögeln von OELKE (1963/68) und den Bericht über das Symposion „Vegetation und Fauna“ (Herausg. TÜXEN 1977) hingewiesen.

Tab. 11. Das Vorkommen bestimmter Tiersippen in bestimmten Pflanzengesellschaften in NW-Deutschland. (Nach RABELER (1965), gekürzt und vereinfacht.)

Tiergruppen A = Regenwürmer E = Schnellkäfer L = Laufkäfer W = Wanzen R = Rüsselkäfer S = Sonstige: Schnaken, Ameisen	Pflanzengesell-schaften	Lithospermo – Quercetum	Carici-Fagetum			Melico-Fagetum						Querco-Carpinetum				Luzulo – Fagetum
			seslerietosum	typicum	typicum	elymetosum	elymetosum	typicum	typicum	allietosum	dryopteridetosum	asperuletosum	asperuletosum	athyrietosum	athyrietosum	
Limonia modesta	S	+	+	+	+	+	+	+	+	+	+	+	+	+	+	·
Stenodema laevigata	W	+	+	+	+	+	+	+	+	+	+	+	+	+	+	·
Lygus pratensis	W	+	+	+	+	·	+	+	+	+	+	+	·		+	·
Abax ater	L	+		+	·		+	·	+	+	·		·	+		+
Phyllobius argentatus	R		·	+	+	·	+	+	+	+	+	+	+	+	+	+
Abax ovalis	L	+	+		+	+	+	+	·	+	+	+		·		+
Athous haemorrhoidalis	E	·		+	+	+	+		·	+			·			
Limonia maculata	S		+	+		+	+				+					
Molops elatus	L			·	+	·	+		·							

Athous vittatus	E					·	+	·	+	+	+	+	+	+	+	·
Tipula scripta	S					·	+	+			·	+	+	·	+	+
Allolobophora caliginosa	A					+	+		+	+	+	+	+	+	·	
Philonothus decorus	S						+	·	+	+		+	+	+	+	
Lumbricus rubellus	A							+	+	·	+	+	+	+	+	+
Pterostichus oblongopunctatus	L							+	·	·	·		+	·	+	+
Leptothorax nylanderi	S	+	+	+	+											
Limonius parvulus	E	+	+	·	·											
Ectobius sylvestris	S	+			+											
Agriotes acuminatus	E					+	·		·		+	·				
Pterostichus metallicus	L							·		+	+		·			·
Nebria brevicollis	L											+	+	+	·	
Phytocoris longipennis	W											·	·	+	+	
Coeliodes erythroleucus	R											+	·	·		
Ceutorrhynchus rugulosus	R											+		·	·	

+ mehrere Individuen gefangen

· 1 Individuum gefangen

1. *Zur Bestäubungsökologie im Walde*

Prüft man verschiedene Pflanzengesellschaften auf ihre jahreszeitliche Blühfolge hin, so ergeben sich deutliche Unterschiede zwischen den Wäldern; am auffälligsten ist der das Ende des Winters verheißende Aspekt der **Frühlingsgeophyten** *Anemone nemorosa* und *ranuculoides, Corydalis cava* und *solida, Gagea sylvatica, Leucojum vernum, Ranunculus ficaria, Scilla bifolia.* Berücksichtigt man die Entwicklungsstadien in allen Waldgesellschaften eines nicht zu eintönigen Gebietes, so zeigt ein solcher **phänologischer Kalender** jedoch, daß die gesamten Blütezeiten sich über einen langen Zeitraum erstrecken (ELLENBERG 1939/1963, WILMANNS 1956). Einige Gesetzmäßigkeiten lassen sich aus der Statistik der Tab. 12 ablesen.

Tab. 12 Blütezeiten und Bestäubungsagentien in Wäldern. (Ausgezählt wurden die in der 1. Auflage dieses Buches genannten Kennarten der Klassen Vaccinio-Piceetea (ohne Zwergstrauchgesellschaften) als Nadelwälder und der Alnetea, Quercetea rob. und Querco-Fagetea als Laubwälder. Frühblüher: Blütezeit bis Mai, Spätblüher: ab Mai. 112 Arten; 2 sowohl tier- als auch windblütige Arten weggelassen; Farnpflanzen entfallen ohnehin. Entom. = Entomophile, Insektenblütler, Anem. = Anemophile, Windblütler.) Die Insekten und die entomophilen Arten wurden nicht aufgeschlüsselt, weil die Angaben zu ungenau und zu heterogen und die Blumen oft nicht auf einen engen Bestäuberkreis spezialisiert sind.

	Baumarten (n = 26)				Strauch- und Krautarten (n = 86)			
	Frühblüher		Spätblüher		Frühblüher		Spätblüher	
	Entom.	Anem.	Entom.	Anem.	Entom.	Anem.	Entom.	Anem.
Nadelwälder	0	3	0	2	3	1	13	2
Laub- und Mischwälder	4	12	4	1	25	4	27	11

a) Unter den mitteleuropäischen Baumarten überwiegen – das ist nicht neu – die **Windblütler.** Die **Frühblütigkeit** dieser Anemophilen ist teleologisch verständlich aus der Notwendigkeit, daß der Pollen ungehindert von Blättern auf die Narben verweht werden kann. Entomophil sind aus den berücksichtigten Klassen lediglich die Gattungen *Acer, Prunus* und *Tilia,* also keine Bestandsbildner. Dies ist kein Zufall: Arten, die auf Insekten als Bestäuber angewiesen sind, könnten nicht großflächig dominieren, denn es wäre schlagartig eine riesige Anzahl von Tieren notwendig;

wie aber sollten sich diese während der übrigen Monate ernähren? Bestätigt wird diese Deutung durch die Tatsache, daß auch in den anderen zonalen, natürlichen Formationen mit Dominanz eines einzigen Taxons, den Steppen und Savannen mit vorherrschenden Gräsern, dieses anemophil ist.

b) Im Unterwuchs der Nadelwälder sind kalendarisch spätblühende Arten sehr viel zahlreicher als frühblühende. Hierfür bieten sich mehrere Erklärungen an: Im Gegensatz zu den Fallaubwäldern fehlt hier eine lichtökologisch und damit photosynthetisch günstige Frühjahrsperiode. Außerdem wachsen die Vaccinio-Piceetea überwiegend in höheren Lagen oder in der borealen Zone mit langen Wintern; auch das Bestandesklima ist kühl und für die poikilothermen Insekten in den Frühlingsmonaten noch wenig attraktiv.

c) Unerwartet mag das ausgeglichene Verhältnis von tierblütigen Früh- und Spätblühern in Laubwäldern sein. Man bedenke aber, daß Mitteleuropa ursprünglich fast reines Waldland war; Nektarsauger, Pollenfresser und Pollensammler unter den Insekten konnten hier in größerer Zahl nur dann leben, wenn über eine lange Zeit hin Nahrung angeboten wurde. Eine ausschließlich aus früh- oder ausschließlich aus spätblühenden Arten bestehende Angiospermen-Flora würde kaum existiert haben können.

2. *Zur Ausbreitungsökologie von Waldpflanzen*

In der Tab. 13 fallen zwei Ausbreitungsstrategien als besonders häufig auf: **Endozoochorie** der Laubgehölze, insbesondere der Sträucher, und **Myrmekochorie** der Kräuter in Laubwäldern. Der erste Zug würde noch deutlicher hervortreten, wenn die Waldmäntel (mit *Cornus, Crataegus, Ligustrum, Viburnum*) einbezogen worden wären. Trotz des hohen „Aufwandes“, den die Pflanze in der Ausstattung der Beeren und Steinfrüchte mit energiereichen organischen Substanzen für die Tiere betreibt, hat sich dieser Modus offenbar bewährt. Dies dürfte mindestens teilweise daran liegen, daß die Diasporen von den Tieren, meist Vögeln, der Wälder und Gebüsche an deren bevorzugten Aufenthaltsorten und damit eben geeigneten Standorten abgesetzt werden, die Verluste infolge zufälliger Verteilung durch Wind aber entfallen. Auch bei der Synzoochorie von Eicheln und Bucheckern bleiben die Tiere meist in der Nähe und an Standorten, die für Wald geeignet sind. Eicheln werden allerdings vom Wild stark weggefressen. – Der Erfolg der Anpassung an Ameisen als Ausbreiter geht nicht nur aus der großen Zahl myrmekochorer Waldpflanzen hervor, sondern auch aus der Tatsache, daß sie sich in vielen verschiedenen Ver-

Tab. 13. Ausbreitungsagentien in Wäldern. (Ausgezählt wurden die in Tab. 12 genannten Klassen. Die Zoochoren (durch Tiere ausgebreitete Arten) sind aufgeschlüsselt in Synzoochore (welche von Tieren gesammelt, in Depots versteckt und zuweilen „vergessen" werden), in Endozoochore (welche gefressen werden, wobei ein Steinkern unbeschädigt den Darm verläßt), in Epizoochore (deren Diasporen äußerlich an Fell, Gefieder, Klauen transportiert werden) und in Anemochore (Windwanderer). In die Spalten der Anemochoren sind die wenigen Autochoren und Arten ohne Anpassungen einbezogen.)

	Bäume				Sträucher				Zwergsträucher und Kräuter			
	Zoochorie			Anemochorie	Zoochorie			Anemochorie	Zoochorie			Anemochorie
	Ameis. Synz.	Vögel u. a. End., Synz.	Epizooch.		Ameis. Synz.	Vögel u. a. End., Synz.	Epizooch.		Ameis. Synz.	Vögel u. a. End., Synz.	Epizooch.	
Nadelwälder (n=27)	0	1	0	4	0	0	0	0	4 18%	3 14%	1 4,5%	14 64%
Laub- und Mischwälder (n=96)	0	**8** 38%	0	13 62%	0	**5** 100%	0	0	**21** 30%	3 4%	6 9%	40 57%

wandtschaftskreisen unabhängig voneinander, konvergent, entwickelt haben. Aus ganz verschiedenen Teilen des Samens oder der Frucht entstanden in der Evolution die Elaiosomen, welche durch ihren Gehalt an Fettsäuren Ameisen anlocken und dazu Fett und Zucker anbieten (s. bes. Bresinsky 1960). Zu den Myrmekochoren gehören z. B. *Allium ursinum, Anemone nemorosa* und *ranunculoides, Asarum europaeum, Carex digitata* und *umbrosa,* die *Corydalis*-Arten, *Melampyrum pratense* und *sylvaticum, Potentilla sterilis* und die *Viola*-Arten. Zwar sind die Ausbreitungsschritte mit einigen Zehnern von Metern nur klein, aber in einem geschlossenen Waldland brauchten ja nur selten große Strecken überbrückt zu werden. Aufschlußreich wäre ein zahlenmäßiger Vergleich auch mit Nicht-Waldgesellschaften (s. hierzu allgemein Müller-Schneider 1977).

3. *Phytophagen als spezifische Schädlinge und ihre Antagonisten*

Wir müssen hier, um die Brücke Vegetation – Tierwelt – menschliche Tätigkeit zu schlagen, etwas ausholen. Das große „Angebot" an organischer Substanz der Waldbäume macht es verständlich, daß die Zahl der von ihnen lebenden Primärkonsumenten hoch ist; diese wiederum sind vielfältig eingenischt. Man kann sie (mit Franklin in Reichle 1970) in die in Tab. 14 aufgeführten Gruppen gliedern, für welche jeweils wirtschaftlich wichtige Beispiele erwähnt seien.

Es erhebt sich die Frage, weshalb es unter natürlichen Verhältnissen (so gut wie) nie zu Massenvermehrungen kommt, die zum zeitweiligen Zusammenbruch der Biozönose führen würden. Wie also wird die **Stabilität des natürlichen biologischen Gleichgewichts** bewirkt? Eine Gruppe von Faktoren liegt in den **Baumarten selbst** begründet (ökotypische Variabilität, natürlicher Produktionsüberschuß an Laub und Samen, Abwehrreaktionen wie Harzfluß), eine andere Gruppe ist im biozönotischen Beziehungsgefüge zu suchen, in **natürlichen Gegenspielern.** Als solche kommen eine ganze Reihe von Tiergruppen mit Hunderten von Arten in Betracht, welche die Phytophagen jagen oder an ihnen parasitieren. Die Parasiten sind dabei als spezifische Konsumenten von besonderer Bedeutung, wogegen die Jäger auch „Nützlinge" erhaschen, ihr Wirkungsgrad also von den Dichteverhältnissen der Beute-Arten abhängig ist. Als wichtigste Gruppen natürlicher Antagonisten seien genannt: Schlupf-, Brack- und Erzwespen, Schweb- und Raubfliegen, Lauf- und Marienkäfer, Kurzflügler, Florfliegen, Ameisen, Igel, Spitzmäuse, Vögel. Dies läßt ahnen, wie kompliziert sich eine Kausalanalyse gestaltet (vgl. z. B. die Untersuchungen von Lüdge (1965, 1971) in den berüchtigten Schwetzinger Kiefernforsten, wo es zwischen 1819 und 1969 27 Massenvermehrun-

Tab. 14. Lebensweise von Phytophagen im Forst.

Lebensweise	Beispiele
Blattkauer	Schwammspinner, Nonne, Kiefernspinner, Kiefernspanner, Kiefern-Buschhornblattwespe, Kl. Fichtenblattwespe, Maikäfer
Skelettonierer	Roter Pappelblattkäfer
Blattminierer	Lärchenminiermotte
Rindenbohrer	Großer Brauner Rüsselkäfer, Krummzähniger Tannenborkenkäfer, Buchdrucker, Großer und Kleiner Waldgärtner, Ulmensplintkäfer (als Überträger der Ulmenwelke)
Holzbohrer	verschiedene Borkenkäfer; meist technische Schädlinge in Lagerholz
Saftsauger	Sitkafichtenlaus, Bösartige Tannentrieblaus
Knospen- und Zweigfresser	Waldgärtner, Posthornwickler, Eichenwickler
Wurzelfresser	Elateriden-Larven, Engerling
Sämlingsfresser	Elateridenlarven, Kiefernsaateule, Wild

gen von Schädlingen gab; Laubholzunterbau wirkte deutlich dämpfend auf die Schädlingspopulation). In welchem Ausmaß Antagonisten Phytophage kurz zu halten vermögen, beleuchten Zählungen im Rahmen des IBP-Programms im Solling (FUNKE 1973): Der Hauptschädling in den dortigen Fichtenforsten ist der Fichtennestwickler (*Epiblema tedella*); in einem Bestande schlüpften aus Schmetterlingspuppen im Boden innerhalb von 6 Sommerwochen 373 Schmetterlings-Imagines/m^2, davon waren 371 *Epiblema tedella;* ferner 199 Schlupfwespen-Imagines/m^2 (von *Lissonota dubia*) und 179 Braconiden-Imagines/m^2 (von *Apanteles tedellae*). Der Parasitierungsgrad des Schädlings durch nur zwei natürliche Gegenspieler lag bei 50%! Es ist offensichtlich notwendig, für einen **„eisernen Bestand“** an Parasiten zu sorgen, der Massenvermehrungen rechtzeitig abpuffern kann.

Dies geschieht durch Sicherung eines reichen Nahrungsangebotes (Nektar, Pollen, Honigtau) und von Fortpflanzungsmöglichkeiten über

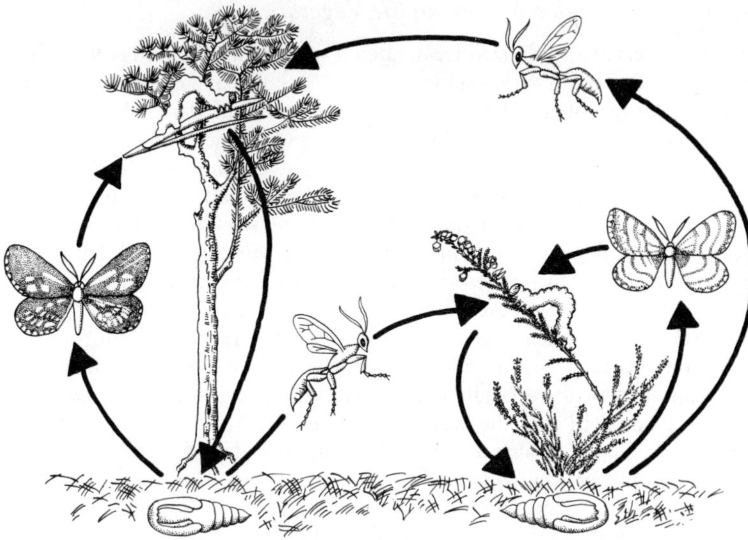

Abb. 36: Die Bedeutung von Artenreichtum für die Aufrechterhaltung eines biologischen Gleichgewichtes am Beispiel des Kiefern- und des Heidekrautspanners. Erläuterung im Text. (Entwurf ZWÖLFER.)

die ganze Vegetationsperiode hin. Die Pflanzen nicht nur des Waldinneren, sondern auch von Waldrändern, Bachufern u. ä., also der Kontaktgesellschaften, gehören dabei mit zum **Ökosystem** (vgl. bes. GYÖRFI 1952, HASSAN 1967). Dieser **Zusammenhang von Stabilität und Diversität** und die Schlußfolgerungen daraus für die Praxis, auf die wir auf S. 102 gestoßen waren, sollen hier wegen ihrer Bedeutung für die Erhaltung unseres Lebensraumes noch einmal an einem besonders durchsichtigen und das Grundsätzliche verdeutlichenden Beispiel gezeigt werden (Abb. 36). Der Kiefernspanner (*Bupalus piniarius*) schlüpft von Mai bis Juli; er legt im Juni/Juli seine Eier ab; von Juli bis November fressen die Larven an Nadeln und verpuppen sich dann. Einer der wichtigsten Feinde ist die Schlupfwespe *Ichneumon nigritarius*. Sie legt (in ihrer 2. Generation des betreffenden Jahres) im August je ein Ei an Raupen, z.B. des Kiefernspanners, welche sich darin entwickelt und den Wirt erst kurz vor dem Schlüpfen im Mai des folgenden Jahres tötet. Die erste Generation des Sommers kann sich nur fortpflanzen, wenn ein Zwischenwirt da ist; dies kann der „harmlose", polyphage Heidekrautspanner (*Ematurga atomaria*) sein. Nur das Zusammenspiel vieler Organismen kann also dieses biologische Gleichgewicht bewahren.

4. Die Wirkung des Wildes auf die Vegetation

Zu den selektiv an Pflanzen fressenden Tieren gehört auch das Reh- und Rotwild, dessen Auswirkung die Tatsache bezeugt, daß es heute ein brennendes **Wildproblem** gibt. Der Wildstand wird auf das 5–15fache der Dichte im Urwald geschätzt. Da überdies große Flächen unterwuchsarmer Nadelforsten den Tieren nicht die nötige abwechslungsreiche Nahrung bieten, äsen sie umso stärker in den verbliebenen naturnahen Beständen. Sie verursachen außerdem durch Fegen (Abreiben des Bastes vom Gehörn) und Schlagen (Reviermarkierung unter Verletzung von Bäumen), Rotwild auch durch Schälen der Rinde wirtschaftliche Schäden. Aus der so fesselnden Wildbiologie können wir nur einige pflanzensoziologische Aspekte herausgreifen (vgl. besonders KLÖTZLI 1965). – Manche Gehölze und Kräuter sind in allen Gegenden beliebte Äsungspflanzen, wie Fraßspuren und ihr Verhalten nach Gatterung zeigen; andere werden überall gemieden; für eine weitere Gruppe lauten die Angaben gebietsweise verschieden, wahrscheinlich deshalb, weil das Wild seltene Arten bevorzugt, übrigens auch beim Fegen und Schlagen. Stark verbissen werden Jungbäume von Tanne, Esche, Eiche, Eibe, Hainbuche, Robinie, Linde, Berg-Ahorn und Vogelbeere; nur gebietsweise werden Buche, aber auch Fichte, Kiefer und Douglasie angenommen, ganz selten Birke und Pappel. Die Tanne kann sich vielfach nicht mehr ohne Zäunung verjüngen und ist lokal vom Aussterben bedroht. Eiche und Edellaubhölzer können verschwinden und – keineswegs als natürlich zu betrachenden – Buchenreinbeständen Platz machen (FÖRSTER 1977).Unter den Sträuchern werden *Cornus sanguinea, Sambucus nigra* und *racemosa, Viburnum opulus, Rubus idaeus* und *fruticosus* gern gefressen, aus der Krautschicht gehören dazu *Vaccinium myrtillus* und *vitis-idaea, Lilium martagon* und Wald-Orchideen, *Epilobium angustifolium, Prenanthes purpurea* und die Farne *Athyrium filix-femina* und *Dryopteris filix-mas.* Unbeliebt sind dagegen einige stark riechende oder kieselsäurereiche Pflanzen wie *Allium ursinum, Sambucus ebulus, Helleborus foetidus, Calamagrostis epigeios, Deschampsia cespitosa, Carex brizoides*, aber auch *Euphorbia amygdaloides, Urtica dioica* und *Pteridium aquilinum.* Daher hält sich das Wild in Gesellschaften mit hohem Angebot an beliebten Arten als **„Äsungszentren"** recht lange auf. Solche sind vor allem *Vaccinium*-reiche Luzulo-Fageten u. ä., an Esche und Ahorn reiche Auen- und Schluchtwälder, ferner Melico-Fageten, krautreiche Querco-Carpineten und Carici-Fageten. Die Waldgesellschaften eines Gebietes lassen sich also nach Höhe und Vielseitigkeit ihres Äsungsangebotes bewerten.

Waldinnenklima

Seine bekannten Eigenheiten rühren daher, daß die „tätige Oberfläche“ vom Boden abgehoben ist und an der Kronenoberfläche liegt; die bodennahe Luftschicht ist folglich nicht nur etwa 2 m mächtig wie im Freiland, sondern je nach Bestandeshöhe einige Zehner von Metern. Die Strahlungsminderung im Inneren, einer der wichtigsten Faktoren für die Auslese der Sträucher, Kräuter und Kryptogamen, hängt von den Arten der Baumschicht und ihrer natürlichen oder forstlich beeinflußten Dichte ab. Eine artenreiche Krautschicht kann sich im Bestandesinneren auf die Dauer nur unter Lichtbaum- und Halbschattbaumarten halten. Lichtbaumarten sind solche, deren Schattenblätter noch einen relativ hohen Lichtkompensationspunkt besitzen, so daß ihre Krone niemals besonders dicht und damit stark schattend werden kann; das umgekehrte gilt für Schattbaumarten. Ausgeprägte Lichthölzer sind die Birken-, Pappel- und Weidenarten, Lärche, Wald- und Bergkiefer; ausgeprägte Schatthölzer sind Buche und Weißtanne; Eichen und Erlen neigen zur ersten Gruppe, Hainbuche, Bergahorn, Linden und Fichte zur zweiten. Die ökologische Bedeutung der abweichenden spektralen Zusammensetzung des Waldlichts (mit hohem Grünanteil) ist noch kaum erforscht (vgl. STOUTESDIJK 1972).

Die Verlagerung der „tätigen Oberfläche“ hat ferner einen ausgeglichenen Temperaturverlauf zur Folge. Dies zusammen mit der Bremsung des Windes führt zu höherer relativer Luftfeuchte im Bestand.

Tab. 15. Mikroklimatische Vergleichsmessungen in Wald und Freiland im Emmental/Schweiz, Mittel von 20 Jahren (aus BURGER 1951).

	Freiland	Plenterwald
Niederschlag 1174 mm =	100 %	53 %
Interzeption		47 %
Schneehöhe (Relativwerte)	1	1/3
Lufttemperatur (Mittelw. aus zweistündlichen Messungen)	7 °C	6,3 °C
Unterschied Wald - Freiland im Winter		+0,1 °C
Unterschied Wald - Freiland im Sommer		−1,1 °C
Max. Schwankg. d. Lufttemperatur	55,3 °C	47,9 °C
mittl. Tagestemperatur	8,3 °C	7,1 °C
mittl. Nachttemperatur	5,6 °C	5,4 °C
Relat. Luftfeuchtigkeit	77 %	84 %
Evaporation Mai- Juni	276 mm = 100 %	111 mm = 40 %
Windgeschwindigkeit (Relativw.)	100 %	32 %

So dürfte der Wasserhaushalt der Flora günstiger sein als unter sonst gleichen Bedingungen im Freiland. Selbstverständlich ist dies keineswegs, denn die Wasserzufuhr durch Niederschläge ist im Walde geringer, weil ein Teil (u. Umst. bis zu 50%) im Kronenraum im Vorgang der **Interzeption** abgefangen wird und direkt von dort verdunstet.

Aussagekräftige Messungen sind wegen des klein- und großflächigen räumlichen Wechsels und der kurz- und langfristigen zeitlichen Änderungen recht aufwendig (s. z. B. EBER 1972). Bezeichnend sind die Ergebnisse von 20jährigen Vergleichsmessungen zwischen Freiland und einem Tannen-Fichten-Plenterwald in der Schweiz (BURGER 1951), deren Durchschnittswerte in Tab. 15 wiedergegeben sind.

Stoffumsatz und Bodenverhältnisse

Natürlich zusammengesetzte Wälder sind Ökosysteme, die in der Regel über Jahrtausende hin in gleicher Form erhalten bleiben, wenn der Mensch nicht eingreift oder Klimaänderungen eintreten. Freilich gibt es trotzdem innerhalb natürlicher Bestände, wie es STOCKER (1969) für den tropischen Regenwald erläutert, mosaikartigen Wechsel von verschiedenen Altersstadien; denn die durch Sturm, Brand, Alter gerissenen Lücken mit temporären Schlagfluren sind „Verjüngungszellen". Dies träfe sicher auch auf unsere Wälder zu, wenn sie aus der Nutzung entlassen und nicht nach dem Höhepunkt ihrer Produktion abgetrieben würden. Wir werden diese Entwicklung in Zukunft in sog. **Bannwäldern,** wie sie neuerdings verstärkt ausgewiesen worden sind, studieren können. Diese sollen nicht mehr bewirtschaftet werden und sich „urwaldartig" entwickeln können. (Echte Urwälder werden es aber nicht, da der menschliche Einfluß bereits über sie hinweggegangen ist und sie Rand- und Fernwirkungen ausgesetzt sind, von dem überstarken Wildverbiß ganz zu schweigen.)

Von der **Stoffproduktion** in Wäldern kennen wir die Größe des forstlich genutzten Anteils recht gut; dieses **Derbholz** umfaßt Stämme und Äste von über 7 cm ∅. Die gesamte Stofferzeugung unter Einschluß von Blättern, Wurzeln, Zweigen und Samen sowie Atmungsverlusten muß natürlich weit höher als der genutzte Anteil sein; für einen dänischen Buchenwald mit einem mittleren Holzertrag von 6 t/ha/a wird etwa das Vierfache genannt (s. WALTER 1960). Einige Zahlen über Menge, Elementgehalt und Umsatz der Biomasse für einen Laubmischwald sind aus der Abb. 37 zu ersehen.

Selbst bei der Nutzung von Wäldern bleibt also die Frage nach dem Abbau der Streu und damit nach der **Freisetzung von Ionen** und der Humusbildung (vgl. S. 20). Die dabei in Betracht kommenden Mengen

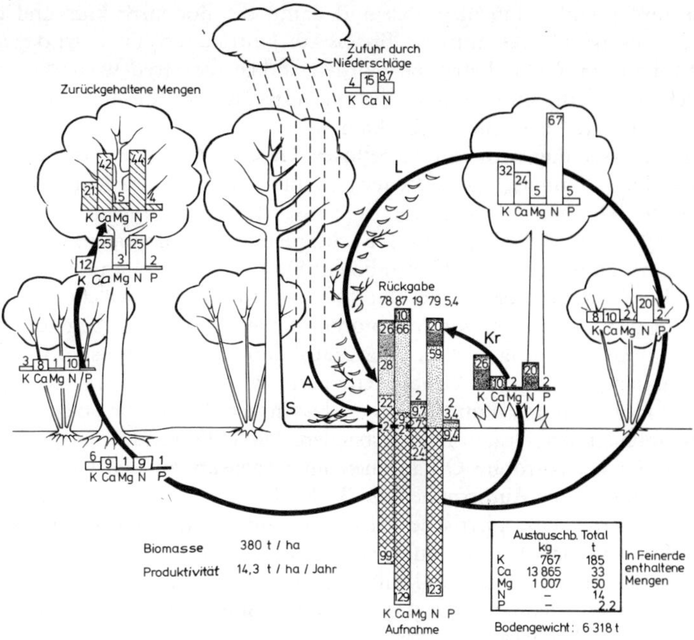

Abb. 37: Jährlicher Kreislauf von K, Ca. Mg, N und P (in kg/ha) in einem Carpinion-Bestand in Belgien. (In der Baumschicht *Quercus robur* und *Fraxinus excelsior* vorherrschend, im Unterwuchs *Corylus avellana* und *Carpinus betulus*.) Als „zurückgehalten" sind diejenigen Mengen bezeichnet, die im jährlichen Holz- und Borkenzuwachs von Wurzeln und Sproßsystem sowie in einjährigen Ästen stecken; Rückgaben erfolgen durch Streu (L), Sprosse der Krautschicht (Kr), Auswaschung aus den Kronen (A) und Stammabfluß (S). (Nach DUVIGNEAUD and DENAEYER-DE SMET 1970.)

sind erheblich; sie liegen im allgemeinen bei 3–6 t Streu/ha. Kommt es bei gehemmter Zersetzung zur Anreicherung von organischer Substanz, so können Rohhumusdecken von mehr als 300 t/ha entstehen. In dieser Größenordnung liegen auch die Humusmengen im Boden. Schwer zersetzliche, weil Wachs- und Lignin-reiche Streu haben die Nadelhölzer und die Ericaceen; sie neigen daher zur Rohhumusbildung. Rasch, bis zum nächsten Frühling, abbaufähig sind dagegen die Blätter von Ulme, Erle, Esche und Robinie; sie sind reich an N und P, was eben eine Voraussetzung für Proteinsynthese und damit für starke Vermehrung von Mikroorganismen ist. Durch Walddüngung kann man fallweise die Größe des umlaufenden Ionenkapitals und damit die Bodenstruktur und den Zuwachs günstig beeinflussen. Bis ins 20. Jahrhundert hinein ist dagegen Raubbau am Walde betrieben worden, indem die Streu wiederholt mit Rechen entfernt und als Stalleinstreu verwendet wurde und schließlich als Dünger der Ackerflur zugute kam.

Die **Zersetzung** wird von **wirbellosen Tieren** in Gang gesetzt; hält man diese durch feinmaschige Netze fern, so macht sie nur unbedeutende Fortschritte. Die wichtigsten, selektiv fressenden Tiergruppen sind dabei Anneliden (Regenwürmer und Enchytraeiden), Diplopoden, Isopoden (Asseln), Dipterenlarven, Collembolen (Springschwänze) und Oribatiden (Milben). Sie vergrößern die Oberfläche der Reststreu, welche nun, zusammen mit dem Kot, von **Mikroorganismen** chemisch aufbereitet wird. Die Durchwurzelung und die Aggregatbildung durch Tiere sind Ursache des üblicherweise hohen Grobporenvolumens von Waldböden.

An Holz, Stümpfen und Stämmen, lassen sich spezifische Sukzessionen der abbauenden Organismen feststellen. Diese **Verbrauchssukzessionen** bewirken heterotrophe Organismen im Gegensatz zu den **Gestaltungssukzessionen** der Autotrophen, z. B. der Entwicklung von Schlagfluren zu Wäldern. Saprophytische Pilze sind zum Teil chemisch so stark spezialisiert, daß sie nur an bestimmten Holzarten gedeihen; *Xylaria hypoxylon,* die häufige Kernkeule, z. B. nur an Buche. Moose und Flechten sprechen mehr auf die physikalischen Substratfaktoren, vor allem Feuchte, an. Auch Tiere können auf bestimmte Stadien dieser Verbrauchssukzessionen beschränkt sein. Ein pilzsoziologisches Beispiel bringt Tab. 16.

Nach Art und Geschwindigkeit der Humusbildung in Landböden lassen sich die 3 Haupttypen **Mull, Moder** und **Rohhumus** erkennen. Welche Humusform entsteht, hängt von der chemischen Zusammensetzung der

Tab. 16. Pilzsukzession an Stubben einer 60–70jährigen Eiche. (Auszug aus einer größeren Zahl von Beobachtungen; aus A. Runge 1969; angegeben ist die Zahl der Fruchtkörper am Aufnahmetermin.) Man erkennt die Abfolge einer Initial-, Optimal- und Finalphase. Der Baum war zu Beginn des Jahres 1964 gefällt worden.

	16.12.64	30.8.65	10.8.66	24.10.67	30.11.68
Stereum hirsutum	23	.	.	.	.
Trametes betulina	1	58	17	1	.
Bjerkandera adusta	6	6	1	.	.
Trametes versicolor	1	13	2	.	.
Panellus stypticus	.	.	.	15	.
Gymnopilus hybridus	.	.	.	2	5
Merulius tremellosus	.	.	.	.	5

Streu, den anorganischen Bodenteilen und dem Bodenklima ab. Diese Faktoren bestimmen die Zusammensetzung des abbauenden Edaphons; nichtbiologische chemische Prozesse kommen hinzu. Rohhumus ist so schwach zersetzt, daß die Herkunft noch erkennbar ist; die Humusstoffe sind keine Bindung an Mineralpartikel eingegangen. Beim Moder ist der strukturelle Abbau stärker, so daß die Herkunft nicht mehr ersichtlich ist; dazwischen liegen lose Mineralpartikel. Im Mull dagegen sind strukturlose Humusstoffe und Tonminerale (s. S. 20) chemisch gebunden; er entsteht bevorzugt bei hoher biologischer Aktivität im Darm von Bodentieren und ist als Ionen- und Wasserspeicher und Bindemittel die günstigste Form. Die Abb. 38 zeigt die Verschiedenheit in der Zusammensetzung der **Mikroorganismenflora** in Korrelation zur Humusform.

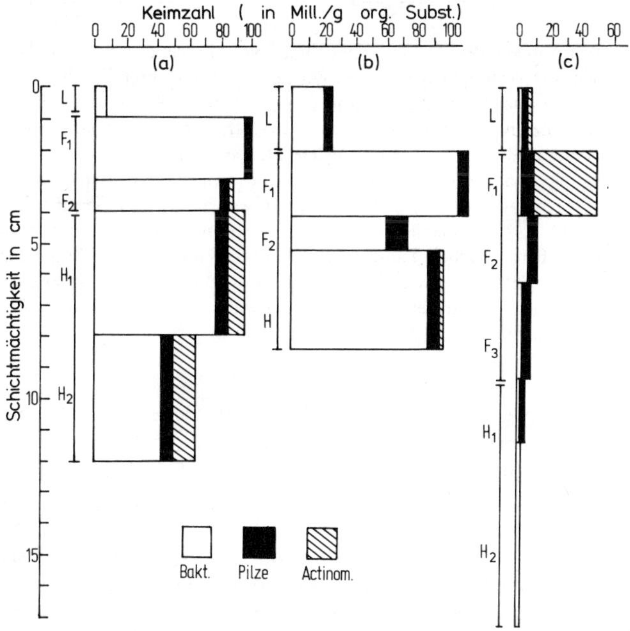

Abb. 38: Gehalt an Pilzen, Actinomyceten und sonstigen Bakterien in Streu- und humosen Schichten von 3 Waldböden; a) Eutrophe Braunerde mit Mull, b) Podsolige Braunerde mit Moder, c) Podsol mit Rohhumus. L = Streuschicht, $F_{1,2,3}$ = Vermoderungsschicht(en), organisches Material in Zersetzung begriffen, $H_{1,2}$ = Humusstoffschicht(en), amorphes organisches Material mit Mineralboden mehr oder weniger vermengt. (Nach MEYER 1959.)

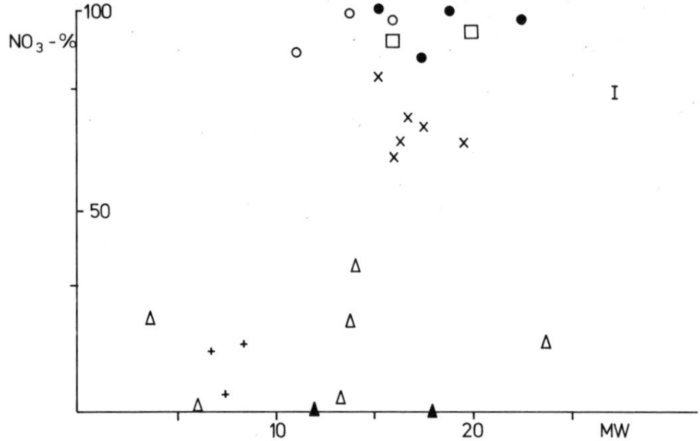

Abb. 39: Kennzahlen des Stickstoffhaushalts verschiedener Waldgesellschaften. Bodenproben aus verschiedenen Tiefen wurden bei konstanter Feuchte und Temperatur bebrütet. Der Nitrifikationsgrad (NO_3-%) nennt den Anteil von Nitrat-N am gesamten, inzwischen mineralisierten Stickstoff; der Mineralisationswert MW ist die berechnete Menge an mineralisiertem Stickstoff, welche unter gleichen Versuchsbedingungen unter einer Bodenoberfläche von 25 cm^2 entstehen müßte. I = Erlenbruchwald, ● = Eichen-Hainbuchenwälder und Traubenkirschen-Eschen-Auwald, □ = Steppenheidewälder, ○ = Strauch-Buchenwälder, × = Perlgras-Buchenwälder, Buchen-Tannenwälder und Hochstauden-Bergmischwald, ▲ = Peitschenmoos-Fichtenwald und Bergkiefern-Moorwald, △ = Hainsimsen-Buchenwälder und Artenarmer Tannen-Buchenwald, + = Hainsimsen-Traubeneichenwälder. (Nach BÜCKING 1972, etwas verändert.)

Untersuchungen der letzten Jahre haben die Bedeutung des Angebots an mineralisiertem Stickstoff (NH_4^+, NO_3^-) für die Differenzierung der Wälder gezeigt (u. a. ZÖTTL 1960, RUNGE 1965, BÜCKING 1972, VON GADOW 1975). Die Abb. 39 belegt eine recht gute Korrelation zwischen den (im Brutversuch erhaltenen!) Mineralisationswerten und den Assoziationen, falls man sowohl Quantität als auch Qualität berücksichtigt. Ammonifikation tritt verstärkt in sauren Böden mit Rohhumus- und Moderbildung auf, Nitrifikation in neutral-basischen Mullböden; eine Korrelation zum Säuregrad des Bodens ist deutlich, aber locker. Kulturversuche mit Waldbodenpflanzen, worüber SCHLENKER (1968) referiert, zeigten, daß manche Azidophyten, „gute Säurezeiger", gar nicht azidophil sind; sie leben vielmehr deshalb auf sauren Böden, weil sie Ammoniumionen oder ein gemischtes Angebot als Stickstoffquelle bevorzugen oder gar verlangen (z. B. *Calluna vulgaris, Vaccinium myrtillus*). Umgekehrt gedeihen „Kalkzeiger“ wie *Helleborus foetidus* und *Mercurialis perennis* nur dann, wenn ihnen Nitrat oder ein gemischtes Ionenangebot zur Verfügung steht; dies aber ist in der Natur bei pH-Werten unter 5 selten der Fall.

Wohlfahrtswirkungen des Waldes

Man versteht darunter günstige Wirkungen des Waldes, die unabhängig von seiner Funktion als Rohstofflieferant, als Vermögensobjekt und als Arbeitsplatz bestehen. Neben der noch kaum erforschten Bedeutung für die Erholung sind es eine Reihe landschaftsökologisch positiver Effekte (hierzu KELLER 1971, MITSCHERLICH 1971/1975). Bei der folgenden kurzen Darstellung ist zu bedenken, daß man bei der Beurteilung des Einzelfalles die Verschiedenartigkeit der Waldgesellschaften berücksichtigen muß.

1. **Der Einfluß von Wald auf den Wasserhaushalt** ist weithin das Kernproblem. Es muß in präzisen Teilfragen behandelt werden.
   a) Erhöht Wald die Niederschläge in leeseitigen Gebieten? Die Antwort ist noch nicht mit Sicherheit zu geben, da waldlose und bewaldete Areale von genügender Größe unter gleichen Randbedingungen kaum zu finden sind. Da die Evapotranspiration von Wald jedoch höher ist als die der meisten anderen Vegetationstypen, ist ein solcher Lee-Effekt immerhin denkbar, wenn sich auch die Niederschlagsbildung im ganzen in der höheren Atmosphäre abspielt.
   b) Erhöht Wald die **Quantität** des Abflusses aus seinem Gebiet? Zahlreiche vergleichende Messungen in vorwiegend bewaldeten bzw. waldfreien Arealen sichern die Antwort: Nein. 15jährige Beobachtungen an 6 geeigneten Ruhrtalsperren z. B. ergaben für niederschlagsreiche Jahre einen um rund 10% geringeren Abfluß aus den Waldgebieten, in trocknen – und das ist entscheidend – waren die Werte jedoch praktisch gleich (Wald noch +1%) (Auswertungen von KIRWALD, zit. nach MITSCHERLICH 1971). Eine Erhöhung des Grundwasserspiegels in Waldgebieten nach Schlag (Abb. 40) sagt dasselbe aus.
   c) Beeinflußt der Wald die Qualität des Abflusses? Daten der seit 1900 laufenden Meßstationen im schweizerischen Emmental und andere Versuche ermöglichen ein klares Ja. Da die Interzeption im Walde hoch ist, da weiter der Boden infolge tiefgehender Wurzeln ein größeres Porenvolumen hat als im Grünland, fließt wenig Wasser oberirdisch und damit rasch und erodierend ab. Der Hauptabfluß vollzieht sich unterirdisch als Grund- oder Sicker-

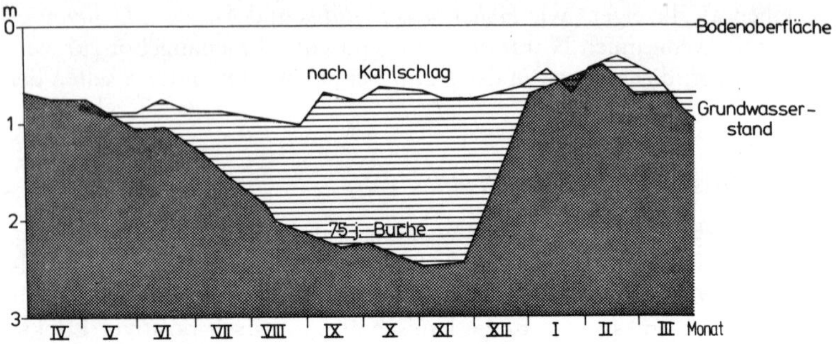

Abb. 40: Gang des Grundwasserspiegels unter einer Versuchsfläche in Dänemark, die zunächst mit Buche bestockt war (Meßjahr 1956/57) und anschließend kahlgeschlagen wurde (Meßjahr 1957/58). Obergrenze der Rasterfläche: Grundwasserganglinie unter Buchenbestockung; Obergrenze der Schraffur: Grundwasserganglinie nach Kahlschlag. Bei der Wertung ist zu berücksichtigen, daß die auf den Kahlschlag folgende Vegetationsperiode sogar trockner war als die des Vorjahres. (Aus MITSCHERLICH 1971 nach HOLSTENER-JØRGENSEN.)

wasser. Der Boden „puffert" daher Niederschlagsspitzen „ab", indem er einen Teil des Wassers speichert und den Rest mit Verzögerung und dazu filtriert und gereinigt abgibt. Die Abb. 41 zeigt, wie die Abflußkurven aus dem bewaldeten Sperbelgraben „gekappt" sind gegenüber denen des zu 70% beweideten Rappengrabens.

2. Die Wirkung des Waldes als **Erosionsschutz** beruht auf dem gleichen Zusammenhang. Zwar verhindert auch eine geschlossene Grasnarbe Bodenerosion in ausreichendem Maße; doch ist es kaum vermeidbar, daß sie an beweideten Steilhängen und neuerdings auch auf stark frequentierten Skipisten verletzt wird. Unter den daraufhin eintretenden verheerenden Folgen haben Menschen aller Kontinente gegenwärtig zu leiden; Island, der Mittelmeerraum, die afrikanischen Gebirge sind Beispiele. Da die Bodenbildung sich dort im Laufe von Jahrtausenden bis Jahrmillionen und unter abweichenden Klimabedingungen abgespielt hat, ist der Vorgang der Bodenzerstörung in absehbarer Zeit und damit praktisch irreversibel.
3. **Windschutz** und
4. **Immissionsschutz** (gegen Lärm, Staub, Aerosole und Gase) haben wir auf S. 265 anläßlich der Heckenwirkung besprochen.
5. Wald wird als Sperriegel gegen **Lawinen** im Hochgebirge eingesetzt. Unter diesen Bedingungen ein einmal entwaldetes Gebirge aufzufor-

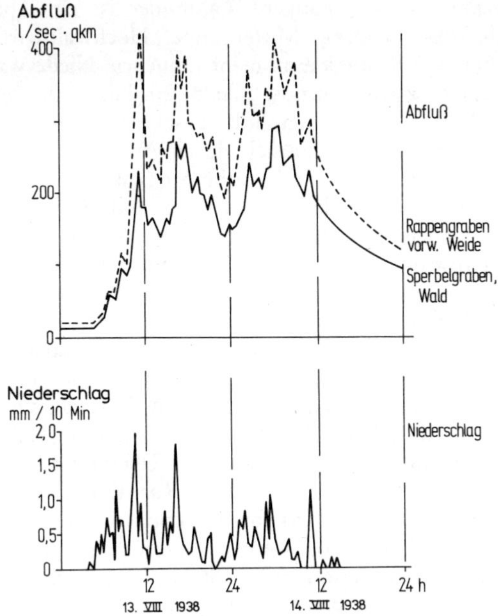

Abb. 41: Abflußmengen bei einem Landregen aus dem bewaldeten Sperbelgraben und dem vorwiegend beweideten Rappengraben (Schweiz). (Aus MITSCHERLICH 1971 nach BURGER.)

sten, setzt genaue ökologische Kenntnis von Standort und Pflanzgut voraus; die Untersuchungen der Forstl. Bundesversuchsanstalt Wien (1967) sind hier besonders instruktiv.

Einflüsse der Bewirtschaftung

Wenn Fichte und Kiefer heute in der BRD mit zusammen fast 70% Holzartenanteil an der Spitze liegen, obwohl sie von Natur aus außerhalb der Gebirgshochlagen auf Sonderstandorte beschränkt wären, so zeigt dies die Intensität der modernen Forstwirtschaft. Forsten, bei Pflanzensoziologen also solche Bestände, die vorwiegend aus standortsfremden Holzarten künstlich erzeugt worden sind, verjüngen sich nicht spontan; ihre unbeeinflußte Sukzession würde zu der ihrem Standort entsprechenden natürlichen Waldgesellschaft führen. (Dabei kann der Boden aber unter Nadelholz bereits verändert sein, so daß die frühere und die zukünftige natürliche Vegetation nicht identisch zu sein brauchen.)

Zum Verständnis der heutigen Waldbilder ist ein Abriß der sog. Betriebsarten, der Nieder-, Mittel- und Hochwaldwirtschaft, notwendig. – Bei der heute kaum mehr üblichen **Niederwaldwirtschaft** werden in kurzfristigem Turnus, alle 5–20 Jahre, die gesamten Gehölze abgeschlagen und zu Brennholz, Faschinen oder Eichen-Lohrinde verarbeitet; der Wald verjüngt sich durch Austrieb der Stümpfe. Nur solche Holzarten, die leicht und häufig Stockausschläge bilden, halten sich: Weide, Hasel, Linde, Erle, auch Eiche und Hainbuche, wenig die Buche, keine Nadelhölzer. (S. ferner S. 307). – Die typische Betriebsart von Bauernwäldern war die **Mittelwaldwirtschaft**, wie sie heute gelegentlich noch in der elsässischen Oberrheinebene zu sehen ist. Dabei bleiben einige Bäume als Überhälter über mehrere Umtriebsperioden hin als Samenbäume, zur Eichelmast oder als Bauholz stehen; das meiste aber wird niederwaldartig abgeschlagen. Lichte Wälder mit reicher Feldschicht waren begehrt und günstig für die Waldweide; sie bildeten sich auf Mittelwaldbasis sehr leicht, denn das Vieh – vor allem Rinder – hielt den Strauchunterwuchs zurück, die Überhälter aber schatteten ohnehin nicht so stark, als daß nicht auch Rasenarten in diesen lockeren Beständen hätten reichlich fortkommen können. – Im heute üblichen **Hochwald** sind alle Bäume sog. Kernwüchse, d. h. aus Sämlingen hervorgegangen. Die Umtriebsperiode pflegt 80–120 Jahre zu betragen. Durch entsprechende Hiebsweise kann für Naturverjüngung aus Samen gesorgt werden, oder es wird nach Kahlschlag aufgeforstet. Auch hier sind also verschiedene Bestandesstrukturen möglich: Gleichaltrige Fichtenforste durch Aufforstung nach Kahlschlag; hallenartige Buchenwälder bei Verjüngung durch Großschirmschlag auf ganzer Fläche; treppenartiger Waldaufbau durch Verjüngung in Streifen; ungleichaltrige und ungleichwüchsige Wälder durch Verjüngung in unregelmäßig verteilten Schirm- oder Löcherhieben (Femelwälder); und schließlich Plenterwälder (aus der sehr schattenfesten Weißtanne mit Buche und Fichte), bei denen Bäume verschiedenen Alters und verschiedener Höhe auf engem Raum miteinander im gleichen, dadurch stufig aufgebauten Bestand wachsen, weil jeweils nur einzelne alte Stämme herausgeschlagen werden und in diesen Lücken junge Kernwüchse nachrücken.

Nach dem Alter und Durchmesser lassen sich als **Waldentwicklungsstufen** oder Lebensphasen unterscheiden:

	Stammdurchm. (in 1,3 m Höhe)
Jungwuchs (locker, aus Pflanzung, Aufschlag oder Anflug) sowie Dickung (geschlossen)	bis 10 cm
Stangenholz	10 – 20 cm
Baumholz	über 20 cm
gering	20 – 35 cm
mittel	35 – 50 cm
stark	über 50 cm

Alle diese Phasen bilden in zeitlicher Abfolge jeweils verschiedenen Begleitpflanzen und Tieren zusagende Standorte.

Systematischer Überblick

Trotz dieser anthropogenen Eingriffe ist die Holzartenzusammensetzung der Wälder immer noch ganz wesentlich das Ergebnis des Wettbewerbs der Baumarten an den verschiedenen Standorten. Ihre floristisch-ökologische Feingliederung machen die mosaikartigen Signaturen der Waldvegetationskarten deutlich (z.B. OBERDORFER und LANG 1957, Ausschnitte in MEISEL-JAHN 1955).

Während im standörtlichen Mittelbereich (bezogen auf mitteleuropäische Verhältnisse) ohne Wettbewerb alle Baumarten gut gedeihen könnten, setzt sich unter synökologischen Bedingungen die Rotbuche durch (s. ELLENBERG 1963). Sie verdankt ihre Konkurrenzkraft raschem Jugendwachstum, großer möglicher Höhe, hohem möglichem Alter und ihrem Charakter als Schattbaumart. So werden die übrigen Baumarten von ihr nur „geduldet", die konkurrenzschwächsten, die ausgesprochen lichtbedürftig sind – wie Waldkiefer und Birken – am stärksten abgedrängt. Wo die Buche aus klimatischen oder edaphischen Gründen versagt, kommen artenreiche Laubmischwälder oder artenarme Spezialistengesellschaften auf. Die standörtlichen Schwerpunkte wichtiger Baumarten geben die Darstellungen von ELLENBERG (1963) und MAYER (1977) wieder (Abb. 42).

Die **Klassen** (abweichende Gliederungsmöglichkeiten s. im Text):
44. Kl.: Alnetea glutinosae, Bruchwälder und -weidengebüsche
45. Kl.: Erico-Pinetea, Schneeheide-Kiefernwälder
46. Kl.: Vaccinio-Piceetea, Fichtenwälder und kontinentale Kiefernwälder
47. Kl.: Quercetea robori-petraeae, Birken-Eichenwälder
48. Kl.: Querco-Fagetea, Artenreiche, eurosibirische Fallaubwälder

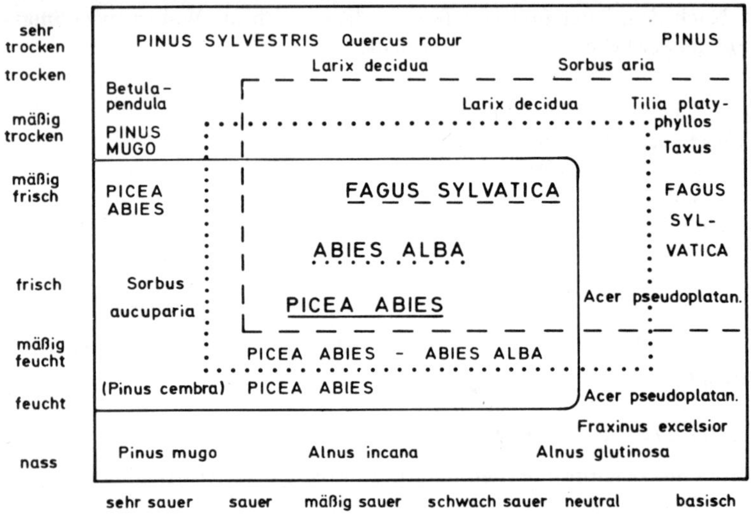

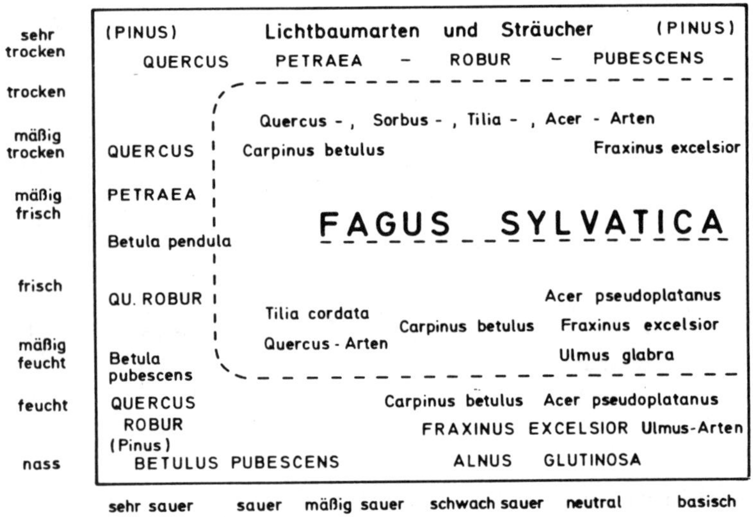

Abb. 42: Wahrscheinliche natürliche Baumartenzusammensetzung der Wälder in der montanen Stufe der nordöstlichen Kalkalpen (oben) und in der submontanen Stufe des westlichen Mitteleuropa (unten) in Abhängigkeit von Wasser- und Nährstoffhaushalt. Die Größe der Schrift versinnbildlicht den Anteil an der Baumschicht. (Aus: MAYER 1977.)

44. Klasse: Alnetea glutinosae, Bruchwälder und -weidengebüsche

Obwohl die Erlenbrücher sommergrüne Laubwälder sind, weichen sie stark von deren Kern, den Querco-Fagetea, ab: nicht Wald-, sondern Sumpfarten stellen die Mehrzahl der Begleiter. Das ist nur bei lockerer Baumschicht möglich. Diese ist fast rein aus Schwarzerle aufgebaut, in ärmeren Ausbildungen sind Moorbirke oder Waldkiefer eingesprengt. Wenn sie auch dominiert, so hat *Alnus glutinosa* doch nicht ihr Optimum in den Bruchwäldern, sondern kommt reichlich und wüchsiger in mehreren Auenwaldgesellschaften vor und ist demgemäß nur eine schwache Kennart. Sie ist indessen neben der Moorbirke der einzige Laubbaum, der auf die Dauer unter diesen speziellen Bruch-Standortsbedingungen gedeiht. Es handelt sich um Geländesenken, die von mäandrierenden Rinnsalen durchzogen werden, deren Böden daher langsam durchsickert werden und eine unterschiedlich mächtige Torfschicht (Bruchwaldfen) besitzen. Dieser Torf stammt jedoch nicht vom Erlenwald selbst, sondern von früherer Niedermoorvegetation; das Alnetum stockt zwar auf Torf, bildet ihn aber nicht (GROSSE-BRAUCKMANN mdl.). Der Grundwasserspiegel schwankt recht wenig, bei den von KLÖTZLI (1969 a) untersuchten Schweizer Standorten sank er kaum unter 10 cm unter Flur. Nach Regen oder Schneeschmelze, also meist im Frühjahr vor Beginn der Vegetationsperiode, können die Bestände überschwemmt werden. Obwohl das Wasser eine wichtige Funktion als Nährstofflieferant hat, ist oberflächliche Abtrocknung des Bodens für die Sauerstoffversorgung der Bruchwälder entscheidend; nur dann auch kann Stickstoffmineralisierung stattfinden, die im Erlenbruch (im Gegensatz zu sauren Kiefern- und Birkenmoorwäldern) bis zum Nitrat führt (KLÖTZLI 1969a, BÜCKING 1972). Die Nährstoffversorgung im Erlenbruch ist daher gut. – Diese speziellen Standortsbedingungen waren von jeher meist nur kleinflächig verwirklicht. Die ausschlagfähigen Erlen wurden im Niederwaldbetrieb genutzt. Daher rühren die oft knorrigen, dicken Stammansätze, die mit Waldbodenmoosen umkleidet sind, während in den nassen Senken dazwischen Röhrichtarten stehen und sogar zur Blüte kommen können.

Die klimatische Spanne des Alnion glutinosae ist groß; es reicht in 2 Assoziationen von Westfrankreich bis nach Rußland hinein. Es ist der Typ einer azonalen Gesellschaft, d. h. sie ist in keiner Klimazone auf „mittleren" Standorten und damit großflächig (zonal) verbreitet; sie bildet folglich auch nirgendwo vom Hauptareal abgesprengte Inseln (ist nirgends extrazonal). Da forstwirtschaftlich heutzutage nutzlos, sind die Erlenbruchwald-Fliesen (s. S. 16) meist entwässert; dabei sind nährstoffreiche, humose, land- wie forstwirtschaftlich günstige Böden entstanden; Arten wie Königsfarn und Kammfarn sind dadurch allerdings zu den heute schutzbedürftigen floristischen Kostbarkeiten geworden.

Das **Salicion cinereae** bildet die **Mantelgesellschaften** der Erlen-Bruchwälder und möglicherweise eine eigene Klasse.

Systematischer Überblick

BS 28

Kl. Alnetea glutinosae, O. Alnetalia glutinosae, Bruchwälder und- weidengebüsche; Ch. Dryopteris cristata, Salix pentandra, Sphagnum squarrosum, Solanum dulcamara	
1.V. Salicion cinereae, Grauweidengebüsche; Ch. Salix aurita Salix cinerea ——— Beispiele 1 - 3	2.V. Alnion glutinosae, Erlenbruchwälder; Ch. Alnus glutinosa (schwach) Thelypteris palustris ——— Beispiele 4 + 5

Einige Assoziationen:

1. **Myricetum gale**, Gagelstrauchbusch des atlantischen Europa; Ch. die namengebende Art.
2. **Frangulo-Salicetum cinereae,** Faulbaum-Grauweidenbusch; Ass.ch. = V.ch. Weit verbreitete Mantelgesellschaft des Erlenbruchwaldes.
3. **Betulo humilis-Salicetum** (**repentis**), Strauchbirkenmoor; Ch. die namengebenden Arten. Nordisch-kontinentale Gesellschaft mit Reliktvorkommen in Kaltluftsenken des Alpenvorlandes.
4. **Carici laevigatae-Alnetum,** Königsfarn-Erlenbruchwald; Ch. *Carex laevigata, Osmunda regalis,* Diff. *Blechnum spicant.* Atlantisch-subatlantische Gesellschaft, die von Westeuropa bis zur Eifel und südlichen Oberrheinebene reicht.
5. **Carici elongatae-Alnetum**, Walzenseggen-Erlenbruchwald; Ch. *Carex elongata, Dryopteris cristata, Ribes nigrum.* Subkontinentaler Erlenbruch, bei weiter Fassung der Assoziation im Osten bis Polen und Rußland reichend.

45. Klasse: Erico-Pinetea, Schneeheide-Kiefernwälder

Der heutige Schwerpunkt und sicher auch das Entstehungszentrum dieser Klasse liegen auf trocknen Karbonatböden in den Alpen; die Gesellschaften können als alpisch und alpigen bezeichnet werden. Die Gattung *Pinus* ist, je nach Gebiet und Standort, durch die Arten *Pinus sylvestris, P. mugo* oder auch (in den Südostalpen) *P. nigra* vertreten. An Spezialstandorten der Fränkischen und Schwäbischen Alb und des Schweizer Jura sind die Erico-Pinetea weniger typisch ausgebildet und nehmen submediterrane und subkontinentale Arten auf. Die Arealtypenspektren der Bestände von den Bayerischen Alpen durch das Vorland hin zur Fränkischen Alb zeigen ein klares Gefälle der Alpenpflanzen, verbunden mit absoluter Zunahme des kontinentalen Geoelementes (SEIBERT 1958). In Franken vollzieht sich dann der Übergang zu den Kiefern-Steppenwaldgesellschaften (Pulsatillo-Pinetalia). Andererseits gibt es in der Nähe der Waldgrenze Gesellschaften, in denen Arten der Fichtenwälder die ökologische Verwandtschaft zu den Vaccinio-Piceetalia anzeigen.

Systematischer Überblick

Kl. Erico-Pinetea, Ordn. Erico-Pinetalia, Verb. Erico-Pinion, Schneeheide-Kiefernwälder; (der möglicherweise hierher zu stellende Verb. Ononido-Pinion in den Zentralalpen bleibe unberücksichtigt;) Ch. Aquilegia atrata, Coronilla vaginalis, Rhamnus saxatilis, Thesium rostratum u. a.

Einige Assoziationen:

1. **Dorycnio-Pinetum sylvestris**, Oberbayerischer Schneeheide-Kiefernwald; Ch. *Erica carnea* (lok.), *Dorycnium germanicum.* Auf Kies der Alpenflüsse in den Nordalpentälern und im Vorland.
2. **Calamagrostio-Pinetum sylvestris**, Pfeifengras-Kiefernwald; Ch. oder Diff. *Calamagrostis varia* (opt.), als Diff. frischebedürftige Arten und Wechselfeuchtezeiger. Sehr lichte Bestände an Mergelsteilhängen der montanen Stufe, die zeitweilig vernässen, dann wieder scharf austrocknen. In den Alpen, im Schweizer Jura und auf der Schwäbischen Alb. In den Mittelgebirgen bieten und boten solche Standorte Refugien für alpische Arten; dem Laserpitio-Calamagrostietum nahestehend (s. S. 190).
3. **Cytiso-Pinetum sylvestris**, Geißklee-Kiefernwald; Ch. *Cytisus supinus, Viola collina,* Diff. *Cytisus nigricans.* An trocknen Kalkfelsstandorten vom Hochrheingebiet über die Schwäbische bis zur Fränkischen Alb.

4. **Erico-Pinetum sylvestris,** Schneeheide-Kiefernwald der Alpen. Zentralassoziation ohne eigene Charakterarten. Weit verbreitet auf trocknen Kalkböden, auch Serpentinit, in der montanen Stufe.
5. **Rhododendro-Mugetum** (= **Erico-Rhododendretum hirsuti**), Schneeheide-Krummholz; Ch. *Daphne striata, Rhododendron hirsutum, Sorbus chamaemespilus.* Latschenkrumm- oder -knieholz bildet oberhalb der Grenze des Stammwaldes in den nördlichen Kalkalpen einen ca. 300 m mächtigen, düstergrünen Gürtel; vielfach ist dieser durch Schlag und Brand zur Weidegewinnung aufgerissen worden, doch lassen sich an unzugänglichen Steilhängen und Felsterrassen noch die ursprünglichen Grenzen erkennen. Auch in den meisten Kalk-Steinrasen dieses Streifens findet man noch Erico-Pinion-Arten als Zeiger der Syngenese eingesprengt. Trotz ihres niederliegend-aufsteigenden Wuchses und der strauchähnlichen, basitonen Verzweigung bildet die Latsche, ökologisch gesehen, noch Wald, wenn man darunter eine Gehölzformation von mindestens der Höhe der mittleren Schneedecke des Gebietes, bei uns also ca. 2 m, versteht (hierzu s. GRADMANN 1931, ELLENBERG 1966, WILMANNS und EBERT 1974). Höhenmäßig korrespondieren der Latschengürtel und seine *Rhododendron hirsutum*-Restgesellschaft sehr klar den Lärchen-Arven-Beständen der Zentralalpen und deren Rodungsgesellschaft, dem Rhododendro-Vaccinietum (s. S. 305). – Unter Latsche häufen sich infolge der schwer zersetzlichen Streu und der schon niedrigen Temperaturen leicht mächtige Humusschichten an, die an der Grenze zum Kalkuntergrund Mull-, oben aber Rohhumus-Charakter aufweisen; sie werden als Tangelhumus bezeichnet (KUBIËNA 1953). Hierdurch können die Wurzelsysteme des Rhododendro-Mugetum schließlich so vom Muttergestein isoliert werden, daß bodensaure Vaccinio-Piceion-Gesellschaften entstehen. – Auf Schuttkegeln und -terrassen in tieferer Lage tritt das Schneeheide-Krummholz als Glied in der Sukzessionsreihe auf. Es löst hier die Pionierrasen ab. Erst auf dem von ihm erzeugten Tangelhumus siedeln sich dann Arten des Piceetum subalpinum als der potentiellen natürlichen Vegetation an.

46. Klasse: Vaccinio-Piceetea, Fichtenwälder und kontinentale Kiefernwälder

In dieser Klasse sind die zonalen Nadelwälder des borealen Gürtels von Europa, Sibirien, Japan und Nordamerika enthalten; ihnen stehen die Fichtenwälder der Alpen nahe. Die bisher mit ihnen vereinten *Vaccinium-*

reichen Zwergstrauchgesellschaften gehören nur zu einem kleinen Teil hierher; die Windheiden sind als eigene Klasse Cetrario-Loiseleurietea bereits besprochen worden. Die Fichtenwälder sind einander physiognomisch recht ähnlich: mit einstufiger Baumschicht, sehr straucharm, mit geschlossener Bodenbedeckung durch Ericaceen-Zwergsträucher, Kräuter oder Moose. Meist stocken sie auf nährstoffarmen Gesteinen. Sie liefern schwer zersetzliche Streu, die sich infolgedessen als Moder oder Rohhumus anzuhäufen pflegt und zur Verarmung der oberen Bodenhorizonte führt, zuweilen bis zur Podsolierung.

Unsicher ist es, ob die hier als Ordnung Pulsatillo-Pinetalia eingefügten Kiefern-Steppenwälder wirklich in diesen syntaxonomischen Verwandtschaftskreis gehören; sie sind erst wenig bearbeitet. (MATUSZKIEWICZ (1962) schließt sie ins Dicrano-Pinion ein. OBERDORFER (1970) hält sie für eine selbständige Klasse.)

Systematischer Überblick

In Nordamerika kommt die vikariierende Ordnung Gaultherio-Piceetalia vor. Weitere Verbände der Vaccinio-Piceetalia: Juniperion nanae, Zwergwachholdergesellschaften der Zentralalpen; Piceion septentrionale, Nordische Fichtenwälder.

Zur **1. Ordnung, Vaccinio-Piceetalia:**

1. Verb. Vaccinio-Piceion, Mitteleuropäische Fichten- und Lärchenwälder:

Der Verband besiedelt im wesentlichen Gebiete mit kühlen Sommern und kalten, schneereichen Wintern. Noch am Kältepol der Nordhalbkugel, bei Oimekon in Sibirien, wachsen Fichtenwälder (WALTER 1960). Neben der Fichte spielen Arve (= Zirbe, *Pinus cembra*) und Lärche (*Larix europaea*) in den Zentralalpen eine Rolle. Die zahlreichen Assoziationen lassen sich übersichtlich gruppieren in: a) Moorwälder, b) Fichtenwälder, c) subalpine Lärchen-Arvenwälder mit verwandten Zwergstrauchgesellschaften.

a) **Moorwälder.** Eine Gruppe korrespondierender Assoziationen mit reichlichem *Vaccinium uliginosum*, die zu den Oxycocco-Sphagnetea (s. S. 242) vermitteln. Sie kommen randlich auf Hochmooren und armen Übergangsmooren vor, soweit diese wasserzügig sind, aber auch auf entwässerten Hochmooren; die Böden sind entsprechend nährstoffarm, die Gesellschaften oligotraphent. Die Assoziationen sind voneinander durch die herrschende Baumart und Trenn- oder lokale Kennarten unterschieden.

Kl. Vaccinio-Piceetea, Fichtenwälder und kontinentale Kiefernwälder;
Ch. Dicranum rugosum (=undulatum), Goodyera repens, Lycopodium annotinum, Pinus sylvestris (schwach), Pyrola secunda, Trientalis europaea, Vaccinium vitis-idaea

1.O. Vaccinio-Piceetalia, Fichtenwälder, subkontinentale und Sand-Kiefernwälder;
Ch. Diphasium complanatum,
Larix europaea,
Linnaea borealis,
Ptilium crista-castrensis,
Pyrola uniflora,
Vaccinium myrtillus

1.V. Vaccinio-Piceion, mitteleuropäische Fichten- und Lärchenwälder;
Ch. Bazzania trilobata,
Barbilophozia lycopodioides,
Huperzia selago,
Listera cordata,
Luzula luzulina,
Melampyrum sylvaticum,
Picea abies,
Plagiothecium undulatum,
Rhytidiadelphus loreus,
Sphagnum girgensohnii
u.a.

2.V. Dicrano-Pinion, subkontinentale Sand-Kiefernwälder;
Ch. Dicranum spurium,
dazu Diff. gegen 1.V.

2.O. Pulsatillo-Pinetalia, borealkontinentale Kiefern-Steppenwälder;
Ch. Carex ericetorum,
Chimaphila umbellata,
Cytisus nigricans,
Pulsatilla patens,
Pyrola chlorantha,
Viola rupestris
u.a.

1. **Vaccinio-Mugetum,** Bergkiefern-Moorwald; mit *Pinus mugo* ssp. *rotundata* in aufrechter oder niederliegender Form (Spirke bzw. Kuschel); in Alpenvorland, Schwarzwald und andern Mittelgebirgen.
2. **Vaccinio-Pinetum sylvestris,** Waldkiefern-Moorwald; in Nord- und Ostdeutschland und Südskandinavien.
3. **Vaccinio-Piceetum,** Fichten-Moorwald; im Harz.
4. **Vaccinio-Betuletum pubescentis,** Birken-Moorwald; in Nordwestdeutschland. (Ob hierher?)

b) **Fichtenwälder.** Sie sind in den Zentralalpen großflächig an frischen Standorten in der montanen und hochmontanen (meist als subalpin bezeichneten) Stufe verbreitet. Auch in den subkontinental getönten Mittelgebirgen Harz, Sudeten und Bayerischem Wald bilden sie ausgedehnte Hochlagenbestände. In den tieferen Lagen und im Schwarzwald, hier an der westlichen Arealgrenze, sind sie auf nebelreiche Kältelöcher beschränkt. TRAUTMANN (1952) arbeitete für den Bayerischen Wald heraus, daß die dortigen Fichtenwälder gemäß der häufigen Temperaturinversionen gerade im Talgrund, den Kaltluftfluß markierend, die Buchen-Bergahornwälder gleichsam unterschneiden; der Temperaturumkehr entspricht hier also eine Vegetationsumkehr, wie man sie besonders eindrucksvoll in Karstdolinen der dinarischen Gebirge findet. – Ähnlich wie die Moorwälder sind die Piceeten zwar lokal gut von anderen Waldgesellschaften geschieden, haben sie aber selten eigene Assoziationscharakterarten.

Angesichts der großen wirtschaftlichen Bedeutung der Fichte und der Fichtenwälder ist es verständlich, daß eine Fülle an Aufnahme-Material vorliegt, welches aber in unzählige lokale Ausbildungen mit einem „Wildwuchs" an Nomenklatur aufgesplittert ist. G. JAHN (1977) hat sich bemüht, Klarheit über die von Fichte beherrschten Waldgesellschaften Europas zu schaffen. Wir geben eine stark vereinfachte regionale Übersicht aus ihrer gesamteuropäischen Stetigkeitstabelle als Blockschema BS 30 wieder. Die Fichtenwälder der einzelnen Gebiete sind ökologisch und nach ihrer geschichtlichen Entwicklung verschieden, aber größtenteils nur durch Trennarten, die ihren Schwerpunkt außerhalb der Klasse haben, floristisch zu kennzeichnen.

Innerhalb der **Gebietsassoziationen** wiederholen sich jeweils **parallele standörtliche Ausbildungen** als Subassoziationen oder Varianten, die von großer praktischer Wichtigkeit sind und daher hier genannt seien.

α) Ausbildung mit *Pinus sylvestris, Vaccinium vitis-idaea,* oft flechtenreich; auf trocknen, podsolierten Böden über armen Gesteinen;

β) Ausbildung mit *Vaccinium myrtillus* und reichen Moosvorkommen; an frischen bis feuchten Standorten, auf podsoligen bis podsolierten

BS 30

Frz.Westalpen Schweizer Alpen Ostalpen	Karpaten	Balkan-Geb.	Schweiz.Jura, Schwarzwald, Sudeten, Thür.W., Bayr.W., Harz	Fennoskandien
Luzula nivea, Rhododendron ferrugineum Diff. Carex alba u.a. aus Kontaktges. und Sukzessionsstadien				
	eigene regionale Diff.z.B. Dentaria glandulosa, Soldanella carpatica			
		eigene reg.Diff. z.B.Aremonia aremonioides		
			Diff.Galium harcynicum	
Goodyera repens, Linnaea borealis, Diff. Hepatica nobilis, Melica nutans, Rubus saxatilis				Goodyera repens, Linnaea borealis, Diff.Hepatica nob. Melica nutans, Rubus saxatilis; viele Arten fehlen!
Diff.Cirsium erisithales, Clematis alpina, Rosa pendulina, Valeriana tripteris, Veronica urticifolia				
Luzula luzulina, Pinus cembra				

Charakter- und Differentialarten (Auswahl) der Fichtenwaldgesellschaften in verschiedenen Gebieten Europas. (Nach JAHN 1977, vereinfacht.)

Böden, meist über armen Gesteinen; reichere durch Rohhumusdecken maskiert;

γ) Ausbildung mit *Sphagnum* div. spec.; auf durchsickerten oder staunassen, podsolierten Böden mit Rohhumus; über armen Gesteinen;

δ) Ausbildung mit niederwüchsigen Kräutern aus den Laubwäldern, z. B. *Melica nutans, Hieracium sylvaticum, Carex digitata*; Moder-bildend auf Braunerden und sogar Rendzinen über reichen Gesteinen, auch Kalk;

ε) Ausbildung mit Hochstauden, z. B. *Adenostyles alliariae* und *Cicerbita alpina*; bei hoher Luftfeuchtigkeit auf frischen, gut durchlüfteten Böden; Moder- oder Mull-bildend auf Braunerde oder Rendzina über reichen Gesteinen.

Schließlich sollen einige Gebietsassoziationen genannt sein:

5. **Bazzanio-Piceetum,** Peitschenmoos-Fichtenwald; in den Nordalpen, im Alpen-Vorland und im Schwarzwald.
6. **Calamagrostio (villosae)-Piceetum** (= **Piceetum hercynicum**), Reitgras-Fichtenwald; in Harz, Sudeten, Fichtelgebirge, Bayer. Wald.
7. **Piceetum montanum** und **Piceetum subalpinum:** Höhenformen der Fichtenwälder der Zentralalpen.
8. **Vaccinio-Abietetum,** Artenarmer Kiefern-Tannen-Mischwald auf primär nährstoffarmen Granit- und Buntsandsteinböden im kontinental getönten Ostschwarzwald und Frankenwald.

c) **Subalpine Lärchen-Arvenwälder und Alpenrosen-Gesellschaften** (Unterverband **Rhododendro-Vaccinion** p.p., vgl. BRAUN-BLANQUET et al. 1954).

9. **Larici-Cembretum** (= **Rhododendro-Vaccinietum cembretosum**), Arven-Alpenrosen-Gesellschaft; Ch. *Larix europaea, Linnaea borealis, Pinus cembra.* In den Zentralalpen können dichte Alpenrosen- und Beerstrauchgestrüppe die Feldschicht unter lockerem Lärchen-Arvenschirm bilden (Deckung der Bäume 20–60%). Dies ist die natürliche, oft nur potentielle Vegetation an der Waldgrenze in den Zentralalpen; sie reicht bis 2400 m Meereshöhe hinauf.
10. **Rhododendro (ferruginei)-Vaccinietum,** Gesellschaft der Rostroten Alpenrose; Ch. *Rhododendron ferrugineum, Lonicera coerulea* (lok.). Meist auf Silikatgestein und hier Rohhumusdecken bildend; vor allem daher in den Zentralalpen. „Maskierten“ Kalkuntergrund zeigt die Subassoziation von *Pinus mugo* an (vgl. S. 300).

2. Verb. Dicrano-Pinion, Sand-Kiefernwälder:

Dieser Verband ist subkontinental verbreitet im Gegensatz zu den kontinentalen Pulsatillo-Pinetalia. An Rasenarten dringen einige subatlantische Säurezeiger ein, nicht aber, wie bei jenen, kontinentale Steppenarten.

11. **Leucobryo-Pinetum**, Sand-Kiefernwald; keine eigenen Charakterarten. In Ostdeutschland bis nach Westpolen weit verbreitet, Exklaven in süddeutschen Sandgebieten. In den einzelnen Gebieten kann man jeweils sehr trockne flechtenreiche Untereinheiten („cladonietosum") von „typischen" und wechselfeuchten („molinietosum") unterscheiden.

Zur **2. Ordnung, Pulsatillo-Pinetalia:**

12. **Pyrolo-Pinetum** (= **Peucedano-Pinetum**), Wintergrün-Kiefernwald; Ch. *Chimaphila umbellata*, als Differentialarten wärmeliebende Arten wie *Peucedanum oreoselinum*. Eine kontinentale Gesellschaft, die nach MATUSZKIEWICZ (1962) von der mittleren Warthe nach Osten bis nach Westrußland, der Ukraine und Litauen vorkommt. Ausklänge leben auf kalkführenden, oberflächlich versauerten Sanden in der kontinental getönten nördlichen Oberrheinebene (PHILIPPI 1970), in Franken (HOHENESTER 1971) und im Maingebiet (ZEIDLER und STRAUB 1967).

47. Klasse: Quercetea robori-petraeae, Birken-Eichenwälder

Ihre Domäne sind die sehr nährstoffarmen Böden auf pleistozänen Sanden, auf exponierten Felsnasen aus Sandstein oder auch aus sauer verwitternden Magmatiten im atlantisch-subatlantischen Teil des temperaten Gürtels. Hier können die beiden Eichenarten die Baumschicht beherrschen; sogar Birken, meist Warzen-, an feuchten Stellen auch Moorbirke, halten sich auf Dauer. In der niederländisch-nordwestdeutsch-jütländischen Geest sind diese Birken-Eichenwälder des Verbandes Quercion robori-petraeae potentielle natürliche Vegetation. Die Klasse als ganzes ist **zonale Vegetation** von der portugiesischen über die französische bis hinaus zur dänischen Küste. Im ostdeutschen Sandgebiet dringt die Kiefer ein, vermitteln die Bestände zum Leucobryo-Pinetum. Wo anspruchsvollere und zugleich stärker schattende Holzarten wie Buche, Hainbuche und Linde und mit ihnen eine Schar von Begleitarten auftreten, werden die Bestände dem ärmsten Flügel des Fagion ähnlich, so in extrazonalen „Inseln" im Mittelgebirge. Die Krautschicht bauen anspruchlos-azidophytische und lichtbedürftige Arten ohne strengen Gesellschaftsanschluß auf, so *Avenella flexuosa, Holcus mollis, Melampyrum pratense, Pteridium aquilinum.* Der Forderung nach Besitz eigener Kennarten genügt die Klasse nicht, falls man nicht auf einige Pilzarten hoffen will. Die in der Literatur genannten, vor allem einige Hieracien und *Teucrium scorodonia,* sind zumeist Saumarten, deren Gesellschaften noch nicht genauer studiert sind. Der Irrtum ist verständlich: Früher wurden die Aufnahmeflächen vielfach nicht so sorgfältig begrenzt, der Blick für Säume war noch nicht geschärft; außerdem dürften manche Bestände tatsächlich devastiert und daher lichter gewesen sein als heute, wo ihre Nutzung nicht mehr lukrativ ist. Entsprechendes läßt sich an Flaumeichenwäldern in der Schweiz beobachten (BURNAND 1976).

Der jahrtausendealte **Wirtschaftseinfluß** erschwert es in vielen Fällen, die genaue ursprüngliche Baumartenzusammensetzung zu rekonstruieren und die potentielle natürliche zu konstruieren: Zunächst waren den Wäldern durch Waldweide und Streunutzung Nährstoffe entzogen worden, die auf silikatarmen Sanden, wo die Nachlieferung gering ist, nicht ersetzt werden konnten. Wo es großflächig zur Heidebildung kam, wurde der Boden podsoliert (s. S. 227). Bei Niederwaldbetrieb wurden die ausschlagfähigen Baumarten gefördert; falls die Buche vorhanden war, gedieh sie ohnehin nicht optimal und wurde durch die kurzfristige Umtriebsperiode vollends zurückgedrängt. SEIBERT (1966) bewies, daß bei Niederwaldwirtschaft selbst aus echten Fagion-Gesellschaften Bestände von Quercion roboris-Charakter werden können; gefördert wird dieser Prozeß, wenn die Schlagfläche zusätzlich noch beweidet wird (Hauberg-, Schiffel-, Reutbergwirtschaft). Demgemäß kann man stellenweise (z. B. im Kaiserstuhl) beobachten, daß in ehemaligen Eichenniederwäldern heutzutage Buchenverjüngung einsetzt, deren weitere Entwicklung natürlich von größtem wissenschaftlichen Interesse ist.

Systematischer Überblick

Die mangelnde floristische Eigenständigkeit, die ökologische Verwandtschaft mit den bodensauren Buchenwäldern, die syndynamische Verknüpfung der Birken-Eichenwälder mit den Artenreichen eurosibirischen Fallaubwäldern läßt es erwägen, die beiden Klassen (47 und 48) zusammenzufassen.

Die einzelnen Assoziationen des Quercion robori-petraeae (oft kurz Quercion roboris genannt) sind floristisch und ökologisch sehr nahe miteinander verwandt und damit syntaxonomisch schlecht geschieden und nur lokal floristisch zu charakterisieren.

1. **Betulo-Quercetum roboris**, Birken-Stieleichenwald. Ohne eigene Charakterarten. Bezeichnende Gesellschaft der nordwestdeutschen altpleistozänen Sande, fast buchenfrei (vgl. die Aufnahmen in TÜXEN 1937). Leicht zu Genisto-Calluneten degradierbar, besonders in der trockneren typischen Subassoziation, während die feuchte (molinietosum) sich zäher hält. Meist in Kiefernforsten vom *Dryopteris carthusiana*-Typ umgewandelt (MEISEL-JAHN 1955).

2. **Violo-Quercetum petraeae** (= **Fago-Quercetum petraeae** zum Teil), Birken-Traubeneichenwald, besser: Buchen-Traubeneichenwald; Ch. *Holcus mollis* (opt.), regionale Diff. *Convallaria majalis, Festuca heterophylla, Oxalis acetosella, Viola riviniana* u. a. Auf kolloid- und damit etwas nährstoffreicheren Sandböden, daher mit merklichem Buchenanteil; über das natürliche Mengenverhältnis der Baumarten ist das letzte Wort noch nicht gesprochen. In Nordwestdeutschland; auch auf Sandterrassen in der Oberrheinebene.
3. **Luzulo-Quercetum patraeae** (= **Quercetum medioeuropaeum**), Hainsimsen-Traubeneichenwald; Ch. (?) *Hieracium praecox ssp., (?) Hieracium umbellatum ssp.*, regionale Diff. *Castanea vesca, Prenanthes purpurea.* Wenn nicht durch Niederwaldbetrieb verändert, mit merklichem Buchenanteil. In der kollin-submontanen Stufe der Mittelgebirge. Die Standorte wurden im mittleren Schwarzwald zum Anbau von **Eichenschälwäldern** geschätzt, weil die Borke hier ungewöhnlich gerbstoffreich wurde.
4. **Pino-Quercetum,** Kiefern-Eichenwald; keine Ass.ch., durch Differentialarten aus den Nadelwaldgesellschaften diagnostizierbar: *Pinus sylvestris* (natürliche Vorkommen), *Vaccinium vitis-idaea* u. a. Weitverbreitete Assoziation im subkontinentalen Raum zwischen Bayerischem Wald, Oberpfalz und Brandenburg, Warthe-Weichselgebiet.

48. Klasse: Querco-Fagetea, Artenreiche, eurosibirische Fallaubwälder

Die Querco-Fagetea bilden die regionale potentielle natürliche Vegetation Mitteleuropas; sie reichen jedoch noch weit darüber hinaus: Im Süden stoßen sie an die schmale küstennahe Hartlaubzone der meridionalen (mediterranen) Tieflagen und kehren in den mediterranen Gebirgen wieder; im Südosten in Rußland schließen Steppen an; im Norden grenzen sie an die boreale Nadelwaldzone. Auch die Iberische Halbinsel außerhalb der extremen Trockengebiete sowie die Britischen Inseln sind Querco-Fagetea-Areal. (Kartographische Darstellungen z. B. bei Glavač et al. 1972, Oberdorfer 1970, Walter und Straka 1970.)

Die 1. Ordnung, **Fagetalia sylvaticae,** die Mesophytischen Laubmischwälder, stellt die zonalen Wälder der temperaten Zone bis nach Mittelrußland, soweit nicht auf nährstoffarmen Sanden an ihrer statt Birken-Eichen- oder Kiefernwälder stocken. Die 2. Ordnung, **Quercetalia pubescentis,** die Wärmebedürftigen Eichenmischwälder = Flaumeichenwälder, vermittelt im schmalen submeridionalen Gürtel zu den meridionalen Steineichenwäldern, den Quercetea ilicis. Das Areal der Flaum-

<u>Kl.Querco-Fagetea, Artenreiche, eurosibirische Fallaubwälder;</u>

<u>Ch.</u> Acer campestre, Anemone nemorosa, Brachypodium sylvaticum, Fraxinus excelsior, Hepatica nobilis, Lonicera xylosteum, Scilla bifolia, Viola reichenbachiana u.a.

<u>1.O.Fagetalia sylvaticae, mesophytische Laubmisch- und Buchenwälder;</u>

<u>Ch.</u> Allium ursinum, Anemone ranunculoides, Arum maculatum, Asarum europaeum, Carex digitata, Dryopteris filix-mas, Epipactis helleborine, Galium odoratum (=Asperula o.), Lamium galeobdolon, Mercurialis perennis, Neottia nidus-avis, Phyteuma spicatum, Polygonatum multiflorum, Pulmonaria obscura, Sanicula europaea u.a.

<u>2.O.Quercetalia pubescentis, Flaumeichenwälder, wärmelieb. Eichenmischw.,</u> in Mitteleuropa nur 1 Verb., <u>Quercion pubescentis;</u>

<u>Ch.</u> Acer monspessulanum, Limodorum abortivum, Lithospermum purpureocoeruleum, Orchis purpurea u.a.

In den dinarischen Gebirgen und den Südostalpen weiter der Verb. <u>Orno-Ostryon</u>, Mannaeschen-Hopfenbuchenwälder; 2 weitere auf dem Balkan

<u>1.V.Alno-Padion, Hartholz-Auenwälder;</u>

<u>Ch.</u> Circaea lutetiana, Festuca gigantea, Matteuccia struthiopteris, Prunus padus u.a.

<u>Diff.</u> Alnus glutinosa, Impatiens noli-tangere, Stachys sylvatica

<u>2.V.Carpinion betuli, Eichen-Hainbuchen-Mischwälder;</u>

<u>Ch.</u> Carpinus betulus, Crataegus calycina, Dactylis polygama, Potentilla sterilis, Prunus avium, Stellaria holostea, Tilia cordata u.a.

<u>3.V.Fagion sylvaticae, Rotbuchenwälder;</u>

<u>Ch.</u> Abies alba, Acer pseudoplatanus, Dentaria bulbifera, Elymus europaeus, Fagus sylvatica (opt.), Festuca altissima, Prenanthes purpurea, Tilia platyphyllos, Ulmus glabra u.a.

eichenwälder umfaßt einen Streifen nördlich und südlich der Pyrenäen, Südfrankreich, den Südalpenrand, einen Großteil des pannonischen Beckens und des Balkans. (Es ist zu prüfen, ob sie nicht eine eigene, eben submeridional-zonale Klasse bilden.) Die 3. Ordnung, **Populetalia albae,** kommt in Mitteleuropa nicht vor; ihre Standorte liegen vielmehr in den submediterran-mediterranen Flußtälern, dort, wo selbst in den niederschlagsarmen Sommermonaten der Boden frisch bleibt; dem entspricht ihr „mitteleuropäischer" Habitus; zu den Baumarten *Populus alba, Fraxinus oxycarpa* (*F. excelsior* nahestehend), *Ulmus minor* tritt allerdings eine uns teilweise fremde Krautschicht, und auch ihre Kontaktgesellschaften, vorweg die oft abgebildeten Oleandergalerien der kiesigen Flußtäler, sind andere.

Die Literatur über die Quero-Fagetea ist schier unübersehbar und nicht nur für den Anfänger verwirrend. Wir verweisen daher, ohne viele andere Arbeiten gering schätzen zu wollen, über die auf S. 269 genannten Übersichten hinaus nur auf zwei neue regionale waldsystematische Monographien für NW- bzw. SO-Deutschland mit umfangreichen Literaturverzeichnissen: JAHN 1972, PETERMANN 1972.

Zur **1. O. Fagetalia sylvaticae,** Mesophytische Laubmischwälder
1. Verb.: Alno-Padion (= Alno-Ulmion), Auenwälder im strengen Sinne, Erlen-Eschen-Auenwälder

Ihnen ist mit den Ufer-Weidenwäldern (s. S. 257) gemeinsam, daß ihr Standort vom Fluß geprägt wird; meist haben sie Grundwasseranschluß und stocken daher oft auf vergleyten Böden; aber auch durchsickerte, quellige Hangstandorte kommen für sie in Frage. Sofern der Grundwasserspiegel tiefer als etwa 4 m liegt und daher auch von der Baumschicht nicht mehr genutzt werden kann, gedeihen sie nur dann, wenn sie in unregelmäßigen Abständen überflutet werden. Obwohl meist nur (noch) kleinflächig und eben an Sonderstandorten entwickelt, zeigen die Gesellschaften eine große Mannigfaltigkeit, denn innerhalb ihres vom Bodenwasserhaushalt begrenzten ökologischen Bereiches sind die Standorte differenziert nach Meereshöhe, geologischem Untergrund im Einzugsgebiet des Flusses, Wasserregime (Überflutungshäufigkeit und -zeit), Körnung des Sedimentes in Abhängigkeit vom Gefälle, Grundwassergang und -tiefe und nicht zuletzt Bewirtschaftung. Hohe Diversität an Auenwäldern findet man noch in der Oberrheinebene, so im geplanten Internationalen Naturschutzgebiet Taubergießen.

Einige Assoziationen:

1. **Stellario-Alnetum glutinosae,** Schwarzerlen-Galeriewald; nur lokal mit Charakterarten; charakteristische Artenkombination aus eutra-

phenten und frischebedürftigen, hochwüchsigen Pflanzen der Wiesen und Hochstaudenfluren, darunter reichlich *Stellaria nemorum*. Es handelt sich um schmale Restbestände längs der Bäche in Silikatgebirgen mit *Alnus glutinosa, Fraxinus excelsior* und *Salix fragilis* in der Baumschicht. Die eigenwilligen Baumgestalten erhöhen wesentlich den Reiz des Landschaftsbildes und müssen schon deshalb geschützt werden; Pappelkulissen sind kein landschaftlich gleichwertiger Ersatz (vgl. auch S. 152.)

2. **Alnetum incanae,** Grauerlen-Aue. Ch. *Aconitum napellus* (ssp.?), *Alnus incana, Thalictrum aquilegifolium*. Auf kalkhaltigen Auerohböden auf Sand oder Schotter in der montanen Stufe der Alpen und des Alpenvorlandes in mehreren Höhenvikarianten (MÜLLER und GÖRS 1968). Durch Anschwemmsel und Beteiligung der Erle mit ihrer Actinomyceten-Symbiose sind die Standorte sehr nährstoff-, insbesondere nitratreich.
3. **Carici (remotae)-Fraxinetum,** Bach-Eschenwald; Ch. *Carex pendula, Carex remota, Carex strigosa, Circaea intermedia, Veronica montana*, Diff. aus den Quellfluren. Wüchsige Bestände mit Esche, Erlen und Bergahorn auf rasch durchsickerten, ganzjährig nassen, quelligen Gleyböden auf den schmalen Sohlen steilwandiger Gebirgstälchen.
4. **Pruno-Fraxinetum,** Traubenkirschen-Eschen-Auwald; Ch. *Prunus padus* (lok.), *Ulmus laevis*. Auf langsam durchsickerten Böden von flachen Schuttkegeln und Terrassen der Tieflagen; standörtlich zu den Bruchwäldern vermittelnd.
5. **Ribo (sylvestris-)-Alnetum glutinosae,** Johannisbeer-Schwarzerlenwald; Ch. *Ribes sylvestris*. An kalkhaltig-quelligen, vertorften Standorten in Nordwestdeutschland.
6. **Querco-Ulmetum minoris** (= **Fraxino-Ulmetum**), Eichen-Ulmen-Auwald, Hartholzaue. Ch. *Lithospermum officinale, Populus alba, Ulmus minor*; in dieser Gesellschaft liegt auch das letzte deutsche Vorkommen der Wilden Rebe, *Vitis sylvestris*, in der nördlichen Oberrheinebene bei Ketsch. Die Hartholzaue bietet hervorragende Standorte für Esche und (eingebrachten) Bergahorn. Die Wälder schließen auf höherem Niveau in den großen Flußauen an das Salicetum albae an. Sie werden noch episodisch überflutet. Für die Erhaltung ist es unabdingbar, daß solche Überschwemmungen mindestens alle 2 bis 3 Jahre, besser aber alljährlich erfolgen; denn es wird dadurch nicht nur das Kapillarsystem und Wasserreservoir des Bodens aufgefüllt; ebenso wesentlich ist die Nährstoffzufuhr durch Flußtrübe. Grundwasser und Überflutungswasser sind insofern nicht gleichwertig. Diesen früheren Wasserhaushalt zu erhalten bzw. wiederherzustellen, wenn auch mit verschmutztem Wasser, ist

eine der schwierigen wasserbaulichen Aufgaben, die sich z. B. beim Ausbau des Oberrheins im Bereich zwischen Breisach und Mannheim ergeben (vgl. HÜGIN 1963).

2. Verb.: Carpinion betuli, Eichen-Hainbuchenwälder

Wie ist es zu verstehen, daß innerhalb des klimatischen Optimalbereichs der so konkurrenzkräftigen Rotbuche dennoch in planarer bis submontaner Lage Laubmischwälder existieren, in denen die Eichen und die Hainbuche dominieren, in denen dazu Winterlinde, Vogelkirsche, Esche und Ahornarten das oft mehrschichtige Kronendach aufbauen, die Rotbuche aber stark zurücktritt oder ganz fehlt? Grundsätzlich sind zwei Ursachenkomplexe für die Entstehung eben dieses Carpinions denkbar: a) Die Geländequalität ist lokal für die Rotbuche ungünstig; b) frühere Wirtschaftsmethoden haben diese Baumart zurückgedrängt. Beide Möglichkeiten sind in der Tat verwirklicht, wie ökologische Schlüsse einerseits, kritische pollenanalytische Untersuchungen andererseits ergeben haben.

Vergleichende Beobachtungen lehren, daß die Rotbuche überschwemmten Standorten fehlt. Einfluß von Grundwasser erträgt sie nur dann, wenn dieses nicht der Oberboden erreicht und dann mindestens die oberen 30 cm dauernd durchlüftet sind; andernfalls wurzelt sie so flach, daß in Trockenperioden schon junge Bäume aus Wassermangel absterben (KLÖTZLI 1968). Sie tritt ferner zurück auf Tonböden, die zeitweise vernässen und dann schlecht durchlüftet sind, anschließend aber wieder scharf austrocknen (s. MÜLLER 1966b). Unter solchen Bedingungen sind Carpineten natürlich. Auf bewegtem Schutt fehlt die Buche ebenfalls (doch gehören die hier gedeihenden Edellaubmischwälder noch zum Fagion).

In andern Fällen aber zeigt eine historische Analyse, daß Eichen-Hainbuchenwälder auch klare Ersatzgesellschaften 1. Grades sein können. Im Prinzip geht es darum, das Spektrum des Polleniederschlags aus einer Zeit, in der bereits das heutige Klima herrschte (Buchenzeit), der menschliche Einfluß aber noch gering war, zu vergleichen mit dem Pollenspektrum nach intensiver Besiedlung des betreffenden Raumes: diese verrät sich ja durch Getreidepollenkörner und andere „Siedlungszeiger". Denn wenn man auch aus den Pollenprozenten in einer Torfschicht nur mit gewissen Kautelen auf die ursprüngliche Vegetation des Gebietes schließen kann, so erlaubt ein eventueller Kontrast zu siedlungsintensiven Zeiten, vor allem aus dem Mittelalter, doch klare Schlüsse. Mit dieser Methode hat TRAUTMANN (1969) gezeigt, daß die Rotbuche im Münsterland in der Nachwärmezeit (ab Hallstattzeit, etwa 800 v. Chr.) zunächst reichlich vorhanden war, dann aber mit der steigenden Siedlungsdichte im Mittelalter zurückgedrängt wurde zugunsten der Eiche. Diese Baumart ist ausschlagfähiger; außerdem war die Rotbuche als Schattbaumart in Wäldern, die der Waldweide dienen sollten, unerwünscht (trotz der Buchelmast). – Daß viele unserer Laubmischwälder also bei ungestörter Sukzession einen merklichen Buchen-Anteil hätten, ist gewiß; wie hoch er sein würde, ist schwer zu prognostizieren, zumal überhöhter Wildbesatz die Buche relativ fördert (FÖRSTER 1977), und wohl fallweise verschieden.

Einige Assoziationen:
Das recht kollektiv gefaßte, subassoziationsreiche Querco-Carpinetum wird (seit OBERDORFER 1957) oft in 2 Assoziationen aufgeteilt:

7. **Stellario-Carpinetum,** Sternmieren-Eichen-Hainbuchenwald; Zentralassoziation (s. S. 141). Es hat einen subatlantischen Verbreitungsschwerpunkt und bevorzugt Böden, die durch Grund- oder Stauwasser zeitweilig im Untergrund vernäßt sind, ohne trocknen, sandigen Böden zu fehlen.
8. **Galio-Carpinetum,** Elsbeeren-Eichen-Hainbuchenwald; Ch. *Galium sylvaticum, Sorbus domestica, Sorbus torminalis* (schwach), Diff. gegen das Stellario-Carpinetum sind Arten warmer, wechseltrockner Böden wie *Carex montana* und *Festuca heterophylla.*
9. **Carici-Tilietum (cordatae),** Seggen-Lindenwald; seltene Assoziation der kollin-submontanen Stufe in föhnbeeinflußten Lagen, z.B. am Isteiner Klotz und im Schussental.

3. Verb.: Fagion sylvaticae, Rotbuchenwälder
Unser Fagion hat seine reichste Entfaltung in der submontanen und montanen Stufe, ohne sonst zu fehlen. Im mediterranen Gürtel gibt es eine Reihe vikariierender Verbände in der nebelreichen Wolkenstufe. Es lassen sich recht klare Unterverbände mit eigenständigem Habitus und gut umrissener Ökologie erkennen, deren Differenziatoren aus der Abb. 43 zu entnehmen sind. Da es sich insgesamt aber um den standörtlichen Mittelbereich handelt, ist die Abgrenzung von Assoziationen vielfach schwierig und noch in starkem Wandel begriffen (man vergleiche etwa OBERDORFER 1957 und 1970). Wir müssen uns daher mehrfach auf eine allgemeine Typenbeschreibung beschränken.

a) **Unterverband Eu-Fagion (= Asperulo-Fagion),** Waldmeister-Buchenwälder: mit optimaler Entfaltung der Rotbuche und vielen Mullbodenarten.

10. **Melico-Fagetum,** Perlgras-Buchenwald; durch *Quercus petraea, Prunus avium, Hedera helix* u. a. dem Carpinion nahestehende Buchenwälder der kollin-submontanen Stufe im subatlantischen Be-

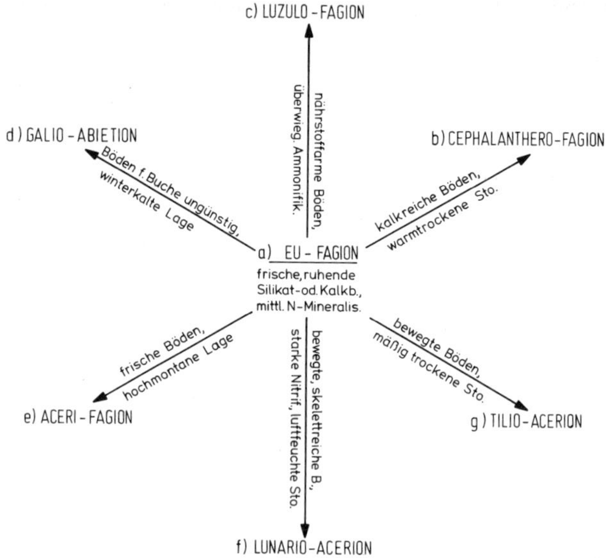

Abb. 43: Synsystematische Übersicht und synökologische Charakteristik der Unterverbände des Fagion sylvaticae.

reich. Wo in kontinental getönten Gebieten *Melica uniflora* fehlt, spricht man vom **Asperulo-Fagetum**, z. B. im östlichen Alpenvorland.

11. **Dentario bulbiferae-Fagetum,** Zwiebelzahnwurz-Buchenwald. Montane Gesellschaft auf Basalt- und Kalkböden der nordwestdeutschen Mittelgebirge.
12. **Lathyro-Fagetum,** Platterbsen-Buchenwald. Submontan-montane Gesellschaft auf Kalkböden z. B. der Schwäbischen und Fränkischen Alb.
13. **Aposerido-Fagetum,** Tannen-Buchenwald der Nordalpen; Ch. *Cardamine trifolia, Lonicera alpigena, Veronica latifolia,* Diff. *Aposeris foetida.*
14. **Abieti-Fagetum,** Buchen-Tannenwald; Ch. *Abies alba* (opt.), *Festuca altissima* (opt.). Artenreiche Mischwälder des Schwarzwaldes und anderer Mittelgebirge, in der montanen Stufe auf Mullböden mit guter Nitrifikation (s. Abb. 39).

b) U.V. Cephalanthero-Fagion: Warme, orchideenreiche Buchenwälder mit *Cephalanthera damasonium* und *C. rubra.*

15. **Carici-Fagetum,** Seggen-Buchenwald, Strauch-Buchenwald. Ein submontaner, artenreicher Laubwald, in welchem der nicht mehr voll

kampfkräftigen Rotbuche Traubeneiche, Mehlbeere, Feldahorn u. a. beigemischt sind; reich an Straucharten, auch an Gräsern und Seggen (Name!). MOOR (1972) zeigte an Hand von über 600 Aufnahmen allein aus dem Schweizer Jura eine standörtliche Variabilität von 15 Subassoziationen auf!

c) **U. V. Luzulo-Fagion:** Bodensaure, nährstoffarme Buchenwälder, die zum Quercion robori-petraeae vermitteln. Die Feldschicht ist lückig; die Moosschicht ist in den zuwachsarmen Beständen dann recht gut entwickelt, wenn das Fallaub vom Winde weggeblasen ist (zur Wirkung des Windes s. GONSCHORREK 1977). Die ausgesprochenen Mullbodenarten wie *Galium odoratum, Mercurialis perennis, Polygonatum multiflorum* fehlen praktisch ganz; für sie ist wahrscheinlich die Nitrifikation zu schwach (s. Abb. 39).

16. **Luzulo-Fagetum,** Hainsimsen-Buchenwald; Ch. *Luzula luzuloides.* (In Norddeutschland fehlt die Hainsimse, daher bezeichnet man die entsprechenden Wälder als **Deschampsio (flexuosae)-Fagetum.**)

d) **U.V. Galio-Abietion:** Von Natur aus nadelholzreiche Gesellschaften mit Tanne, Fichte und geringem Buchenanteil (pollenanalytische Untersuchungen vgl. HAUFF 1960) in Baar und Ostschwarzwald. Diese Gesellschaften nähern sich dem Vaccinio-Piceion.

17. **Pyrolo-Abietetum,** Artenreicher Tannenmischwald; bezeichnend sind *Abies alba, Galium scabrum* und *Lonicera nigra.*

e) **U.V. Aceri-Fagion:** Hochstaudenreiche Bergahorn-Buchenmischwälder in hochmontaner Lage mit Beziehungen zum Adenostylion; mit diesem Verband hat er die feuchtebedürftigen Differentialarten *Adenostyles alliariae, Cicerbita alpina, Senecio nemorensis* u. a. gemeinsam. Die Bäume sind moos- und flechtenreich (s. WILMANNS 1962); sie befinden sich schon an der Existenzgrenze und bilden von Sturm und Schneedruck gezeichnete Formen.

18. **Aceri-Fagetum,** Hochstauden-Bergmischwald. In den Hochlagen der Mittelgebirge und in den Nordalpen ab etwa 1000 m.

f) **U.V. Lunario-Acerion:** Schluchtwälder im pflanzensoziologischen Sinne, in diesem Umfang abgegrenzt von MOOR (1975), entsprechend der folgenden Kollektivassoziation, die von ihm in mehrere Assoziationen aufgeteilt wird. Die Buche fehlt weitgehend, doch gedeihen andere Fagion-Arten wie *Acer pseudoplatanus* und *Polystichum aculeatum (= P. lobatum)* sehr gut.

19. **Aceri-Fraxinetum,** Schluchtwald. An kühlen, luftfeuchten Standorten mit den Edellaubhölzern *Acer pseudoplatanus, Fraxinus*

excelsior, Tilia platyphyllos und *Ulmus scabra.* Die Assoziation zeichnet sich durch die höchste Nitrifikation unter all unseren Wäldern aus; VON GADOW (1975) fand unter vergleichbaren experimentellen Bedingungen für Aceri-Fraxineten bis zu 380 kg/ha/a mineralisierten Stickstoff, für Melico-Fageten 100–200, für Carici-Fageten etwa 30. Für Kalkschutt-reiche, felsige Standorte sind *Lunaria rediviva* und Felsspaltenpflanzen als Differentialarten bezeichnend (**Phylliti-Aceretum**); auf mergelig-tonigen feuchten Böden, tritt *Aruncus dioicus* auf (**Arunco-Aceretum**); etwas trocknere Mullböden bevorzugen die Frühlingsgeophyten *Corydalis cava* und *C. solida, Leucojum vernum* u. ä. Dies sind die „Kleebwälder" der Schwäbischen Alb (**Corydali-Aceretum**) (GRADMANN 1898, WILMANNS 1956).

g) **U.V. Tilio-Acerion:** Es steht den Schluchtwäldern nahe, unterscheidet, sich jedoch lokalklimatisch und dadurch im Wasserhaushalt; der Standort ist wärmer und trockner. Auch hier bauen Edellaubhölzer die Baumschicht auf.

20. **Aceri-Tilietum,** Spitzahorn-Lindenwald. Eine strauchreiche Gesellschaft mit artenreicher Feldschicht (*Viola mirabilis, Centaurea montana, Chrysanthemum corymbosum* sind bezeichnend). Auf schuttreichen, warmen, aber noch luftfeuchten Standorten der montanen Stufe; sehr schön z. B. in der Wutachschlucht (s. in SAUER und SCHNETTER 1971). Interessant ist diese Assoziation auch unter historischem Aspekt: Da die Buche zurücktritt, wenn auch nicht fehlt, dürfte die Baumartenzusammensetzung Ähnlichkeit mit den Eichenmischwäldern der postglazialen Wärmezeit aufweisen und als Modell für die damaligen Wälder dienen können.

Zur **2. O. Quercetalia pubescentis,** Wärmebedürftige Eichenmischwälder, Flaumeichenwälder

Diese submeridional-zonalen Wälder bilden bei uns an trockenheißen, felsigen Standorten, an der Trockengrenze des Waldes überhaupt, extrazonale Inseln, so im südlichen Oberrheintal (Hochrhein, Kaiserstuhl), im Moseltal, im Neckargebiet, auf der Schwäbischen Alb, ohne *Quercus pubescens* selbst auch im Main- und Taubergebiet und in der Frankenalb. Das **Wärmebedürfnis** der Flaumeichenwälder geht aus dem Befund BURNANDS (1976) im Wallis hervor, daß die Flaumeiche mit steigender Meereshöhe sich immer mehr auf die Standorte mit hoher Einstrahlung zurückzieht. In den tieferen Lagen wird ihre Wuchsmöglichkeit dort durch den Bodenwasserhaushalt begrenzt. Die Bestände sind meist von Trockenrasen- und Saumarten durchsetzt (s. Abb. 23) und besitzen in Mitteleuropa nur spärlich eigene Charakterarten.

Es ist kaum denkbar, daß unter rezenten Klima- und Vegetationsverhältnissen solche Wälder durch Einwanderung entstehen könnten, liegen die potentiellen Standorte doch Dutzende von Kilometern voneinander entfernt, zuweilen durch Waldriegel wie den Schwarzwald getrennt. Es muß sich vielmehr um Relikte der postglazialen Wärmezeit handeln, wie wir am Beispiel der Trockenrasen ausgeführt haben (s. S. 182).

Regional sind die Flaumeichenwälder in eigene Assoziationen differenziert. Die verbreitetste ist das

21. **Lithospermo-Quercetum,** Eichen-Elsbeerenwald, Steppenheidewald. Der Charakterbaum, die Flaumeiche, bildet meist nur 5–6 m hohe, krüpplig wirkende Gestalten; dabei vermag die Art durchaus 15 bis 20 m hohe geradschäftige Bäume hervorzubringen; Ursache ist, auch nicht immer der waldgrenznahe Standort; es sind vielmehr oft alte Niederwälder, die jetzt allmählich durchzuwachsen beginnen. Einer der wenigen geschlossenen Bestände in Deutschland wächst auf flachgründigem Löß über vulkanischem Tephrit im Kaiserstuhl; Flaumeiche, z. T. mit Traubeneiche, Feldulme, Feldahorn und Elsbeere bauen die geschlossene Baumschicht auf; die lichtbedürftigen Saumarten sind deutlich auf Ränder und gestörte Stellen beschränkt. Auch auf südexponierten Felsnasen der Schwäbischen Alb kommen noch Lithospermo-Querceten vor, hier reich an montanen Arten; die Flaumeiche selbst dürfte einer eigenen Lokalrasse angehören. Angesichts der Isolation der Bestände ist es recht wahrscheinlich, daß die Art verschiedene Ökotypen gebildet hat, die noch zu studieren sind, auch unter dem Gesichtspunkt der Eignung zur Aufforstung an trocknen Kalkstandorten. Durch seine ökologische Grenzstellung, seinen arealgeographischen Inselcharakter, durch Vegetationsgeschichte, Struktur und Entwicklungspotenz gehört der Eichen-Elsbeerenwald zu unseren wissenschaftlich und landschaftlich wertvollsten Pflanzengesellschaften.

Literaturverzeichnis

Vegetationskundliche Monographien größerer Gebiete sind durch ° gekennzeichnet.

A. Lehrbücher und ähnliche zusammenfassende Darstellungen

BARKMAN, J.J. – 1958 – Phytosociology and Ecology of Cryptogamic Epiphytes. – 628 p., Assen/Holl.

BAUER, L. und WEINITSCHKE, H. – 1973 – Landschaftspflege und Naturschutz. Eine Einführung in ihre Grundlagen und Aufgaben. – 194 S., Jena.

BONNEMANN, A. und RÖHRIG, E. – 1971/72 – Waldbau auf ökologischer Grundlage. – 2 Bd. 4. Aufl. von DENGLER: Waldbau. Hamburg-Berlin.

BRAUN-BLANQUET, J. – 1964 – Pflanzensoziologie. – 3. Aufl. 865 S., Wien-New York.

BUCHWALD, K. und ENGELHARDT, W. (Hsg.) – 1968/69 – Handbuch für Landschaftspflege und Naturschutz. – 4 Bd. München-Basel-Wien.

BUCHWALD, K. und ENGELHARDT, W. (Hsg.) – 1973 – Landschaftspflege und Naturschutz in der Praxis. – 664 S., München-Bern-Wien.

EHLERS, M. – 1960 – Baum und Strauch in der Gestaltung der deutschen Landschaft. – 279 S., Berlin-Hamburg.

EHRENFELD, D.W. – 1970 – Biological Conservation. – 226 S., New York u.a.O.

ELLENBERG, H. – 1950–54 – Landwirtschaftliche Pflanzensoziologie. – 3 Bd. Stuttgart.

°ELLENBERG, H. – 1963 – Vegetation Mitteleuropas mit den Alpen. – 934 S., Stuttgart.

ELLENBERG, H. – 1974 – Zeigerwerte der Gefäßpflanzen Mitteleuropas. – Scripta Geobot. 9, 97 S.

FIRBAS, F. – 1949/52 – Spät- und nacheiszeitliche Waldgeschichte Mitteleuropas nördlich der Alpen. – 2 Bd. Jena.

FRANZ, J.M. und KRIEG, A. – 1976 – Biologische Schädlingsbekämpfung. – 2. Aufl. 222 S., Berlin-Hamburg.

GEIGER, R. – 1961 – Das Klima der bodennahen Luftschicht. – 4. Aufl. 646 S., Braunschweig.

GESSNER, F. – 1957 – Meer und Strand. – 426 S., Berlin.

GESSNER, F. – 1955/59 – Hydrobotanik I und II. – Berlin.

GRADMANN, R. – 1898–1950 – Das Pflanzenleben der Schwäbischen Alb. – 1./4. Aufl. 1. Bd. 470 S., Stuttgart.

HEGI, G. – 1905–1930, ab 1935 – Illustrierte Flora von Mitteleuropa. – 1. Aufl. 13 Bd., 2. Aufl. im Erscheinen, auf 21 Bd. geplant. Berlin-Hamburg.

HEITEFUSS, R. – 1975 – Pflanzenschutz. – 270 S., Stuttgart.

HEJNÝ, S. – 1960 – Ökologische Charakteristik der Wasser- und Sumpfpflanzen in den slowakischen Tiefebenen (Donau- und Theißgebiet). – 490 S., Bratislava.

KLAPP, E. – 1965 – Grünlandvegetation und Standort nach Beispielen aus West-, Mittel- und Süddeutschland. – 384 S., Berlin-Hamburg.

KLAPP, E. – 1971 – Wiesen und Weiden. Eine Grünlandlehre. – 670 S., Berlin-Hamburg.

KLÖTZLI, F. – 1968 – Wald und Umwelt. – Schweiz. Z. Forstwes. *119*, 264–334.

KNAPP, R. – 1967 – Experimentelle Soziologie und gegenseitige Beeinflussung der Pflanzen. – 2. Aufl. 266 S., Stuttgart.

KNAPP, R. – 1971 – Einführung in die Pflanzensoziologie. – 3. Aufl. 338 S., Stuttgart.

KOCH, W. und HURLE, K. – 1978 – Grundlagen der Unkrautbekämpfung. – 207 S., Stuttgart.

KUBIËNA, W.L. – 1953 – Bestimmungsbuch und Systematik der Böden Europas. – 388 S., Stuttgart.

KREEB, K. – 1974 – Ökophysiologie der Pflanzen. – 211 S., Stuttgart.

LARCHER, W. – 1976 – Ökologie der Pflanzen. – 2. Aufl. 320 S., Stuttgart.

LEIBUNDGUT, H. – 1975 – Wirkungen des Waldes auf die Umwelt des Menschen. – 186 S., Zürich-Stuttgart.

LERCH, G. – 1972 – Pflanzenökologie. – 2. Aufl. 195 S., Berlin.

LÖTSCHERT, W. – 1969 – Pflanzen an Grenzstandorten. – 167 S., Stuttgart.

MÄGDEFRAU, K. – 1968 – Paläobiologie der Pflanzen. – 4. Aufl. 549 S., Jena.

MALYUGA, D.P. – 1964 – Biochemical Methods of Prospecting. – 205 S., New York (Übers. a.d. Russ.)

MAYER, H. – 1976 – Gebirgswaldbau, Schutzwaldpflege. – 435 S., Stuttgart.

MAYER, H. – 1977 – Waldbau auf soziologisch- ökologischer Grundlage. – 482 S., Stuttgart.

MENGEL, K. – 1972 – Ernährung und Stoffwechsel der Pflanze. – 4. Aufl. 470 S., Stuttgart.

MEUSEL, H. – 1943 – Vergleichende Arealkunde. – 2 Bd. Berlin.

MEUSEL, H., JÄGER, E. und WEINERT, E. – 1965 – Vergleichende Chorologie der zentraleuropäischen Flora. – Bisher 2 Bd. Jena.

MITSCHERLICH, G. – 1970–75 – Wald, Wachstum und Umwelt. – 3 Bd. Frankfurt/M.

MÜLLER- DOMBOIS, D. and ELLENBERG, H. – 1974 – Aims and methods of vegetation ecology. – 547 p., New York.

°OBERDORFER, E. – 1957 – Süddeutsche Pflanzengesellschaften. – 564 S., Jena.

OBERDORFER, E. – 1970 – Pflanzensoziologische Exkursionsflora für Süddeutschland und die angrenzenden Gebeite. – 3. Aufl. 987 S., Stuttgart.

°OBERDORFER, E. (Hsg.) – 1977 – Süddeutsche Pflanzengesellschaften. – 2. Aufl. Teil I, 331 S., Jena.

OLSCHOWY, G. (Hsg.) – 1978 – Natur- und Umweltschutz in der Bundesrepublik Deutschland. – 926 S., Hamburg-Berlin.

OSCHE, G. – 1977 – Ökologie. – 6. Aufl. 143 S.

OVERBECK, F. – 1975 – Botanisch-geologische Moorkunde unter besonderer Berücksichtigung der Moore Nordwestdeutschlands als Quellen zur Vegetations-, Klima- und Siedlungsgeschichte. – 719 S., Neumünster.

RASBACH, K. und H. und WILMANNS, O. – 1976 – Die Farnpflanzen Zentraleuropas. – 2. Aufl. 304 S., Stuttgart.

REICHELT, G. und WILMANNS, O. – 1973 – Vegetationsgeographie. Praktische Arbeitsweisen. – 212 S., Braunschweig.
REISCH, J. – 1974 – Waldschutz und Umwelt. – 568 S., Berlin-Heidelberg-New York.
RUBNER, K. und REINHOLD, F. – 1953 – Das natürliche Waldbild Europas als Grundlage für einen europäischen Waldbau. – 288 S., Hamburg.
RUTTNER, F. – 1962 – Grundriß der Limnologie. – 3. Aufl. 332 S., Berlin.
SCAMONI, A. – 1963 – Einführung in die praktische Vegetationskunde. – 2. Aufl. 236 S., Jena.
SCHAEDE, R. – 1962 – Die pflanzlichen Symbiosen. – 3. Aufl. 238 S., Stuttgart.
SCHEFFER, F. und SCHACHTSCHABEL, P. – 1976 – Lehrbuch der Bodenkunde. – 9. Aufl. 405 S., Stuttgart.
SCHIECHTL, H. M. – 1958 – Grundlagen der Grünverbauung. – Mitt. Forstl. Vers. anstalt Mariabrunn *55*, 273 S.
SCHIECHTL, H. M. – 1973 – Sicherungsarbeiten im Landschaftsbau. – 244 S., München.
SCHLICHTING, E. und BLUME, H.-P. – 1966 – Bodenkundliches Praktikum. – 209 S., Berlin-Hamburg.
SCHMITHÜSEN, J. – 1968 – Allgemeine Vegetationsgeographie. – 3. Aufl. 463 S., Berlin.
SCHRÖTER, C. – 1926 – Das Pflanzenleben der Alpen. – 2. Aufl. 1288 S., Zürich.
SCHWENKE, W. – 1968 – Zwischen Gift und Hunger. Schädlingsbekämpfung gestern, heute und morgen. – Verständl. Wiss. *96*, 131 S., Berlin-Heidelberg-New York.
SCHWERDTFEGER, F. – 1975 – Ökologie der Tiere. Bd. 3: Synökologie. – 451 S., Hamburg-Berlin.
SCHWOERBEL, J. – 1977 – Einführung in die Limnologie. – 3. Aufl. 191 S., Stuttgart.
SCULTHORPE, C. D. – 1967 – The Biology of Aquatic Vascular Plants. – 610 S., London.
SJÖRS, H. – 1956 – Nordisk växtgeografi. – 229 S., Stockholm.
STEUBING, L. – 1965 – Pflanzenökologisches Praktikum. – 262 S., Berlin-Hamburg.
STRASBURGER, E. et al. – 1971 – Lehrbuch der Botanik für Hochschulen. – 30. Aufl. Neubearb. von v. DENFFER, D. et al. 842 S., Stuttgart.
THIENEMANN, A. – 1956 – Leben und Umwelt. – 153 S., Hamburg.
TISCHLER, W. – 1976 – Einführung in die Ökologie. – 307 S., Stuttgart-New York.
°TÜXEN, R. – 1937/70 – Die Pflanzengesellschaften Nordwestdeutschlands. – 1. Aufl. Mitt. Flor.-soz. Arb. gem. Niedersachsen *3*, 170 S., Reprint in Reihe Historia naturalis classica *85*. Lehre.
°TÜXEN, R. – 1974/78 – Die Pflanzengesellschaften Nordwestdeutschlands. – 2. Aufl. 2 Lief. ersch. Lehre.
WALTER, H. – 1960 – Grundlagen der Pflanzenverbreitung. I. Teil: Standortslehre. – 2. Aufl. 566 S., Stuttgart.
WALTER, H. – 1968/73 – Die Vegetation der Erde. Bd. I: Die tropischen und subtropischen Zonen. – 3. Aufl. 1973, 538 S., – Bd. II: Die gemäßigten und arktischen Zonen. – 1968, 1001 S., Jena.

WALTER, H. und STRAKA, H. – 1970 – Arealkunde. – 2. Aufl. 478 S., Stuttgart.

°WESTHOFF, V. en DEN HELD, A. – 1969 – Plantengemeenschappen in Nederland. – 324 S., Zutphen.

WHITTAKER, R. H. – 1975 – Communities and ecosystems. – 2. ed. 385 p., New York-London.

WINKLER, S. – 1972 – Einführung in die Pflanzenökologie. – 220 S., Stuttgart.

B. Spezialarbeiten

AEHNELT, E. und HAHN, J. – 1969 – Beobachtungen über die Fruchtbarkeit von Besamungsbullen bei unterschiedlicher Grünlandbewirtschaftung. – In: TÜXEN, R. (Hsg.): Experimentelle Pflanzensoziologie (Ber. Symp. Intern. Vereinig. Veget. kd. 1965, Rinteln), 117–137. Den Haag.

ADRIANI, M. J. – 1958 – Halophyten. – In: Hb. Pfl. physiol. *4*, 709–736. Berlin-Göttingen-Heidelberg.

°AICHINGER, E. – 1933 – Vegetationskunde der Karawanken. – 329 S., Jena.

ALBRECHT, J. – 1969 – Soziologische und ökologische Untersuchungen alpiner Rasengesellschaften insbes. an Standorten auf Kalk-Silikat-Gesteinen. – Diss. Bot. *5*, 91 S., Vaduz.

ALETSEE, L. – 1967 – Begriffliche und floristische Grundlagen zu einer pflanzengeographischen Analyse der europäischen Regenwassermoorstandorte. – Beitr. Biol. Pfl. *43*, 117–283.

VAN ANDEL, J. – 1975 – A Study on the Population Dynamics of the Perennial Plant Species Chamaenerion angustifolium (L.) Scop. – Oecologia (Berlin) *19*, 329–337.

ANSCHÜTZ, J. und GESSNER, F. – 1954 – Der Ionenaustausch bei Torfmoosen (Sphagnum). – Flora *141*, 178–236.

ARBEITSGRUPPE AUERWILD – 1974 – Die Entwicklung des Auerwildes in Baden-Württemberg. – Schriftenr. Landesforstverw. B.-Württ. *42*, 51 S.

BACH, R., KUOCH, R. und MOOR, M. – 1962 – Die Nomenklatur der Pflanzengesellschaften. – Mitt. Flor.-soz. Arb. gem. N. F. *9*, 301–308.

BALÁTOVÁ-TULÁČKOVÁ, E. und KRAUSE, W. – 1977 – Der Beitrag der Vegetationskunde zur Regulierung des Wasserhaushaltes im Grünland. – In: Handbook of Vegetation Science *13*, 359–403. The Hague.

BATES, R. P. and HENTGERS, J. F. – 1976 – Aquatic Weeds – Eradicate or Cultivate? – Econ. Bot. *30*, 39–50.

BECK, G. – o. J., nach 1965 – Pflanzen als Mittel zur Lärmbekämpfung. – 95 S., Hannover-Berlin-Sarstedt.

BEEFTINK, W. G. – 1968 – Die Systematik der europäischen Salzpflanzengesellschaften. – In: TÜXEN, R. (Hsg.): Pflanzensoziologische Systematik (Ber. Symp. Intern. Vereinig. Veget. kd. 1964 Stolzenau/W.) 239–263. Den Haag.

BÉGUIN, C., MATTHEY, W. et VAUCHER, C. – 1977 – Faune et sigmassociation. In: TÜXEN, R. (Hsg.): Vegetation und Fauna, (Ber. Symp. Intern. Vereinig. Veget. kd. 1976, Rinteln), 9–24. Vaduz.

BERGER-LANDEFELDT, U. und SUKOPP, H. – 1965 – Zur Synökologie der Sandtrockenrasen, insbesondere der Silbergrasflur. – Verh. Bot. Ver. Prov. Brandenburg *102*, 41–98.

Bittmann, E. – 1965 – Grundlagen und Methoden des biologischen Wasserbaus. – In: Bundesanst. f. Gewässerkunde Koblenz (Hsg.): Der biologische Wasserbau an den Bundeswasserstraßen, 17–78.
Bogenrieder, A. – 1972 – Vergleichende physiologisch-ökologische Untersuchungen an Populationen subalpiner Pflanzen aus Schwarzwald und Alpen. – Diss. Freiburg i. Br. Auch – 1974 – Oecol. Plant. *9*, 131–156.
Bogenrieder, A. und Wilmanns, O. – 1968 – Zur Floristik und Ökologie einiger Pflanzen schneegeprägter Standorte im Naturschutzgebiet Feldberg (Schwarzwald). – Veröff. Landesst. f. Naturschutz und Landschaftspfl. f. B.-Württbg. *36*, 7–26.
Bornkamm, R. – 1958 – Standortsbedingungen und Wasserhaushalt von Trespen-Halbtockenrasen (Mesobromion) im oberen Leinegebiet. – Flora *146*, 23–67.
Bornkamm, R. – 1960 – Die Trespen-Halbtrockenrasen im oberen Leinegebiet. – Mitt. Flor.-soz. Arbg. gem. N. F. *8*,181–208.
Bornkamm, R. – 1961 – Zur Lichtkonkurrenz von Ackerunkräutern. – Flora *151*, 126–143.
Bornkamm, R. – 1963 – Erscheinungen der Konkurrenz zwischen höheren Pflanzen und ihre begriffliche Fassung. – Ber. geob. Inst. ETH Stiftg. Rübel *34*, 83–107.
Botsch, D. – 1970 – Auswirkungen und Ursachen epidemischer Wasserpflanzenausbreitungen. – Naturwiss. Rdschau *23*, 323–324.
Bradshaw, A. D., Mc Neilly, T. S. and Gregory, R. P. G. – 1965 – Industrialisation, evolution and the development of heavy metal tolerance in plants. – Symp. Brit. Ecol. Soc. *5*, 327–343. Oxford/Engl.
Braun, W. – 1970 – Bestimmungsübersicht für die Kalkflachmoore und deren wichtigste Kontaktgesellschaften im Bayerischen Alpenvorland. – Ber. Bayer. Bot. Ges. *42*, 109–138.
°Braun-Blanquet, J. – 1948 – La végétation alpine des Pyrénées orientales – 306 S., Barcelona.
°Braun-Blanquet, J. – 1948 – 50 – Übersicht der Pflanzengesellschaften Rätiens. – Vegetatio *1*, 29–42, 129–146, 285–316; *2*, 20–37, 214–237, 341–360.
°Braun-Blanquet, J. – 1961 – Die inneralpine Trockenvegetation. – 273 S., Stuttgart.
°Braun-Blanquet, J. und Jenny. H. – 1926 – Vegetationsentwicklung und Bodenbildung in der alpinen Stufe der Zentralalpen (Klimaxgebiet des Caricion curvulae). – Denkschr. Schweiz. naturforsch. Ges. *63*, 183–349.
Braun-Blanquet, J., Pallmann, H. und Bach, R. – 1954 – Pflanzensoziologische und bodenkundliche Untersuchungen im schweizerischen Nationalpark und seinen Nachbargebieten II. – Ergebn. wiss. Unters. schweiz. Nationalpark *4*, N. F., 200 S.
Brehm, K. – 1971 – Ein Sphagnum-Bult als Beispiel einer natürlichen Ionenaustauschersäule. – Beitr. Biol. Pfl. *47*, 287–312.
Bresinsky, A. – 1960 – Inhaltsstoffe, Entwicklungsgeschichte und Bau der Elaiosomen in Beziehung zu ihrer Ökologie. – Diss. München.
Bristow, J. M. – 1969 – The effects of carbon dioxide on the growth and development of amphibious plants. – Can. J. Bot. *47*, 1803–1807.

Bristow, J. M. and Whitcombe, M. – 1971 – The role of roots in the nutrition of aquatic vascular plants. – Am J. Bot. *58*, 8–13.

Buchwald, K. – 1954 – Wasserhaushaltsstufen und-zonen des Wassermangelgebietes Unteres Illertal. – In: Angew. Pfl. *8*, 37–55. Stolzenau/W.

Buchwald, K. – 1968 – Landschaftsökologische Forschung als Grundlage und Voraussetzung der Landschaftsplanung. – In: Tüxen, R. (Hsg.): Pflanzensoziologie und Landschaftsökologie (Ber. Symp. Intern. Vereinig. Veget. kd. 1963, Stolzenau/W.), 359–380. Den Haag.

Bücking, W. – 1972 – Zur Stickstoffversorgung von süddeutschen Waldgesellschaften. – Flora *161*, 383–400.

Bundesanstalt f. Vegetationskartierung – 1957 – Vegetationskarten deutscher Flußtäler: Mittlere Elbe oberhalb Damnatz; 1:5000. Stolzenau/W.

Bundesanstalt f. Vegetationskartierung – 1961 – Vegetationskarten deutscher Flußtäler: Mittlere Weser bei Stolzenau; 1:10000. Stolzenau/W.

Burger, H. – 1951 – Waldklimafragen. IV. – Mitt. Schweiz. Anst. Forstl. Versuchswes. *27*, 19–75.

Burnand, J. – 1976 – Quercus pubescens-Wälder und ihre ökologischen Grenzen im Wallis (Zentralschweiz). – Veröff. Geobot. Inst. ETH Stiftg. Rübel Zürich *59*, 138 S.

Burrichter, E. – 1960 – Die Therophytenvegetation an nordrhein-westfälischen Talsperren im Trockenjahr 1959. – Ber. Dt. Bot. Ges. *73*, 24–37.

Buttery, B. R. and Lambert, J. M. – 1965 – Competition between Glyceria maxima and Phragmites communis in the region of Surlingham Broad. I. The competition mechanism. – J. Ecol. *53*, 163–181.

Carbiener, R. – 1969 – Subalpine Hochgrasprärien im herzynischen Gebirgsraum Europas, mit besonderer Berücksichtigung der Vogesen und des Massif Central. – Mitt. Flor.-soz. Arb. gem. N. F. *14*, 322–345.

Casparie, W. A. – 1969 – Bult- und Schlenkenbildung in Hochmoortorf (Zur Frage des Moorwachstums-Mechanismus). – Vegetatio *19*, 146–180.

Clymo, R. S. – 1963 – Ion exchange in Sphagnum and its relation to bog ecology. – Ann. Bot. *27*, 309–324.

Convay, V. M. – 1937 – Studies in the autecology of Cladium mariscus R. BR. III. – New Phytol. *36*, 64–96.

Crawford, R. M. M. – 1972 – Physiologische Ökologie: Ein Vergleich der Anpassung von Pflanzen und Tieren an sauerstoffarme Umgebung. – Flora *161*, 209–223.

Crawford, R. M. M. and Tyler, P. D. – 1969 – Organic acid metabolism in relation to flooding tolerance in roots. – J. Ecol. *57*, 235–244.

°Dahl, E. – 1956 – Rondane: mountain vegetation in south Norway and its relation to the environment. – 374 S., Oslo.

Daubenmire, R. – 1968 – Ecology of Fire in Graslands. – Adv. Ecol. Research *5*, 209–266.

Davison, A. W. – 1971 – The Ecology of Hordeum murinum L. – J. Ecol. *59*, 493–506.

Dersch, G. – 1969 – Über das Vorkommen von diploidem Wiesenschaumkraut (Cardamine pratensis L.) in Mitteleuropa. – Ber. Dt. Bot. Ges. *82*, 201–207.

DIEREN, J. W. VAN – 1934 – Organogene Dünenbildung. – 304 S., Den Haag.
DIERSCHKE, H. – 1974 – Saumgesellschaften im Vegetations- und Standortsgefälle an Waldrändern. – Scripta Geobot. *6*, 246 S.
DIERSCHKE, H., HÜLBUSCH, K.-H. und TÜXEN, R. – 1973– Eschen-Erlen-Quellwälder am Südwestrand der Bückeberge bei Bad Eilsen, zugleich ein Beitrag zur örtlichen pflanzensoziologischen Arbeitsweise. – Mitt. Flor.-soz. Arb. gem. N. F. *15/16*, 153–164.
°DIERSSEN, K. – 1972 – Die Vegetation des Gildehauser Venns (Kreis Grafschaft Bentheim). – Diss. Hannover 1972.
DIERSSEN, K. – 1975 – Littorelletea uniflorae Br.-Bl. et Tx. In: TÜXEN, R. (Hsg.): Prodromus der europäischen Pflanzengesellschaften. 149 S., Vaduz.
DU RIETZ, G. E. – 1954 – Die Mineralbodenwasserzeigergrenze als Grundlage einer natürlichen Zweigliederung der nord- und mitteleuropäischen Moore. – Vegetatio *5/6*, 571–585.
DUTHWEILER, H. – 1967 – Lebendbau an instabilen Böschungen. – Forsch. arb. a. d. Straßenbauwesen N. F. *70*, 104 S.
DUVIGNEAUD, P. and DENAEYER– DE SMET, S. – 1970 – Biological Cycling of Minerals in Temperate Deciduous Forests. – In: REICHLE, E. (Edit.): Analysis of Temperate Forest Ecosystems (Ecol. Studies 1), 199–225. Berlin-Heidelberg-New York.
EBER, W. – 1972 – Über das Lichtklima von Wäldern bei Göttingen und seinen Einfluß auf die Bodenvegetation. – Scripta Geobot. *3*, 150 S.
EBERLE, G. – 1971 – Alpenpflanzen, die im Regenschutz wachsen. – Jahrb. d. Ver. z. Schutze d. Alpenpfl. und -Tiere *36*, 60–73.
EDWARDS, C. A. – 1965 – Effects of pesticide residues on soil invertebrates and plants. – Symp. Brit. Ecol. Soc. *5*, 239–261.
EGER, G. – 1958 – Beiträge zur Kenntnis des Mikroklimas der Mähwiesen und der osmotischen Werte einiger Wiesenpflanzen. – Z. Acker- und Pflanzenbau *106*, 337–358.
EIBERLE, K. – 1976 – Zur Analyse eines Auerwildbiotops im Schweizerischen Mittelland. – Forstwiss. Centralbl. *95*, 108–124.
EICHHORN, O. – 1970 – Integrierte Schädlingsbekämpfung im Forst. – Forst- und Holzwirt *25*, 409–418.
ELLENBERG, H. – 1952 – Auswirkungen der Grundwassersenkung auf die Wiesengesellschaften am Seitenkanal westlich Braunschweig. – Angew. Pfl. soz. *6*, 46 S., Stolzenau/W.
ELLENBERG, H. – 1953 – Physiologisches und ökologisches Verhalten der selben Pflanzenarten. – Ber. Dt. Bot. Ges. *65*, 350–361.
ELLENBERG, H. – 1954 – Steppenheide und Waldweide. – Erdk. *8*, 188–194.
ELLENBERG, H. – 1966 – Leben und Kampf an den Baumgrenzen der Erde. – Naturwiss. Rundsch. *19*, 133–139.
ELLENBERG, H. (Edit.) – 1971 – Integrated Experimentel Ecology. – Ecol. Studies *2*, 213 S., Berlin-Heidelberg-New York.
ELLENBERG, H. und KLÖTZLI, F. – 1965/66 – Vegetation und Bewirtschaftung des Vogelreservats Neeracher Riet. – Ber. geobot. Inst. ETH Stiftg. Rübel *37*, 88–103.

ELLENBERG, H. und KLÖTZLI, F. – 1972 – Waldgesellschaften und Waldstandorte der Schweiz. – Mitt. Schweiz. Anst. Forstl. Versuchswes. *48*, 587–930.

ELLENBERG, H. und SNOY, M. – 1957 – Physiologisches und ökologisches Verhalten von Ackerunkräutern gegenüber der Bodenfeuchtigkeit. – Mitt. Staatsinst. allg. Bot. Hamburg *11*, 47–87.

ELSTER, H.-J. – 1962 – Seetypen, Fließgewässertypen und Saprobiensystem. – Intern. Rev. ges. Hydrobiol. *47*, 211–218.

ERNST, W. – 1969 – Beitrag zur Kenntnis der Ökologie europäischer Spülsaumgesellschaften. I. – Mitt. Flor.-soz. Arb. gem. N. F. *14*, 86–94.

ERNST, W. – 1974 – Schwermetallvegetation der Erde. – 194 S., Stuttgart.

FIRBAS, F. – 1931 – Untersuchungen über den Wasserhaushalt der Hochmoorpflanzen. – Jb. wiss. Bot. *74*, 457–696, 1931.

FLEMMING, G. – 1964 – Das Klima an Waldbestandsrändern. – Abh. Meterol. und Hydrol. Dienst DDR *71*, 76 S.

FÖRSTER, M. – 1977 – Die Beeinflussung von Vegetationsstrukturen durch Wildbestände, dargestellt an Beispielen aus dem Staatl. Forstamt Saupark (Niedersachsen). – In: Tüxen, R. (Hsg.): Vegetation und Fauna (Ber. Symp. Intern. Vereinig. Veget. kd. 1976, Rinteln), 541–551. Vaduz.

FORSBERG, C. – 1965 a – Environmental conditions of Swedish Charophytes. – Symb. Bot. Upsal. *18*, 1–67.

FORSBERG, C. – 1965 b – Nutritional Studies of Chara in Axenic Cultures. – Physiol. Plant. *18*, 275–290.

FORSTL. BUNDESVERSUCHSANSTALT WIEN (Hsg.) – 1967 – Ökologie der alpinen Waldgrenze. – Mitt. Forstl. B.-vers.-anst. Wien *75*, 492 S.

FRANKLIN, R. T. – 1970 – Insect Influences on the Forest Canopy. – In: REICHLE, D. (Edit.): Analysis of Temperate Forest Ecosystems (Ecol. Studies *1*,), 86–99. Berlin-Heidelberg-New York.

FRIEDRICHS, K. – 1966 – Ist das Ganze des Lebens im Agrarbiotop eine Lebensgemeinschaft? – In: TÜXEN, R. (Hsg.): Anthropogene Vegetation (Ber. Symp. Intern. Vereinig. Veget. kd. 1960, Stolzenau/W.), 51–59. Den Haag.

FRITZ, W. – 1977 – Subfossile pflanzliche Großreste aus dem hallstattzeitlichen Fürstengrabhügel „Magdalenenberg" bei Villingen – ein Beitrag zur Vegetations- und Siedlungsgeschichte. – Diss. Univ. Freiburg i. Br. Im Druck.

FUNKE, W. – 1973 – Die Rolle der Tiere in Wald-Ökosystemen des Solling. – In: ELLENBERG, H. (Hsg.): Ökosystemforschung, 143–164. Berlin.

VON GADOW, A. – 1975 – Ökologische Untersuchungen in Ahorn-Eschenwäldern. – Diss. Univ. Göttingen.

GATES, D. M. – 1968 – Toward understanding ecosystems – Adv. Ecol. Reasearch *5*, 1 35.

GÉHU, J.-M. et GÉHU-FRANCK, J. – 1960/61 – L'évolution du sol et de la végétation après incendie, dans une lande bretonne. – Laborat. Marit. de Dinard *46*, 42–77.

GÉHU, J.-M. et J. – 1969 – Les associations végétales des dunes mobiles et des bordures de plages de la côte atlantique française. – Vegetatio *18*, 122–166.

GEISLER, P. – 1976 – Zur Vegetation alpiner Fließgewässer. – Beitr. Kryptog. flora d. Schweiz *14*, 52 S., + Tab.

GESSNER, F. – 1957 – Die Binnengewässer. – In: Hb. Pflanzenphys. *4,* 179–232. Berlin-Göttingen-Heidelberg.

GIES, T. und LÖTSCHERT, W. – 1973 – Untersuchungen über den Kationengehalt im Hochmoor. II. Jahreszeitliche Veränderungen und Einfluß der Sphagnen-Vegetation. – Flora *162,* 244–268.

GILLNER, V. – 1960 – Vegetations- und Standortsuntersuchungen in den Strandwiesen der schwedischen Westküste. – Acta phytogeogr. suec. *43,* 198 S.

GIMINGHAM, C. H. – 1970 – Calluna heathlands: use and conservation in the light of some ecological effects of management. – In: DUFFEY, E. and WATT, A. S. (Edit.): Scient. Managment of Animal and Plant Communities for Conservation, 91–104. Oxford-London-Edinburgh.

GIMINGHAM, C. H. – 1972 – Ecology of Heathlands. – 266 p. London.

GLUCH, W. – 1977 – Ökosystem, Biogeozönose, Geosystem – Versuch einer Begriffsklärung. – Arch. Naturschutz u. Landsch. forsch. *17,* 169–180.

GÖRS, S. – 1975 – Das Cladietum marisci All. 1922 in Süddeutschland. – Beitr. naturk. Forsch. Südw. Deutschl. *34,* 103–123.

GONSCHORREK, J. – 1977 – Aushagerungs-Erscheinungen im Luzulo-Fagetum des Wesergebirges. – In: TÜXEN, R. (Hsg.): Vegetation und Klima (Ber. Symp. Intern. Vereinig. Veget. kd. 1975, Rinteln), 117–126. Vaduz.

GRÄF, N. – 1969 – Verbreitung und Bedeutung der wichtigsten Unkräuter in den Hauptweinbaugebieten der Bundesrepublik Deutschland. – Diss. Hohenheim.

GROSSE-BRAUCKMANN, G. – 1953 – Untersuchungen über die Ökologie, besonders den Wasserhaushalt von Ruderalgesellschaften. – Vegetatio 4, 245–283.

GROSSE- BRAUCKMANN, G. – 1968 – Einige Ergebnisse einer vegetationskundlichen Auswertung botanischer Torfuntersuchungen, besonders im Hinblick auf Sukzessionsfragen. – Acta bot. Neerl. *17, 59–69.*

GROSSE- BRAUCKMANN, G. und DIERSSEN, K. – 1973 – Zur historischen und aktuellen Vegetation im Poggenpohlsmoor bei Dötlingen (Oldenburg). – Mitt. Flor.-soz. Arb. gem. N. F. *15/16,* 109–145.

GRUBB, P. J., GREEN, H. E. and MERRIFIELD, R. C. J. – 1969 – The ecology of chalk heath: its relevance to the calcicole-calcifuge and soil acidification problems. – J. Ecol. *57,* 175–212.

GYÖRFI, J. – 1952 – Die Schlupfwespen und der Unterwuchs des Waldes. – Z. ang. Entom. *33,* 32–47.

HAEUPLER, H. – 1970 – Vorschläge zur Abgrenzung der Vegetation im Rahmen der Mitteleuropakartierung. – Gött. Flor. Rundb. *4,* 3–15.

HARD, G. – 1964 – Kalktriften zwischen Westrich und Metzer Land. – Ann. Univ. Saraviensis. R.: Philos. Fakultät *2,* 1–176.

HARTMANN, F. K. und JAHN, G. – 1967 – Waldgesellschaften des mitteleuropäischen Gebirgsraumes nördlich der Alpen. – 2 Bd. 636 S., und Tab.band. Stuttgart.

DEN HARTOG, C. – 1970 – The sea-grasses of the world. – Koninkl. Nederl. Akad. Wetensch. R. 2, *59,* 275 S.

DEN HARTOG, C. and SEGAL, S. – 1964 – A new classification of the water-plant communities. – Acta bot. Neerl. *13,* 367–393.

HASSAN, E. – 1967 – Untersuchungen über die Bedeutung der Kraut- und Strauchschicht als Nahrungsquelle für Imagines entomophager Hymenopteren.– Z. ang. Entom. *60,* 238–265.

HAUFF, R. – 1960 – Die buchenzeitlichen Pollenprofile aus Nord- und Südwürttemberg. – Mitt. Ver. Forstl. Standortsk. und Forstpfl. zücht. *9,* 26–30.

HELLER, H. – 1969 – Lebensbedingungen und Abfolge der Flußauenvegetation in der Schweiz. – Mitt. Schweiz. Anst. Forstl. Versuchswes. *45,* 124 S.

HILBIG, W., MAHN, E.-G. und MÜLLER, G. – 1969 – Zur Verbreitung von Ackerunkräutern im südlichen Teil der DDR. – Wiss. Z. Univ. Halle, math.-nat. R. *18,* 211–270.

HÖLZER, A. – 1977 – Vegetationskundliche und ökologische Untersuchungen im Blindensee-Moor bei Schonach (Mittlerer Schwarzwald) unter besonderer Berücksichtigung des Kationengehaltes. – Diss. Bot. *36,* 195 S.

HOHENESTER, A. – 1960 – Grasheiden und Föhrenwälder auf Diluvial- und Dolomitsanden. – Ber. Bayer. Bot. Ges. *33,* 30–85.

HOLM, L. G., WELDON, L. W. and BLACKBURN, R. D. – 1969 – Aquatic Weeds. – Science *166, 699–709.*

HOLTMEIER, F.-K. – 1974 – Geoökologische Beobachtungen und Studien an der subarktischen und alpinen Waldgrenze in vergleichender Sicht. – Erdwissensch. Forschung VIII, 130 S., Wiesbaden.

°HORVAT, I., GLAVAČ, V. und ELLENBERG, H. – 1974 – Vegetation Südosteuropas. – 768 S., Stuttgart.

°HÜGIN, G. – 1962 – Wesen und Wandlung der Landschaft am Oberrhein. – Beitr. z. Landespflege *1,* 186–250. (Auch im Selbstverlag).

JAHN, G. – 1972 – Forstliche Wuchsraumgliederung und waldbauliche Rahmenplanung in der Nordeifel auf vegetationskundlich-standörtlicher Grundlage. – Diss. Bot. *16,* 288 S.

JAHN, G. – 1977 – Die Fichtenwaldgesellschaften in Europa. – In: SCHMIDT-VOGT, H.: Die Fichte, Bd. I, 468–560. Hamburg-Berlin.

JALAS, J. – 1955 – Hemerobe und hemerochore Pflanzenarten. Ein terminologischer Reformversuch. – Acta Soc. pro Fauna et Flora Fenn. *72,* 1–15.

JANIESCH, P. – 1973 – Ökophysiologische Untersuchungen an Umbelliferen nitrophiler Säume. – Oecol. Plant. *8,* 335–352.

JENNY-LIPS, H. – 1930 – Vegetationsbedingungen von Pflanzengesellschaften auf Felsschutt. – Beih. Bot. Cbl. B *46,* 119–297.

JENSEN, U. – 1961 – Die Vegetation des Sonnenberger Moores im Oberharz und ihre ökologischen Bedingungen. – Naturschutz u. Landschaftspfl. in Niedersachsen *1,* 73 S.

KAPPEN, L. und LANGE, O. L. – 1972 – Die Kälteresistenz einiger Makrolichenen. – Flora *161,* 1–29.

KEIL, W., ROSSBACH, R. und STEINMETZ, H. J. – 1967 – Untersuchungen zum biologischen Potential von Schutzpflanzungen. – Luscinia *40,* 31–44.

KELLER, T. – 1971 – Die Bedeutung des Waldes für den Umweltschutz. – Schweiz. Z. Forstwes. *122,* 600–615.

KLÖTZLI, F. – 1965 – Qualität und Quantität der Rehäsung in Wald- und Grünlandgesellschaften des nördlichen Schweizer Mittellandes. – Veröff. geobot. Inst. ETH Stiftg. Rübel *38,* 1–186.

KLÖTZLI, F. – 1968 – Über die soziologische und ökologische Abgrenzung Schweizerischer Carpinion- von den Fagion-Wäldern. – Feddes Repert. *78,* 15–37.
KLÖTZLI, F. – 1969 – Zur Ökologie nordschweizerischer Bruchwälder. – Ber. geobot. Inst. ETH Stiftg. Rübel *39,* 56–123.
KLÖTZLI, F. – 1973 – Über Belastbarkeit und Produktion in Schilfröhrichten. – Verhdl. Ges. f. Ökol. Saarbrücken, 234–247. Den Haag.
KLÖTZLI, F. und GRÜNIG, A. – 1976 – Seeufervegetation als Bioindikator. – Daten und Dokumente z. Umweltschutz *19,* 109–131. Hohenheim.
KLOSE, H. – 1963 – Zur Limnologie von Lemna-Gewässern. – Wiss. Ztschr. Univ. Leipzig *12,* Math.-Nat. R., 233–259.
KLUGE, M. – 1971 – Der CO_2-Austausch der Sukkulenten: Biochemische Grundlagen einer ökologischen Anpassung. – Ber. Dt. Bot. Ges. *84,* 417–424.
KÖNIG, D. – 1948 – Spartina townsendii an der Westküste von Schleswig-Holstein. – Planta *36,* 37–70.
KÖNIG, D. – 1960 – Beiträge zur Kenntnis der deutschen Salicornien. – Mitt. Flor.-soz. Arb. gem. N. F. *8,* 5–58.
KÖRBER-GROHNE, U. – 1967 – Geobotanische Untersuchungen auf der Feddersen Wierde. – 2 Bd. 357 S. und Tafelbd. Wiesbaden.
KÖTTER, F. – 1961 – Die Pflanzengesellschaften im Tidegebiet der Unterelbe. – Arch. Hydrobiol. Suppl. *26,* 106–185.
KOHLER, A. – 1971 – Zur Ökologie submerser Gefäß-Makrophyten in Fließgewässern. – Ber. Dt. Bot. Ges. *84,* 713–720.
KOHLER, A. – 1976 – Makrophytische Wasserpflanzen als Bioindikatoren für Belastungen von Fließgewässer-Ökosystemen. – Verhdl. Ges. f. Ökol. Wien 1975, 255–276. Den Haag.
KOPECKÝ, K. – 1966 – Ökologische Hauptunterschiede zwischen Röhrichtgesellschaften fließender und stehender Binnengewässer Mitteleuropas. – Folia Geobot. Phytotax. *1,* 193–242.
KOPECKÝ, K. – 1967 – Die flußbegleitende Neophytengesellschaft Impatienti-Solidaginetum in Mittelmähren. – Preslia *39,* 151–166.
KORNECK, D. – 1974 – Xerothermvegetation in Rheinland-Pfalz und Nachbargebieten. – Schriftenr. f. Veget. kd. *7,* 196 S., und Tab. teil.
°KRAUSCH, H.-D. – 1964 – Die Pflanzengesellschaften des Stechlinsee-Gebietes I. Die Gesellschaften des offenen Wassers. – Limnologica *2,* 145–203.
KRAUSCH, H.-D. – 1968 – Die Standtrockenrasen (Sedo-Scleranthetea) in Brandenburg. – Mitt. Flor.-soz. Arb. gem. N. F. *13,* 71–100.
KRAUSE, W. – 1958 a – Ruderalpflanzen. – In: Hb. Pfl. phys. *4,* 737–754. Berlin-Göttingen-Heidelberg.
KRAUSE, W. – 1958 b – Andere Bodenspezialisten. – In: Hb. Pfl. phys. *4,* 755–806. Berlin-Göttingen-Heidelberg.
KRAUSE, W. – 1963 – Eine Grünland-Vegetationskarte der südbadischen Rheinebene und ihre landschaftsökologische Aussage. – Arb. Rhein. Landeskde. *20,* 1–77.
KRAUSE, W. – 1969 – Zur Characeenvegetation der Oberrheinebene. – Arch. Hydrobiol. Suppl. *35,* 202–253.
KREUTZ, W. – 1968 – Beeinflussung des Standortklimas durch Windschutz. – In:

Buchwald, K. und Engelhardt, W. 1968/69 (s.d.). Bd. 2, 257–278.

Künkele, S. und Schillinger, J. – 1976 – Naturschutzrecht für Baden-Württemberg. Kommentar. – 286 S., Stuttgart.

Kutschera, L. – 1960 – Wurzelatlas mitteleuropäischer Ackerunkräuter und Kulturpflanzen. – 574 S., Frankfurt/M.

Lache, D.-W. – 1976 – Umweltbedingungen von Binnendünen- und Heidegesellschaften im Nordwesten Mitteleuropas. – Scripta Geobot. *11*, 96 S.

Landolt, E. – 1957 – Physiologische und ökologische Untersuchungen an Lemnaceen. – Ber. schweiz. bot. Ges. *67*, 271–410.

Landolt, E. und Grossmann, F. – 1968 – Zur vermutlich hybridogenen Entstehung von einigen Wiesenpflanzen des Schweizerischen Mittellandes. – Verhdl. Schweiz. Naturf. Ges. 114–117.

Lang, G. – 1962 – Vegetationsgeschichtliche Untersuchungen der Magdalénienstation an der Schussenquelle. – Veröff. geobot. Inst. ETH Stiftg. Rübel *37*, 129–154.

Lang, G. – 1967 – Die Ufervegetation des westlichen Bodensees. – Arch. Hydrobiol. Suppl. *32*, 437–574.

Lang, G. – 1968 – Vegetationsänderungen am Bodenseeufer in den letzten hundert Jahren. – Schrift. Ver. Geschichte d. Bodensees u. s. Umgeb. *86*, 295–319.

°Lang, G. – 1973 – Die Vegetation des westlichen Bodenseegebietes. – 451 S., Jena.

Lang, G. und Oberdorfer, E. – 1960 – Vegetationskundliche Karte des oberen Wutachgebietes (Ostschwarzwald-Baar), Blatt 8115 Lenzkirch.

Lange, O. L. – 1953 – Hitze- und Trockenresistenz der Flechten in Beziehung zu ihrer Verbreitung. – Flora *140*, 39–97.

Lange, O. L. – 1955 – Untersuchungen über die Hitzeresistenz der Moose in Beziehung zu ihrer Verbreitung. I. Die Resistenz stark ausgetrockneter Moose. – Flora *142*, 381–399.

Lange, O. L. – 1959 – Untersuchungen über Wärmehaushalt und Hitzeresistenz mauretanischer Wüsten- und Savannenpflanzen. – Flora *147*, 595–651.

Lange, O. L. und Schulze, E.-D. – 1966 – Untersuchungen über die Dickenentwicklung der kutikularen Zellwandschichten bei der Fichtennadel. – Forstwiss. Cbl. *85*, 27–38.

Lauer, E. – 1953 – Über die Keimtemperaturen v. Ackerunkräutern und deren Einfluß auf die Zusammensetzung v. Unkrautgesellschaften. – Flora 140, 551-595.

van Leeuwen, C. G. – 1966 – A Relation theoretical approach to pattern and process in vegetation. – Wentia *15*, 25–46.

Leius, K. – 1967 – Influence of wild flowers on parasitism of tent caterpillar and codling moth. – Canad. Entomologist *99*, 444–446.

Linke, O. – 1939 – Die Biota des Jadebusenwattes. – Helgol. wiss. Meeresunters. *1*, 201–348.

Lohmeyer, W. – 1954 – Über die Herkunft einiger nitrophiler Unkräuter Mitteleuropas. – Vegetatio *5/6*, 63–65.

Lohmeyer, W. – 1975 – Über flußbegleitende nitrophile Hochstaudenfluren am Mittel- und Niederrhein. – Schriftenr. f. Veget. kd. *8*, 79–98.

LOHMEYER, W. und KRAUSE, A. – 1975 – Über die Auswirkungen des Gehölzbewuchses an kleinen Wasserläufen des Münsterlandes auf die Vegetation im Wasser und an den Böschungen im Hinblick auf die Unterhaltung der Gewässer. – Schriftenr. f. Veget. kd. *9*, 105 S.

LÜDGE, W. – 1965 – Über die ökologischen Voraussetzungen der Disposition von Kiefernwäldern für Insekten-Großschädlinge, gezeigt am Beispiel der Schwetzinger Hardt. – Schriftenr. Forstl. Abt. Univ. Freiburg i. Br. *2*, 63–135.

LÜDGE, W. – 1971 – Der Einfluß von Laubholzunterbau auf die Schädlingsdichte in den Kiefernbeständen der Schwetzinger Hardt. – Allg. Forst- und Jagdztg. *142*, 173–178.

LUX, H. – 1964 – Die biologischen Grundlagen der Standhaferpflanzung und Silbergrasansaat im Dünenbau. – Angew. Pfl. soz. *20*, 5–53. Stolzenau/W.

MAAS, F. M. – 1959 – Bronnen, bronbeken en bronbossen van Nederland, in het bijzonder die van de Veluwezoom. – Meded. Landbouwhogesch. Wageningen *59*, 1–166.

MAHN, E.-G. – 1965 – Vegetationsaufbau und Standortsverhältnisse der kontinental beeinflußten Xerothermrasengesellschaften Mitteldeutschlands. – Abh. sächs. Akad. Wiss., math.-nat. Kl. *49*, 138 S.

MAHN, E.-G. – 1973 – Zum Einfluß von Herbiziden auf Agro-Ökosysteme. – In: SCHUBERT, R., HILBIG, W. und MAHN, E.-G. (Hsg.): Probleme der Agrogeobotanik, 131–138. Jena.

MARSTALLER, R. – 1970 – Die natürlichen Saumgesellschaften des Verbandes Geranion sanguinei der Muschelkalkgebiete Mittelthüringens. – Feddes Repert. *81*, 437–455.

MATUSZKIEWCZ, W. – 1962 – Zur Systematik der natürlichen Kiefernwälder des mittel- und osteuropäischen Flachlandes. – Mitt. Flor.-soz. Arb. gem. N. F. *9*, 145–186.

MAYER, H. – 1974 – Wälder des Ostalpenraumes. – 344 S., Stuttgart.

MEISEL, K. – 1970 – Über die Artenverbindungen der Weiden im nordwestdeutschen Flachland. – Schriftenr. f. Veget. kd. *5*, 45–56.

MEISEL, K. und VON HÜBSCHMANN, A. – 1976 – Veränderungen der Acker- und Grünlandvegetation im nordwestdeutschen Flachland in jüngerer Zeit. – Schriftenr. f. Veget. kd. *10*, 109–124.

MEISEL-JAHN, S. – 1955 – Die Kiefern-Forstgesellschaften des nordwestdeutschen Flachlandes. – Angew. Pfl. soziol. *11*, 126 S., Stolzenau/W.

MELZER, A. – 1976 – Makrophytische Wasserpflanzen als Indikatoren des Gewässerzustandes oberbayerischer Seen. – Diss. Bot. *34*, 195 S.

MERXMÜLLER, H. – 1952–54 – Untersuchungen zur Sippengliederung und Arealbildung in den Alpen. – Ver. z. Schutze d. Alpenpfl. und -Tiere *17*, 96–133; *18*, 135–158; *19*, 97–139.

MEYER, F. H. – 1959 – Untersuchungen über die Aktivität der Mikroorganismen in Mull, Moder und Rohhumus. – Arch. Mikrob. *33*, 149–169.

MIYAWAKI, A. und FUJIWARA, K. – 1975 – Ein Versuch zur Kartierung des Natürlichkeitsgrades der Vegetation und Anwendungsmöglichkeit dieser Karte für den Umwelt- und Naturschutz am Beispiel der Stadt Fujisawa. – Phytocoenologia *2*, 430–437.

MIYAWAKI, A. und TÜXEN, J. – 1960 – Über Lemnetea-Gesellschaften in Europa und Japan. – Mitt. Flor.-soz. Arb. gem. N. F. *8*, 127–135.

MOOR, M. – 1936 – Zur Soziologie der Isoetetalia. – Beitr. geobot. Landesaufn. d. Schweiz *20*, 148 S.

°MOOR, M. – 1958 – Pflanzengesellschaften schweizerischer Flußauen. – Mitt. Schweiz. Anst. f. d.Forstl. Versuchswes. *34*, 221–360.

MOOR, M. – 1972 – Versuch einer soziologisch-systematischen Gliederung des Carici-Fagetum. – Vegetatio *24*, 31–70.

MOOR, M. – Ahornwälder im Jura und in den Alpen. – Phytocoenologia *2*, 244–260.

MOSER, W. – 1967 – Einblick in das Leben von Nivalpflanzen. – Jb. Ver. z. Schutze d. Alpenpflanzen u. -Tiere *32*, 101–111.

MOSER, W. – 1969 – Die Photosyntheseleistung von Nivalpflanzen. – Ber. Dt. Bot. Ges. *82*, 63–64.

VON MÜLLER, A. – 1956 – Über die Bodenwasser-Bewegung unter einigen Grünland-Gesellschaften des mittleren Wesertales und seiner Randgebiete. – Angew. Pfl. soziol. *12*, 85 S. Stolzenau/W.

MÜLLER, K. – 1973 – Ökologische und vegetationsgeschichtliche Untersuchungen an Niedermoorpflanzen-Standorten des ombrotrophen Moores unter besonderer Berücksichtigung seiner Kolke und Seen in NW-Deutschland. – Beitr. Biol. Pfl. *49*, 147–235.

MÜLLER, T. – 1961 – Ergebnisse pflanzensoziologischer Untersuchungen in Südwestdeutschland. – Beitr. naturk. Forsch. SWDeutschl. 20, 111–122.

MÜLLER, T. – 1962 – Die Saumgesellschaften der Klasse Trifolio-Geranietea sanguinei. – Mitt. Flor.-soz. Arb. gem. N. F. *9*, 65–140.

MÜLLER, T. – 1966 a – Vegetationskundliche Beobachtungen im Naturschutzgebiet Hohentwiel. – Veröff. Landesst. f. Naturschutz u. Landschaftspfl. B.-Württ. *34*, 14–61.

°MÜLLER, T. – 1966 b – Die Wald-, Gebüsch-, Saum-, Trocken- und Halbtrockenrasengesellschaften des Spitzbergs. – In: Landesst. f. Naturschutz u. Landschaftspfl. B.-Württ. (Hsg.): Der Spitzberg bei Tübingen, 278–475. Ludwigsburg.

MÜLLER, T. und GÖRS, S. – 1958 – Zur Kenntnis einiger Auenwaldgesellschaften im württembergischen Oberland. – Beitr. naturkdl. Forsch. SWDeutschl. *17*, 88–165.

MÜLLER, T. und GÖRS, S. – 1960 – Pflanzengesellschaften stehender Gewässer in Baden-Württemberg. – Beitr. naturkdl. Forsch. SWDeutschl. *19*, 60–100.

MÜLLER, T und GÖRS, S. – 1969 – Halbruderale Trocken- und Halbtrockenrasen. – Vegetatio *18*, 203–221.

MÜLLER, T., OBERDORFER, E. und PHILIPPI, G. – 1974 – Die potentielle natürliche Vegetation von Baden-Württemberg. – Beih. Veröff. Landesst. f. Naturschutz u. Landschaftspfl. B.-Württ. *6*, 46 S.

MÜLLER, T., PHILIPPI, G. und SEYBOLD, S. – Vorläufige „Rote Liste" bedrohter Pflanzenarten in Baden-Württemberg. – Beih. Veröff. Landesst. f. Naturschutz u. Landschaftspfl. *1*, 74–96.

MÜLLER-SCHNEIDER, P. – 1977 – Verbreitungsbiologie (Diasporologie) der Blütenpflanzen. – Veröff. Gebot. Inst. ETH Rübel Zürich *61*, 226 S., 2. Aufl.

MÜLLER-STOLL, W. – 1947 – Der Einfluß der Ernährung auf die Xeromorphie der Hochmoorpflanzen. – Planta *35*, 225–251.

NAGEL, P. – 1976 – Die Darstellung der Diversität von Biozönosen. – Schriftenr. f. Veget. kd. *10*, 381–392.

OBERDORFER, E. – 1931 – Die postglaziale Klima- und Vegetationsgeschichte des Schluchsees (Schwarzwald). – Ver. Naturforsch. Ges. Freiburg/Br. *31*, 1–85.

°OBERDORFER, E. – 1950 – Beitrag zur Vegetationskunde des Allgäu. – Beitr. naturkdl. Forsch. SWDeutschl. *9*, 29–98.

OBERDORFER, E. – 1975 – Die Mauerfugen-Vegetation Siziliens. – Phytocoenologia *2*, 146–153.

OBERDORFER, E. und LANG, G. – 1957 – Vegetationskundliche Karte des Südschwarzwaldes bei Freiburg i. Br. – Beilage zu Ber. Naturforsch. Ges. Freiburg/Br. *47*.

OELKE, H. – 1968 – Ökologisch-siedlungsbiologische Untersuchungen der Vogelwelt einer nordwestdeutschen Kulturlandschaft (Peiner Moränen- und Lößgebiet, mittleres-östliches Niedersachsen). – Mitt. Flor.-soz. Arbeitsgem. N. F. *13*, 126–171.

OHBA, T. – 1974 – Vergleichende Studien über die alpine Vegetation Japans. 1. Carici rupestris-Kobresietea bellardii. – Phytocoenologia *1*, 339–401.

OHBA, T., MIYAWAKI, A. und TÜXEN, R. – 1973 – Pflanzengesellschaften der japanischen Dünen-Küsten. – Vegetatio *26*, 3–143.

OVERBECK, F. und HAPPACH, H. – 1956/57 – Über das Wachstum und den Wasserhaushalt einiger Hochmoorsphagnen. – Flora *144*, 335–402.

PASSARGE, H. – 1976 – Über Schleier- und Staudengesellschaften mitteleuropäischer Ufersäume. – Folia Geobot. Phytotax. *11*, 137–162.

PETERMANN, R. – 1972 – Montane Buchenwälder im westbayerischen Alpenvorland zwischen Iller und Ammersee. – Diss. Bot. *8*, 267 S.

PHILIPPI, G. – 1960 – Zur Gliederung der Pfeifengraswiesen im südlichen und mittleren Oberrheingebiet. – Beitr. naturkdl. Forsch. SWDeutschl. *19*, 138–187.

PHILIPPI, G. – 1965 – Die Moosgesellschaften der Wutachschlucht. – Mitt. Bad. Landesver. f. Naturk. u. Naturschutz N. F. *8*, 625–668.

PHILIPPI, G. – 1970 – Die Kiefernwälder der Schwetzinger Hardt (nordbadische Oberrheinebene). – Veröff. Landesst. f. Naturschutz u. Landschaftspfl. B.-Württ. *38*, 46–92.

PHILIPPI, G. – 1971 – Sandfluren, Steppenrasen und Saumgesellschaften der Schwetzinger Hardt. – Veröff. Landesst. f. Naturschutz u. Landschaftspfl. B.-Württ. *39*, 67–128.

PIETSCH, R. – 1968 – Der künstliche Standort und der Pflanzenbestand der Fußballplätze. – In: TÜXEN, R. (Hsg.): Pflanzensoziologie und Landschaftsökologie (Ber. Symp. Intern. Vereinig. Veget. kd. 1963, Stolzenau/W.), 336–347. Den Haag.

PIETSCH, W. – 1973 – Beitrag zur Gliederung der europäischen Zwergbinsengesellschaften (Isoeto-Nanojuncetea Br.-Bl. et Tx. 1943). – Vegetatio *28*, 401–438.

PIETSCH, W. – 1977 – Beitrag zur Soziologie und Ökologie der europäischen Littorelletea- und Utricularietea-Gesellschaften. – Feddes Repert. *88*, 141–245.

POPAY, A. I. and ROBERTS, E. H. – 1970 – Ecology of Capsella bursa-pastoris (L.) Med. and Senecio vulgaris L. in relation to germination behaviour. – J. Ecol. *58*, 123–140.

PREISING, E. – 1956 – Erläuterungen zur Karte der natürlichen Vegetation der Umgebung von Göttingen. Mit Karte 1:25000. – Angew. Pfl.soz. *13*, 43–55. Stolzenau/W.

RAABE, E.-W. – 1965 – Sukzessionsstudien an Salzrasen. – Die Heimat *72*, 3–7.

RABELER, W. – 1965 – Die Tiergesellschaften. (Mit LOHMEYER, W.: Aufbau und Gliederung der mesophilen Laubmischwälder im mittleren und oberen Wesergebiet und ihre Tiergesellschaften.). – In: TÜXEN, R. (Hsg.): Biosoziologie (Ber. Symp. Internat. Vereinig. Veget. kd. 1960, Stolzenau/W), 238–257. Den Haag.

RAUSCHERT, S. – 1963 – Beitrag zur Vereinheitlichung der soziologischen Nomenklatur. – Mitt. Flor.-soz. Arb. gem. N. F. *10*, 232–249.

REHDER, H. – 1970 – Zur Ökologie insbesondere Stickstoffversorgung subalpiner und alpiner Pflanzengesellschaften im Naturschutzgebiet Schachen (Wettersteingebirge). – Diss. Bot. *6*, 70 S.

RICHARD, J.-L. – 1972 – La Végétation des Crêtes rocheuses du Jura. – Ber. Schweiz. Bot. Ges. *82*, 68–112.

RIESS, W. und TÜXEN, R. – 1976 – Bibliographie der Arbeiten über Einfluß des Feuers auf die Vegetation. – Exc. bot. sectio B *15*, 277–310.

RIVAS-MARTINEZ, S. – 1975 – Sobre la nueve clase Polygono-Poetea annuae. – Phytocoenologia 2, 123–140.

RODEWALD-RUDESCU, L. – 1974 – Das Schilfrohr Phragmites communis Trinius. – In: Die Binnengewässer *27*, 320 S., Stuttgart.

ROZEMA, J. – 1975 – The influence of salinity, inundation and temperature on the germination of some halophytes and non-halophytes. – Oecol. Plant. *10*, 341–353.

RUNGE, A. – 1969 – Pilzsukzession auf Eichenstümpfen. – Abh. Landesmus. f. Naturkd. Münster/Westf. *31*, 3–10.

RUNGE, M. – 1965 – Untersuchungen über die Mineralstickstoff- Nachlieferung an nordwestdeutschen Waldstandorten. – Flora *155 B*, 353–385.

SAND-JENSEN, K. – 1978 – Metabolic adaptation and vertical zonation of Littorella uniflora (L.) Aschers. and Isoetes lacustris L. – Aquatic Botany *4*, 1–10.

°SAUER, K. und SCHNETTER, M. (Hsg.) – 1971 – Die Wutach. Naturkundliche Monographie einer Flußlandschaft. – 575 S., Freiburg i. Br.

SCHLENKER, G. – 1968 – Kulturversuche mit Waldbodenpflanzen bei abgestufter Aziditaet und variierter Stickstoff-Form. – Oecol. Plant. *3*, 7–27.

SCHUBERT, R. – 1954 – Die Schwermetallgesellschaften des östlichen Harzvorlandes. – Wiss. Z. Univ. Halle, math.-nat. R. *3*, 52–70.

SCHWABE, A. – 1972 – Vegetationsuntersuchungen in den Salzwiesen der Nordseeinsel Trischen. – Abh. Landesmus. f. Naturkd. Münster/Westf. *34*, 9–22.

SCHWABE, A. – 1975 – Dauerquadrat-Beobachtungen in den Salzwiesen der Nordseeinsel Trischen. – Mitt. Flor.-soz. Arb. gem. N. F. *18*, 11–128.

°SEIBERT, P. – 1958 – Die Pflanzengesellschaften im Naturschutzgebiet „Pupplinger Au“. – Landschaftspfl. u. Veget. kd. *1*, 78 S.

SEIBERT, P. – 1962 – Die Auenvegetation an der Isar und ihre Beeinflussung durch den Menschen. 124 S., München.

SEIBERT, P. – 1966 – Der Einfluß der Niederwaldwirtschaft auf die Vegetation. – In: TÜXEN, R. (Hsg.): Anthropogene Vegetation. (Ber. Intern. Symp. Vereinig. Veget. kd. 1961, Stolzenau/W.), 336–346. DEN HAAG.

SISSINGH, G. – 1969 – Über die systematische Gliederung von Trittpflanzen-Gesellschaften. – Mitt. Flor.-soz. Arb. gem. N. F. *14*, 179–192.

DE SMIDT, J. T. – 1977 – Heathland vegetation in the Netherlands. – Phytocoenologia *4*, 258–316.

DE SMIDT, J. T. – 1977 – Interaction of Calluna vulgaris and the heather beetle (Lochmaea suturalis). – In: TÜXEN, R. (Hsg.): Vegetation und Fauna (Ber. Symp. Intern. Vereinig. Veget. kd. 1976, Rinteln), 179–186.

SPARLING, J.-H. – 1967 – The occurrence of Schoenus nigricans L. in blanket bogs; I, II. – J. Ecol. *55*, 1–14, 15–32.

SPEIDEL, B. – 1970/72 – Das Wirtschaftsgrünland der Rhön. – Ber. Naturwiss. Ges. Bayreuth *14*, 201–240.

STEUBING, L. – 1949 – Beiträge zur Ökologie der Wurzelsysteme des flachen Sandstrandes. – Z. Naturforsch. *4b*, 114–123.

STEUBING, L. – 1960 – Wurzeluntersuchungen an Feldschutzhecken. – Z. Acker- u. Pflanzenbau *110*, 332–341.

STEUBING, L. – 1976 – Niedere und höhere Pflanzen als Indikatoren für Immissionsbelastungen. – In: Daten u. Dokumente z. Umweltschutz *19*, 13–27. Hohenheim.

STEUBING, L., KUNZE, C. und JÄGER, J. (Hsg.) – 1972 – Belastung und Belastbarkeit von Ökosystemen. – Tagungsber. Ges. f. Ökologie 246 S., Gießen.

STOCKER, O. – 1923 – Die Transpiration und Wasserökologie nordwestdeutscher Heide- und Moorpflanzen am Standort. – Z. f. Bot. *15*, 1–41.

STOCKER, O. – 1956 – Grundprobleme des Wasserhaushaltes. – In: Hb. Pfl. phys. *3*, 1–4, Berlin-Göttingen-Heidelberg.

STOCKER, O. – 1963 – Das dreidimensionale Schema der Vegetationsverteilung auf der Erde. – Ber. Dt. Bot. Ges. *75*, 168–178.

STOCKER, O. – 1969 – Die „Stoffproduktion“ in Urwäldern und anderen Pflanzengesellschaften im Gleichgewicht. – Mitt. Flor.-soz. Arb. gem. N. F. *14*, 422–434.

STOUTJESDIEK, P. – 1972 – Spectral transmission curves of some types of leaf conopies with a note on seed germination. – Acta bot. Neerl. *21*, 185–234.

SUKOPP, H. – 1962 – Neophyten in natürlichen Pflanzengesellschaften Mitteleuropas. – Ber. Dt. Bot. Ges. *75*, 193–205.

SUKOPP, H., MARKSTEIN, B. und TREPL, L. – 1975 – Röhrichte unter intensivem Großstadteinfluß. – Beitr. naturkdl. Forsch. SWDeutschl. *34*, 371–385.

TISCHLER, W. – 1968 – Veränderung der Pflanzen- und Tierwelt durch Entstehung der Kulturlandschaft. – In: BUCHWALD, K. und ENGELHARDT, W., 1968/69 (s.d.) Bd. *2*, 70–81.

TRANQUILLINI, W. – 1967 – Über die physiologischen Ursachen der Wald- und Baumgrenze. – Mitt. Forstl. B.vers.anst. Wien *75*, 457–487.

TRAUTMANN, W. – 1952 – Pflanzensoziologische Untersuchungen der Fichtenwälder des Bayerischen Waldes. – Forstwiss. Cbl. *71,* 289–313.

TRAUTMANN, W. – 1966 – Erläuterungen zur Karte der potentiellen natürlichen Vegetation der Bundesrepublik Deutschland 1:200000, Blatt 85 (Minden). Schriftenr. f. Veget. kd. *1,* 237 S., mit Karte.

TRAUTMANN, W. – 1969 – Geschichte des Eichen-Hainbuchenwaldes im Münsterland auf Grund pollenanalytischer Untersuchungen. – Schriftenr. f. Veget. kd. *4,* 109–129.

TÜXEN, J. – 1958 – Stufen, Standorte und Entwicklung von Hackfrucht- und Garten-Unkrautgesellschaften und deren Bedeutung für Ur- und Siedlungsgeschichte. – Angew. Pfl. soz. *16,* 164 S. Stolzenau/W.

TÜXEN, R. – 1950 – Grundriß einer Systematik der nitrophilen Unkrautgesellschaften in der Eurosibirischen Region Europas. – Mitt. Flor.-soz. Arb. gem. N. F. *2,* 94–175.

TÜXEN, R. – 1952 – Hecken und Gebüsche. – Mitt. geogr. Ges. Hamburg *50,* 85–117.

TÜXEN, R. – 1954 – Pflanzengesellschaften und Grundwasserganglinien. – Angew. Pfl. soz. *8,* 64–98. Stolzenau/W.

TÜXEN, R. – 1956 – Die heutige potentielle natürliche Vegetation als Gegenstand der Vegetationskartierung. – Angew. Pfl. soz. *13,* 5–42. Stolzenau/W.

TÜXEN, R. – 1957 – Die Schrift des Bodens. – Angew. Pfl. soz. *14,* 41 S., Stolzenau/W.

TÜXEN, R. – 1966 – Über nitrophile Elymus-Gesellschaften an nordeuropäischen, nordjapanischen und nordamerikanischen Küsten. – Ann. Bot. Fenn. *3,* 358–367.

TÜXEN, R. – 1967 – Die westeuropäische Küste als Kampf- und Lebensraum. – Geogr. Rev. Japan *40,* 167–182.

TÜXEN, R. (Hsg.) – 1968 – Pflanzensoziologische Systematik. (Ber. Symp. Intern. Vereinig. Veget. kd. 1964, Stolzenau/W.) 347 S., Den Haag.

TÜXEN, R. – 1968 – Die Lüneburger Heide – In: KELLE, A. (Hsg.): Neuzeitl. Biologie *9,* 9–56. Hannover.

TÜXEN, R. – 1974 – Das Lahrer Moor. – Mitt. Flor.-soz. Arb. gem. N. F. *17,* 39–68.

TÜXEN, R. – 1977 – Das Ranunculo repentis-Agropyretum repentis, eine neu entstandene Flutrasengesellschaft an der Weser und an anderen Flüssen. – Mitt. Flor.-soz. Arb. gem. N. F. *19/20,* 219–224.

TÜXEN, R. und BRUN-HOOL, J. – 1975 – Impatiens noli-tangere-Verlichtungsgesellschaften. – Mitt. Flor.-soz. Arb. gem. N. F. *18,* 133–155.

TÜXEN, R. und HÜLBUSCH, K.-H. – 1971 – Bolboschoenetea maritimi. – Fragm. florist. geobot. *17,* 391–407.

TÜXEN, R. und KAWAMURA, Y. – 1975 – Gesichtspunkte zur syntaxonomischen Fassung und Gliederung von Pflanzengesellschaften, entwickelt am Beispiel des nordwestdeutschen Genisto-Callunetum. – Phytocoenologia *2,* 87–99.

TÜXEN, R., MIYAWAKI, A. und FUJIWARA, K. – 1972 – Eine erweiterte Gliederung der Oxycocco-Sphagnetea. – In: TÜXEN, R. (Hsg.): Grundfragen und Methoden in der Pflanzensoziologie (Ber. Symp. Intern. Vereinig. Veget. kd. 1970, Rinteln), 500–520. Den Haag.

TÜXEN, R. und NEUMANN, A. – 1956 – Vegeationskarte der Ostfriesischen Inseln: Baltrum. – Stolzenau/W.

TÜXEN, R. und WESTHOFF, V. – 1963 – Saginetea maritimae, eine Gesellschaftsgruppe im wechselhalinen Grenzbereich der europäischen Meeresküsten. – Mitt. Flor.-soz. Arb. gem. N. F. *10*, 116–129.

TURNER, H. – 1968 – Der heutige Stand der Forschung über den Einfluß des Waldes auf das Klima. – Schweiz. Z. Forstwes. *119*, 335–352.

VOLK, O. H. – 1932 – Beiträge zur Ökologie der Sandvegetation der oberrheinischen Tiefebene. – Z. Bot. *24*, 81–185.

WALTER, H. – 1964 – Über die Stickstoffansprüche (die Nitrophilie) der Ruderalpflanzen. – Mitt. Flor.-soz. Arb. gem. N. F. *10*, 56–69.

WEBER, H. E. – 1967 – Über die Vegetation der Knicks in Schleswig-Holstein. – Mitt. d. Arbg. gem. f. Floristik in Schleswig-Holstein u. Hamburg *15*, 196 S., u. Tab. band.

WEBER-OLDECOP, D. W. – 1970/71 – Wasserpflanzengesellschaften im östlichen Niedersachsen. – Internat. Rev. Hydrobiol. *55*, 913–967 ; *56*, 79–122.

WEBER-OLDECOP, D. W. – 1977 – Fließgewässertypologie in Niedersachsen auf floristisch-soziologischer Grundlage. – Gött. Flor. Rundbr. *10*, 73–79.

WENDELBERGER, G. – 1950 – Zur Soziologie der kontinentalen Halophytenvegetation Mitteleuropas unter besonderer Berücksichtigung der Salzpflanzengesellschaften am Neusiedler See. – Österr. Akad. Wiss. math.-nat. Kl., Denkschr. *108*, 108 S.

°WENDELBERGER, G. – 1954 – Steppen, Trockenrasen und Wälder des pannonischen Raumes. – In: Aichinger-Festschr. (Reihe Angew.Pfl.soz.Wien) 573–634.

WESTHOFF, V. – 1960 – Het beheer von de heidereservaten. – Maandschr. Vereinig. Natuur- en Stedenschoon Antwerpen *34*, 3–11.

WILMANNS, O. – 1956 – Die Pflanzengesellschaften der Äcker und des Wirtschaftsgrünlandes auf der Reutlinger Alb. – Beitr. naturkdl. Forsch. SWDeutschl. *15*, 30–51.

°WILMANNS, O. – 1956 – Pflanzengesellschaften und Standorte des Naturschutzgebietes „Greuthau“ und seiner Umgebung (Reutlinger Alb). – Veröff. Landesst. f. Naturschutz u. Landschaftspfl. B.-Württ. *24*, 317–451.

WILMANNS, O. – 1962 – Rindenbewohnende Epiphytengemeinschaften in Südwestdeutschland. – Beitr. naturkd. Forsch. SWDeutschl. *21*, 87–154.

WILMANNS, O. – 1965/66 – Anthropogener Wandel der Kryptogamen-Vegetation in Südwestdeutschland. – Ber. geobot. Inst. ETH Stiftg. Rübel *37*, 74–87.

WILMANNS, O. – 1970 – Kryptogamen-Gesellschaften oder Kryptogamen-Synusien? – In: R. TÜXEN (Hsg.): Gesellschaftsmorphologie (Strukturforschung) (Ber. Symp. Intern. Vereinig. Veget. kd. 1966, Rinteln), 1–7. Den Haag.

WILMANNS, O. – 1971 – Verwandte Züge in der Pflanzen- und Tierwelt von Alpen und Südschwarzwald. – Jb. Ver. z. Schutze d. Alpenpfl. u.- Tiere *36*, 36–50.

WILMANNS, O. – 1975 – Wandlungen des Geranio-Allietum in den Kaiserstühler Weinbergen? – Pflanzensoziologische Tabellen als Dokumente. – Beitr. naturkdl. Forsch. SWDeutschl. *34*, 429–443.

WILMANNS, O. – 1977 – Verbreitung, Soziologie und Geschichte der Grünerle (Alnus viridis (Chaix) DC.) im Schwarzwald. – Mitt. Flor.-soz. Arb. gem. N. F. *19/20*, 323–341.

WILMANNS, O. – i. Dr. – Geschichtlich bedingte Züge in der heutigen Vegetation des Schwarzwaldes. – In: Der Schwarzwald. Beitr. z. Landeskd. Veröff. Alemann. Inst. ca. 600 S., Bühl/B.

WILMANNS, O. und EBERT, J. – 1974 – Aktuelle und potentielle Grenzen des Latschengürtels im Quellgebiet des Lech (Vorarlberg). – In: TÜXEN, R. (Hsg.): Tatsachen und Probleme der Grenzen in der Vegetation (Ber. Symp. Intern. Vereinig. Veget. kd. 1968, Rinteln), 207–218. Vaduz.

WILMANNS, O. und RUPP, S. – 1966 – Welche Faktoren bestimmen die Verbreitung alpiner Felsspaltenpflanzen auf der Schwäbischen Alb? – Veröff. Landesst. Naturschutz u. Landschaftspfl. B.-Württ. *34*, 62–86.

WILMANNS, O. und TÜXEN, R. – 1977 – Sigmassoziationen des Kaiserstühler Rebgeländes vor und nach Großflurbereinigungen. – In: TÜXEN, R. (Hsg.): Assoziationskomplexe (Sigmeten) und ihre praktische Anwendung. (Ber. Symp. Intern. Vereinig. Veget. kd. 1977, Rinteln), 287–302. Vaduz.

°WILMANNS, O., WIMMENAUER, W., FUCHS, G., RASBACH, H. und K. – 1977 – Der Kaiserstuhl – Gesteine und Pflanzenwelt. – 2. Aufl. 261 S., Karlsruhe.

WOHLENBERG, E. – 1937 – Die Wattenmeer-Lebensgemeinschaften im Königshafen von Sylt. – Helgol. wiss. Meeresunters. *1*, 1–92.

ZEIDLERH. und STRAUB, R. – 1967 – Waldgesellschaften mit Kiefer in der heutigen potentiellen natürlichen Vegetation des mittleren Maingebietes. – Mitt. Flor.-soz. Arb. gem. N. F. *11/12*, 88–126.

ZIMMERMANN, R. – 1978 – Der Einfluß des Flämmens auf Halbtrockenrasen und Saumgesellschaften im Kaiserstuhl. – Diss. Univ. Freiburg i. Br., im Druck.

ZÖTTL, H. – 1951 – Experimentelle Untersuchungen über die Ausbreitungsfähigkeit alpiner Pflanzen. – Phyton (Horn) *3*, 121–125.

ZÖTTL, H. – 1953 – Untersuchungen über das Mikroklima subalpiner Pflanzengesellschaften. – Ber. geobot. Inst. Rübel f. d. J. 1952, 79–103.

ZÖTTL, H. – 1960 – Die Mineralstickstoffanlieferung in Fichten- und Kiefernbeständen Bayerns. – Forstwiss. Cbl. *79*, 221–236.

ZOLLER, H. – 1954 a – Die Arten der Bromus erectus-Wiesen des Schweizer Juras. – Veröff. geob. Inst. Rübel *28*, 284 S.

ZOLLER, H. – 1954 b – Die Typen der Bromus erectus-Wiesen des Schweizer Juras. – Beitr. geobot. Landesaufn. Schweiz *33*, 309 S.

ZOLLITSCH, B. – 1966 – Soziologische und ökologische Untersuchungen auf Kalkschiefern in hochalpinen Gebieten. Teil 1. Die Steinschuttgesellschaften der Alpen unter besonderer Berücksichtigung der Gesellschaften auf Kalkschiefern in den mittleren und östlichen Zentralalpen. – Ber. Bayer. Bot. Ges. *40*, 38 S. – Teil 2: Die Ökologie der alpinen Kalkschieferschuttgesellschaften. Beilage zu Teil 1, 59 S.

ZUNDEL, R. – 1967 – Schutzpflanzungen. – Mitt. Bad.-Württ. Forstl. Vers.- und Forsch. anst. *22*, 54 S.

Stichwortverzeichnis

Abieti-Fagetum 314
Abyssal 65
Aceri-Fagetum, -ion 315
Aceri-Fraxinetum 315
Aceri-Salicetum appendiculatae 252
Aceri-Tilietum 316
Acker-Meldefluren 107
Ackerunkrautgesellschaften 95
Adaptation s. Anpassung
Adenostyletalia, -ion 252, 253
Adenostylo-Cicerbitetum 252
Adventivpflanze 35,104
Aerenchym 55,148
Agrarverfahren 105
Agro-Ökosystem 102
Agropyretum boreoatlanticum 121
Agropyretea intermedio-repentis 136,145
Agropyro-Honkenyon s. Honkenyo-Agropyrion
Agropyro-Rumicion 195, 207, 218
Agrostio-Poetum humilis 180
Airetum praecocis 180
Aktualitätsprinzip 41, 77
Alchemillo-Arrhenatheretum 216
Alchemillo-Cynosuretum 212
Alchemillo-Matricarietum 108, 110
Allerödzeit 44
Alliario-Chaerophylletum 141
Alnetea glutinosae, -etalia, -ion 295, 297
Alnetum incanae 258, 311
Alnetum viridis 251, 252
Alno-Padion, Alno-Ulmion 309, 310
Alpenampferläger 139
Alpen-Fettweiden 213
Alpenrosen-Gesellschaften 305
Alpenschwemmlinge 260
Alpenvegetation 188
alpid 37
alpin 36
alpisch 37
Alysso-Sedetum albi 181
Alysso-Sedion 178
Ammonifikation 290
Ammophiletea, -etalia 114, 117, 120
Ammophilion arenariae 120
Amphiphyt 53, 76
Andelrasen, -verband 116, 195
Androsacetalia alpinae 127
Androsacetalia vandellii, -ion 133
Androsacetum helveticae 132
Anemochorie 279
Angelico-Cirsietum oleracei 216
Angewandte Pflanzensoziologie (s. a. Naturschutz, Landschaftspflege, Grünlandkartierung) 12, 45
Anmoorgesellschaften 244
Annuelle 87
Anpassung 55, 69, 126, 148, 177, 200, 253, 259
Antagonist 281
Aperetalia 107
Aperzeit, aper 167, 233
Aphanion arvensis 108
Apophyt 35, 201
Aposerido-Fagetum 314
aquatic weeds 84
Arabidetalia coeruleae, -ion 166
Archäophyt 35, 104
Areal, -typ 35, 131
Arealdisjunktion 36, 42, 44, 129, 159
Arealkunde 12, 35
arktisch 37
arktisch-alpisch 44, 157
arktotertiäre Flora 41
Armerietum halleri 174
Armerion maritimae 196
Armleuchteralgen-Gesellschaften 57, 69
Arnoserion 108
Arrhenatheretalia, -ion 214
Arrhenatheretum medioeuropaeum 214
Artemisietalia vulgaris, -etea 136, 137
Artemisietum maritimae 198
Artenreiche Fallaubwälder 295, 308
Artenreichtum (s. a. Diversität) 15, 26
Artmächtigkeit 27
Arunco-Aceretum 316
Äsungspflanze, -zentrum 284
Asperulo-Fagetum, -ion 313
Asplenietea rupestria 123, 126, 129
Asplenietum serpentini, -ion 133, 134
Asplenio-Cystopteridetum 133
Asplenium septentrionale – Aspl. adiantum-nigrum-Ass. 133
Asplenium trichomanes – Aspl. ruta-muraria-Ass. 132
Assoziationsbegriff 30, 33

Asteretea tripolii 164, 193
Atlantikum 45
Atriplicetum littoralis 93
Atropetum belladonnae, -ion 145
Aue 257
Auenböden 141, 257
Auenwälder 257
Auerwild 275
Aufnahme, soziologische 27
Aufwuchs 66
Ausbreitung 35, 131, 279
avoidance 176, 225
Azidophyt s. pH-Wert
azonal 297

Bach-Eschenwälder 311
Bach-Hochstaudenfluren 198
Ballota nigra-Chenopodium bonus-henricus-Ass. 137
Bannwald 286
Bartsio-Caricetum fuscae 164
Baum als Lebensform 269
Baumartenzusammensetzung 295, 296, 312
Baumgrenze 269, 271
Baumholz 295
Bazzanio-Piceetum 305
Begleiter 32
Beifuß-Gesellschaften 136
Belastbarkeit, Belastung 15, 17
Benthal, -os 65, 66
Berberidion 262
Bergahorn-Buchenmischwälder 315
Berg-Glatthaferwiese 216
Bergkiefern-Moorwald 290
Besenginsterheide, -Gesellschaft 221
Besenheide (s. a. Callunaheiden) 224
Bestand 26, 34
Bestäubungsökologie 278
Betriebsart 294
Betulo-Adenostyletea 246, 251
Betulo humilis-Salicetum repentis 298
Betulo-Quercetum roboris 307
Beweidung 116, 209, 222
Bewirtschaftungsrhythmus 174
Bidentetea tripartitae, -etalia, -ion 93
Bidenti-Polygonetum hydropiperis 94
Bidenti-Ranunculetum scelerati 94
Binsenwiesen 217
Biogeozönose 11
Biolog. Schädlingsbekämpfung 86, 101, 142, 265, 282
Biomasse 269
Biosoziologie 275
Biotop 11
Biozönose 11, 272
biozönotische Grundprinzipien 15, 26, 272
biozönotischer Konnex 274
Birken-Eichenwälder 295, 307, 308
Birken-Kiefernzeit 44
Birken-Moorwald 303
Bitterschaumkrautflur 160
blanket bog 164, 240
Blasenfarn-Gesellschaft 133
Blaualgen-Tuff-Flur 161
Blaugras-Horstseggenhalde 190
Blaugras-Kalk-Steinrasen 188, 189
Bleichmoos s. Sphagnum
Bleitoleranz 143
Blockschema 31
Blütenansatz 271
Blysmetum rufi 198
Boden 20
Bodenart 22
Bodenbildung, -entwicklung 20, 119
Bodenhorizont 22
Bodenkolloide 20
Bodenmüdigkeit 199
Bodentyp 22
Bodenstruktur 21, 99
Bodenwasser, -feuchte 21, 205
Bolboschoenetea maritimi 148, 149
Bolboschoenetum maritimi 150
boreal 37
Boreal 44
Borstgrasrasen, -matte, -weide 220, 222
Bottenbinsenrasen 187
Brachsenkraut-Gesellschaft 75
Brackwasserröhricht 148, 149
Brand s. Feuer
Braun-Blanquet, Josias 17, 26
Braunerde 23, 289
Braunseggensumpf, -moor 163
Brombeer-Haselbusch 262
Brombeer-Schlehenbusch 261
Brometalia erecti 182, 184
Bromion racemosi s. Calthion
Bromo-Hordeetum 98, 107, 109
Bruch, Bruchwälder 295, 297
Bruchwaldfen 297
Bruchweiden-Auenwald 261
Bruchweidengebüsche 295, 297
Bryo (schleicheri)-Philonotidetum 159
Buchen-Tannenwald 290
Buchenzeit 45

Bult 237
Bult-Schlenken-System 240
Bunte Erdflechtengesellschaft 187

Cakiletea maritimae 91
Cakiletum frisicum 93
Calamagrostion arundinaceae 253
Calamagrostio-Pinetum sylvestris 299
Calamagrostio villosae-Piceetum 305
Callitriche hamulata-Myriophyllum alterniflorum-Ass. 82
Callitrichetum obtusangulae 84
Callunaheiden 220, 224, 226
Calluno-Genistetum, -ion 221, 225
Calluno-Sarothamnetum 226
Calluno-Sphagnion fusci 244
Calluno-Sphagnion papillosi 244
Calthion 215, 216
Calystegietalia sepium 138, 141
Cardaminetum amarae 160
Cardamino-Montion 157, 158
Carduus crispus-Chaerophyllum bulbosum-Ass. 143
Caricetalia nigrae (= fuscae) 163
Caricetea curvulae, -etum 169, 188, 192
Caricetum davallianae 164
Caricetum elatae 154
Caricetum ferrugineae, -ion 189, 190
Caricetum firmae 190
Caricetum frigidae 164
Caricetum gracilis 154
Caricetum limosae 162
Caricetum rostratae 154
Carici-Agrostietum caninae 163
Carici elongatae-Alnetum 298
Carici-Empetretum nigri 226
Carici-Fagetum 314
Carici laevigati-Alnetum 298
Caricion canescenti-nigrae 163
Caricion curvulae 192
Caricion davallianae 163
Carici remotae-Fraxinetum 311
Carici rupestris-Kobresietea bellardii 188, 191
Carici-Tilietum 313
Carlino-Caricetum sempervirentis 187
carnivore Pflanzen 72
Carpinion betuli 309, 312
Carpino-Prunetum 261
Caucalido-Adonidetum 108, 110
Caucalidion 108
Centunculo-Anthocerotetum 112
Cephalanthero-Fagion 314
Cerastietum pumili 181
Cetrario-Loiseleurietea 220, 225, 233, 301
Chaerophylletum aurei 140
Chaerophyllo-Ranunculetum aconitifolii 217
Chalkophyt 170
Chamaephyt 14
Charakterart 30, 33
character displacement 72
charakteristische Artenkombination 32
Charaktertaxon 71, 114
Charetea, -etalia, -ion 57, 69, 71
Chasmophyt 129
Chenopodietea 108
Chenopodio-Oxalidetum 110
Chenopodion fluviatile 94
Chenopodion subalpinum 139
chinophil,-phob, -phytisch 233
Chondrilletum 128, 258
Chorologie s. Synchorologie
Cladietum marisci 153
Computer-Einsatz 193
Convolvuletalia sepium s. Calystegietalia
Corydali-Aceretum 316
Corynephoretalia 178, 180
Cotoneastro-Amelanchieretum 262
Cratoneuretum commutati, -ion 68, 158, 160
Cratoneuro-Arabidetum jacquinii 161
Cryptogrammetum crispae 128
Cuscuto-Convolvuletum 143
Cymbalarietum muralis 135
Cymodoceetum nodosae 64
Cynosurion 212, 213
Cyperetalia fusci 112
Cystopteridion fragilis 133
Cytiso-Pinetum sylvestris 299
Cytotyp 175

Dauco-Arrhenatheretum 32, 214
Dauco-Picridetum 137
Dauerbeobachtungsfläche 124, 196
Dauergesellschaft 123, 130
Dauer-Initialgesellschaft 58
Davallseggensumpf 164
dealpin 182
Decken-Hochmoor 240
Deckung 27
Dentario bulbiferae-Fagetum 314
Derbholz 286
Deschampsietum rhenanae 76

Deschampsio flexuosae-Fagetum 315
Diantho-Festucetum pallentis 181
Diaspore 35, 280
Dickung 295
Dicrano-Pinion 305
Differentialart 30, 32
Differenziator, differenziender Faktor 195
Digitali-Epilobietum 145
Diplotaxi-Agropyretum 146
Diptam-Saum, -Schlag 249
disjunktes Areal s. Arealdisjunktion
Diversität 15, 264, 283
Donauknöterich-Gesellschaft 94
dormancy, Dormanz 97
Dorycnio-Pinetum sylvestris 299
Drabetalia hoppeanae, -ion 127, 131
Draba-Hieracietum humilis 132
Dryasflora 44
Düne 117
Dünenbefestigung 121, 180
Dünenküste 117
Dünenquecken-Gesellschaften 120
Dünenweiden-Gebüsche 262
Düngung 109, 208, 222
Durchdringung 91
Dy 76

Echio-Melilotetum 137
Edaphon 20
Eichen-Elsbeerenwald 317
Eichen-Hainbuchenwälder 290, 309, 312
Eichenmischwälder 309, 316
Eichenmischwaldzeit 45
Eichenschälwald 306
Eichen-Ulmen-Auwald 311
Eichung 101, 209
Einheimische 35
Einjährigen-Trittgesellschaften 95
„eiserner Bestand“ 282
Eisseggenflur 164
Eiszeitrelikt s. Glazialrelikt
Eleocharitetum acicularis 76
Elsbeeren-Eichen-Hainbuchenwald 313
Elymo-Ammophiletum 119
Elynetea, -etum 188, 191
Elyno-Seslerietea 169, 188
Empetrion nigri 221, 226
Endemismus, -mit, endemisch 35, 129, 172
Energieumsatz 18
Entwicklungshöhe, soziolog. 17, 88
Enzian-Halbtrockenrasen 187
Ephemere 88
Epilobietea angustifolii, -etalia, -ion 136, 143
Epilobietalia fleischeri, -ion 127
Epilobietum fleischeri 128
Epilobio-Scrophularietum caninae 128
Erholungsraum 185
Ericaceae 224, 239
Ericetum tetralicis, -ion 244, 245
ericoider Habitus 225
Erico-Pinetea, -etalia, -ion 295, 299
Erico-Pinetum sylvestris 300
Erico-Rhododendretum hirsuti 300
Eriophoretum scheuchzeri 163
Eriophoro-Sphagnetalia papillosi 244
Erlen-Eschen-Auenwälder 310
Erlenbruchwälder 290, 298
Erosionsschutz 143, 292
Ersatzgesellschaft 39, 198, 225, 233, 312
Erzprospektion 171
Eselsdistel-Gesellschaften 137
Esparsetten-Halbtrockenrasen 197
Eucladietum verticillati 161
Eu-Fagion 313
eury-, euryök 25
eutraphent 67
Eutrophierung, eutroph 67, 75, 79, 81, 155
Evapotranspiration 19, 291
exogene, endogene Faktoren 229
extrazonal 297

Fagetalia sylvaticae 308, 310
Fagion sylvaticae 309, 313
Fago-Quercetum petraeae 308
Fast-Naturlandschaft 233
Faulbaum-Grauweidenbusch 298
Faulschlamm 54, 68
Fazies 34
Federgrasflur 186
Felsbandgesellschaften 178, 181
Felsenbirnengebüsch 262
Felsgrusfluren 170, 178
Felsspaltengesellschaften 123
Femelwald 294
Festucetalia valesiacae 182, 186
Festucion pallentis 178
Festuco-Brometea 169, 182
Festuco-Genistelletum 223
Festuco-Sedetalia 178, 180
Fettweiden 213
Fettwiesen 214
Feuer 146, 186, 227
Fichtenwälder 295, 300, 301

Filipendulion (= F.-Petasition) 215, 217
Filipendulo-Geranietum 217
Firmetum 190
Fischregionen 81
Flachmoor s. Niedermoor
Flaumeichenwälder 308, 316, 317
Fliese 16, 40
Fließwasserröhrricht 151
Flohseggensumpf 163
Florenelement 36
Florenreich 37
Flügelginsterweide 223
Flußaue 257
Fluthahnenfuß-Gesellschaften 81
Flutmulden, -rasen 208, 218
Flutschwadenröhricht 152
Folgegesellschaft (s. a. Sukzession) 39
Formation 14
Forst 268
Forstgesellschaft 268
Fragarion vescae 145
Franguletea 257
Frangulo-Salicetum cinereae 298
„Frankfurter Klärbeckenflora“ 41
Fraxino-Ulmetum 311
Freßkette 67
Frostresistenz 128, 166, 234
Frosttrocknis 234, 271
Fruchtwechsel 109
Frühlingsgeophyten 278
Fumario-Euphorbion 107
Fußballplatz-Bewuchs 204
Futterwertzahl 200

Gänsefuß-Gesellschaft 110
Gagelstrauchbusch 298
Galeopsion segetum 127
Galio-Abietion 315
Galio-Carpinetum 313
Galmeigesellschaften, -rasen 170, 174
Gamsheideteppich 234
Gaultherio-Piceetalia 301
Geißklee-Kiefernwald 299
Genisto anglicae-Callunetum 225, 226
Genisto pilosae-Callunetum 225
Genökologie 174
Gentiano-Molinietum 217
Gentiano-Koelerietum 187
Geoelement 36
Geophyt 14, 88, 177
Geranio-Allietum 110
Geranio-Anemonetum sylvestris 249
Geranio-Dictamnetum 249
Geranion sanguinei 247, 249
Geranio-Peucedanetum cervariae 249
Geranio-Trifolietum alpestris 250
„gesättigte Gesellschaften“ 141
Geselligkeit 28
Gesellschaft (als Einheit) 33
Gesellschaftskomplex 275
Gesellschaftsgrenze 194
Gestalttypus 13
Gestaltungssukzession 288
Gesteinsbildung durch Pflanzen 158
Getreide-Unkrautgesellschaften, -ackerfluren 108
Gewässergliederung 65
Gezeiten 61
Gifthahnenfuß-Flur 94
Gilde 274
Ginsterheiden 220, 224
Glaskraut-Mauerfugengesellschaften 123, 134
Glatthaferwiese 32, 214
Glauco-Puccinellietalia 196
Glazial 42
Glazialrelikt 44, 76, 128, 157, 160, 162, 190, 223, 252
Glechometalia 139
Gleichgewicht, biolog., ökolog. 15, 103, 281, 286
Gley-Horizont, -Boden 23, 196, 245
Glockenheide-Anmoor 245
Glycerietum maximae 153
Glycerio-Sparganion 151
Glykophyt 193
Goldhaferwiese 216
Gradation 17
Grasflur, Grasland 168
Grasnelken-Verband 196
Grauerlen-Aue 258, 311
Grauseggensumpf 163
Grauweidengebüsche 258, 259, 298
Grenzstandort 26, 123
Großseggensümpfe, -rieder, -gesellschaften 148, 151, 154
Grünerlenbusch 190, 251
Grünland 168, 198
Grünlandkartierung 205, 210
Grünordnung 264
Grünverbauung s. Lebendbau
Grundsukzession, mitteleuropäische 44
Grundwasser 206, 291, 312
Gürtel der Vegetation 37
Gyttja 67

Habitat 11, 16
Hackfrucht-Unkrautgesellschaften 107
Hainsimsen-Buchenwald 290, 315
Hainsimsen-Traubeneichenwald 290
Halbkulturformation 220
Halbkulturlandschaft 233
Halbruderale Halbtrockenrasen 136, 145
Halbtrockenrasen s. Mesobromion
Halimionetum portulacoidis 197
Halophyt 89, 193
Halostachyetalia 193
hardiness 176
Hardt 224
Hartholzaue, -nwälder 309, 311
Haselzeit 44
Haubergwirtschaft 307
Häufungsweise 27
Hauswurz-Gesellschaft 181
Hecken-Gesellschaften 256, 264
Heide, -bewirtschaftung 224, 228
Heidemoor, -gesellschaften 220, 235, 244
Heilgesellschaft 142, 146, 208
Helm-Strandhafer-Gesellschaft 101
Helophyt 56, 148
Hemerobiegrad 233
hemerophil, -phob 185
Hemikryptophyt 14
Herbizideinsatz 86, 103
Herkunft der Ackerunkräuter 104
Herkunft der Wiesenpflanzen 201, 255
Hippophao-Berberidetum 262
Hippophao-Salicetum arenariae 263
Hirsefluren 107
Hochgebirgsrasen 188
Hochgrasfluren 252, 254
Hochheide 225
Hochmoor 235
Hochmoorbultgesellschaften 220, 235
Hochstauden-Bergmischwald 290, 315
Hochstauden-Birkenwald 251
Hochstaudenfluren, -gesellschaften 141, 198, 246
Hochstaudengebüsche 246
Hochwaldwirtschaft 294
Höhenkomplex 209
Höhenstufe 36
Höhenvikariante 164, 311
Hohenheimer Grundwasserversuch 23
Holarktis 37
Holozän 43
Holzartenzusammensetzung 295
homoiohyder 176
Homoiostase 55
homologe Gesellschaften 144
Honkenyo-Agropyretum, -ion 119
Honkenyo-Elymetea 114, 117, 121
Horstseggen-Blaugrasrasen 187
Hottonietum palustris 81
Humus 20, 67, 286
Humusstoffe 21
Hungerzeiger 208
Huteweide 222
Hydrocharitetum morsus-ranae 60
Hydrophyt 52
hygromorph 168
Hygrophyt 176
Hypericum maculatum-Polygala vulgaris-Ass 223

Imkerei 227
Immissionsschutz 266
Impatiens (glandulifera-) Calystegion-Ges. 142
Indigene 35, 104
Indikator, -wert 23, 32, 84, 99, 171
Initialgesellschaft s. Pionierges.
Inkohlung 238
inops 33
Insektenblütigkeit 278
Insektivorie 239
Integrierte Schädlingsbekämpfung 104
Interglazial 42
Interzeption 175, 286
Isoetetalia 112
Isoetetum setaceae = tenellae 74, 75
Isoeto-Lobelietum 75
Isoeto-Nanojuncetea 111

Johannisbeer-Schwarzerlenwald 311
Juncetum acutiflori 217
Juncetum alpino-articulati 164
Juncetum gerardii 195, 197
Juncetum subnodulosi 217
Juncetea trifidi, -ion 192
Junco-Molinietum 218
Jungwuchs 295
Juniperion nanae 301
Jurinaeo-Koelerietum glaucae 181

Kahlschlag 143
Kalkfällung 68
Kalkfelsspalten-Gesellschaften 133
Kalkflachmoore, -sümpfe 163
Kalkpflanzen s. pH-Wert
Kalkquellfluren 158

Kalkschneeboden-Gesellschaften 166
Kalkschuttgesellschaften 127
Kalk-Steinrasen 188
Kaltstenothermie 158
Kaltluft 19
Kamillengesellschaft 110
Karbonatdissoziation 54
Kartierungsschema 209
Kationenaustauscher 20, 238
Keimverzug 97
Kennart 30, 33
Kenntaxon 71
Kennzahl, ökologische 99
Kernassoziation 140
Kernwuchs 294
Kiefern-Eichenwald 308
Kiefernforst 307
Kiefern-Steppenwälder 299
Kiefernwälder 295, 299, 300
Klasse 32
Klassengruppe 34, 42, 92
Kleebwald 263
Kleingrasdüne, -nrasen 118, 181
Kleinseggenmoor 161
Kleinwasserschlauch-Gesellschaften 57, 72
Kletten-Gesellschaften 137
Klimax-Hypothese, -Vegetation 39
Knickfuchsschwanzrasen 218
Knick 256
Kobresietum bellardii 191
Kohldistelwiese 216
Koinzidenz 101, 275
kollin 36
Königsfarn- Erlenbruchwald 298
Konkurrenz 23, 87, 132, 201, 295
Konkurrenz-Ausschluß-Prinzip 72
Konstitution, ökologische, physiol. 24
Konsument 272
Kontaktgesellschaft 90, 91
kontinental 38
Konvergenzmerkmale 53, 73, 177
Kopfbinsenmoor 164
Kopfwollgrassumpf 163
Kosmopolit 35, 95
Krähenbeer-Sandheiden 221, 226
Krautweiden-Schneetälchen 167
Kriechrasen 136, 208
Krümelgefüge 22
Krummholz, Knieholz 253, 300
Krummseggenrasen 188, 192
Kryptophyt 14
kulturbetont 228, 232, 233
Kulturlandschaft 233
Kulturrasen 193, 198
Küsten-Mastkraut-Gesellschaften 90

Labkrautweiden 221
Lägerfluren 139
Lagg 200
Laichkraut-Gesellschaften, -wiesen 57, 79
Landgewinnung 62, 89, 115
Landschaftspflege 122, 142, 154, 186, 231, 264
Landespflege 264
Lärchen-Arvenwälder 301, 305
Lärchenwälder 301
Larici-Cembretum 305
Laserpitio-Calamagrostietum 190
Lathyro-Fagetum 314
Laubmischwälder, mesophytische, s. Fagetalia
Lawinenbahnen, -schutz 252, 292
Lebendbau 121, 124, 137, 147, 154, 180, 265
Lebensform 13, 52, 117
Lemnetea, -etalia 57, 59
Lemnetum gibbae 59
Lemnetum paucicostatae 53
Lemnetum trisulcae 60
Lemnion minoris 59
Lemnion paucicostatae 59
lenitisch 66
Leontodo-Nardetum 223
Leucobryo-Pinetum 306
Lichtbaumart, -holzart 285
limes convergens, divergens 218
Lindernio-Eleocharitetum 112
Lithospermo-Quercetum 317
Litoral 66
Littorelletea, -etalia 57, 73
Lobelien-Gesellschaft 75
Löffelkraut-Gesellschaft 91
Loiseleurietum, Cetrario-L. 234
Lolio-Cynosuretum 212
Lolio-Plantaginetum 213
lotisch 66
Lunario-Acerion 315
Luzulo-Fagetum, -ion 315
Luzulo-Quercetum 308
Lycopodio-Nardetum 223

Mädesüß-Gesellschaft 217
Magerkeitszeiger 208
Magerrasen 168, 170

Magnocaricion 150, 151, 154
Mahd 203
Mähder 187
Mandelweiden-Busch 260
Mantel, -gesellschaft 139, 247
Mauerpfefferflur 156
Mauerrautengesellschaft 132
Mäusegersteflur 98, 109
mediterran 38
Meersenf-Spülsäume 91
Meersimsenröhricht 150
Mehrfaktorenkarte 101
Melden-Ufersäume 94
Melico-Fagetum 313
meridional 38
Mesobromion 183, 184, 187
Mesobromion-Landschaft 185
Mesophyt 176
Mesophytische Laubmischwälder 308, 310
mesotroph 67
Mikroorganismen im Boden 289
Mineralbodenwasserzeiger 236
Mineralisationswert 290
Mineralisierung 21, 67
minerotraphent, Minerotrophie 235
Minimumfaktor 20
Mittelwaldwirtschaft 294
Mniobryo-Epilobion hornemanni 157
Moder 288
Molinietalia 215
Molinietum medioeuropaeum 217
Molinio-Arrhenatheretea 169, 193, 198
Molinion coeruleae 207, 215, 217
Molinio-Pinetum sylvestris 248
Monokultur 198
monophag 274
Monotop 275
montan 36
Montio-Bryetum schleicheri 159
Montio-Cardaminetea, -etalia 157, 158
Moorbegriff 235
Moorentstehung 242
Moorwälder 242, 301
Mudde 67
Mull 288
Mykorrhiza 239
Myricetum gale 298
Myriophyllo-Nupharetum 80
Myrmekochorie 279

Nachwärmezeit 45
Nacktriedrasen 188, 191
Nahrungskette, -netz 21, 67, 274
Nardetalia 169, 221, 222
Nardetum alpigenum 223
Nardion (Eu-Nardion) 221, 223
Nardo-Callunetea 220
Nardo-Galion saxatilis 221
Nardo-Gentianetum pneumonanthes 223
Nardo-Gnaphalietum supini 165
Naßwiesen 215, 216
Natterkopf-Gesellschaft 137
natürliche Vegetation, natürl. Gesellsch. 39
naturalisiert 35
naturbetont 232
Naturheide 234
Naturlandschaft 233
naturnah, -fern, -fremd 232, 233
Naturschutz 102, 106, 186, 228, 264, 275
Nekton 66
Neoendemismus 36
Neophyt 35, 60, 104, 141
Niedermoor, -gesellsch. 157, 161, 235
Niederwaldwirtschaft 294, 297, 306
Nitelletalia 71
Nitrifikation 290
Nitrophyt, Nitrophilie 137, 140, 144
nival, Nivalpflanze 36, 126
Nivellierung 35, 79, 107, 162, 211
Nomenklatur 33
Nupharetum pumilae 81
nutzbare Regenkapazität 22
Nymphaeion 80

Oberfläche, tätige 19, 285
Obionetum portulacoidis 197
Ödland 142, 168, 186
ökologische Nische 15, 201
Ökonomischer Koeffizient der Produktion 271
Ökosystem 11, 101, 272, 283
Ökotyp 90, 172, 201, 255
oligophag 274
oligotraphent 67
oligotroph 67
ombrotraphent, Ombrotrophie 235
Onobrychido-Brometum 187
Ononido-Pinion 299
Onopordetalia acanthii, -etum 137
Opportunismus 87
Optimum, autökol., synökol. 24
Orchideen-Buchenwälder 314
Orchio-Schoenetum nigricantis 164
Ordnung 32

oreal 37
Origanetalia vulgaris 250
ornithokoprophil 191
Orterde, -stein 228
Oxycocco-Sphagnetea 42, 220, 235
Oxyrietum digynae 126
ozeanisch 38, 224

Pado-Coryletum 263
Paläoendemismus 36, 129
Panico-Chenopodietum polyspermi 107, 110
Panico-Galinsogetum 107
Panico-Setarion 107
Parietarietea judaicae 123, 134
Parnassio-Caricetum pulicaris 163
pattern 174
Parvocaricetea s. Scheuchzerio-Caricetea nigrae
Peitschenmoos-Fichtenwald 290, 305
Pelagial 66
Periphyton 66
Perlgras-Buchenwald 290, 313
Pestizideinsatz 86, 104
Petasitetum paradoxi 126
Peucedano-Pinetum 306
Pfeifengras-Kiefernwald 299
Pfeifengraswiesen 215, 217
Pflanzengemeinschaft 12
Pflanzengesellschaft 12, 26
pflanzenverfügbares Wasser 22, 207
pF-Wert 21
Phalaridetum arundinaceae 152
Phanerophyt 14
Phänologie 278
Phase 230
-phil, -phob, -phytisch 24
Philonotido-Montietum 160
Phragmitetea, -etalia, -ion 148, 150
Phragmitetum communis 152
Phragmites-Gesellschaft 153
pH-Wert 25, 164, 228, 290
Phylliti-Aceretum 316
Phytophage 281
Phytozönologie 11
Phytozönose 12
Piceetum hercynicum 305
Piceetum montanum 305
Piceetum subalpinum 300, 305
Piceion septentrionale 301
Pilzsukzession 288
Pino-Quercetum roboris 308
Pioniergesellschaft 39, 58, 87, 123, 181
Plaggen, -hieb 227
planar 36
Plankton 66
Plantaginetea maioris 136
Platterbsen-Buchenwald 314
Pleistozän 42
Plenterwald 294
Pleuston 53, 66
Podsol 23, 227, 289
poikilohyder 175
poikilohalin 65, 91
Poion alpinae 213
Pollenanalyse 43, 238, 312
Polsterseggenrasen 190, 192
Polsterwuchs 133
Polygalacto-Nardetum 223
Polygonetum brittingeri 94
Polygono-Chenopodietalia 107
Polygono-Matricarietum discoideae 95
Polygono-Poetea annuae 95, 136
Polykorm, -on 148
„Polykultur“ 198
polyphag 274
Polyploidie 115
Polytrichetum sexangularis 166
Poo (alpinae)-Prunelletum 213
Poo-Trisetetum 216
Populetalia albae 310
Porenvolumen 21
Posidona oceanica-Wiesen 64
postglaziale Wärmezeit 45, 81
Potametea, Potamogetonetea 57, 79
Potamogetonetalia, -ion 80, 81
Potamogetonetum colorati 84
Potamogetonetum graminei 81
Potamogetonetum lucentis 81
potentielle natürliche Vegetation 39, 197, 308
Potentilletalia, -ion caulescentis 133
Potentillo-Festucetum arundinaceae 219
Potentillo caulescenti-Hieracietum 132
Prärie 168
Primulo-Schoenetum ferruginei 164
Problem-Unkräuter 104
Profundal 66
Progression, soziologische 17
Prunetalia spinosae 262
Pruno-Crataegetum 261
Pruno-Fraxinetum 311
Pruno-Ligustretum 263
Pruno-Rubetum radulae 261

Pruno-Rubetum sprengelii 261
pseudohemerophob 185
Puccinellietum distantis 197
Puccinellietum, -ion maritimae 195, 196
Pulsatillo-Nardetum 223
Pulsatillo-Pinetalia 299, 302, 305
Pyrolo-Abietetum 315
Pyrolo-Pinetum 306

Quartär 42
Quecken-Ödland 136, 145
Queckenrasen 219
Quellerwatten 88, 90, 195
Quellflur, -gesellschaften 157
Quellkörperorganisation 175
Quellstaudenflur 217
Quelltuff 158
Quercetalia, -ion pubescentis 308, 309, 316
Quercetea ilicis 308
Quercetea robori-petraeae, -etalia, -ion 295, 306
Quercetum medioeuropaeum 306
Querco-Carpinetum 313
Querco-Fagea 42
Querco-Fagetea 42, 295, 308
Querco-Ulmetum minoris 311

Randgehänge 237
Ranunculetum fluitantis, -ion 80, 81, 82
Ranunculo-Agropyretum repentis 219
Ranunculo-Callitrichetum hamulatae 82
Ranunculo-Sietum erecti 82
Rasenbinsenmoor 245
Rasen, -gesellschaften 168
Rasse 33, 230
Reeth 148
Refugium 43, 160
Regenerationskomplex 240
Regenwassermoor 242
Regression 119
Regulation 101, 218, 229
Relikt (s. auch Glazialr.) 45, 76, 181, 163, 298, 316
Reliktendemismus 36, 129
Rendzina 23
Requisit 23, 272
Resistenztypen 176
Reutbergwirtschaft 252, 307
Rhamno-Prunetea 256, 261
rheobiont, -xen 69
Rhododendro-Mugetum 300
Rhododendro-Vaccinietum, -ion 305
Rhynchosporetum albae 162
Ribo sylvestris-Alnetum 311
Riccietum fluitantis, R. rhenanae 60
Ricciocarpetum natantis 60
Ried 148
Rohboden 124
Rohhumus 21, 287, 288
Rohrglanzgrasröhricht 152
Röhricht, -gürtel 148, 154
Rohrkolbenröhricht 153
Rohrschwingel-Gesellschaft 219
Rostseggenrasen, -halde 189, 190
Rotbuchenwälder 309, 313
Rote Listen 106
Rotschwingelweide 212
Rubion subatlanticum 261
Rubo-Coryletum 262
Rubo-Rosea 34, 263
Ruderalgesellschaften 96, 107, 136
Ruderalpflanze 96
Rülle 236
Rumicetum alpini 139
Rumici-Arabidetum coeruleae 167
Rumici-Alopecuretum geniculati 218
Rumpfgesellschaft 107, 140
Ruppietea maritimae 57, 64
Ruppietum 195

Saginetea maritimae 90
Sagino-Bryetum argentei 95
Sagino-Cochlearietum danicae 91
Salden-Gesellschaften 57, 64
Salicetalia herbaceae, -ion 166
Salicetalia purpureae, - etea 256, 257, 259
Salicetea herbaceae, -etum 157, 165
Salicetum albae 261
Salicetum elaeagni (= incanae), -ion 259, 260
Salicetum fragilis 261
Salicetum triandrae 260
Salici-Myricarietum 260
Salicion albae 259, 260
Salicion cinereae 298
Salicion arenariae 262, 263
Salicornia europaea 89
Salicornietum decumbentis 90
Salicornietum strictae 89, 90, 105
Salsoletea komarovii 91
Salzbinsenrasen 195
Salzmeldenrasen 197
Salzrasen, -wiesen 116, 193
Salzsteppe 193

Sambuco-Salicion capreae 263
Samenruhe 97
Sanddornbusch 262
Sanddorn-Dünenweidenbusch 263
Sand-Ginsterheide 221, 225
Sand-Kiefernwälder 302, 305
Sandküste 117
Sandrasen 170, 178
Sandbewegung 118
Saprobie, Saprobität 67
Sapropel 54, 68
saprotroph 68
Sarothamnion 221, 226
Säuerlingsflur 126
Sauerstoffmangel 149, 238
Saumart 185, 246
Saum, -gesellschaft 139, 246
Saumklima 140, 246
Säuregrad, -zeiger s. pH-Wert
Säurerhythmus, diurnaler 177
Savanne 168, 280
Schafschwingelfluren 178, 180
Schalldämpfung 267
Schattbaumart, -holzart 285
Scheuchzerietalia palustris 162
Scheuchzerio-Caricetea nigrae 157, 161
Schiffelwirtschaft 307
Schilfröhricht 152
Schilfsterben 155
Schlagfluren 136, 143
Schlammküste 114
Schlammseggenschlenke 162
Schlankseggenried 154
Schlehengebüsche 261
Schlehen-Ligusterbusch 263
Schleiergesellschaften 138, 141
Schlenke 237
Schlenkengesellschaften 157, 161
Schlickablagerung 62, 116
Schlickgras-Gesellschaften 114
Schluchtwälder 315
Schlüssel für Pflanzengesellschaften 46
Schlüsselart 63, 156
Schlüsselfaktor 275
Schlußgesellschaft 39, 129
Schmielenhafer-Gesellschaft 180
Schnabelbinsenmoor 162
Schnabelseggenried 154
Schneeboden, -gesellsch. 157, 162
Schneedecke 165
Schneeheide-Kiefernwälder 295, 299
Schneeheide-Krummholz 300
Schneetälchen 165
Schneidbinsenröhricht 153
Schuttflur, -halde 123
Schuttplatz 137
Schwarzerlen-Galeriewald 310
Schwemmboden-Weidenröschenflur 128, 258
Schwermetallrasen 170
Schwermetallresistenz 171
Schwimmblattgesellschaften 79
Schwingel-Steppenrasen 170, 182
Scirpetum lacustris 152
Scirpetum sylvatici 217
Scirpetum tabernaemontani 150
Scirpo-Phragmitetum 152
Scleranthо-Sempervivetum arachnoidei 181
Scorpidio-Utricularietum, -ion 73
Scytonemetum myochrous 161
Secalietea 108
Sedo-Neslietum 110
Sedo-Scleranthetalia, -ion 178, 180
Sedo-Scleranthetea 169, 178
Seebinsenröhricht 152
Seegraswiesen 57, 61
Seerosendecken 80
Segetalvegetation 95
Seggen-Buchenwald 314
Seggen-Lindenwald 313
Selbstreinigung 68, 152, 154
Semperviretum 190
Senecioni-Brometum racemosi 217
Senecioni-Sambucetum racemosae 263
Serpentinfelsspalten-Gesellschaften 133
Serpentin-Streifenfarnflur 134
Seslerio-Caricetum sempervirentis 190
Seslerio-Mesobromion, -Xerobromion 183
Seslerietalia, -etea, -ion 188, 189
Sigmasoziologie 12
Silbergrasflur(en) 178, 180
Silberweiden-Auwald 261
Silikatfelsspalten-Gesellschaften 133
Silikatquellfluren 157, 158
Silikatschneeböden 166
Silikatschuttgesellschaften 127
Sisymbrietalia, -ion 107
Solidago gigantea-Calystegion-Gesellsch. 142
Sonchus paluster-Archangelica littoralis-Ass. 143
Sorbo-Calamagrostietum arundinaceae 253
Soziabilität 28
Sozialbrache 186, 217

Spalierklima 246
Spaltöffnungsorganisation 176
Sparganio-Glycerietum fluitantis 152
Spartinetea, -etalia, -ion 114
Spartinetum townsendii 90, 114
Spergula arvensis-Panicum crus-galli-Ass. 110
Spergulo-Corynephoretum 180
Spergulo-Oxalidion strictae 107
Sphagnetalia compacti 244
Sphagnetalia fusci 244
Sphagnetum fusci 245
Sphagnetum magellanici (= medii) 244
Sphagnetum papillosi 245
Sphagno compacti-Scirpetum germanici 245
Sphagno-Utricularietum, -ion 72, 73
Sphagnum 237
Spirodeletum polyrrhizae 60
Spitzahorn-Lindenwald 316
Spitzkletten-Ufersaum 94
Splitterareal 157
Spülsaum 64, 91
Stabilität 15, 229, 281, 283
Standing crop 269
Standort 11, 15
Standortsüberlagerung 260
Stangenholz 295
Staubfang 265
Staudenhalden trockner Standorte 246
Steifseggenried 154
Steineichenwälder 309
Steinschuttfluren 123
Stellarietea mediae 95
Stellario-Alnetum glutinosae 310
Stellario-Carpinetum 313
Stellario-Isolepidetum setaceae 113
Stellenäquivalenz 91, 199, 224
Stellenwert 15
steno-, stenök 25
Steppe 168, 280
Steppenheide, -theorie 248
Steppenheidewald 247, 290, 317
Steppenrasen 170, 182
Sternmieren-Eichen-Hainbuchenw. 313
Sternsteinbrechflur 159
Stetigkeit 28
Stickstoffhaushalt, -mineralisierung 139, 290, 297
Stillwasserröhricht 151, 152
Stipetum capillatae 186
Stipion calamagrostis 127
Stockausschlag 294
Stoffkreislauf 21, 287
Stoffumsatz im Walde 286
Störung 218
Strahlung, -sumsatz 18, 237
Strand 118
Strandhafer-Gesellschaften 114, 117
Strandhafer-Pflanzung 121
Strandlings-Gesellschaften 57, 73
Strandroggen-Gesellschaften 114, 117
Strandwermutgestrüpp 198
Strategien 96, 175, 208
Strauchbirkenmoor 298
Strauch-Buchenwald 290, 314
Strauchgesellschaften 256
„Streßfaktoren der Vegetation“ 176, 186, 203
Streu, -zersetzung 287, 289
Streurechen 288
Streuwiesen 198, 218
Struktur der Vegetation 13, 101, 218, 229, 248, 294
Stufe (als Syntaxon) 34
Stufung der Vegetation 36
sub- 38
subalpin 36
Subassoziation 29, 32, 230, 303
Subatlantikum 45
Subboreal 45
submeridional, submediterran 38
Subvariante 32, 230
Süßwasserröhricht 148, 150
Sukkulenz 89, 177, 182
Sukzession 16, 38, 119, 124, 143, 185, 196, 197, 260, 263, 288
Sukzessionslehre s. Syndynamik
Sumpfhumus 161
Sumpfpflanze s. Helophyt
Symmorphologie 12, 13
Symphylogenie 12, 41
Symphysiologie 12
Synchorologie 12, 35
Synchronologie 12, 41
Syndynamik 12, 38
Synevolution 12, 41, 92, 105, 172, 191, 201
Synökologie 12, 18
Synsystematik 12, 26
Syntaxon 26
Syntaxonomie 12, 26
Synusie 14, 192

Tabellenarbeit 28
Täschelkrauthalde 126

Tamariskenflur 258, 260
Tanaceto-Artemisietum 137
Tangwälle 91
Tangelhumus 300
Tannen-Buchenwald 290, 314
Tannenmischwälder 315
temperat 38
Tertiär 41
Tertiärdüne 118, 263
Teucrio-Centaureetum nemoralis 251
Therophyt 14, 87, 177
Thero-Salicornietea 88
Thienemannsche Regeln s. biozön. Grundprinzipien
Thlaspietalia rotundifolii, -ion 127
Thlaspietea rotundifolii 123, 126
Thlaspietum rotundifolii 126
Tiden, Tidebereich 61
Tilio-Acerion 316
Tofieldietalia calyculatae 163
Tollkirschenschlag 145
Tonhumuskomplexe 21
Torf 23, 161, 235
Torfmoos 237
Tortulo-Phleetum arenarii 180
Trapetum natantis 81
Traubenholunder-Vorwaldgesellschaft 263
Traubenkirschen-Eschen-Auwald 290, 311
Transpiration 19, 177
Travertin 159
Trennart 30, 32
Trespenrasen, -trockenrasen 170, 182, 186
Treuegrad 28, 30
Trifolium-Cynosuretalia 213
Trifolio-Geranietea 246
Trifolio medii-Agrimonietum 251
Trifolion medii 247, 250
Trifolio thalii-Festucetum violaceae 214
Triftweide 185, 222
Trisetetum flavescentis, -ion 214, 216
Trittrasen, -gesellschaften 136, 213
Trittwegerich-Gesellschaft 213
Trittwirkung 203
Trockenresistenz 176
Trollblumen-Bachdistelwiese 216
Trophie 67
trophogen, -lytisch 65
Tuffbildung 158
Tundrenzeiten 44
Typhetum angustifolio-latifoliae 153
typicum 33

Übergangsmoor 236
Überlagerung von Gesellsch. 91
Überschwemmung 258, 310, 311
Uferstaudengesellschaften 136, 141
Ufer-Weidengebüsche u. -wälder 256
Umtriebsweide 222
Unkraut 85, 96, 101
Unkrautbekämpfung 101
Urfettweide 214
ursprüngliche Vegetation 40
Urtico-Aegopodietum 140
Urtico-Malvetum 107, 110, 139
Urwald 286
Urwiesen 188, 190
Utricularietea intermedio-minoris 57, 72

Vaccinio-Abietetum 305
Vaccinio-Betuletum pubescentis 302
Vaccinio-Callunetum 225
Vaccinio-Empetretum hermaphroditi 235
Vaccinio-Mugetum 302
Vaccinio-Piceetea, -etalia 295, 300
Vaccinio-Piceetum, -ion 301, 303
Vaccinio-Pinetum sylvestris 303
Valeriano-Cirsietum rivularis 216
Variante 32, 230
Vegetation 12
Vegetationsgeschichte 41, 182, 254
Vegetationsperiode 36, 165
Vegetationsstufen 36
Vegetationsumkehr 303
Vegetationszonierung 118, 260
Verband 32
Verbrauchssukzession 288
Verbreitung 35
Verbuschung 184, 185
Verein s. Synusie
„Vergiftungsgrenze“ 272
Verlandungsgesellschaften 79
Verlichtungsgesellschaften 140
„Verteilerschlüssel“ der Assimilate 270
Verwitterung 20
Vicietum sylvatico-dumetori 251
Vikariante 33
vikariierende Arten, Gesellschaften 34, 75, 391
Violetea calaminariae 169, 170
Violetum calaminariae 174
Violion caninae 221, 223
Violo-Nardetum 223
Violo-Quercetum petraeae 308
Volltrockenrasen s. Xerobromion

Vorwaldgesellschaften 144, 263
Vorwärmezeit 44

Waldentwicklungsstufen 295
Wälder allgemein 268
Waldgrenze 269, 271, 300
Waldinnenklima 285
Waldmeister-Buchenwälder 313
Waldsteppe 248
Waldweide 227, 249
Walzenseggen-Erlenwald 298
Wanderrelikt 160
Wanderung s. Ausbreitung
Wärmebedürftige Eichenmischwälder s. Flaumeichenw.
Wärmekeimer 109
Wärmezeit, Frühe, Mittl., Späte, postglaziale 44, 45, 317
Wasser als Lebensraum 53
Wasserhaushalt (Xerophyten) 175
Wasserhaushalt (Wald) 291
Wasserhaushalt (Wiesen) 205
Wasserlinsendecken 57
Wassernuß-Gesellschaft 81
Wasserpflanze s. Hydrophyt
Wasserschlauch-Gesellschaften 57, 72
Wasserschwaden-Röhricht 153
Wasserströmung 56
Watt, Wattenmeer 61
Wattwiesen 194
Wechselfeuchtigkeit, -trockenheit 207
wechselhalin 91
Weg-Raukenfluren 107
Weichholzaue 257
Weide-Bewirtschaftung s. Beweidung
Weidelgrasweide 212
Weidenröschenfluren 145
Weidfeld 223
Weinbergslauchgesellschaft 110
Wettbewerb s. Konkurrenz
Wiese 168
Wildbesatz 284, 313
Windblütigkeit 278
Windecke 191, 234
Windflechten 191, 233
Windhalmäcker 108
Windheiden 220, 233
Windschutz 265
Wirtschaftsgrünland 193, 198
Wohlfahrtswirkungen des Waldes 291
Woodsio-Asplenietum septentrionalis 134
Wuchsform 13
Wurzelkonkurrenz 125
Wurzelsystem 119, 125, 149, 177, 203, 207, 269

Xanthietum albini 94
Xerobrometum erecti 186
Xerobromion 183, 184, 186
Xeromorphie 175, 239
Xerophyt 175
xerophyt 175
xerotherm 175

Zahnwurz-Buchenwald 314
Zeiger s. Indikator
Zentralassoziation 141, 300
Zimbelkraut-Gesellschaft 135
zonal 297, 300, 306, 316
Zoochorie 279
Zosteretea, -etalia, -ion 57, 61
Zosteretum marinae 64
Zosteretum nanae (= noltii) 64
Zweizahn-Gesellschaften, -fluren 93
Zwergbinsen-Gesellschaften, -fluren 111
Zwergstrauchgesellschaften, -heiden 220, 224, 301
Zwergwachholdergesellschaften 301
Zwischenrangstufen 33